民用建筑结构低碳化设计方法及应用

冯　鹏　赵彦革　肖从真　等◎编著

中国建筑工业出版社

图书在版编目（CIP）数据

民用建筑结构低碳化设计方法及应用 / 冯鹏等编著. 北京 ：中国建筑工业出版社, 2024. 9. -- ISBN 978-7-112-30328-1

Ⅰ. TU24

中国国家版本馆 CIP 数据核字第 2024EQ0874 号

本书以民用建筑为研究对象，聚焦于结构低碳化设计方向，广泛覆盖混凝土结构、钢结构、木竹结构以及复合材料结构等我国现有民用建筑常见结构，借由政策导向、技术应用、标准实施、现状与实践案例分析等多个维度，全方位、系统性地对民用建筑结构低碳化设计的当前状态与未来趋势进行深度剖析，展示了低碳化设计在实际工程中的可行性和有效性。同时，为国内外低碳建筑创新理念、推动建筑技术动态、促进低碳建筑发展提供了坚实的理论与实践参考，逻辑层次分明、论述深入浅出，便于读者对民用建筑低碳设计的深化理解，为低碳民用建筑开发和设计者提供了实用的指南。

责任编辑：刘瑞霞　辛海丽

责任校对：张　颖

民用建筑结构低碳化设计方法及应用

冯　鹏　赵彦革　肖从真　等　编著

*

中国建筑工业出版社出版、发行（北京海淀三里河路 9 号）

各地新华书店、建筑书店经销

国排高科（北京）信息技术有限公司制版

廊坊市海涛印刷有限公司印刷

*

开本：787 毫米 × 1092 毫米　1/16　印张：18¼　字数：449 千字

2024 年 12 月第一版　　2024 年 12 月第一次印刷

定价：**75.00** 元

ISBN 978-7-112-30328-1

（43678）

编写委员会

序　一

近年，由于频繁的人类活动，特别是燃烧化石燃料和森林砍伐，导致了大量的温室气体排放，其中二氧化碳（CO_2）是最主要的温室气体。温室气体在大气中逐渐累积，形成温室效应，致使全球气温持续上升，海洋表面平均温度接连突破历史纪录，冰川和冻土消融，海平面上升，同时热浪、干旱、洪涝等极端天气事件频发，对包含人类在内的生态系统造成了巨大影响。

在全球气候变暖、环境压力日益增大的时代背景下，减少碳排放、推动绿色低碳发展已经不再是某个国家或地区的单一选择，而是全球各国共同面临的重大课题。

民用建筑，作为人类日常生活与工作的核心场所，其建设与使用过程中产生的碳排放问题尤为显著。这不仅关系到建筑行业的可持续发展，更与全球气候变化趋势紧密相连。

随着工业化、城市化的快速推进，民用建筑的数量和规模不断扩大，其建造、使用及拆除等过程中的碳排放量也随之增加。据统计显示，2021 年中国民用建筑碳排放量高达 40.7 亿 tCO_2。这些排放不仅加剧了温室效应，还对人类赖以生存的自然环境造成了不可逆转的损害。因此，深入研究和推广民用建筑结构低碳化设计方法，不仅是为了响应全球绿色低碳发展的号召，更是为了实现建筑行业的长远健康发展和绿色低碳化转型。

本书首先概述了我国民用建筑碳排放的现状和趋势，明确建筑结构在全寿命期中的碳排放核算方法及标准，为后续的低碳设计奠定理论基础。随后深入探讨了民用建筑结构低碳化设计的核心原则，强调生态优先、系统协同与创新技术融合的重要性，在低碳设计方法简述中囊括混凝土结构、钢结构、木竹结构以及复合材料结构等我国民用建筑常见结构形式，并基于最新的政策导向、技术标准与应用实例，系统地展示了从设计策略到工程实践的全过程。

全书逻辑架构清晰、内容讲解详细，结合生动具体的案例，使读者能够直观理解低碳化设计的实际操作与成效。希望通过《民用建筑结构低碳化设计方法及应用》一书的传播与应用，引起读者对于建筑碳排放问题的深入思考。同时，为设计者、工程师、政策制定者以及研究人员提供宝贵的参考和灵感，激发更多创新的低碳设计思维，推动民用建筑迈入一个新的低碳纪元，为地球的绿色未来贡献一份力量。

岳清瑞

2024 年 11 月

序　二

在全球低碳经济发展的背景下，中国提出了 2030 年前实现碳达峰、2060 年前实现碳中和的目标。《中国建筑能耗研究报告（2022）》中指出，2020 年全国建筑与建造碳排放总量为 50.8 亿 tCO_2，占全国碳排放的比重为 50.9%。因此建筑领域的低碳化转型是实现我国“双碳”目标的重要途径之一。

大规模的城市建设与人民生活水平的提高，使建筑领域如何既能满足经济社会发展需要，又能实现低碳发展，成为目前急需解决的问题之一。民用建筑结构低碳化有助于降低建筑领域的能源消耗和碳排放，从而减轻对环境的压力。其设计及应用的研究需要依托新材料、新技术和新工艺的支持，通过采用节能材料、优化建筑设计、提高能源利用效率等措施，可以显著减少建筑在建造和使用过程中的能源消耗和碳排放，并且通过改善建筑物的采光、通风和保温性能等，提高居住舒适度。

当前，建筑行业的低碳化研究多集中在建材生产及运行阶段的能耗降低上，对设计维度的关注不多。建筑结构低碳化设计方法是为了在民用建筑领域最大程度地降低能源消耗和碳排放而采用的一系列策略和技术，这些方法旨在优化建筑设计，并提供可持续发展的解决方案。从建筑全寿命期角度考虑，建筑设计是决定各个阶段的碳排放量的关键因素，结构低碳化设计方法也对各个阶段的碳排放有重大影响。

低碳化设计是建筑行业未来发展的必然趋势。《民用建筑结构低碳化设计方法及应用》一书在内容上涵盖了四种民用建筑结构低碳化设计的理念、方法以及应用。结构上设计得十分合理，从概念到方法，再到具体应用，层层递进，逻辑清晰。并注重理论与实践相结合，分析介绍了大量的实际案例，包括不同地域、不同气候条件下的民用建筑结构。这些案例不仅展示了低碳化设计的具体应用，也为读者提供了宝贵的参考和借鉴，对推动民用建筑行业的低碳化发展具有积极的作用。期待编著者后续能够持续深化研究，为进一步推动技术进步和促进建筑领域节能减排工作添砖加瓦。

刘加平

2024 年 11 月

前　言

FOREWORD

气候变暖在全球范围内引发广泛关注，社会各界积极寻求解决方案，低碳理念深入人心。多项调研结果表明，建筑业的碳排放位居各行业之首，民用建筑作为建筑行业的重要组成部分，其碳排放量在总排放量中占有较大比重。因此研究民用建筑结构低碳化设计方法，对实现减少碳排放、控制温室气体排放目标具有重要意义。

建筑低碳化设计理念强调在建筑的全寿命期内，通过优化建筑材料、技术与设备等，合理提高建筑整体使用能效，实现低二氧化碳排放量的目标。进行低碳化设计一方面可以减少建筑材料和能源消耗，降低建筑成本；另一方面，低碳建筑能够提供更加健康、舒适的生活环境，满足人们对美好生活的追求。

我国目前还没有关于建筑结构低碳化设计方面的标准，相应结构低碳化设计措施的研究也不足，主要依据《建筑碳排放计算标准》GB/T 51366—2019 中提出的碳排放因子法进行相应的计算分析。在此背景下，这本《民用建筑结构低碳化设计方法及应用》应运而生。

本书共分为 5 章，内容涵盖了民用建筑混凝土结构、钢结构、木竹结构、复合材料结构的低碳化设计理论、方法及应用等。第 1 章为理论基础，详细介绍了低碳建筑理念的提出、发展及意义；第 2 章至第 5 章对不同建筑结构形式的低碳化发展情况与设计方法展开梳理与研究，并结合具体案例进行深入分析。同时，本书还关注国内外最新的研究成果和技术动态，强调了低碳化设计的可操作性和实用性，具有较高的学术价值。作者贡献说明如下：

全书由冯鹏、赵彦革和肖从真负责统稿；

第 1 章民用建筑结构低碳化设计综述和第 2 章混凝土结构低碳化设计方法与应用，由赵彦革撰写，参与撰写的成员包括：韦婉、孙倩、范晓雪、李翠楦、王子燕、郭焕琳、陈喜旺、姚勇、高升、黄存智、任建伟、魏婷婷、卢富永、周威、张藴华、魏明宽；

第 3 章钢结构低碳化设计方法与应用，由李庆伟和刘培祥分工撰写，参与撰写的成员包括：张泽宇、邱林波、赵文占、王骞；

第 4 章木、竹结构低碳化设计方法与应用，由孟鑫淼、高颖和段劲松分工撰写，参与撰写的成员包括：李瑜、张子安、张展诚；

第 5 章复合材料结构低碳化设计方法与应用，由刘天桥撰写，参与撰写的成员包括：唐俊甜、张少杰、董礼、甄世龙、王瑞宝、郭鑫淼、王正府、黄亚浓。

最后，对中国建筑科学研究院有限公司、清华大学、中国钢结构协会、清华大学建筑设计研究院有限公司、北京工业大学、北京林业大学、北京工业大学重庆研究院、哈尔滨工业大学、北京城建集团有限责任公司、北京建工新型建材有限责任公司等单位，以及所有为本书提供支持与帮助的专家、学者和机构表示衷心的感谢。由于编著者水平及时间有限，本书不妥之处，恳请广大读者批评指正。希望本书能够使读者进一步加深对建筑结构低碳化设计的了解，为民用建筑规划设计者的工作提供充足依据与建议，为推动建筑行业低碳发展提供理论支撑和实践指导。

目　录

CONTENTS

第 1 章

民用建筑结构低碳化设计综述

1.1　民用建筑碳排放概述

近些年，因温室效应加剧引起的自然灾害日益频发，包括冰山融化、海平面上升、夏天最高气温升高、地球上的病虫害增加、土地干旱、沙漠化面积增大等。温室效应加剧，已经成为可能致使地球灭亡的重要原因之一，也很大程度地威胁着人类的身体健康及生存环境。

众所周知，引起温室效应的主要原因是工业生产和建筑活动等产生的温室气体，其主要成分为二氧化碳、甲烷、臭氧、一氧化二氮、氟利昂以及水汽等气体[1]。控制温室效应主要是控制温室气体排放，即减少上述主要气体的排放。同时，在这些温室气体中二氧化碳排放比重较高，并且其他气体又多含有碳元素，故控制温室气体排放主要指控制碳排放。

为控制温室效应，世界各国均采取行动控制碳排放。欧洲各国、美国、日本等国家基本已实现碳达峰，并计划于 2050 年达到碳中和[2-3]。作为世界上主要碳排放国家之一，中国也义不容辞并积极地开展碳排放的控制工作。2020 年 9 月 22 日，中国政府在第七十五届联合国大会上提出“中国将提高国家自主贡献力度，采取更加有力的政策和措施，二氧化碳排放力争于 2030 年前达到峰值，努力争取 2060 年前实现碳中和”，简称“双碳目标”[4]。2021 年 10 月发布《关于完整准确全面贯彻新发展理念做好碳达峰碳中和工作的意见》及《2030 年前碳达峰行动方案》。这两个重要文件的相继出台，共同构建了中国碳达峰、碳中和的顶层设计，而重点领域和行业的配套政策也围绕以上意见及方案陆续出台。

根据联合国环境规划署《2021 年全球建筑建造业现状报告》[5]，2020 年全球建筑领域能源消耗占总消耗的 36%，建筑领域二氧化碳排放占全球总排放的 37%（图 1.1-1）。在我国，建筑业体量庞大，每年新建建筑的面积比重达到世界总量的一半。同时，因其广泛采用的水泥、钢铁等高碳排放材料使得我国建筑业的碳排放位居国内各行业之首。中国建筑节能协会发布的《中国建筑能耗与碳排放研究报告（2022）》[6]显示，2020 年全国建筑全过程碳排放总量为 50.8 亿 tCO_2，占全国碳排放的比重为 50.9%（图 1.1-2）。建材生产阶段碳排放为 28.2 亿 tCO_2（其中，钢铁为 14.7 亿 tCO_2、水泥为 12.3 亿 tCO_2、其他为 1.2 亿 tCO_2），建筑施工阶段碳排放为 1.0 亿 tCO_2，建筑运行阶段碳排放为 21.6 亿 tCO_2（其中，城镇居建为 9.0 亿 tCO_2、公共建筑为 8.3 亿 tCO_2、农村居建为 4.3 亿 tCO_2）。因此，控制建筑行业碳排放是我国实现“双碳目标”的关键。

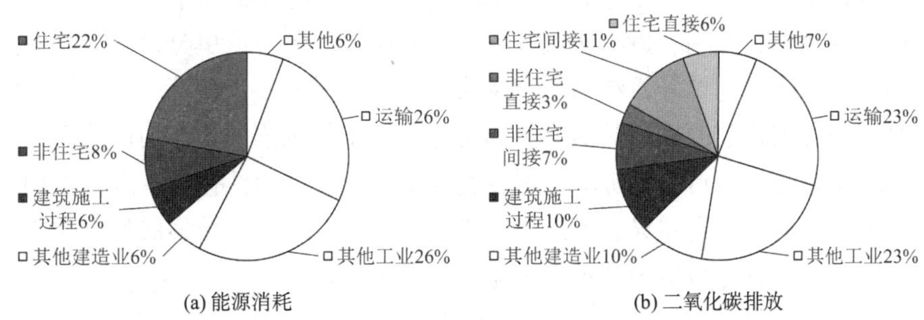

图 1.1-1　建筑领域在全球最终能源和与能源相关的二氧化碳排放中所占比例示意图[5]

注：涂实部分为建筑领域所占比例。

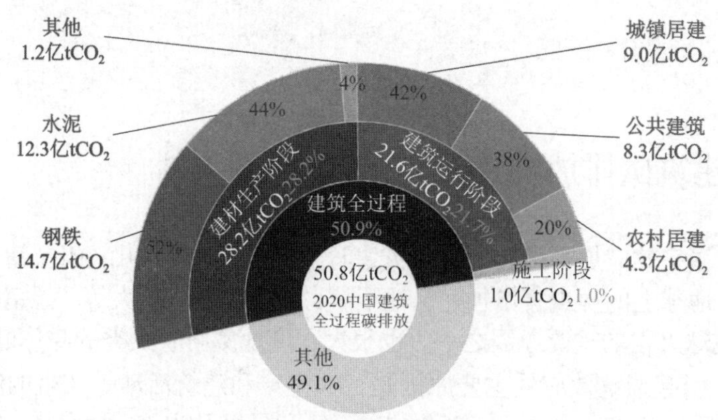

图 1.1-2　2020 年全国建筑全过程碳排放示意图[6]

1.2　民用建筑结构碳排放核算方法及标准

1.2.1　民用建筑结构碳排放核算方法

碳排放计算是进行科学控制碳排放的基础，是实现“双碳目标”的前提。目前，国内外常用的碳排放核算方法主要有四种：实测法、清单分析法、投入产出分析法（物料衡算法）和混合法[7]。各种方法均有一定的优点、缺点和适用范围。

1. 实测法

该方法是指合理运用标准计量工具和试验手段，直接对碳排放源进行监测，从而获得准确数据的科学方法。理论上，实测法所提供的计量结果源自对碳排放源的直接监测，能够最真实地反映碳排放实际情况，其数据结果具有可靠性和准确性，被视为衡量碳排放水平的黄金标准。然而，在实际操作中，尽管实测法具备显著优势，但其广泛应用却面临诸多挑战。这主要源于监测条件复杂度高、高精度计量仪器获取困难以及成本投入较高等多方面因素的制约。因此，实测法难以在一般性的碳排放分析场景中普及应用[7-9]。

2. 清单分析法

清单分析法是将建筑物全寿命期内的复杂物质流和能量流等环境物质进行简单化、定量化、数据化的分析方法[10]。清单分析法重点在于过程划分，将分析对象划分为不同的单元活动或阶段，并通过对单元或过程的输入输出进行分析获取数据清单[11]。对于建筑而言，则可对其拆分为物化、使用、拆除回收等阶段，分别对其进行清单分析。通常，为量化建筑全寿命期碳排放量，清单分析法将结合碳排放因子法做进一步测算，即依照各阶段清单列表，针对每一种碳排放源构造其活动数据与排放因子相乘累加，作为该建筑的碳排放估算量[12]，基本算法如公式(1.2-1)所示。该方法计算简便、适用性较高，碳排放因子虽因地域与计量标准的不同而略有差异，但国内外都建立了符合自身区域发展的碳排放因子数据库[13-14]。现阶段，该方法是最为常用的碳排放核算方法。

$$E = AD \times EF \tag{1.2-1}$$

式中　E——温室气体排放量，以 CO_2 气体的全球变暖潜能值（GWP）为基准，其他温室气体，如 CO、CH_4、C_2H_2 等均以 CO_2 为基准折算为 CO_2 当量值表示[12]；

AD——活动数据，即排放源和与碳排放有关的使用与投入数量；

EF——碳排放因子，即单位排放源所释放的温室气体量。

3. 投入产出法

投入产出法，又称物料衡算法，其基本理念为能量守恒定律，即计算投入的物料所含碳排放量与产出物含碳量的差值，并综合考虑各部门间的生产关联与数量依存关系，从而计算而得该过程温室气体排放。该模型对于过程的关注度较低，不同的能源结构与建造工艺所算得的碳排放差别无法区分。同时，计算结果的精确性很大程度上依赖于投入产出表的精确性。因此该方法现阶段多用于宏观计量，如国家、地区等尺度的碳足迹[15-16]。

4. 混合法

混合法，即统筹考虑清单分析法与投入产出法，采用过程分析获得数据清单，并运用投入产出理念进行量化分析，集成了两种方法的优势。但目前数据库完善度欠缺，实施难度是两种方法的叠加，同时，确保两种方法的一致性和可比性也是尚待解决的问题[17]。因此，目前对于混合法的应用相对不足。

综上，建筑领域碳排放建议采用清单分析法，必要时也可采用混合法。建筑结构碳排放核算没有专门的方法，可借鉴整体建筑的碳排放核算方法，即清单分析法或混合法。

1.2.2 民用建筑结构碳排放核算标准

国际上，IPCC《国家温室气体清单指南》[18]自 1994 年发布以来，历经时间与实践的不断完善与数次的迭代更新，已具有较完备的计算规则与碳排放因子库，目前已成为国家、区域宏观层面碳排放核算的核心方法，受到了国际的广泛认可。GHG Protocol[19-21]中提供了所有温室气体计量与核算框架，是适用于企业、项目等微观层面的碳排放核算标准。ISO 国际标准化组织系列标准中，与碳排放计量核算相关的标准主要为 ISO 14064[22-24]、ISO 14040[25]、ISO 14044[26]、ISO 14067[27]，分别对基于全寿命期的碳计量原则框架、要求事项、项目碳计量及产品碳计量等准则进行规定。PAS 2050[28]标准则是基于 ISO 14040 和 ISO 14044 的规定，对产品和服务在全寿命期内温室气体排放计算方法进行了规定。

在国内，相关政府部门和协会也发布了适合我国国情的碳排放核算标准，主要包括《省级温室气体清单编制指南（试行）》[29]、《建筑碳排放计量标准》CECS 374：2014[30]、《建筑碳排放计算标准》GB/T 51366—2019[31]。各计算标准情况如表 1.2-1 所示。

国内碳排放核算标准　　表 1.2-1

标准名称	发布时间	发布组织	适用范围	内容
《省级温室气体清单编制指南（试行）》	2011	国家发展改革委	加强省级温室气体清单编制能力	涵盖能源活动、工业生产过程、农业、土地利用变化和林业、废弃物处理 5 个方面
《建筑碳排放计量标准》	2014	中国工程建设标准化协会	新建、改建和扩建建筑以及既有建筑的碳排放计量	规定了建筑从材料生产、施工建造、运行维护、拆解直至回收的全寿命期过程中进行碳排放计量所要采用的方法与原则
《建筑碳排放计算标准》	2019	住房和城乡建设部	民用建筑的碳排放计算	采用排放因子法，给出建筑的运行、建造与拆除、建材生产与运输阶段的碳排放计算

目前，《建筑碳排放计算标准》GB/T 51366—2019[31]被广泛应用，并成为民用建筑结构碳排放计量的主要标准。该标准采用清单分析法，将建筑全寿命期划分为运行、建造与拆除、建材生产与运输等阶段，并结合排放因子法对各阶段碳排放核算规则和计算方法进行规定。同时，标准附录中提供了主要能源碳排放因子、建筑物运行特征、常用施工机械台班能源用量、建材碳排放因子、建材运输碳排放因子等相关计算用数据。但因其碳排放因子库的清单有限，后续需要进一步完善。

1.2.3 民用建筑结构全寿命期碳排放计算

根据《建筑碳排放计算标准》GB/T 51366—2019[31]，民用建筑结构碳排放的组成按照阶段可划分为生产、运输、建造、运行、拆除阶段，同时，还需考虑负碳技术[32-34]。因此，民用建筑结构碳排放的计算公式为：

$$C = C_{\mathrm{JC}} + C_{\mathrm{JZ}} + C_{\mathrm{M}} + C_{\mathrm{CC}} + C_{\mathrm{F}} \tag{1.2-2}$$

式中 C——单位建筑面积的结构材料碳排放量；

C_{JC}——结构材料在生产及运输阶段单位建筑面积的碳排放量；

C_{JZ}——结构材料在建造阶段单位建筑面积的碳排放量；

C_{M}——结构材料在运行阶段单位建筑面积的碳排放量；

C_{CC}——结构材料在拆除阶段单位建筑面积的碳排放量；

C_{F}——结构材料负碳技术单位建筑面积的碳排放量。

$$C_{\mathrm{JC}} = \frac{C_{\mathrm{SC}} + C_{\mathrm{YS}}}{A}$$

$$C_{\mathrm{SC}} = M_{\text{混凝土}}F_{\text{混凝土}} + M_{\text{钢筋}}F_{\text{钢筋}} + M_{\text{钢材}}F_{\text{钢材}} + M_{\text{其他}}F_{\text{其他}}$$

$$C_{\mathrm{YS}} = \sum_{i=1}^{n} M_i D_i T_i$$

式中 C_{SC}——结构材料生产阶段的碳排放量；

C_{YS}——结构材料运输阶段的碳排放量；

M_i——主要结构材料消耗量；

F_i——对应的碳排放因子；

D_i——运输距离；

T_i——对应材料单位质量运输距离的碳排放因子；

A——建筑面积。

$$C_{\mathrm{JZ}} = \frac{\sum_{i=1}^{n} E_{\mathrm{JZ},i} EF_i}{A}$$

式中 $E_{\mathrm{JZ},i}$——结构材料建造阶段第 i 种能源总用量；

EF_i——第 i 类能源的碳排放因子。

$$C_{\mathrm{M}} = C_{\mathrm{JCY}} + C_{\mathrm{JZY}} + C_{\mathrm{CCY}} + C_{\mathrm{F}}$$

式中 C_{JCY}、C_{JZY}、C_{CCY}、C_{F}——结构运行过程中相应维护或改造的结构材料在生产及运输阶段、建造阶段、拆除阶段和负碳方面对应的碳排放量。

$$C_{CC}=\frac{\sum_{i=1}^{n}E_{CC,i}EF_i}{A}$$

式中　$E_{CC,i}$——结构材料拆除阶段第 i 种能源总用量。

$$C_F=C_G+C_K$$

式中　C_G——结构材料的固碳技术减碳量；

C_K——可循环结构材料的负碳技术减碳量。

由上可知，对于民用建筑结构碳排放的分析以及相应的设计方法，可结合上述各阶段开展工作。

1.3　民用建筑结构低碳化设计原则

民用建筑结构碳排放主要指民用建筑中的结构构件材料在全寿命期内产生的温室气体排放的总和，以二氧化碳当量表示。而降低其温室气体排放量的设计方法，即为民用建筑结构低碳化设计方法。根据结构材料材质的不同，结构低碳化设计方法可分为混凝土结构低碳化设计方法，钢结构低碳化设计方法，木、竹结构低碳化设计方法，复合材料结构低碳化设计方法等。

很长一段时间以来，民用建筑结构的设计原则一直为“安全、适用、经济、美观”[35]。近些年，随着建筑行业环境保护需求的提升，绿色建筑逐步进入历史舞台，使得民用建筑结构设计原则逐步演变为“安全、适用、经济、美观、绿色”。现如今，双碳目标战略和低碳顶层设计的提出，必然使民用建筑结构设计原则增加“低碳”属性，变为“安全、适用、经济、美观、绿色、低碳”。这里的结构低碳化设计应遵循以下原则：

（1）安全为本原则。众所周知，结构是建筑的脊梁，是建筑的框架，是建筑安全的根本。因此，结构安全是结构设计的关键，也是低碳化设计的基础。提到结构低碳化设计，会让从业者自然而然地想到节省材料，即减少材料用量。但这种思路如果过分地解读和实施，可能会危及甚至降低结构的安全度。合理的低碳化设计是在确保相同安全度前提下，控制材料用量并对冗余的材料进行合理优化，或者在保障一定安全度前提下，进行减肥式的材料用量优化，严格避免因“过度低碳化设计”而影响结构的可靠性或耐久性能。例如，混凝土结构在耐久性和固碳低碳性之间，需要找到一种平衡，来实现混凝土结构的安全、低碳。总之，结构低碳化设计务必与结构基础安全相统一，不可顾此失彼。

（2）生态优先原则。生态优先原则是建筑结构低碳化设计中最核心的原则。结构设计在满足基本的安全、适用、经济的基础上，应通过精细化的选材、节材等手段，找到人、建筑与自然相互和谐且可持续发展的绿色低碳化设计方法。如选用当地适宜的结构材料、就近选择建筑结构材料、选用适合当地气候的结构材料等，充分利用生态的理念来协调人工环境和自然环境的关系，建造人与自然和谐共生的低碳结构。

（3）系统协同原则。结构设计是建筑设计的 5 个基本专业之一，是建筑建造的一个重要部分。而建筑是城市建设的一个单元，是城市系统的一个组成部分。因此，要实现与自然和谐共生的低碳建筑，结构低碳化设计应与其他专业及相关工种或领域进行协同考虑，系统性地整合低碳技术，形成整体低碳的建筑主体。如结构低碳化设计选材应与建筑专业低碳化设计相统一，实现结构材料和建筑材料的低碳化协同；此外，设计阶段的低碳技术还应审视其在其他阶段的低碳性能，实现全寿命期内的碳排放最优。因此，结构低碳化设计需要从多角度、多专业、多阶段等进行系统协同，科学构建低碳化技术路线。

（4）创新技术融合。低碳理念提出时间不长，相应研究和技术措施需逐步跟进并完善。结构低碳化设计技术也会随着相应研究的推进而不断更新，并涌现出大量的创新低碳技术。由此，新的低碳技术如何理性地应用到现实建设中，又如何实现与现有成熟低碳技术相融合，将会成为未来不断面临的重大问题。因此，在结构设计中应树立低碳和创新观念，一边采用成熟的结构低碳化技术，一边勇于在传统技术上进行革新，并不断探索新的低碳化设计方法，建立具有创新、低碳和可靠性一体化的技术体系。例如，混凝土结构在采用低碳化设计方法时，还应关注新型混凝土材料，如采用低碳水泥的混凝土，从而更好地降低混凝土结构的碳排放。结构工程师是理性的行业，其有义务推进绿色、低碳创新，推动建筑业的低碳化发展。

1.4 民用建筑结构低碳化设计现状及局限

1.4.1 民用建筑结构绿色化设计方法现状

我国的低碳化设计是由绿色化设计发展而来的。谈及结构低碳化设计方法，首先需要梳理结构绿色化设计方法现状。众所周知，我国民用建筑结构绿色化设计方法起源于住房和城乡建设部于 2006 年发布的《绿色建筑评价标准》GB/T 50378—2006[36]，其中的节材与材料利用章节内容是结构绿色化的核心要求。

在此基础上，赵彦革[37]系统地给出了结构绿色化设计方法，共分为节材、选材和延长结构服役期三个方面。节材方面，包括选用当地或附近地区生产的结构材料、选用预拌结构材料、选用可再循环结构材料和可再利用结构材料、使用以废弃物为原料生产的结构材料；选材方面，包括采用建筑形体规则性好的结构方案、采用工业化生产的结构构件、合理采用高强度结构材料、优先选用资源消耗少和对环境影响小的结构体系，对地基基础、结构体系及构件选型方案做到合理优化设计；延长结构服役期方面包括适当提高结构的耐久性、适当提高结构的设计荷载、合理设计结构布置以提高其适应度等。

随后，罗利波[38]提出绿色建筑结构设计的三个原则，即节材内容（主要是择优选用建筑形体、地基基础、结构体系、结构构件优化设计、工业化生产的预制构件）、结构材料选用、绿色建筑结构创新点三个方面，给出了绿色建筑结构设计要点。其后，多位学者进行了适当的补充。吴海霞[39]补充了采用高性能混凝土的绿色方法，从而减少砂粒、碎石及水资源用量，并降低碳排放。贺山[40]则补充了合理控制结构高度、引入新的设计理念实现绿色化设计。

这些研究从绿色建筑的角度给出了结构绿色化的设计方法，也在某种程度上奠定了结构低碳化设计方法的基础。

1.4.2 民用建筑混凝土结构低碳化设计方法现状

混凝土结构是我国民用建筑的主要结构材料形式，其应用比例高达 80%～90%，且因其物理和力学性能稳定、经济性能好，将会在以后一段时间内仍被大量采用[41-42]。同时，混凝土结构的主要组成材料是钢筋和混凝土，其中混凝土含有大量水泥（重量比例为 10%～25%）[43-44]，而钢筋和水泥都属于高碳排放强度材料，这使得混凝土结构的碳排放强度居高不下。因此，混凝土结构碳排放状况决定建筑结构整体碳排放情况。当前，混凝土结构的低碳化设计方法主要为：

1. 减少单位面积结构材料用量方法

即在满足各项法规、标准和使用方要求的前提下，对结构设计进行优化，减少单位面积结构材料用量。该方法是最有效的结构低碳化设计方法，也是最为直接的方法。对于新建建筑，可以通过结构设计优化手段，选用合理的结构体系和结构构件形式，合理控制配筋冗余度等，降低其钢筋和混凝土的材料用量；对于既有结构，本着“能用尽用”的原则，充分利用原有结构构件，甚至整体结构构件均不拆除，仅通过合理的加固手段，从而实现最少新增结构材料用量[45-48]。

2. 采用低碳排放强度结构材料方法

即选用碳排放强度低的钢筋和混凝土。一般来讲，结构材料的碳排放强度可以用碳排放因子来衡量。对于钢筋而言，可以根据最新的碳排放因子数据，选用碳排放因子低的钢筋形式或生产工艺；对于混凝土而言，则可以从其组成材料上开展工作，如采用碳排放因子低的水泥、骨料等，也可以通过替换高碳排放强度水泥掺量的方式，如用粉煤灰、矿渣等代替部分水泥[49-51]。

3. 降低结构材料需求的能源消耗方法

即采取措施降低建筑全寿命期内结构材料的能源消耗强度。建筑结构对能源需求产生的碳排放量也较大，包括必要的生产、建造、维护和拆除能耗。可以通过结构构件工厂化的生产方式，提升能源利用效率；还可以合理拆分结构构件，如预制混凝土构件重量小于 5t，钢结构构件根据机械设备情况拆分等，降低运输、安装等对重型设备的需求；采用便于更换的结构节点连接做法，可以有效降低结构维护、拆除时的能耗[52-54]。

此外，高飞[55]、刘奕鸣[56]以及方万灵[57]均分别提出对于高层混凝土低碳建筑的看法，即现代高层建筑多采用钢筋混凝土结构，其在低碳环保理念下的高层建筑结构设计应关注：①选择合适的结构材料，包括材料强度和弹塑性性能；②选择合适的建筑形体，降低风荷载作用；③选择合适的结构体系，如钢结构装配式建筑或混凝土装配式建筑；④充分利用自然原理，使结构设计利于自然通风，降低机电负荷等。

1.4.3　民用建筑钢结构低碳化设计方法现状

钢结构很早便被认为是绿色、环保材料，早在 2006 年《绿色建筑评价标准》GB/T 50378—2006[36]中就给出钢结构是资源消耗少、环境影响小的建筑形式，并已形成共识被广泛接受。当时，主要考虑的维度是建造和废弃物拆除，尤其是施工阶段的角度。但是，如果基于全寿命期考虑钢结构生产阶段的高碳排放情况，其是否也是低碳的结构形式则需要另行研究。

《绿色建筑评价标准》GB/T 50378—2019[58]中给出的钢结构低碳化设计方法为采用高强度钢材，如 Q355 或 Q355GJ 及以上钢材。陈鑫钰[59]指出，钢结构作为一种新兴发展的建筑结构形式，在节能减排方面有着其独特的优势，必将成为低碳建筑所采用的最重要的结构形式。钢结构建筑在施工阶段、使用阶段和拆除回收利用阶段的碳排放较混凝土建筑占据优势。王恒华等[60]系统地梳理了钢结构和低碳建筑的关系，并重点对建筑施工阶段、使用阶段和拆除回收利用阶段的碳排放量这三个方面，阐述选用钢结构作为低碳建筑结构形式的优势。

王震强[61]、张扬[62]和焦恩冕[63]则从装配式建筑角度出发，对装配式钢结构的绿色、低碳性能进行梳理，给出当前的困境和未来的前景，以及装配式钢结构的应用场景，如模块化装配式钢结构、公共建筑以及住宅的应用情况等，为钢结构的低碳设计提供一种新的思路。

陈伟[64]专门对耐候钢的低碳性能进行分析，给出耐候钢相比传统建筑用钢，其腐蚀速率仅为传统建筑用钢的 40%～50%，可显著提高钢结构的寿命（图 1.4-1），使建筑在服役过程中免于维护，大大降低了结构的维护成本，提高了结构的安全性和稳定性。

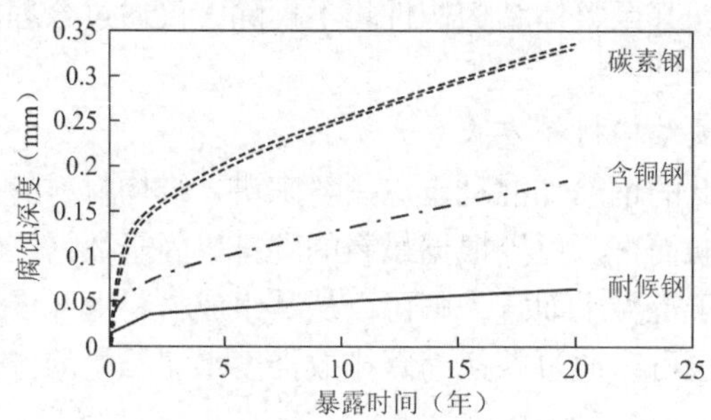

图 1.4-1 碳素钢及低合金钢长期大气暴晒结果[64]

1.4.4 民用建筑竹、木结构低碳化设计方法现状

竹、木结构因防火等方面问题，在国内用量一直较少[65-67]。但随着“双碳目标”的提出，具有低碳性能的竹、木结构将会迎来发展的春天。本书将两种结构放在一起进行研究，主要考虑两种结构形式在低碳方面有很多共同点，如材料可再生、有良好的固碳能力、隐含碳排放相对低等。

李宏敏等[68]采用模型分析法对竹、木结构建筑进行物化阶段碳排放量和碳汇评估，得出的结论是竹结构单位建筑面积碳排放量分别是钢筋混凝土结构和钢结构的 47.30%和57.60%，轻型木结构的对应占比分别是 35.09%和 42.73%，轻型木结构单位建筑面积碳排放量最低。但竹结构单位建筑面积固碳量为碳排放量的 1.27 倍，是负碳建筑；轻型木结构单位建筑面积固碳量为碳排放量的 82.80%，固碳量可以抵消大部分碳排放量，是低碳建筑。同时，不同类型的木结构物化阶段碳排放量也存在较大差异。井干式木结构单位建筑面积碳排放量最少，是轻型木结构的 55.16%；现代木框架结构单位建筑面积碳排放量最多，是轻型木结构的 1.14 倍。由此，进行低碳结构选型时，在满足相关要求的前提下，优先选择竹结构，其次为木结构；木结构中，优先选用井干式木结构，其次为轻型木结构，最后为现代木框架结构。

高凌[69]指出，木结构的空气污染指数最低，钢结构和混凝土结构产生的空气污染分别是木结构的 1.7 倍和 2.2 倍；木结构的材料对水毒性的影响亦最低，钢结构和混凝土结构分别是木结构的 3.47 倍和 2.15 倍；木结构建筑的温室效应最低，钢结构和混凝土结构分别是木结构的 1.2 倍和 1.5 倍；木结构在生产及建造过程中产生的固体废料最少，钢结构的废料是木结构的 1.36 倍；生态资源的使用，经综合评估，木结构攫取的资源最少，钢结构是木结构的 1.16 倍。因此，竹、木结构是“低碳结构”的首选建筑材料。

1.4.5　民用建筑复合材料结构低碳化设计方法现状

纤维增强复合材料作为一种新型建筑材料，引起了国内外广泛关注。复合材料具有较高的比强度和比模量、优异的耐腐蚀性和卓越的疲劳性能[70]。在土木建筑领域，使用复合材料不仅可以提升结构性能，还可以降低结构碳排放量[71]。

首先，复合材料人行桥在多个国家得到了成功应用，在减少碳排放方面展现了出巨大潜力。在荷兰，一座近海人行桥工程表明，使用复合材料替代钢材建造桥梁上部结构可以有效地降低碳排放量。研究发现，玻璃纤维复合材料桥梁的碳排放量仅为钢结构桥梁的一半左右[72]。在日本冲绳地区，一座人行桥也表明复合材料桥梁与预应力混凝土桥相比，产生的二氧化碳排放量更少（减少约四分之一）[73-74]。研究发现，用玻璃纤维复合材料建造的桥梁上部结构自重更轻，因此其下部结构的设计荷载更小，可以进一步降低桥梁下部结构的材料用量和碳排放量。由于复合材料桥梁的自重更轻，其运输和施工阶段排放的二氧化碳也更少。研究发现，使用复合材料桥面板取代老化的混凝土桥面板可以有效地减少二氧化碳排放量[75-76]。

此外，复合材料良好的环境耐久性能也有利于减少二氧化碳的排放。例如，在近海环境中，混凝土结构和钢结构常需要使用额外的防腐蚀措施，而复合材料结构的防腐方法更为简便，且维护周期更长，从而减少了防腐相关的二氧化碳排放量[77]。相同的例子还包括，在湿热环境中服役的农用轻型结构，研究发现与需要定期进行防腐维护的钢结构相比，玻璃纤维复合材料结构可以实现全寿命期内零维护，因此其全寿命期二氧化碳排放量较同类型钢结构减少了约三分之一[78]。

本书第 5 章聚焦于复合材料在土木建筑领域的三个代表性工程应用，包括复材型材人行桥结构、复材筋混凝土结构和复材片材加固结构，针对这三个应用场景，具体分析复合材料为土木建筑结构带来的减碳效果。

1.4.6　民用建筑结构低碳化设计局限

当前，建筑行业的低碳化研究多集中在运行阶段的能耗降低以及建材生产阶段减少碳排放量上，对设计维度关注不多[79-81]。而从建筑全寿命期角度考虑，建筑设计是决定各个阶段的碳排放量的关键因素，结构低碳化设计方法也对各个阶段的碳排放有重大影响。当前，在建筑结构低碳化设计方法的研究与应用中，还存在以下几方面的局限。

1. 结构低碳化设计相关标准及措施亟待完善

标准、规范一直是建筑工程技术的重要依据和操作指引，是决定建设项目能否成功建设的准绳。我国关于碳排放的标准比较少，最新的标准为《建筑碳排放计算标准》GB/T 51366—2019[31]。而其阶段划分中未体现设计阶段，且阶段范围不全，如缺少废弃物回收阶段。现如今，还没有关于建筑结构低碳化设计方面的标准，相应结构低碳化设计措施的研究也不足。结构工程师仅能参照绿色建筑相关标准（《民用建筑绿色设计规范》JGJ/T 229—2010[82]、《绿色建筑评价标准》GB/T 50378—2019[58]等）进行定性低碳化设计，无法准确且量化进行低碳化设计工作。因此，亟须加强对建筑结构低碳化设计方法及措施的研究，建立系统性低碳标准，来有效指引建筑结构工程师进行低碳化设计。

2. 结构碳排放因子等基础数据研究不足

目前，进行建筑碳排放常用的方法为排放因子法。我国《建筑碳排放计算标准》GB/T 51366—2019[31]也是采用排放因子法来指导建筑行业进行碳排放计算。该方法适用范围广、操作简单，但对基础数据研究要求较高。从现有的标准及相关资料中发现，关于结构碳排放因子等基础数据研究还不足。以常用的钢材为例,《建筑碳排放计算标准》GB/T 51366—2019[31]中仅给出因锻造方式不同的碳排放因子，而未给出不同钢材牌号的碳排放因子；混凝土材料也仅给出了 C30 和 C50 的碳排放因子，其他强度等级并未给出。由此，现阶段数据无法有效指引结构材料进行低碳化设计和选材，相关研究刻不容缓。

3. 结构绿色化和低碳化设计方法相互协调关系研究不足

建筑结构低碳化设计方法需要以现有的结构标准规范为基础，以低碳化性能为目标，找到结构的环境属性，从而进行多维度协调的设计。而建筑结构绿色化设计方法则以环境保护、资源节约为目标，未能有效体现低碳化性能，从而导致两者间并不能完全统一（这一点也常被从业者所忽视）。比如，绿色建筑鼓励采用高强度材料，如混凝土柱采用高强混凝土 C50 的比例达到 50%以上，却忽略了混凝土强度等级越高碳排放因子越高的因素，没有做到节省材料用量与碳排放因子的协调，导致绿色的建筑并不一定是低碳的建筑。如今，有众多建筑学者均从绿色建筑的维度考虑低碳建筑，包括结构领域，这是不科学的。总之，绿色建筑的结构措施，不一定就是低碳的，建筑结构绿色化和低碳化设计方法的相互关系研究亟须开展。

4. 结构可靠性与低碳性的相互耦合关系研究不足

长期以来，结构设计均以结构可靠性为研究重点，包括承载能力和耐久性能等方面，而对结构的低碳性能研究甚少。同时，结构的可靠性对结构材料的用量和性能都提出了最低要求，而结构的低碳性能则需要控制结构材料的用量和选型，两者之间存在一个平衡，亟须找到新的设计理念来协调。此外，水泥基的混凝土结构具有很好的碳汇性能，理论上可以将熟料生产过程中释放的 CO_2 尽数吸收[83-85]；而混凝土结构的碳化又对结构耐久性有不利影响。因此，需要找到混凝土结构在碳化耐久性和碳汇环保性间的双向影响关系以及设计理念，从而指引混凝土结构进行可持续性设计，即从针对经验性减碳策略的可靠性保障，过渡至明确减碳目标下的结构可靠性与碳排放量级同步控制。

总之，结构低碳化设计方法和应用缺乏系统性研究及技术路线，结构方案选型、结构体系及特殊结构形式的低碳性能研究还不足，对结构材料强度的低碳化选择的定量分析以及结构使用工作状态对碳排放的影响研究还需要深入。

1.5 民用建筑结构低碳化设计意义

众所周知，民用建筑碳排放主要由运行碳排放和隐含碳排放组成[86]。其中，结构碳排放主要体现在隐含碳排放中。当前，建筑行业的低碳化解决多集中在机电节能减排上，对结构低碳化设计的关注度及研究还不够。为更好地说明结构低碳化设计的重要意义，本书将从建筑单体和年度整体两个角度加以阐述。

1. 以单体角度对结构低碳化设计进行分析

关于单体建筑运行碳排放和隐含碳排放各自所占比例，很多学者进行了大量研究。其中，江亿[87]指出，70 年寿命的建筑运行碳排放占比为 77%；王有为[88]提出 50 年寿命的建筑运行碳排放占比约为 80%。由此可见，建筑隐含碳占比约为 20%～23%。

为了探究单体建筑不同运行年数时对应运行碳排放和隐含碳排放的比例关系，运用数学公式，可以得出运行碳排放占比 $m=\frac{C_{运}\times n}{C_{隐}+C_{运}\times n}$。其中，$n$ 为建筑运行年数。

根据王有为[88]的研究成果，即 50 年寿命运行碳占比 80%，可知：$C_{隐}=12.5C_{运}$。由此，不同运行年数隐含碳排放占比为：$\frac{12.5}{12.5+n}$。因此，如图 1.5-1 所示，得出了单体建筑结构碳排放随运行年数变化的规律，图 1.5-2 展示了单体建筑结构碳排放随运行年数变化占比分析。

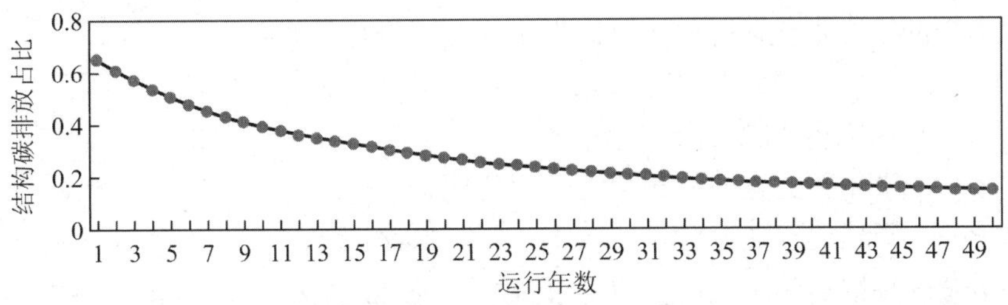

图 1.5-1　基于王有为[88]研究成果推演单体建筑结构碳排放随运行年数变化所占比例图示

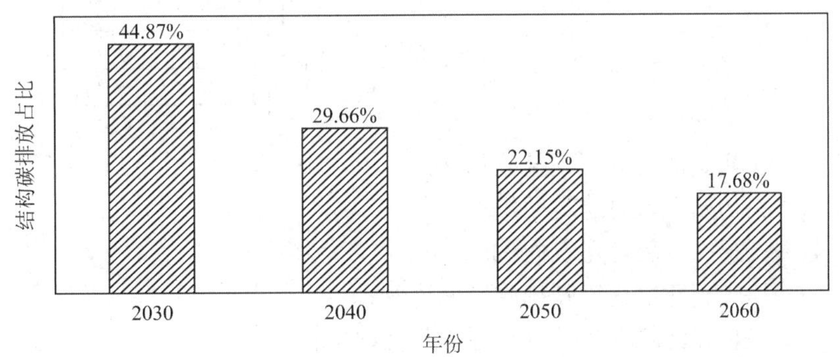

图 1.5-2　基于王有为[88]研究成果推演单体建筑结构碳排放随运行年数变化占比分析

参照江亿[87]的研究成果，即 70 年寿命运行碳占比 77%，可知：$C_{隐}=21C_{运}$。由此，不同运行年数隐含碳排放占比为：$\frac{21}{21+n}$。所以，如图 1.5-3 所示，得出了单体建筑结构碳排放随运行年数变化的规律，以及图 1.5-4 展示了单体建筑结构碳排放随运行年数变化占比分析。

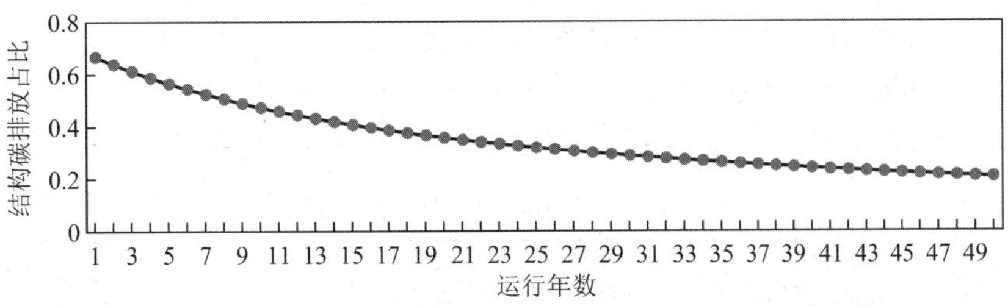

图 1.5-3　基于江亿[87]研究成果推演单体建筑结构碳排放随运行年数变化所占比例图示

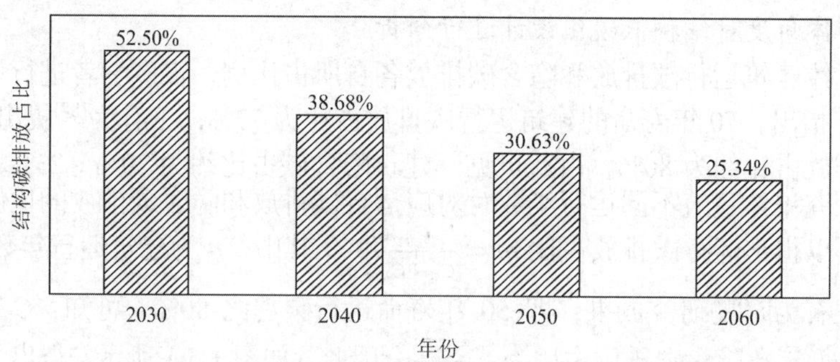

图 1.5-4 基于江亿[87]研究成果推演单体建筑隐含碳排放随运行年数变化占比分析

2. 按照年度整体对结构碳排放进行估算

我国建筑的年度隐含碳排放，可以按下面公式进行估算：

$$C_{隐n} = C_{隐0} \times \alpha^n \times (1-\beta)^n$$

式中 $C_{隐0}$——初始建筑隐含碳排放总和；

α——当年新建建筑面积与上一年比值；

β——新建建筑建造碳排放较上一年降低比例；

n——年数。

我国建筑的年度运行碳排放，可以按照下面公式进行估算：

$$C_{运n} = C_{运0} \times (1-\gamma)^n + \frac{A_1 \cdot C_{运0}}{A_0} \times \frac{\left[1 - \dfrac{\alpha^n \times (1-\delta)^n}{(1-\varepsilon)^n}\right]}{\left[1 - \dfrac{\alpha \times (1-\delta)}{(1-\varepsilon)}\right]}$$

式中 $C_{运0}$——初始建筑运行碳排放总和；

A_0——初始建筑总建筑面积；

A_1——第一年新增建筑面积；

γ——既有建筑逐年碳排放降低比例；

δ——新建建筑运行碳排放逐年降低比例；

ε——新建建筑变为既有建筑后碳排放逐年降低比例。

根据中国建筑节能协会《中国建筑能耗与碳排放研究报告（2021）》[89]报告统计，我国建筑隐含碳排放为 28.7 亿 tCO_2（为 $C_{隐0}$），运行碳排放为 21.3 亿 tCO_2（为 $C_{运0}$），再根据 2019 年我国总建筑面积约 760 亿m^2（为 A_0），2020 新增 19.8 亿 m^2（为 A_1），并对各种情况碳排放增减比例取值进行合理假定为：α 取 0.99，β 取 0.005，γ 取 0.002，δ 取 0.02，ε 取 0.001，由此可得建筑碳排放预测情况如表 1.5-1 所示，年度建筑隐含碳排放占比随时间变化如图 1.5-5 所示，年度建筑总碳排放随时间变化如图 1.5-6 所示，年度整体结构碳排放占比随时间变化如图 1.5-7 所示。由图 1.5-5 可知，建筑隐含碳排放是逐年降低的；由图 1.5-6 可知，建筑行业总碳排放在 2030 年可以实现碳达峰，但 2060 年碳中和的压力很大。

建筑年度碳排放随年份变化预测 **表 1.5-1**

序号	年份	新建建筑面积（亿 m^2）	隐含碳排放（亿 tCO_2）	运行碳排放（亿 tCO_2）	年度隐含碳与运行碳比值	总碳排放（亿 tCO_2）
1	2019	20.00	28.70	21.30	57.40%	50.00

续表

序号	年份	新建建筑面积（亿 m^2）	隐含碳排放（亿 tCO_2）	运行碳排放（亿 tCO_2）	年度隐含碳与运行碳比值	总碳排放（亿 tCO_2）
2	2020	19.80	28.27	21.80	56.46%	50.07
3	2021	19.60	27.85	22.29	55.55%	50.14
4	2022	19.41	27.43	22.76	54.66%	50.19
5	2023	19.21	27.02	23.21	53.79%	50.23
6	2024	19.02	26.62	23.65	52.95%	50.27
7	2025	18.83	26.22	24.08	52.12%	50.30
8	2026	18.64	25.83	24.50	51.32%	50.32
9	2027	18.45	25.44	24.90	50.54%	50.34
10	2028	18.27	25.06	25.29	49.78%	50.35
11	2029	18.09	24.69	25.66	49.03%	50.35
12	2030	17.91	24.32	26.03	48.30%	50.34
13	2040	16.19	20.92	29.08	41.84%	50.00
14	2050	14.65	17.99	31.26	36.53%	49.26
15	2060	13.25	15.48	32.80	32.06%	48.28

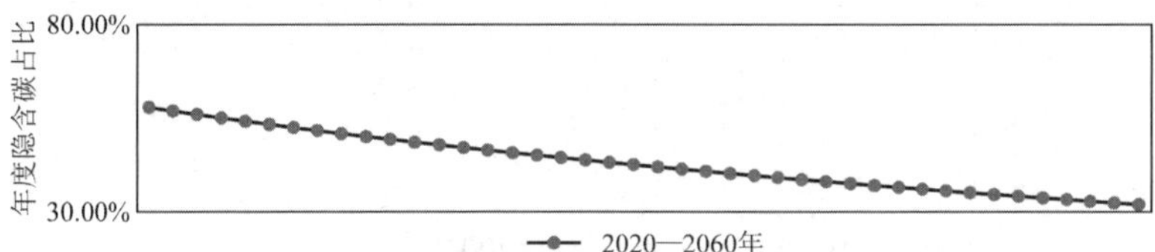

图 1.5-5　年度建筑隐含碳排放占比随时间变化图示

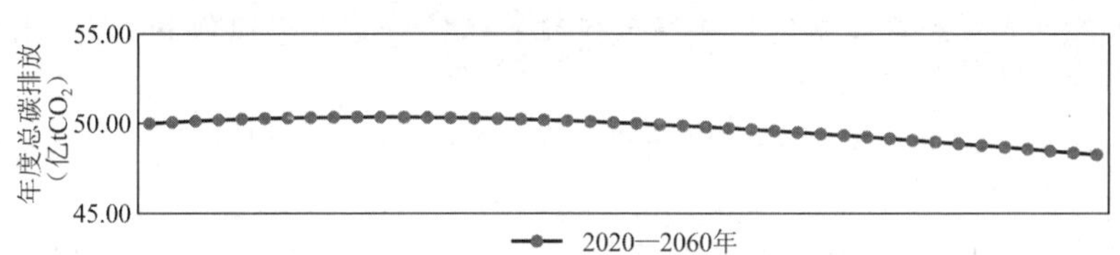

图 1.5-6　年度建筑总碳排放随时间变化图示

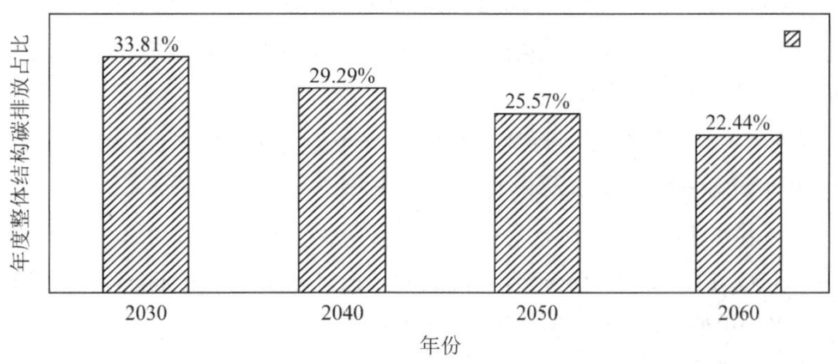

图 1.5-7　年度整体结构碳排放占比随时间变化图示

根据单体角度研究结果可知，2023 年建成的新建单体建筑到 2030 年运行年数满 7 年时，其结构碳排放占比达 45%～52%；到 2060 年时，结构碳排放占比达 18%～25%。根据年度整体研究结果可知，年度整体结构碳排放在 2030 年时占比接近 34%；到 2060 年时，占比也高达 22.44%。由此可见，结构低碳化设计对 2030 年建筑行业碳达峰至关重要，占比约为 1/3～1/2；对 2060 年碳中和也有较大影响。因此，进行结构低碳化设计方法研究并推广和应用，对降低建筑行业碳排放具有非常重要的意义。

1.6 本章小结

综上所述，民用建筑结构低碳化设计是建筑行业实现“双碳目标”的重要手段。而其相关研究还处于初级阶段，迫切需要开展系统性分析和研究。

本书将详细解析民用建筑领域各种结构形式的低碳化结构设计方法，包括混凝土结构，钢结构，木、竹结构以及复合材料结构的低碳优化策略。为了确保本书所传达的内容不仅具有安全性与可靠性，同时也关注生态环境，将严格遵循安全优先、生态优化和系统协同的原则，通过精准、节约的选材方式，探讨如何实现民用建筑可持续发展的结构低碳化设计方法。此外，书中还将梳理多个成功低碳化结构设计案例，深入解析其成功要素，为其他民用建筑的低碳优化设计提供启示。

参考文献

[1] 吴兑. 温室气体与温室效应[M]. 北京: 气象出版社, 2003.

[2] 翟桂英, 王树堂, 崔永丽, 等. 碳达峰与碳中和国际经验研究[M]. 北京: 中国环境科学出版社, 2021.

[3] 郑军, 刘婷. 主要发达国家碳达峰碳中和的实践经验及对中国的启示[J]. 中国环境管理, 2023(4):18-25+43.

[4] 习近平在第七十五届联合国大会一般性辩论上的讲话（全文）[R]. 北京: 中华人民共和国国家互联网信息办公室, 2020.

[5] 2021 Global Status Report for Buildings and Construction: Towards a Zero-emission, Efficient and Resilient Buildings and Construction Sector [R]. Nairobi: United Nations Environment Programme, 2021.

[6] 中国建筑能耗与碳排放研究报告（2022）[R]. 北京: 中国建筑节能协会能耗统计专委会, 2022.

[7] 陈华盾, 赵子豪, 刘红波. 基于过程的建筑全生命周期碳排放核算问题及对策[C]//第二十二届全国现代结构工程学术研讨会, 2022.

[8] 谈竹奎, 王扬, 吴鹏, 等. 一种基于排放因子法的园区碳排放核算方法: 202311663394[P]. 2024-08-14.

[9] 王子博. 基于用地类型的县域工业园区碳排放核算与预测方法研究——以河北武安工业园区为例[D]. 天津: 天津大学, 2020.

[10] HAES de UDO, EDS H A. Towards a methodology for life cycle impact assessment[C]//Society of Environmental Toxicology and Chemistry, Brussels, 1996.

[11] 陈乔. 建筑工程建设过程碳排放计算方法研究[D]. 西安: 长安大学, 2014.

[12] Revised 1996 IPCC guidelines for National Greenhouse Gas Inventories [R]. Paris: Intergovernmental Panel

on Climate Change, 1997.

[13] 张霞. 装配式建筑全寿命期碳排放测算及减排设计策略研究[D]. 长春: 吉林建筑大学, 2023.

[14] 刘明达, 蒙吉军, 刘碧寒. 国内外碳排放核算方法研究进展[J]. 热带地理, 2014, 34(2): 248-258.

[15] 李小冬, 朱辰. 我国建筑碳排放核算及影响因素研究综述[J]. 安全与环境学报, 2020, 20(1): 317-327.

[16] 张孝存. 建筑碳排放量化分析计算与低碳建筑结构评价方法研究[D]. 哈尔滨: 哈尔滨工业大学, 2018.

[17] 申立银, 陈进道, 严行, 等. 建筑生命周期物化碳计算方法比较分析[J]. 建筑科学, 2015, 31(4): 89-95.

[18] 2006 IPCC Guidelines for National Greenhouse Gas Inventories[R]. Paris: Intergovernmental Panel on Climate Change, 2006.

[19] WRI/WBCSD. The greenhouse gas protocol: A corporate accounting and reporting standard revised edition. Geneva: World Business Council for Sustainable Development and World Resource Institute[S]. 2004.

[20] WRI/WBCSD. The greenhouse gas protocol: Project accounting. Geneva: World Business Council for Sustainable Development and World Resource Institute[S]. 2005.

[21] WRI/WBCSD. The greenhouse gas protocol: Designing a customized greenhouse gas calculation tool. Geneva: World Business Council for Sustainable Development and World Resource Institute[S]. 2006.

[22] ISO technical committee ISO/TC 207. ISO 14064-1Greenhouse gases//Part 1: Specification with guidance at the organization level for quantification and reporting of greenhouse gas emissions and removals[S]. Switzerland, 2006.

[23] ISO technical committee ISO/TC 207. ISO 14064-2 Greenhouse gases//Part 2: Specification with guidance at the project level for quantification, monitoring and reporting of greenhouse gas emission reductions or removal enhancements[S]. Switzerland, 2006.

[24] ISO technical committee ISO/TC 207. ISO 14064-3 Greenhouse gases//Part 3: Specification with guidance for the validation and verification of greenhouse gas assertions[S]. Switzerland, 2006.

[25] ISO technical committee ISO/TC 207. ISO 14040 Environmental management-Lifecycle assessment-Principles and framework[S]. Switzerland, 2006.

[26] ISO technical committee ISO/TC 207. ISO 14044 Environmental management-Lifecycle assessment-Requirements and guidelines[S]. Switzerland, 2006.

[27] ISO technical committee ISO/TC 207. ISO 14067:2013 Greenhouse gases-Carbon footprint of products-Requirements and guidelines for quantification and communication [S].Switzerland, 2013.

[28] British Standards Institution. PAS 2050:2011: Specification for the assessment of the life cycle greenhouse gas emissions of goods and services[S]. 2011.

[29] 国家发展改革委能源研究所. 省级温室气体清单编制指南[R]. 2011.

[30] 中国工程建设标准化协会. CECS 374: 2014 建筑碳排放计量标准[S]. 北京: 中国计划出版社, 2014.

[31] 中华人民共和国住房和城乡建设部. 建筑碳排放计算标准: GB/T 51366—2019[S]. 北京: 中国建筑工业出版社, 2019.

[32] 赵彦革, 孙倩, 韦婉, 等. 建筑结构类型及方案对碳排放的影响研究[J]. 建筑结构, 2023, 53(17): 14-18.

[33] 苏鹏宇, 姚恩明, 李征. 基于全生命周期的现代木结构建筑碳足迹研究[J]. 中国环境科学, 2023, 43(12): 6657-6666.

[34] 温日琨, 祁神军. 不同结构住宅建筑碳排放流的模拟研究[J]. 建筑科学, 2015, 31(6): 26-34.

[35] 李浩霞, 刘海霞, 宋艳萍, 等. 基于安全、适用、经济、美观的建筑创作思考[J]. 江汉石油学院学报, 1999, 21(2): 93-34.

[36] 中华人民共和国住房和城乡建设部. 绿色建筑评价标准: GB/T 50378—2006[S]. 北京: 中国建筑工业出版社, 2006.

[37] 赵彦革. 结构绿色设计方法[J]. 住宅产业, 2014, 11(12):44-49.

[38] 罗利波. 绿色建筑结构设计要点[J]. 低碳世界, 2017, 7(7): 177-178.

[39] 吴海霞. 如何在结构设计中做到绿色设计[J]. 门窗, 2019, 13(12): 12.

[40] 贺山. 建筑混凝土结构的绿色设计分析[J]. 低碳世界, 2017, (4): 163-164.

[41] Concrete needs to lose its colossal carbon footprint[J]. Nature, 2021, 597: 593-594.

[42] YANG D, GUO J, SUN L, et al. Urban buildings material intensity in China from 1949 to 2015. Resour Conserv Recycl, 2020, 159: 104824.

[43] 郑娟荣, 赵雪飞. 胶凝材料性质对干混砂浆抗压强度的影响研究[J]. 混凝土, 2014(10): 127-130.

[44] 王雨利, 周明凯, 李北星, 等. 石粉对水泥湿堆积密度和混凝土性能的影响[J]. 重庆建筑大学学报, 2008, 30(6): 151-154.

[45] LANGSTON C, WONG F K W, HUI E C M, et al. Strategic assessment of building adaptive reuse opportunities in Hong Kong. Building & Environment, 2008, 43(10): 1709-1718.

[46] 曾亮, 肖建庄, 陈立浩, 等. 建筑旋转平移的基本方法探究[J]. 建筑科学与工程学报, 2021, 38(4): 57-64.

[47] 夏冰, 肖建庄, 吕凤悟, 等. 结构拆解力学分析基础与基本方法[J]. 同济大学学报（自然科学版）, 2020, 48(8): 1083-1092, 1198.

[48] XIAO J, DING T, ZHANG Q. Structural behavior of a new moment-resisting DfD concrete connection[J]. Engineering Structures, 2017, 132(1): 1-13

[49] SCRIVENER K, MARTIRENA F, BISHNOI S, et al. Calcined clay limestone cements (LC3) [J]. Cement Concrete Res, 2018, 114: 49-56.

[50] MCLELLAN B C, WILLIAMS R P, LAY J, et al. Costs and carbon emissions for geopolymer pastes in comparison to ordinary portland cement [J]. J Clean Prod, 2011, 19(9/10): 1080-1090.

[51] 沈卫国, 谭昱, 吴磊, 等. 三种浇筑工艺制备混凝土的生命周期评价[J]. 混凝土, 2012 (7): 21-25.

[52] SAYNAJOKI A, HEINONEN J, JUNNILA S. A scenario analysis of the life cycle greenhouse gasemissions of a new residential area[J]. Environmental Research Letters, 2012 (7): 34-37.

[53] LI D Z, CHEN H X, HUI E C M, et al. A methodology for estimating the life-cycle carbon efficiency of a residential building[J]. Building and Environment, 2013, 59 (1): 448-455.

[54] 欧晓星. 低碳建筑设计评估与优化研究[D]. 南京: 东南大学, 2016.

[55] 高飞. 低碳环保理念下的高层建筑结构设计分析[J]. 建材与装饰, 2018, 14(7): 120-121.

[56] 刘奕鸣. 低碳环保理念下的高层建筑结构设计探索[J]. 科技咨询, 2019, 17(7): 174-175.

[57] 方万灵. 探究低碳环保理念下的高层建筑结构[J]. 四川水泥, 2020, 42(5): 115.

[58] 中华人民共和国住房和城乡建设部. 绿色建筑评价标准: GB/T 50378—2019[S]. 北京: 中国建筑工业出版社, 2019.

[59] 陈鑫钰. 低碳环保绿色钢结构[C]//全国钢结构设计与施工学术会议论文集, 2014: 287-289.

[60] 王恒华, 俞晓, 王熹宇. 钢结构与低碳建筑[J]. 江苏建筑, 2011(139): 116-118.

[61] 王震强. 绿色装配式钢结构建筑可持续发展路径分析[J]. 施工技术, 2022(2): 136-138.

[62] 张扬. 绿色装配式钢结构建筑体系及实践探讨[J]. 四川水泥, 2021(12): 119-120.

[63] 焦恩冕. 绿色装配式钢结构建筑体系及应用方向[J]. 中国建筑金属结构, 2020(11): 86-87.

[64] 陈伟. 耐候钢在钢结构建筑领域的应用前景研究[J]. 建设科技, 2020(17): 8-10.

[65] 李海涛, 郑晓燕, 郭楠, 等. 现代竹木结构[M]. 北京: 中国建筑工业出版社, 2020.

[66] 杨玉梅. 木结构住宅的优点以及在我国的发展[J]. 林产工业, 2007(5): 13-14.

[67] WANG B J, DAI C. Development of structural laminated veneer lumber from stress graded short-rotation hem-fir veneer[J]. Construction and Building Materials, 2013, 47, 902-909.

[68] 李宏敏, 许鑫凯, 王雨桐, 等. 竹木结构建筑物化阶段碳排放量和碳汇评估[J]. 林产工业, 2022, 59(9): 64-68.

[69] 高凌. 我国低碳节能型木结构建筑的发展之路[J]. 重庆建筑, 2011, 10(5): 49-52.

[70] HOLLAWAY L C. A review of the present and future utilisation of FRP composites in the civil infrastructure with reference to their important in-service properties[J]. Construction and Building Materials, 2021, 24(12): 2419-2445.

[71] LIU T Q, LIU X, FENG P. A comprehensive review on mechanical properties of pultruded FRP composites subjected to long-term environmental effects[J]. Composites Part B: Engineering, 2020, 191: 107958.

[72] DANIEL R A. Environmental considerations to structural material selection for a bridge[J]. In European Bridge Engineering Conference, Lightweight Bridge Decks, Rotterdam. 2003.

[73] TANAKA H, TAZAWA H, KURITA M, et al. A case study on life-cycle assessment of environmental aspect of FRP structures[R]. In Third International Conference on FRP Composites in Civil Engineering (CICE), Miami, United States. 2006.

[74] DAI J G, UEDA T. Carbon footprint analysis of fibre reinforced polymer (FRP) incorporated pedestrian bridges: A Case Study[J]. In Key Engineering Materials, 2012, 517: 724-729.

[75] MARA V, HAGHANI R. Upgrading Bridges with Fibre Reinforced Polymer Decks – A Sustainable Solution[J]. In Conference on Civil Engineering Infrastructure Based on Polymer Composites (CECOM), 2012, 1: 79-80.

[76] MARA V, HAGHANI R, HARRYSON P. Bridge decks of fibre reinforced polymer (FRP): A sustainable solution[J]. Construction and Building Materials, 2014, 50: 190-199.

[77] LI Y F, YU C C, CHEN S Y, et al. The carbon footprint calculation of the GFRP pedestrian bridge at Tai-Jiang National Park[J]. International Review for Spatial Planning and Sustainable Development, 2013, 1(4): 13-28.

[78] LI Y F, YU C C, MEDA H A. A study of the application of FRP structural members to the green fences[C]//3rd Annual International Conference on Architecture and Civil Engineering, 2015.

[79] SERBER-D Stein R G. Energy Conservation Through Building Design[M]. New York: McGraw HILL, 1979.

[80] LI D Z, CUI P, LU Y J. Development of an automated estimator of life-cycle carbon emissions for residential buildings: A case study in Nanjing, China[J]. Habitat International, 2016, 57: 154-163.

[81] WANG F L, ZHANG X C. Life-cycle assessment and control measures for carbon emissions of typical buildings in China[J]. Building and Environment, 2015, 86: 89-97.

[82] 中华人民共和国住房和城乡建设部. 民用建筑绿色设计规范: JGJ/T 229—2010 [S]. 北京: 中国建筑工业出版社, 2010.

[83] XI F, DAVIS S J, CIAIS P, et al. Substantial global carbon uptake by cement carbonation[J]. Nature

Geoscience, 2016, 9(12): 880-883.

[84] CHURKINA G, ORGANSCHI A, REYER C P O, et al. Buildings as a global carbon sink[J]. Nature Sustainability, 2020, 3: 269-276.

[85] CAO Z, MYERS R J, LUPTON R C, et al. The sponge effect and carbon emission mitigation potentials of the global cement cycle[J]. Nature Communications, 2020, 11(1): 1-9.

[86] IBN-MOHAMMED T, GREENOUGH R, TAYLOR S, et al. Operational vs. embodied emissions in buildings—A review of current trends[J]. Energy & Buildings, 2013, 66: 232-245.

[87] 江亿. 建筑领域的绿色低碳转型[R]. 2022.

[88] 王有为. 建设领域双碳实践的若干认知[J]. 建设科技, 2022(3): 8-12.

[89] 中国建筑能耗与碳排放研究报告（2021）[R]. 北京: 中国建筑节能协会能耗统计专委会, 2021.

第 2 章

混凝土结构低碳化设计方法与应用

混凝土结构设计作为建筑全寿命期的伊始，其在极大程度上影响着建筑生产、运输、建造、运营、拆除和回收等各环节的物质和能量消耗[1]。因此，在结构设计阶段引入低碳的理念，无疑是推动建筑全过程碳排放有效降低的关键举措。本章将在遵循《建筑碳排放计算标准》GB 51366—2019[2]、《混凝土结构通用规范》GB 55008—2021[3]、《混凝土结构设计标准》GB/T 50010—2010（2024 年版）[4]、《建筑抗震设计标准》GB/T 50011—2010（2024 年版）[5]、《高层建筑混凝土结构技术规程》JGJ 3—2010[6]等国家现行规范的基础上，围绕建筑结构设计阶段，对混凝土结构体系、构件选型、设计标准、装配式构件和预应力技术对碳排放的影响展开深入研究。

2.1 混凝土结构方案低碳化设计方法

混凝土结构低碳化设计方法中影响最大的因素便是结构方案，包括结构形体低碳化设计和结构体系低碳化设计，也是最主要的混凝土结构低碳化设计方法[7-9]。

2.1.1 混凝土结构形体低碳化设计

我们这里的结构形体是指《建筑抗震设计标准》GB/T 50011—2010（2024 年版）[5]中规定的建筑形体，即按其规则性划分为四类：规则、不规则、特别不规则和严重不规则四个等级。同时，对于建筑创作而言，建筑形体是一种人为创造的物质形态。建筑的“形”，可以理解为是抽象的“点、线、面、体”这四点概念要素，被赋予了视觉要素，如形状、尺寸、色彩、质感、位置、方位、视觉惯性[10]。建筑形体则是建筑空间的外在表现。由于人们对建筑空间和形态的美学需求，建筑形体也趋于复杂化，如图 2.1-1～图 2.1-4 所示。

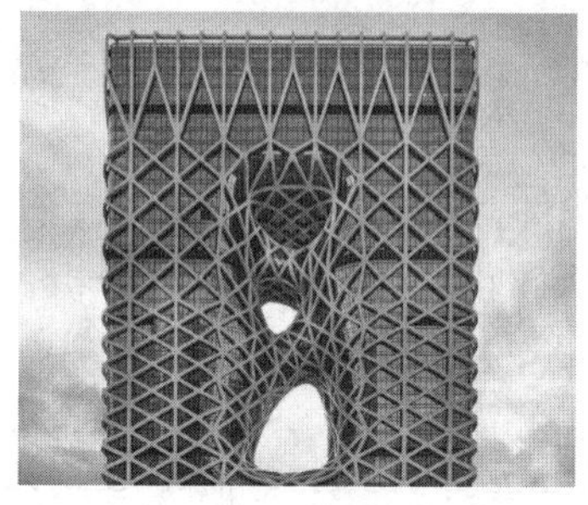

图 2.1-1　中国澳门摩珀斯酒店（Morpheus Hotel）

图 2.1-2　美国国家美术馆东馆

图 2.1-3　西班牙毕尔巴鄂古根海姆博物馆

图 2.1-4　中国中央电视台总部大楼

根据统计结果，因建筑形体复杂而造成结构抗震超限的项目数量远高于因高度超高而超限的项目，甚至存在高度刚刚超过 24m 的抗震超限高层结构，这是非常浪费材料和高碳排放的[1]。可以说，混凝土结构的建筑形体是影响结构碳排放的首要因素。但是，因建筑形体的复杂性，无法进行定量分析。本章根据以往工程经验给出定性结论：

（1）严重不规则或特别不规则建筑形体结构材料用量增加约 5%～15%，直接增加的生产、运输和拆除阶段的碳排放量达 5%～15%；

（2）严重不规则或特别不规则建筑形体增加了施工作业难度，间接增加的建造、拆除阶段的碳排放量约 5%；

（3）严重不规则或特别不规则建筑形体提升了运行期间的维护及维修难度，间接增加的运行阶段的碳排放量约 5%。

因此，严重不规则或特别不规则的建筑形体会增加碳排放量约 10%～25%，极端情况下增幅可达 50%以上。基于以上数据，结构形体低碳化设计方法是应优先选取规则的建筑形体，其次为不规则形体，避免采用特别不规则形体，严禁采用严重不规则形体。

2.1.2 混凝土结构体系低碳化设计

结构体系对碳排放的影响，是一个复杂而深远的问题。在建筑领域中，结构体系的选择和设计可以直接影响碳排放的量及持续时间[11-13]。本书将通过具体的工程实例，对比分析不同钢筋混凝土结构体系的碳排放量，并基于实例分析结果，提出相应的低碳化设计方法。

1. 结构体系低碳设计的选型原则

现有混凝土结构体系众多，且任一建筑均可通过几种结构体系来实现，因此选择低碳结构体系是低碳化结构设计的重要方面。结构体系的低碳分析与具体的建筑形式有关，且相互差别较大，无法进行定量分析。本书基于经验分析法，给出结构体系低碳设计的原则如下：

（1）常规混凝土结构，可根据表 2.1-1 所示方案并按照下文“2. 普通结构体系低碳化设计方法”进行；

（2）特殊类型的建筑，可以通过设置关键构件，形成特殊结构体系，从而达到低碳效果。该类型结构可按照下文“3. 特殊结构体系低碳化设计方法”进行分析，一般可有效降低结构碳排放量 5%以上。

混凝土结构体系比选方案 **表 2.1-1**

结构高度	建筑功能	主选方案	可选方案
≤24m	住宅	异形柱结构、剪力墙结构	框架-剪力墙结构
	办公	框架结构、框架-剪力墙结构	框架-核心筒结构
	商业	框架结构、框架-剪力墙结构	—
	酒店、公寓	框架结构、框架-剪力墙结构	框架-核心筒结构、剪力墙结构
	学校、医院	框架结构、框架-剪力墙结构	框架-核心筒结构
>24m	住宅	剪力墙结构、框架-剪力墙结构	异形柱结构
	办公	框架-剪力墙结构、框架-核心筒结构	框架结构

续表

结构高度	建筑功能	主选方案	可选方案
＞24m	商业	框架-剪力墙结构	框架结构
	酒店、公寓	框架-核心筒结构、框架-剪力墙结构	框架结构、剪力墙结构
	学校、医院	框架-剪力墙结构、框架-核心筒结构	框架结构

2. 普通结构体系低碳化设计方法

如表 2.1-1 所示，一种建筑功能可以通过多种结构体系来实现，而具体哪种结构体系是更加低碳的，则需要具体问题具体分析。也就是说，给定建筑功能和布局后，根据表 2.1-1 所给出的可选方案，需要对每一方案逐一进行碳排放计算分析，从而得出对应该布局的最低碳排放结构体系。该分析过程的基本步骤为：

（1）根据建筑功能和布局，参照表 2.1-1 给出可用的结构体系形式；

（2）对每种结构体系形式进行计算分析，形成满足相关规范要求的结构布置；

（3）根据确定好的结构布置，统计出每种结构体系的结构材料用量，一般为混凝土和钢材（包括钢筋和型钢）；

（4）按照第 1 章给出的公式(1.2-2)，计算各结构体系的碳排放；

（5）对各结构体系碳排放进行对比，选用碳排放最低的结构体系为最终方案。

为了便于理解，本书以某办公楼为研究对象（建筑平面布局详见图 2.1-5），对最常用的混凝土框架和框架-剪力墙结构体系进行碳排放对比分析，并形成一定的规律，供结构工程师参考。由于建筑结构的设计和计算涉及多种因素，抗震设防烈度、建筑高度、结构形式等都会对建筑物的稳定性和安全性产生影响，因此，这些因素的差异将直接影响建筑材料的用量，尤其是混凝土和钢筋的用量。更进一步来说，这些差异还会影响到建筑物的碳排放水平。为了深入了解这一问题，我们在本次研究中选择了具有代表性的设防烈度 6 度、7 度、8 度，以及相应建筑高度的多种情况（详见表 2.1-2），进行了全面的结构计算分析。通过这种方式，本书详细统计了不同情况下的碳排放数据，并对这些数据进行了分析和比较。从图 2.1-6 可以看出：

（1）针对 6 度区，这两种不同的结构体系——框架结构体系与框架-剪力墙结构体系的碳排放指标，基本保持着持平的状态。框架结构体系所产生的碳排放量稍稍高于框架-剪力墙结构体系。但是，就整体而言，这两种不同的结构体系在碳排放量上的差异并不明显，具有相对稳定性。

（2）对于 7 度区和 8 度区，在进行对比时，可以发现在高度低于 20m 时，框架结构体系相比框架-剪力墙结构体系具有一定的优势。而在 40m 和 56m 的高度区间，框架-剪力墙结构体系显得更为低碳，碳排放量均略低于框架结构体系。这意味着，在不同的设防烈度和不同的高度区间，框架-剪力墙结构体系都可以表现出较优的碳排放控制能力。

某办公楼建筑信息表　　表 2.1-2

地震烈度	6 度（0.05g）	7 度（0.1g）	8 度（0.2g）	地下室情况
高度（一）	20m（4m）	20m（4m）	20m（4m）	无
高度（二）	40m（4m）	36m（4m）	28m（4m）	1 层（5m）
高度（三）	56m（4m）	48m（4m）	36m（4m）	1 层（5m）

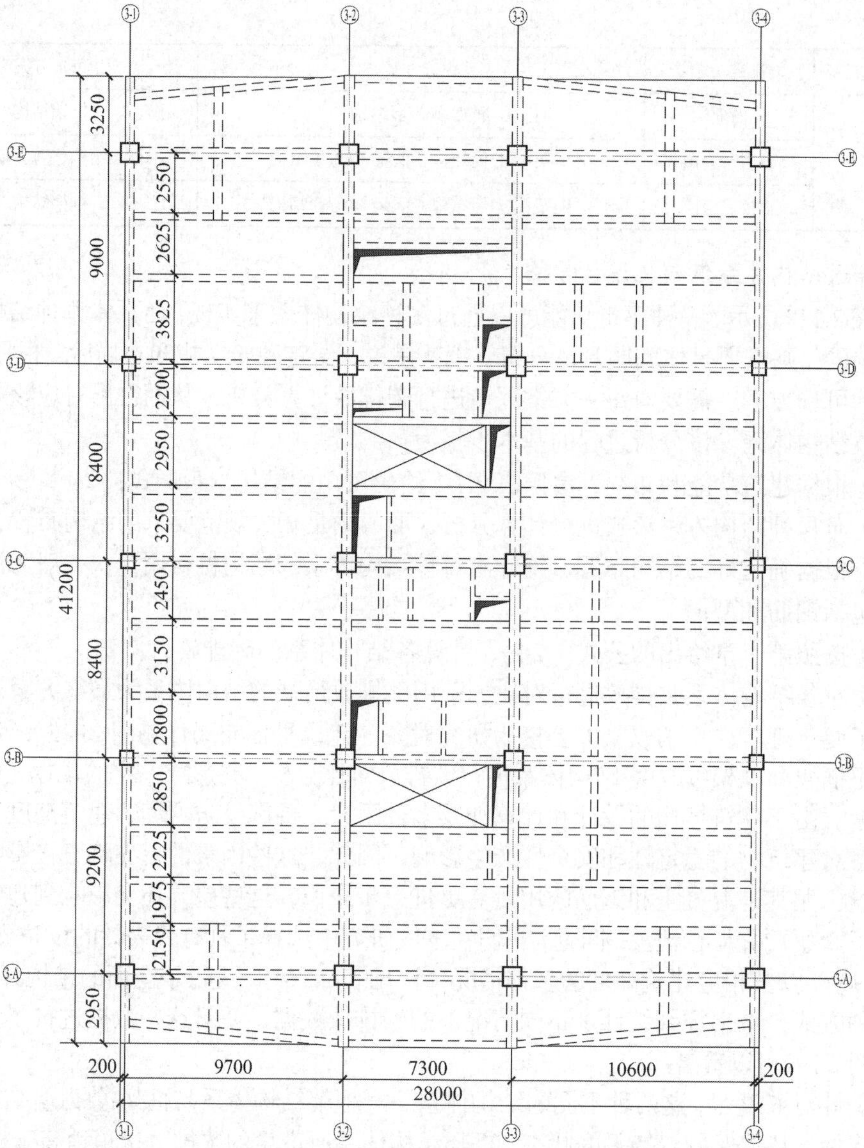

图 2.1-5　办公楼结构平面布置图

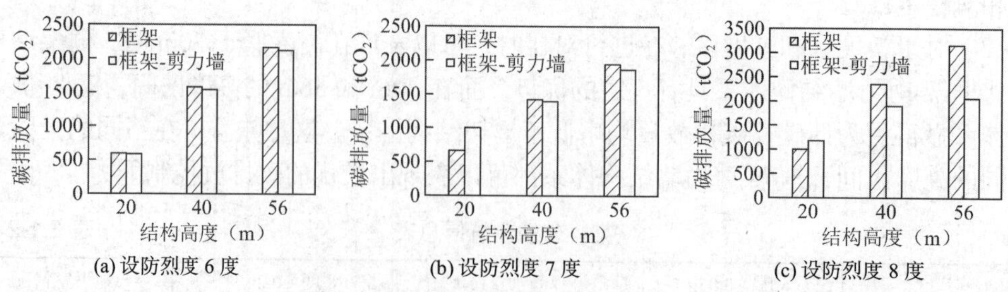

(a) 设防烈度 6 度　(b) 设防烈度 7 度　(c) 设防烈度 8 度

图 2.1-6　不同抗震设防烈度下结构体系及高度对碳排放的影响

3. 特殊结构体系低碳化设计方法

除了普通混凝土结构体系，一种新兴的、旨在提高建筑物抗震能力的减隔震体系，也在结构设计中得到了广泛应用。根据《建设工程抗震管理条例》(国务院令第 744 号)[14]第十六条规定，位于高烈度设防地区、地震重点监视防御区的新建学校、幼儿园、医院、养老机构、儿童福利机构、应急指挥中心、应急避难场所、广播电视等建筑应当按照国家有关规定采用隔震减震等技术，保证发生本区域设防地震时能够满足正常使用要求。本书以实际工程案例为依据，针对减隔震体系在结构设计中的运用进行了深入的分析，着重强调了减隔震体系在提高建筑物低碳方面的突出优势。

(1) 隔震体系

在某 TOD 项目背景下，该建筑项目主体结构采用部分框支剪力墙结构体系，抗震设防烈度为 8 度。该项目总共有 15 层，结构高度为 41.2m。首层层高为 4.3m，标准层层高为 3m，而车库与运用库的层高则分别为 4.8m 和 11.0m。首层、二层以及标准层的楼板厚度分别为 250mm、300mm 和 120mm。另外，车辆段与标准层的楼板形式也有所不同，分别为大板和梁板。该项目总共设置了 18 套隔震支座，其中包括 14 套铅芯橡胶隔震支座和 4 套无铅芯橡胶隔震支座。这些隔震支座的平面布置如图 2.1-7 所示。根据计算，在设防地震作用下，项目的减震系数为 0.395。

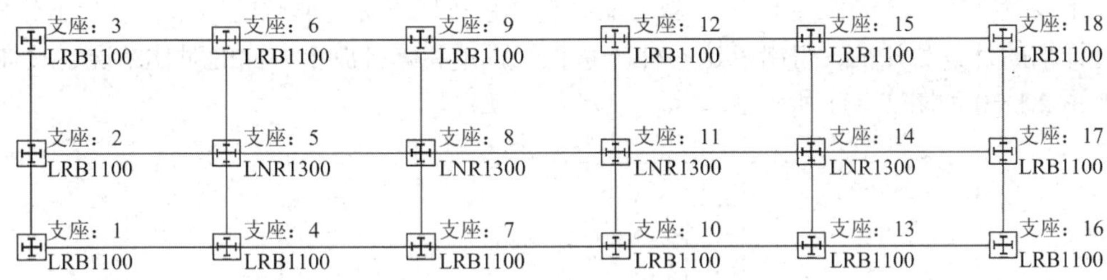

图 2.1-7　隔震支座平面布置图

隔震体系与非隔震体系碳排放量对比情况如图 2.1-8 所示。可以看出，采取了隔震体系后，建筑中常用的混凝土和钢筋的总体使用量明显减少。此外，还可以发现，采用隔震体系后，隔震装置的碳排放量相较于原先的体系有显著下降。基于这些观察结果，可以得出结论：整个建筑工程实施了隔震体系后碳排放为 6881.39tCO_2e，相较于传统非隔震体系碳排放 7111.73tCO_2e，总碳排放量降低了约 3%以上。这也进一步证实了合理采用隔震体系在降低碳排放方面具有显著的优势。

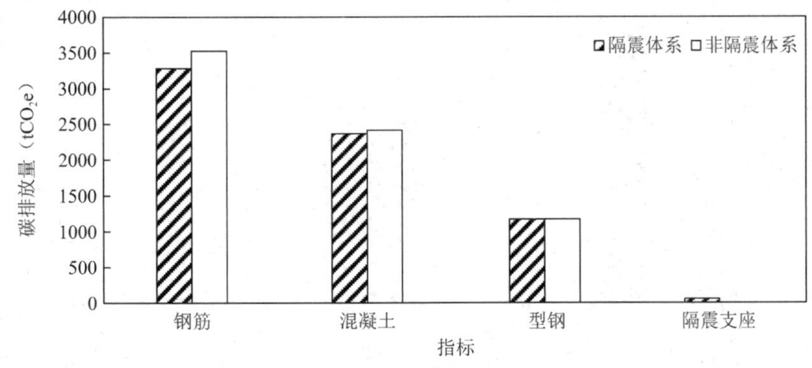

图 2.1-8　隔震与非隔震体系碳排放对比

（2）减震体系

以采用BRB支撑的框架结构为背景，项目共5层，结构高度24.7m，标准层层高4.2m，抗震设防烈度8度（0.20g），地震设计分组第一组，场地土类别Ⅲ类，特征周期0.45s。BRB支撑布置示意见图2.1-9。

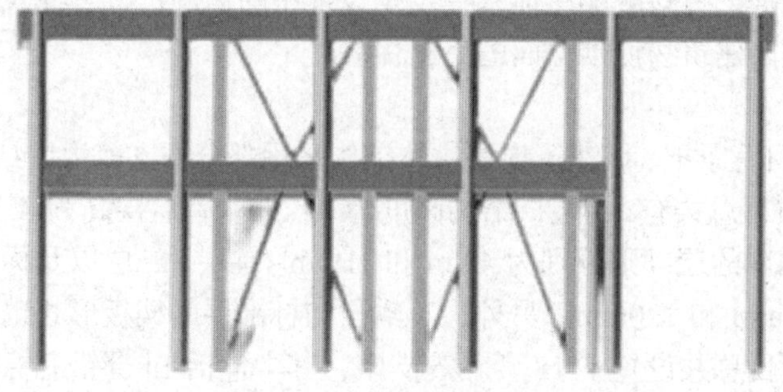

图 2.1-9　BRB 布置示意图

针对该项目的碳排放情况，本书分别对采用 BRB 支撑减震体系的混凝土框架结构体系和未设置减震措施的混凝土框架-剪力墙结构体系（以下称为非减震体系）进行了分析。经过详细的计算和评估，得出了这两种体系在工程量和碳排放量方面的对比情况，具体数据如图 2.1-10 和图 2.1-11 所示。

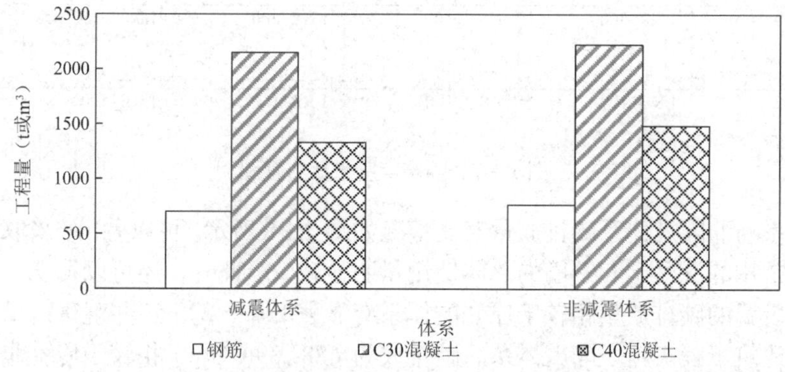

图 2.1-10　减震与非减震体系工程量对比

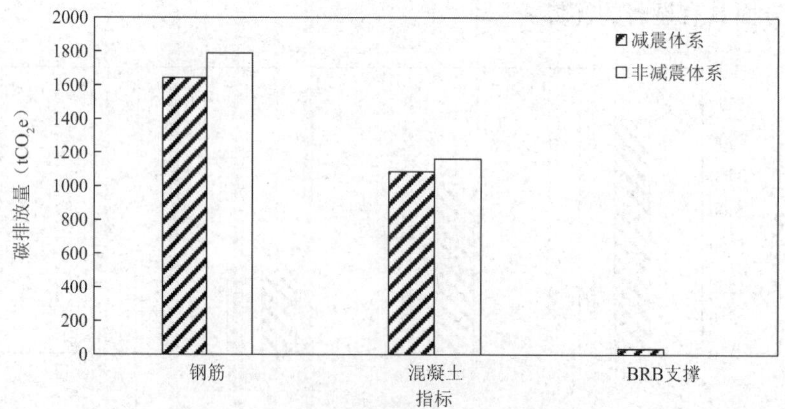

图 2.1-11　减震与非减震体系碳排放对比

根据图 2.1-10 和图 2.1-11 所示，通过采用 BRB 支撑的减震体系实现了对地震作用的有效削弱，成功地降低了混凝土和钢筋材料的总用量，从而进一步减轻了结构的碳排放负担。与非减震体系相比，减震体系在减小结构碳排放方面表现出明显的优势。减震体系的总碳排放量为 2764.32tCO_2e，相较于非减震体系总碳排放 2949.97tCO_2e，降幅可以轻松达到 5%甚至更多。这无疑为实现低碳建筑目标提供了有力的支持。

值得特殊说明的是，采用特殊结构能够减少碳排放是建立在合理设计的基础上，如果不合理地采用隔震或减震设计，可能适得其反。

2.2　混凝土结构构件低碳化设计方法

结构构件作为混凝土结构设计的关键组成部分，其设计的低碳程度将直接影响到混凝土结构的低碳性能。基于这种理念，我们将对混凝土板、梁、柱、墙等结构构件进行细致的分析，旨在找寻有效的设计方法，以实现混凝土结构的低碳设计目标。

同时，因为运行阶段碳排放对结构构件层面影响几乎为零，故将不进行单独分析。而生产阶段碳排放占隐含碳排放的 70%～80%，且其他阶段碳排放与结构材料用量成正比[7,15-17]。因此，为简化计，本书的碳排放定量研究将以生产阶段为研究对象。

2.2.1　选用碳强比低的结构材料

碳强比，即结构材料每单位强度需求或产生的碳排放量。显而易见，碳强比越小则对应材料的低碳性能越好。常用结构材料的碳强比如表 2.2-1、表 2.2-2 所示。

混凝土碳强比　　表 2.2-1

混凝土强度等级	C30	C35	C40	C45	C50
抗压强度设计值（N/mm^2）	14.3	16.7	19.1	21.1	23.1
碳排放因子（$kgCO_2e/m^3$）	295	318	340	363	385
碳强比	20.63	19.04	17.80	17.20	16.67

钢筋碳强比　　表 2.2-2

钢筋强度等级	HPB300	HRB400	HRB500
抗拉强度设计值（N/mm^2）	270	360	534
碳排放因子（$kgCO_2e/m^3$）	2350.00	2590.88	2720.42
碳强比	8.70	7.20	5.09

由表 2.2-1、表 2.2-2 可知，混凝土、钢筋的碳强比随着材料强度升高而降低，即强度越高，低碳性能越好。因此，对强度控制时，混凝土结构构件的材料应优先选用碳强比低的高强度材料。

2.2.2　混凝土结构构件碳排放占比分析

混凝土结构构件主要由梁、板、柱和墙等构件组成，结构材料在生产阶段的碳排放主要由梁、板、柱和墙等构件的碳排放组成。选取常用的四种混凝土结构体系，即框架结构、框架-剪力墙结构、剪力墙结构和框筒结构。按照梁、板、柱和墙构件进行分析，各结构构件碳排放占比大致如表 2.2-3 所示。

结构构件碳排放占比 **表 2.2-3**

结构体系	框架结构			框架-剪力墙结构			
结构构件	梁	板	柱	梁	板	柱	墙
混凝土用量占比	35%	50%	15%	25%	30%	20%	25%
钢筋用量占比	50%	25%	25%	35%	25%	15%	25%
碳排放占比	45%	35%	20%	30%	30%	15%	25%
水平构件碳排放占比：80%				水平构件碳排放占比：60%			
结构体系	剪力墙结构			框筒结构			
结构构件	梁	板	墙	梁	板	柱	墙
混凝土用量占比	10%	30%	60%	25%	20%	25%	30%
钢筋用量占比	15%	20%	65%	25%	20%	25%	30%
碳排放占比	10%	25%	65%	25%	20%	25%	30%
水平构件碳排放占比：35%				水平构件碳排放占比：45%			

由表 2.2-3 可知，框架结构和框架-剪力墙结构的水平构件所占碳排放较多，是低碳化设计的重点；剪力墙结构和框筒结构的竖向构件所占碳排放较多，是低碳化设计的重点。

2.2.3 板低碳化设计方法

混凝土楼板的碳排放主要由混凝土和钢筋两部分材料组成，其用量受支撑条件、荷载和板跨的影响。同时，根据板的受力特点，又分为计算配筋和构造配筋。构造配筋是指满足《混凝土结构设计标准》GB/T 50010—2010（2024 年版）对结构板构造配筋的要求。本书按照计算配筋和构造配筋两种情况，并基于一定的边界条件开展研究，从而给出混凝土板的低碳化设计方法。

1. 参数分析

1）计算配筋参数选取

荷载取恒荷载 3.0kN/m^2（不含楼板自重）、活荷载 3.0kN/m^2；其他荷载情况，规律类似。主要计算以下工况：

（1）4.2m × 8.4m 板跨，四边简支，板厚分别为 110mm、120mm；

（2）4.5m × 8.4m 板跨，四边简支，板厚分别为 120mm、130mm；

（3）4.8m × 8.4m 板跨，四边简支，板厚分别为 130mm、140mm；

（4）5.4m × 8.4m 板跨，四边简支，板厚分别为 140mm、150mm；

2）构造配筋参数选取

板厚分别取 180mm 按照嵌固层要求，以及 120mm 且配筋率满足《混凝土结构设计标准》GB/T 50010—2010（2024 年版）中的要求。主要计算以下工况：

（1）6.3m × 8.4m 板跨，四边简支，板厚为 180mm，按照 0.25%配筋率控制；

（2）4.2m × 8.4m 板跨，四边简支，板厚为 120mm，配筋按《混凝土结构设计标准》GB/T 50010—2010（2024 年版）第 8.5.1 条要求配置。

楼板的碳排放因子，按照《建筑碳排放计算标准》GB/T 51366—2019[2]取值。

2. 碳排放计算

根据上述参数取值，对混凝土板进行不同边界条件下的碳排放计算分析。其中，计算配筋情况下的计算结果如表 2.2-4～表 2.2-7 所示，构造配筋情况下的计算结果如表 2.2-8 所示。

4.2m × 8.4m 板跨，四边简支情况下的板碳排放计算结果（单位：$kgCO_2e$）表 2.2-4

板厚	110mm			120mm		
混凝土强度等级	钢筋强度等级					
	HPB300	HRB400	HRB500	HPB300	HRB400	HRB500
C30	2017	1831	1745	2100	1919	1835
C35	2129	1939	1847	2226	2039	1948
C40	2240	2044	1950	2349	2156	2062
C45	2346	2147	2050	2466	2268	2172
C50	2448	2246	2147	2579	2384	2279

4.5m × 8.4m 板跨，四边简支情况下的板碳排放计算结果（单位：$kgCO_2e$）表 2.2-5

板厚	120mm			130mm		
混凝土强度等级	钢筋强度等级					
	HPB300	HRB400	HRB500	HPB300	HRB400	HRB500
C30	2322	2113	2015	2417	2211	2115
C35	2455	2240	2136	2563	2350	2247
C40	2586	2364	2256	2706	2486	2379
C45	2710	2484	2374	2842	2618	2509
C50	2830	2600	2488	2974	2744	2632

4.8m × 8.4m 板跨，四边简支情况下的板碳排放计算结果（单位：$kgCO_2e$）表 2.2-6

板厚	130mm			140mm		
混凝土强度等级	钢筋强度等级					
	HPB300	HRB400	HRB500	HPB300	HRB400	HRB500
C30	2651	2416	2307	2756	2525	2416
C35	2806	2564	2446	2926	2685	2569
C40	2957	2708	2586	3090	2842	2720
C45	3101	2846	2723	3247	2992	2868
C50	3240	2981	2855	3398	3138	3011

5.4m × 8.4m 板跨，四边简支情况下的板碳排放计算结果（单位：$kgCO_2e$）表 2.2-7

板厚	140mm			150mm		
混凝土强度等级	钢筋强度等级					
	HPB300	HRB400	HRB500	HPB300	HRB400	HRB500
C30	3263	2968	2830	3379	3087	2951
C35	3449	3145	2997	3581	3280	3133
C40	3632	3319	3166	3780	3468	3317
C45	3806	3487	3332	3967	3649	3495
C50	3974	3649	3492	4149	3824	3666

构造配筋情况下的板碳排放计算结果（单位：$kgCO_2e$） 表 2.2-8

板厚	180mm			120mm		
混凝土强度等级	钢筋强度等级					
	HPB300	HRB400	HRB500	HPB300	HRB400	HRB500
C30	4476	4560	4647	3163	3088	3055
C35	4696	4779	4866	3417	3334	3294
C40	4905	4988	5076	3661	3571	3528
C45	5124	5208	5295	3902	3808	3762
C50	5334	5417	5505	4134	4035	3987

根据以上板碳排放计算结果，可以分析出板内钢筋、混凝土碳排放占比如表 2.2-9～表 2.2-13 所示，并可以得出混凝土碳排放占比约为 60%～70%。

4.2m × 8.4m 板跨，四边简支情况下的板碳排放占比分析 表 2.2-9

板厚		110mm						120mm					
钢筋强度等级		HPB300		HRB400		HRB500		HPB300		HRB400		HRB500	
碳排放占比（%）		钢筋	混凝土	钢筋	混凝土	钢筋	混凝土	钢筋	混凝土	钢筋	混凝土	钢筋	混凝土
混凝土强度等级	C30	43	57	37	63	34	66	41	59	35	65	32	68
	C35	42	58	36	64	33	67	40	60	34	66	31	69
	C40	41	59	35	65	32	68	39	61	33	67	30	70
	C45	40	60	34	66	31	69	38	62	32	68	29	71
	C50	39	61	33	67	30	70	37	63	32	68	28	72

4.5m × 8.4m 板跨，四边简支情况下的板碳排放占比分析 表 2.2-10

板厚		120mm						130mm					
钢筋强度等级		HPB300		HRB400		HRB500		HPB300		HRB400		HRB500	
碳排放占比（%）		钢筋	混凝土	钢筋	混凝土	钢筋	混凝土	钢筋	混凝土	钢筋	混凝土	钢筋	混凝土
混凝土强度等级	C30	42	58	37	63	34	66	40	60	34	66	31	69
	C35	41	59	36	64	32	68	39	61	34	66	30	70
	C40	40	60	35	65	32	68	38	62	33	67	30	70
	C45	39	61	34	66	31	69	37	63	32	68	29	71
	C50	38	62	33	67	30	70	36	64	31	69	28	72

4.8m × 8.4m 板跨，四边简支情况下的板碳排放占比分析 表 2.2-11

板厚		130mm						140mm					
钢筋强度等级		HPB300		HRB400		HRB500		HPB300		HRB400		HRB500	
碳排放占比（%）		钢筋	混凝土	钢筋	混凝土	钢筋	混凝土	钢筋	混凝土	钢筋	混凝土	钢筋	混凝土
混凝土强度等级	C30	42	58	36	64	33	67	40	60	34	66	31	69
	C35	41	59	35	65	32	68	39	61	33	67	30	70
	C40	40	60	34	66	31	69	38	62	32	68	29	71
	C45	39	61	33	67	30	70	37	63	32	68	29	71
	C50	38	62	32	68	29	71	36	64	31	69	28	72

5.4m × 8.4m 板跨，四边简支情况下的板碳排放占比分析　　表 2.2-12

板厚		140mm						150mm					
钢筋强度等级		HPB300		HRB400		HRB500		HPB300		HRB400		HRB500	
碳排放占比（%）		钢筋	混凝土	钢筋	混凝土	钢筋	混凝土	钢筋	混凝土	钢筋	混凝土	钢筋	混凝土
混凝土强度等级	C30	43	57	37	63	34	66	41	59	35	65	32	68
	C35	41	59	36	64	33	67	40	60	34	66	31	69
	C40	41	59	35	65	32	68	39	61	33	67	30	70
	C45	39	61	34	66	31	69	38	62	32	68	29	71
	C50	38	62	33	67	30	70	37	63	32	68	29	71

构造配筋情况下的板碳排放占比分析　　表 2.2-13

板厚		180mm						120mm					
钢筋强度等级		HPB300		HRB400		HRB500		HPB300		HRB400		HRB500	
碳排放占比（%）		钢筋	混凝土	钢筋	混凝土	钢筋	混凝土	钢筋	混凝土	钢筋	混凝土	钢筋	混凝土
混凝土强度等级	C30	37	63	38	62	40	60	11	89	9	91	8	92
	C35	35	65	37	63	38	62	11	89	9	91	8	92
	C40	34	66	35	65	36	64	11	89	9	91	8	92
	C45	33	67	34	66	35	65	11	89	9	91	8	92
	C50	31	69	32	68	33	67	11	89	9	91	8	92

3. 碳排放分析

根据以上计算结果，分别对板在计算配筋和构造配筋情况下的碳排放进行如下分析：

1）板计算配筋碳排放分析

以混凝土强度等级为横坐标，板碳排放为纵坐标，不同板跨对应两种板厚的碳排放分析如图 2.2-1～图 2.2-4 所示。通过分析可知：

（1）板碳排放量随截面减小、钢筋强度等级提高、混凝土强度等级降低而减少。

（2）钢筋强度等级为 HRB400 或 HRB500 时，截面减小比钢筋强度等级增加更利于减少板碳排放量。

不同板跨对应两种板厚的碳排放分析如图 2.2-5～图 2.2-8 所示。通过分析可知：混凝土强度等级降低比截面减小，更利于减少板的碳排放量。

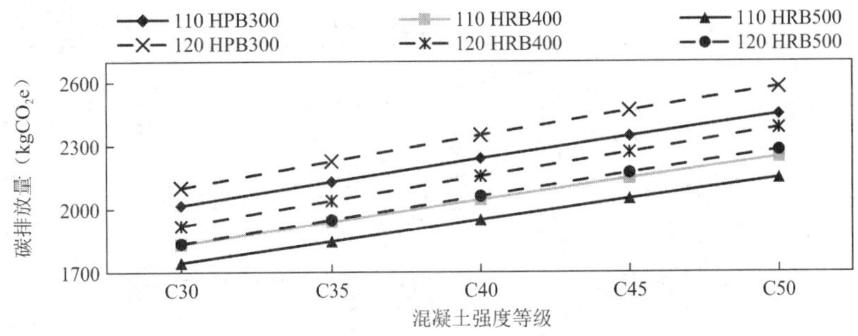

图 2.2-1　4.2m × 8.4m 板跨，四边简支情况下的板碳排放分析图

注：图例中第一个变量为板厚，第二个变量为钢筋强度等级。

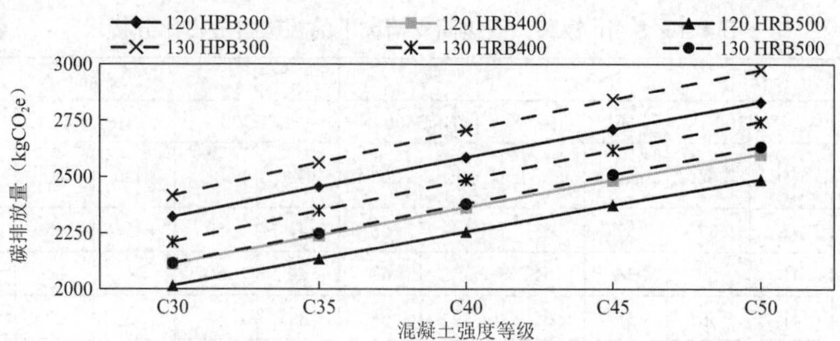

图 2.2-2　4.5m × 8.4m 板跨，四边简支情况下的板碳排放分析图

注：图例中第一个变量为板厚，第二个变量为钢筋强度等级。

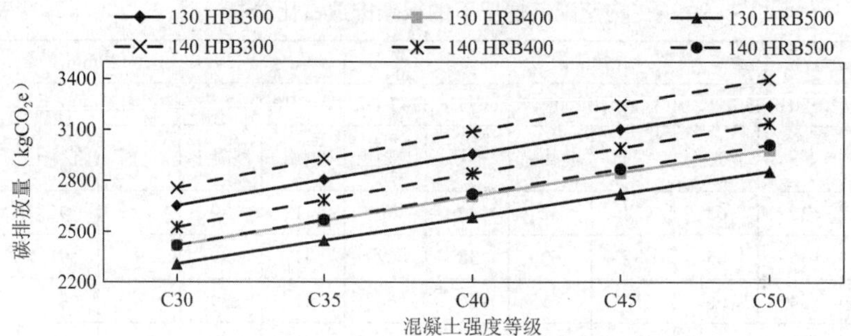

图 2.2-3　4.8m × 8.4m 板跨，四边简支情况下的板碳排放分析图

注：图例中第一个变量为板厚，第二个变量为钢筋强度等级。

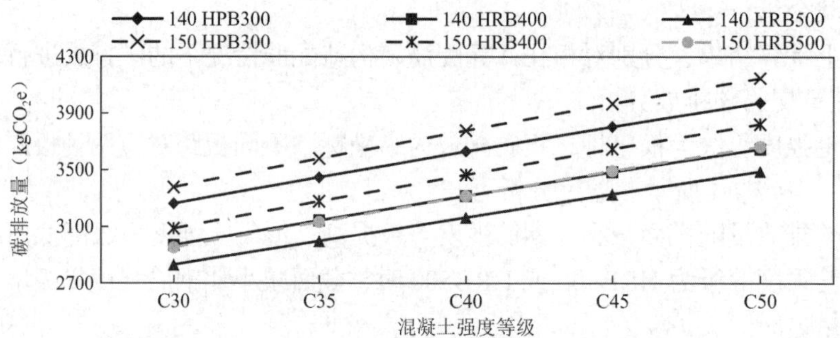

图 2.2-4　5.4m × 8.4m 板跨，四边简支情况下的板碳排放分析图

注：图例中第一个变量为板厚，第二个变量为钢筋强度等级。

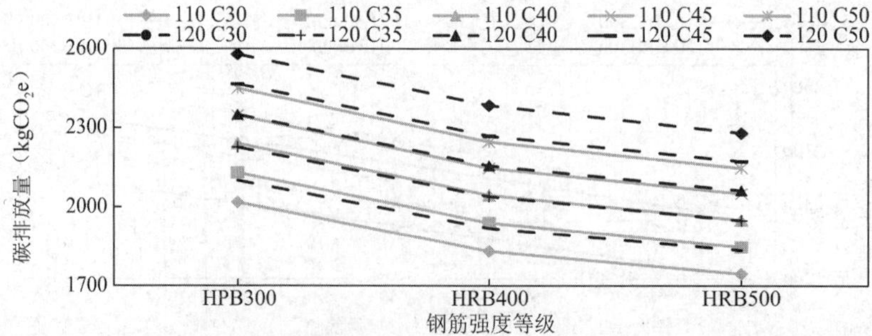

图 2.2-5　4.2m × 8.4m 板跨，四边简支情况下的板碳排放分析图

注：图例中第一个变量为板厚，第二个变量为混凝土强度等级。

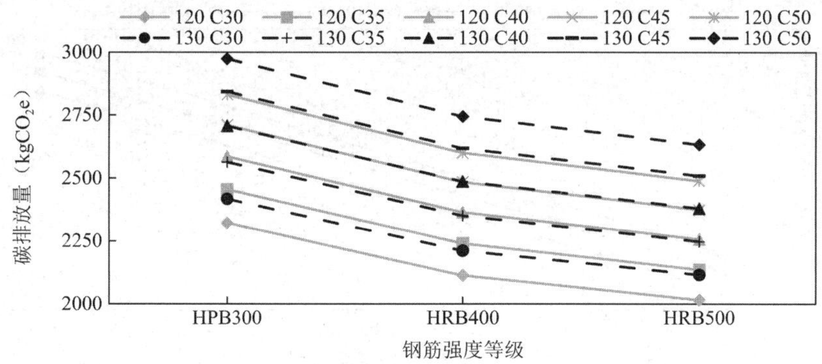

图 2.2-6　4.5m × 8.4m 板跨，四边简支情况下的板碳排放分析图

注：图例中第一个变量为板厚，第二个变量为混凝土强度等级。

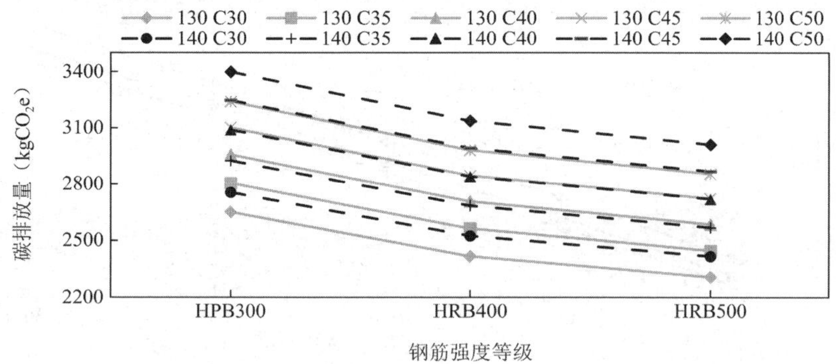

图 2.2-7　4.8m × 8.4m 板跨，四边简支情况下的板碳排放分析图

注：图例中第一个变量为板厚，第二个变量为混凝土强度等级。

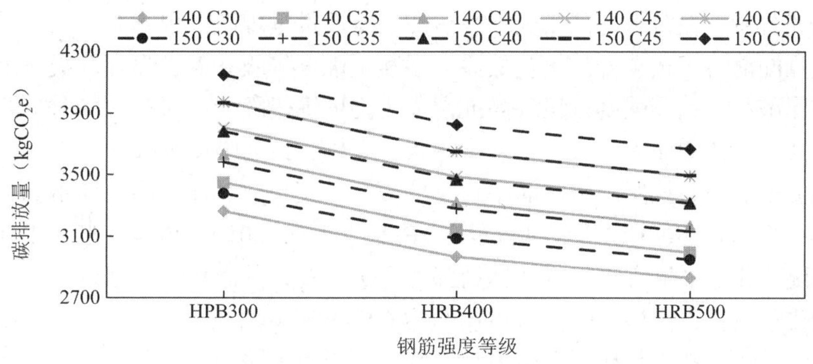

图 2.2-8　5.4m × 8.4m 板跨，四边简支情况下的板碳排放分析图

注：图例中第一个变量为板厚，第二个变量为混凝土强度等级。

2）板构造配筋碳排放分析

配筋按照 0.25%配筋率控制，180mm 厚板碳排放分析如图 2.2-9 所示。通过分析可知，板碳排放量随混凝土和钢筋强度等级的降低而减少。

按照《混凝土结构设计标准》GB/T 50010—2010（2024 年版）第 8.5.1 条要求配置钢筋时，120mm 厚板碳排放分析如图 2.2-10 所示。通过分析可知，随混凝土强度等级降低或钢筋强度等级提高，板碳排放量减少。

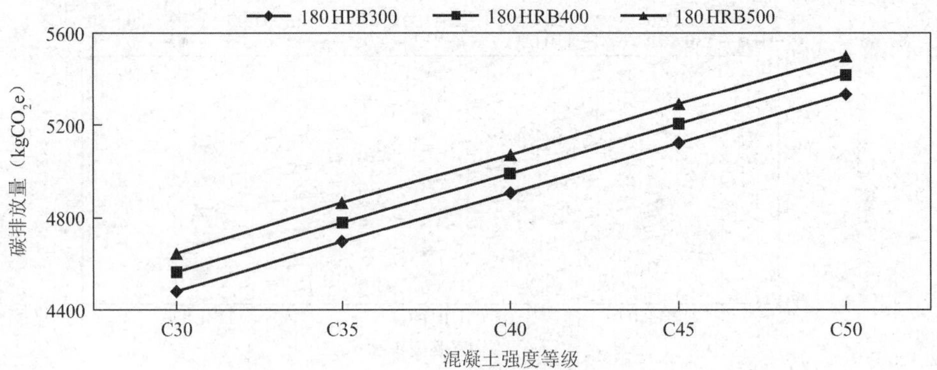

图 2.2-9　180mm 厚板构造配筋情况下的碳排放分析图

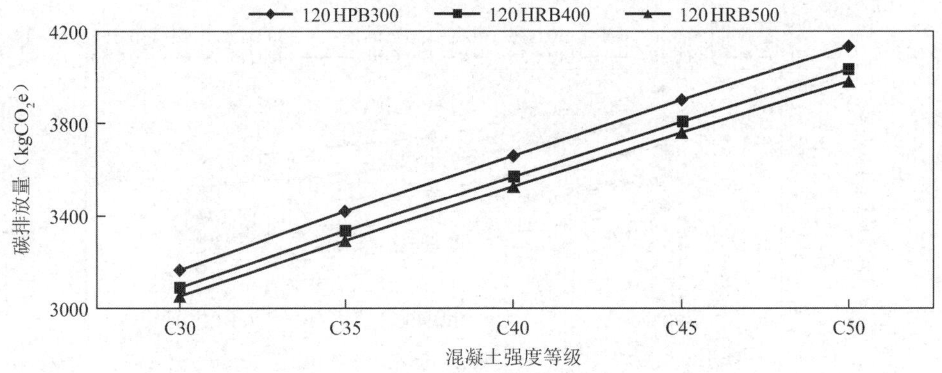

图 2.2-10　120mm 厚板构造配筋情况下的碳排放分析图

4. 总结与建议

经过上述分析，在常规荷载工况下，板的碳排放量呈现以下规律：

（1）计算配筋时，板碳排放量受板厚、混凝土强度等级和钢筋强度等级三个因素的影响，并随板厚减小、钢筋强度等级提高或混凝土强度等级降低而减少；同时，这三个因素按照影响从大到小的顺序为：混凝土强度等级、板厚、钢筋强度等级。

（2）构造配筋时，按照固定配筋率控制的板，其碳排放量随混凝土和钢筋强度等级的降低而减少；按照《混凝土结构设计标准》GB/T 50010—2010（2024 年版）中要求配筋率控制的板，随混凝土强度等级降低或钢筋强度等级提高，其碳排放量减少。

（3）碳排放占比，混凝土碳排放占比约为 60%～70%。

基于以上分析，在进行楼板低碳设计时宜采用以下方法：

（1）计算配筋时，在满足正常使用和舒适度的前提下，宜优先选用低强度等级混凝土、小板厚和高强度等级钢筋；

（2）构造配筋时，按照固定配筋率控制的楼板，宜优先选用低强度等级的混凝土和钢筋；按照《混凝土结构设计标准》GB/T 50010—2010（2024 年版）中要求配筋率控制的板，宜优先选用低强度等级混凝土和高强度等级钢筋。

2.2.4　梁低碳化设计方法

混凝土梁的碳排放与楼板相似，也是由混凝土和钢筋两部分材料组成，其用量受支撑条件、荷载和板跨影响。同时根据梁的受力特点，又分为计算配筋和构造配筋。构造配筋是指满足《建筑抗震设计标准》GB/T 50011—2010（2024 年版）和《混凝土结构设计标准》GB/T 50010—2010（2024 年版）对结构梁构造配筋的要求。梁的构造配筋规律与混凝土楼板相似，不再重复分析。本书针对梁在计算配筋时，并基于一定的边界条件开展研究，从而给出混凝土梁的低碳化设计方法。

2.2.4.1 梁低碳化设计方法分析

1. 参数分析

（1）线荷载取恒荷载为 10kN/m、15kN/m、20kN/m（不含梁自重）三种情况；

（2）梁纵筋分为 HRB400、HRB500 两种情况；

（3）梁箍筋分为 HPB300、HRB400 两种情况；

（4）每种情况，梁截面分别取 300mm × 500mm、300mm × 550mm、300mm × 600mm 三种情况；

（5）梁计算跨度为 8.4m，两端为铰接。

注：碳排放因子按照《建筑碳排放计算标准》GB/T 51366—2019 取值。

2. 碳排放计算

根据上述参数，计算不同工况下的混凝土梁碳排放。混凝土梁计算配筋情况下的计算结果如表 2.2-14～表 2.2-22 所示。

线荷载为 10kN/m，梁截面为 300mm × 500mm 情况下的梁碳排放计算结果　　表 2.2-14

		梁碳排放量（$kgCO_2e$）				碳排放占比（%）							
纵筋强度等级		HRB400		HRB500		HRB400				HRB500			
箍筋强度等级		HPB300	HRB400	HPB300	HRB400	HPB300		HRB400		HPB300		HRB400	
						钢筋	混凝土	钢筋	混凝土	钢筋	混凝土	钢筋	混凝土
混凝土强度等级	C30	559	547	556	544	33	67	32	68	33	67	32	68
	C35	593	580	589	576	32	68	31	69	32	68	30	70
	C40	627	613	622	608	32	68	30	70	31	69	30	70
	C45	661	646	654	639	31	69	29	71	30	70	28	72
	C50	694	678	685	670	30	70	28	72	29	71	28	72

线荷载为 10kN/m，梁截面为 300mm × 550mm 情况下的梁碳排放计算结果　　表 2.2-15

		梁碳排放量（$kgCO_2e$）				碳排放占比（%）							
纵筋强度等级		HRB400		HRB500		HRB400				HRB500			
箍筋强度等级		HPB300	HRB400	HPB300	HRB400	HPB300		HRB400		HPB300		HRB400	
						钢筋	混凝土	钢筋	混凝土	钢筋	混凝土	钢筋	混凝土
混凝土强度等级	C30	596	584	597	585	31	69	30	70	31	69	30	70
	C35	636	623	634	621	31	69	29	71	30	70	29	71
	C40	674	659	669	655	30	70	29	71	30	70	28	72
	C45	711	696	704	689	29	71	28	72	29	71	27	73
	C50	746	731	738	722	29	71	27	73	28	72	26	74

线荷载为 10kN/m，梁截面为 300mm × 600mm 情况下的
梁碳排放计算结果 表 2.2-16

		梁碳排放量（$kgCO_2e$）				碳排放占比（%）							
纵筋强度等级		HRB400		HRB500		HRB400				HRB500			
箍筋强度等级		HPB300	HRB400	HPB300	HRB400	HPB300		HRB400		HPB300		HRB400	
						钢筋	混凝土	钢筋	混凝土	钢筋	混凝土	钢筋	混凝土
混凝土强度等级	C30	640	628	639	627	30	70	29	71	30	70	29	71
	C35	680	667	679	666	29	71	28	72	29	71	28	72
	C40	721	707	717	703	29	71	27	73	28	72	27	73
	C45	761	746	755	740	28	72	26	74	27	73	26	74
	C50	800	784	792	776	27	73	26	74	26	74	25	75

线荷载为 15kN/m，梁截面为 300mm × 500mm 情况下的
梁碳排放计算结果 表 2.2-17

		梁碳排放量（$kgCO_2e$）				碳排放占比（%）							
纵筋强度等级		HRB400		HRB500		HRB400				HRB500			
箍筋强度等级		HPB300	HRB400	HPB300	HRB400	HPB300		HRB400		HPB300		HRB400	
						钢筋	混凝土	钢筋	混凝土	钢筋	混凝土	钢筋	混凝土
混凝土强度等级	C30	582	570	576	564	36	64	35	65	35	65	34	66
	C35	614	601	608	595	35	65	33	67	34	66	33	67
	C40	648	634	640	626	34	66	32	68	33	67	32	68
	C45	682	667	672	657	33	67	31	69	32	68	30	70
	C50	714	698	703	687	32	68	31	69	31	69	29	71

线荷载为 15kN/m，梁截面为 300mm × 550mm 情况下的
梁碳排放计算结果 表 2.2-18

		梁碳排放量（$kgCO_2e$）				碳排放占比（%）							
纵筋强度等级		HRB400		HRB500		HRB400				HRB500			
箍筋强度等级		HPB300	HRB400	HPB300	HRB400	HPB300		HRB400		HPB300		HRB400	
						钢筋	混凝土	钢筋	混凝土	钢筋	混凝土	钢筋	混凝土
混凝土强度等级	C30	619	607	614	602	34	66	33	67	33	67	32	68
	C35	655	642	650	637	33	67	31	69	32	68	31	69
	C40	692	678	685	671	32	68	30	70	31	69	30	70
	C45	729	714	720	705	31	69	30	70	30	70	29	71
	C50	764	749	754	738	30	70	29	71	29	71	28	72

线荷载为 15kN/m，梁截面为 300mm × 600mm 情况下的梁碳排放计算结果 表 2.2-19

		梁碳排放量（$kgCO_2e$）				碳排放占比（%）							
纵筋强度等级		HRB400		HRB500		HRB400				HRB500			
箍筋强度等级		HPB300	HRB400	HPB300	HRB400	HPB300		HRB400		HPB300		HRB400	
						钢筋	混凝土	钢筋	混凝土	钢筋	混凝土	钢筋	混凝土
混凝土强度等级	C30	657	645	654	642	32	68	31	69	32	68	31	69
	C35	697	684	693	680	31	69	30	70	31	69	29	71
	C40	737	723	731	717	30	70	29	71	30	70	28	72
	C45	777	762	769	754	29	71	28	72	29	71	27	73
	C50	816	800	806	790	29	71	27	73	28	72	26	74

线荷载为 20kN/m，梁截面为 300mm × 500mm 情况下的梁碳排放计算结果 表 2.2-20

		梁碳排放量（$kgCO_2e$）				碳排放占比（%）							
纵筋强度等级		HRB400		HRB500		HRB400				HRB500			
箍筋强度等级		HPB300	HRB400	HPB300	HRB400	HPB300		HRB400		HPB300		HRB400	
						钢筋	混凝土	钢筋	混凝土	钢筋	混凝土	钢筋	混凝土
混凝土强度等级	C30	608	596	598	586	39	61	38	62	38	62	37	63
	C35	638	625	629	616	37	63	36	64	36	64	35	65
	C40	671	657	660	646	36	64	35	65	35	65	34	66
	C45	704	689	691	676	35	65	34	66	34	66	32	68
	C50	736	720	722	706	34	66	33	67	33	67	31	69

线荷载为 20kN/m，梁截面为 300mm × 550mm 情况下的梁碳排放计算结果 表 2.2-21

		梁碳排放量（$kgCO_2e$）				碳排放占比（%）							
纵筋强度等级		HRB400		HRB500		HRB400				HRB500			
箍筋强度等级		HPB300	HRB400	HPB300	HRB400	HPB300		HRB400		HPB300		HRB400	
						钢筋	混凝土	钢筋	混凝土	钢筋	混凝土	钢筋	混凝土
混凝土强度等级	C30	640	628	632	620	36	64	35	65	35	65	34	66
	C35	675	662	668	655	35	65	33	67	34	66	33	67
	C40	712	697	702	688	34	66	32	68	33	67	31	69
	C45	748	733	737	722	33	67	31	69	32	68	30	70
	C50	783	767	770	754	32	68	30	70	31	69	29	71

线荷载为 20kN/m，梁截面为 300mm × 600mm 情况下的梁碳排放计算结果 表 2.2-22

		梁碳排放量（$kgCO_2e$）				碳排放占比（%）							
纵筋强度等级		HRB400		HRB500		HRB400				HRB500			
箍筋强度等级		HPB300	HRB400	HPB300	HRB400	HPB300		HRB400		HPB300		HRB400	
						钢筋	混凝土	钢筋	混凝土	钢筋	混凝土	钢筋	混凝土
混凝土强度等级	C30	676	664	670	658	34	66	33	67	33	67	32	68
	C35	714	701	709	695	33	67	31	69	32	68	31	69
	C40	754	740	746	732	32	68	31	69	31	69	30	70
	C45	794	779	784	769	31	69	30	70	30	70	29	71
	C50	832	817	820	804	30	70	29	71	29	71	28	72

3. 碳排放分析

根据以上计算结果，对梁在计算配筋情况下的碳排放进行分析。

1）线荷载为 10kN/m 时，梁碳排放分析

以混凝土强度等级为横坐标，梁碳排放为纵坐标，线荷载为 10kN/m 时，3 种梁截面对应的碳排放分析如图 2.2-11 所示。通过分析可知：

（1）随着梁截面尺寸的减小、混凝土强度等级的降低或钢筋强度等级的提高，梁的碳排放量降低；

（2）梁截面尺寸对梁碳排放的影响大于钢筋强度等级。

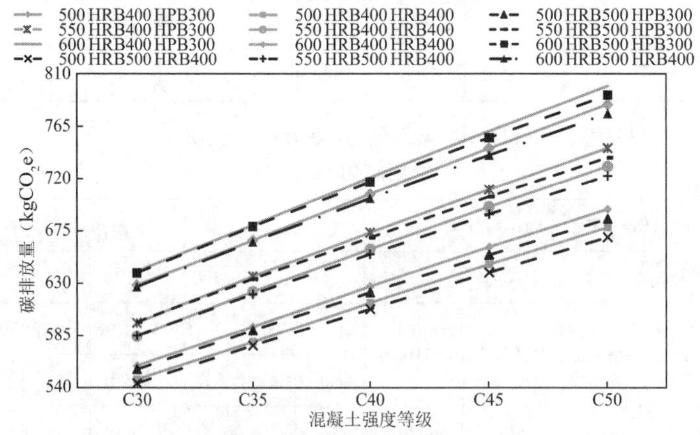

图 2.2-11 线荷载为 10kN/m 时，梁碳排放分析图

注：图例中第一个变量代表梁高，第二个变量代表纵筋强度等级，第三个变量代表箍筋强度等级。

以纵筋的强度等级为横坐标，碳排放为纵坐标，线荷载为 10kN/m 时，3 种梁截面对应的碳排放分析如图 2.2-12 和图 2.2-13 所示。通过分析可知，梁截面尺寸对梁碳排放的影响大于混凝土强度等级，而混凝土强度等级的影响又大于钢筋强度等级。

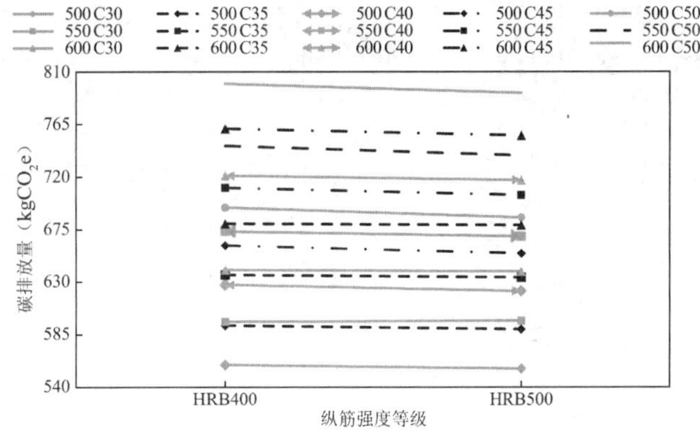

图 2.2-12　线荷载为 10kN/m，箍筋强度等级为 HPB300 时，梁碳排放分析图

注：图例中第一个变量代表梁高，第二个变量代表混凝土强度等级。

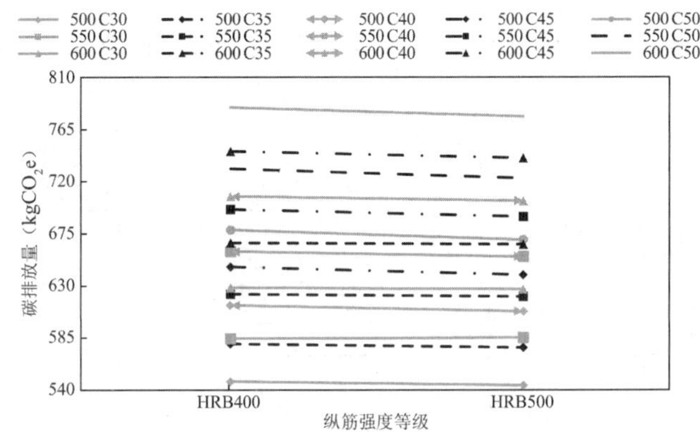

图 2.2-13　线荷载为 10kN/m，箍筋强度等级为 HRB400 时，梁碳排放分析图

注：图例中第一个变量代表梁高，第二个变量代表混凝土强度等级。

2）线荷载为 15kN/m、20kN/m 时，梁碳排放分析

线荷载为 15kN/m、20kN/m 时，以混凝土强度等级为横坐标，梁碳排放为纵坐标，3种梁截面对应的碳排放分析如图 2.2-14 和图 2.2-15 所示；以纵筋的强度等级为横坐标，碳排放为纵坐标，3 种梁截面对应的碳排放分析如图 2.2-16～图 2.2-19 所示。

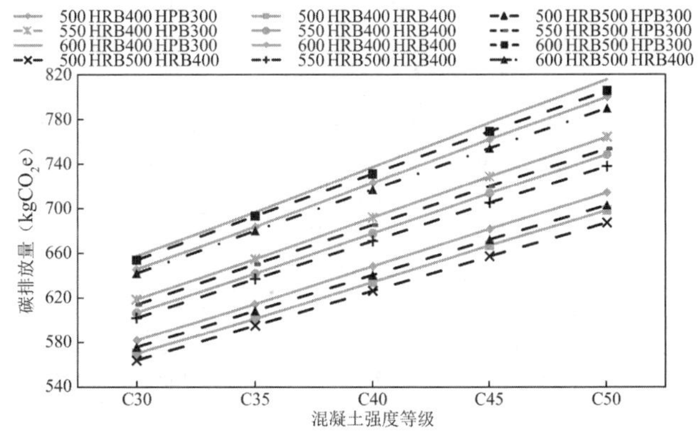

图 2.2-14　线荷载为 15kN/m 时，梁碳排放分析图

注：图例中第一个变量代表梁高，第二个变量代表纵筋强度等级，第三个变量代表箍筋强度等级。

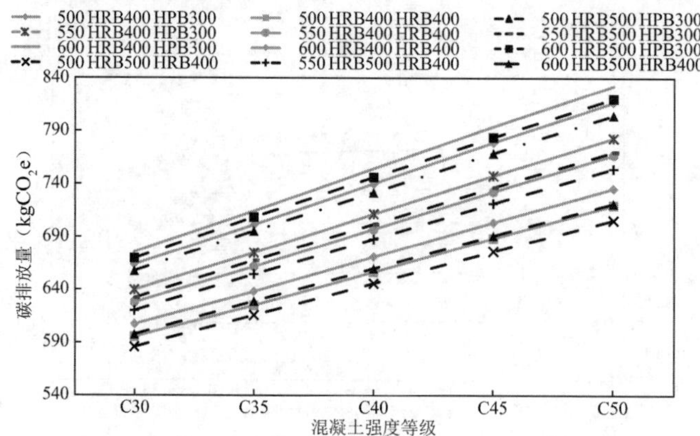

图 2.2-15　线荷载为 20kN/m 时，梁碳排放分析图

注：图例中第一个变量代表梁高，第二个变量代表纵筋强度等级，第三个变量代表箍筋强度等级。

通过分析可知：线荷载为 15kN/m、20kN/m 时，梁碳排放规律与线荷载为 10kN/m 时相似。

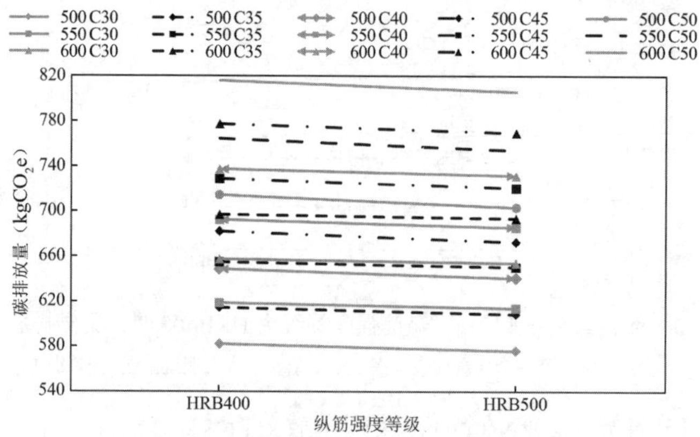

图 2.2-16　线荷载为 15kN/m，箍筋强度等级为 HPB300 时，梁碳排放分析图

注：图例中第一个变量代表梁高，第二个变量代表混凝土强度等级。

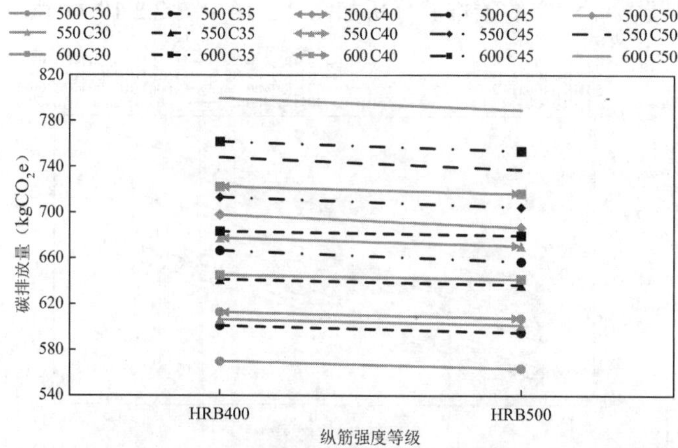

图 2.2-17　线荷载为 15kN/m，箍筋强度等级为 HRB400 时，梁碳排放分析图

注：图例中第一个变量代表梁高，第二个变量代表混凝土强度等级。

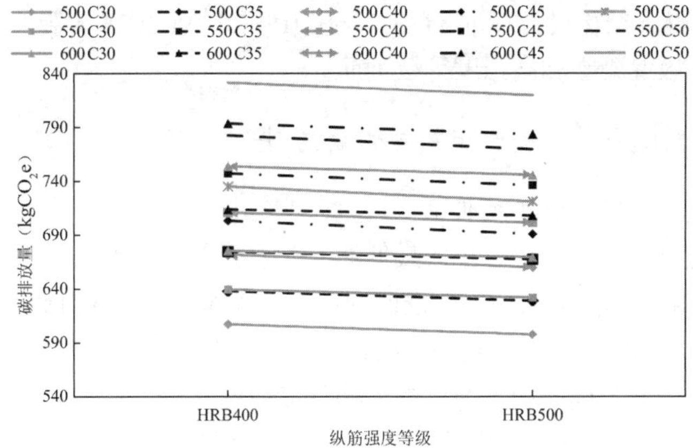

图 2.2-18　线荷载为 20kN/m，箍筋强度等级为 HPB300 时，梁碳排放分析图

注：图例中第一个变量代表梁高，第二个变量代表混凝土强度等级。

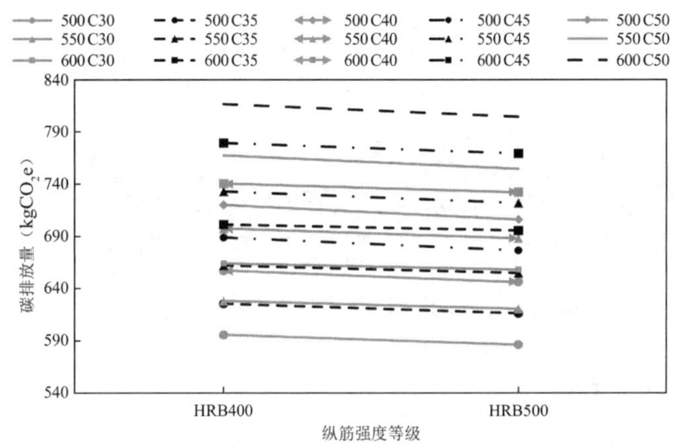

图 2.2-19　线荷载为 20kN/m，箍筋强度等级为 HRB400 时，梁碳排放分析图

注：图例中第一个变量代表梁高，第二个变量代表混凝土强度等级。

经过分析，在常规荷载作用时，其他参数下的梁碳排放规律与上述分析相似。

4. 总结与建议

经过上述分析，混凝土梁的碳排放量呈现以下规律：

（1）计算配筋时，碳排放量受 3 个因素影响，并随着梁截面减小、钢筋强度等级提高或混凝土强度等级降低而减少；3 个因素按照对碳排放量的影响从大到小的顺序依次为：梁截面尺寸、混凝土强度等级、钢筋强度等级。

（2）构造配筋时，按照固定配筋率控制的梁，其碳排放随混凝土、钢筋的强度等级降低而减少；按照《混凝土结构设计标准》GB/T 50010—2010（2024 年版）中要求配筋率控制的梁，随混凝土强度等级降低或钢筋强度等级提高，其碳排放量减少；

（3）碳排放占比：混凝土碳排放占比为 60%～75%。

基于以上分析，建议在进行梁低碳设计时，宜采用以下方法：

（1）混凝土梁计算配筋时，在满足正常使用和舒适度的前提下，优先选用小截面、低强度等级混凝土和高强度等级钢筋；

（2）混凝土梁构造配筋时，按照固定配筋率控制的，应优先选用低强度等级的混凝土和钢筋；按照《混凝土结构设计标准》GB/T 50010—2010（2024 年版）中要求控制的，应优先选用低强度等级混凝土和高强度等级钢筋。

2.2.4.2 基于受力工况下梁最低碳排放设计方法

1. 混凝土梁受弯工况下碳排放研究

在满足一定边界条件下给出碳排放最低的混凝土梁截面和配筋，是一个非常复杂的问题，究其原因是混凝土梁截面尺寸与配筋间存在耦合关系。本书针对此问题开展深入研究，即在给定弯矩设计值 M 情况下，找到对应最低碳排放量的混凝土截面和配筋值。此外，根据混凝土梁配筋情况分为单筋和双筋，本书将分别进行分析。

1）单筋混凝土梁最低碳排放设计方法

（1）单筋混凝土梁碳排放量公式推导

根据《混凝土结构设计标准》GB/T 50010—2010（2024 年版）第 6.2.10 条可知：

$$M \leqslant \alpha_1 f_c bx\left(h_0 - \frac{x}{2}\right)$$

$$\alpha_1 f_c bx = f_y A_s$$

可得：

$$A_s \geqslant \frac{\alpha_1 f_c b h_0 - \sqrt{\alpha_1^2 f_c^2 b^2 h_0^2 - 2\alpha_1 f_c bM}}{f_y} \tag{2.2-1}$$

已知单位长度的单筋混凝土梁碳排放量：

$$C_{单筋} = \eta\gamma_{钢筋} C_{钢筋} A_s + C_{混凝土} bh \tag{2.2-2}$$

式中 η——钢筋超配系数；

$\gamma_{钢筋}$——钢筋密度。

将式(2.2-1)、$h = h_0 + a_s$ 代入式(2.2-2)可得：

$$\begin{aligned} C_{单筋} &\geqslant \eta\gamma_{钢筋} C_{钢筋} \frac{\alpha_1 f_c b h_0 - \sqrt{\alpha_1^2 f_c^2 b^2 h_0^2 - 2\alpha_1 f_c bM}}{f_y} + C_{混凝土} b(h_0 + a_s) \\ &\geqslant \left(\frac{\eta\gamma_{钢筋} C_{钢筋} \alpha_1 f_c b}{f_y} + C_{混凝土} b\right) h_0 - \\ &\quad \sqrt{\frac{\eta^2\gamma_{钢筋}^2 C_{钢筋}^2 \alpha_1^2 f_c^2 b^2}{f_y^2} h_0^2 - \frac{2\eta^2\gamma_{钢筋}^2 C_{钢筋}^2 \alpha_1 f_c bM}{f_y^2}} + C_{混凝土} b a_s \end{aligned}$$

假设：

$$\omega_1 = \frac{\eta\gamma_{钢筋} C_{钢筋} \alpha_1 f_c b}{f_y} + C_{混凝土} b$$

$$\omega_2 = \frac{\eta^2\gamma_{钢筋}^2 C_{钢筋}^2 \alpha_1^2 f_c^2 b^2}{f_y^2}$$

$$\omega_3 = \frac{2\eta^2\gamma_{钢筋}^2 C_{钢筋}^2 \alpha_1 f_c bM}{f_y^2}$$

$$\omega_4 = C_{混凝土} b a_s$$

代入可得：$C_{单筋} \geqslant \omega_1 h_0 - \sqrt{\omega_2 h_0^2 - \omega_3} + \omega_4$

由上式可知，M、b 一定，$C_{单筋}$ 取最小值时，$C'_{单筋} = 0$，可得 $h_0 = \sqrt{\frac{\omega_3}{\omega_2 - \frac{\omega_2^2}{\omega_1^2}}}$，此时：

$$C_{单筋,\min} = \omega_1 \sqrt{\frac{\omega_1^2 \omega_3}{\omega_2(\omega_1^2 - \omega_2)}} - \sqrt{\omega_2 \frac{\omega_1^2 \omega_3}{\omega_2(\omega_1^2 - \omega_2)} - \omega_3} + \omega_4 = \sqrt{\omega_1^2 - \omega_2} \times \sqrt{\frac{\omega_3}{\omega_2}} + \omega_4$$

（2）单筋混凝土梁碳排放量公式验证

①边界条件

弯矩设计值 M 为 100kN · m，混凝土强度等级为 C30，钢筋强度等级为 HRB400，a_s 为 35mm，取钢筋超配系数 η 为 1.1，钢筋密度 $\gamma_{钢筋}$ 为 7.8t/m^3。由《混凝土结构设计标准》GB/T 50010—2010（2024 年版）第 4.1.4 条和第 4.2.3 条可知，混凝土轴心抗压强度设计值 f_c 为 14.3N/mm^2，普通钢筋抗拉强度设计值 f_y 为 360N/mm^2。由《建筑碳排放计算标准》GB/T 51366—2019 附录 D 可知，混凝土碳排放因子 $C_{混凝土}$ 为 295kgCO_2e/m^3，钢筋碳排放因子 $C_{钢筋}$ 为 2400kgCO_2e/t。

②公式计算

当截面宽度 b 为 250mm 时，根据公式可求得截面有效高度 h_0 为 348.79mm，即截面高度 h 为 383.79mm，钢筋面积为 918.08mm^2/m，单筋混凝土梁碳排放量最小为 47.21kgCO_2e/m。

当截面宽度 b 为 300mm 时，根据公式可求得截面有效高度 h_0 为 318.40mm，即截面高度 h 为 353.40mm，钢筋面积为 1005.70mm^2/m，单筋混凝土梁碳排放量最小为 51.99kgCO_2e/m。

当截面宽度 b 为 350mm 时，根据公式可求得截面有效高度 h_0 为 294.78mm，即截面高度 h 为 329.78mm，钢筋面积为 1086.28mm^2/m，单筋混凝土梁碳排放量最小为 56.42kgCO_2e/m。

③验证

用理正软件分别计算不同截面高度时钢筋面积和单筋混凝土梁碳排放量，计算结果如表 2.2-23～表 2.2-25 和图 2.2-20 所示。

验证 b 为 250mm，计算求得 h 为 383.79mm 时钢筋面积和单筋混凝土梁碳排放量　　表 2.2-23

截面有效高度 h_0（mm）	截面高度 h（mm）	钢筋面积（mm^2/m）	混凝土体积（$\times 10^{-3}$m^3/m）	单筋混凝土梁碳排放量（kgCO_2e/m）
258.79	293.79	1527.08	73.45	53.11
288.79	323.79	1222.38	80.95	49.05
318.79	353.79	1043.25	88.45	47.57
348.79	383.79	918.08	95.95	47.21
378.79	413.79	823.46	103.45	47.47
408.79	443.79	748.52	110.95	48.14
438.79	473.79	687.25	118.45	49.09

验证 b 为 300mm，计算求得 h 为 353.40mm 时钢筋面积和单筋混凝土梁碳排放量 表 2.2-24

截面有效高度 h_0（mm）	截面高度 h（mm）	钢筋面积（mm^2/m）	混凝土体积（$\times 10^{-3}m^3/m$）	单筋混凝土梁碳排放量（$kgCO_2e/m$）
228.40	263.40	1834.28	79.02	61.08
258.40	293.40	1387.67	88.02	54.54
288.40	323.40	1158.39	97.02	52.47
318.40	353.40	1005.70	106.02	51.99
348.40	383.40	893.42	115.02	52.33
378.40	413.40	806.14	124.02	53.19
408.40	443.40	735.78	133.02	54.39

验证 b 为 350mm，计算求得 h 为 329.78mm 时钢筋面积和单筋混凝土梁碳排放量 表 2.2-25

截面有效高度 h_0（mm）	截面高度 h（mm）	钢筋面积（mm^2/m）	混凝土体积（$\times 10^{-3}m^3/m$）	单筋混凝土梁碳排放量（$kgCO_2e/m$）
204.78	239.78	2229.14	83.92	70.66
234.78	269.78	1552.20	94.42	59.82
264.78	299.78	1267.19	104.92	57.05
294.78	329.78	1086.28	115.42	56.42
324.78	359.78	956.61	125.92	56.85
354.78	389.78	857.49	136.42	57.90
384.78	419.78	778.57	146.92	59.37

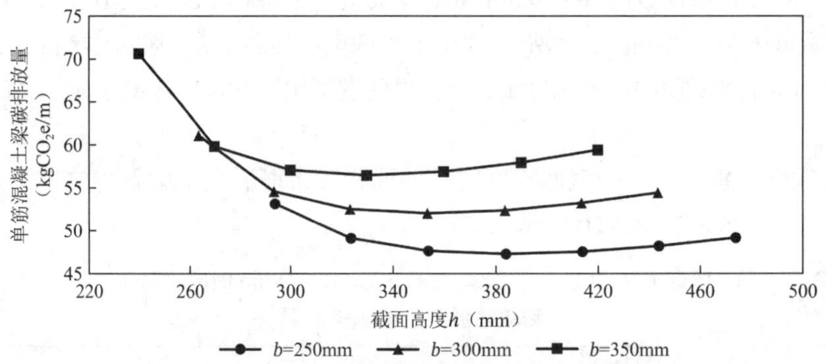

图 2.2-20 不同截面高度时单筋混凝土梁碳排放量

由表 2.2-23～表 2.2-25 和图 2.2-20 可知，公式计算钢筋面积和单筋混凝土梁碳排放量的结果与理正软件计算结果一致，即公式正确。

2）双筋混凝土梁低碳化设计方法

（1）双筋混凝土梁碳排放量公式推导

根据《混凝土结构设计标准》GB/T 50010—2010（2024 年版）第 6.2.10 条可知：

$$M \leqslant \alpha_1 f_c bx\left(h_0 - \frac{x}{2}\right) + f_y' A_s'(h_0 - a_s')$$

$$\alpha_1 f_c bx = f_y A_s - f_y' A_s'$$

可得：

$$f_y^2A_s^2 - 2f_y(f_y'A_s' + \alpha_1 f_c bh_0)A_s + f_y'^2A_s'^2 + 2\alpha_1 f_c bM + 2\alpha_1 f_c b f_y' A_s' a_s' \leqslant 0$$

可得：

$$A_s \geqslant \frac{f_y'A_s' + \alpha_1 f_c bh_0 - \sqrt{\alpha_1 f_c b\left[2f_y'A_s'(h_0 - a_s') + \alpha_1 f_c bh_0^2 - 2M\right]}}{f_y}$$

$$\begin{aligned} A_s + A_s' &\geqslant \frac{f_y'A_s' + \alpha_1 f_c bh_0 - \sqrt{\alpha_1 f_c b\left[2f_y'A_s'(h_0 - a_s') + \alpha_1 f_c bh_0^2 - 2M\right]}}{f_y} + A_s' \\ &\geqslant \frac{(f_y' + f_y)A_s' + \alpha_1 f_c bh_0 - \sqrt{\alpha_1 f_c b\left[2f_y'A_s'(h_0 - a_s') + \alpha_1 f_c bh_0^2 - 2M\right]}}{f_y} \end{aligned} \tag{2.2-3}$$

已知单位长度的双筋混凝土梁碳排放量：

$$C_{双筋} = \eta\gamma_{钢筋}C_{钢筋}(A_s + A_s') + C_{混凝土}bh \tag{2.2-4}$$

将式(2.2-3)、$h = h_0 + a_s$ 代入式(2.2-4)可得：

$$C_{双筋} \geqslant \eta\gamma_{钢筋}C_{钢筋}\frac{(f_y' + f_y)A_s' + \alpha_1 f_c bh_0 - \sqrt{\alpha_1 f_c b\left[2f_y'A_s'(h_0 - a_s') + \alpha_1 f_c bh_0^2 - 2M\right]}}{f_y} + C_{混凝土}b(h_0 + a_s)$$

①上铁为构造配筋时

当双筋混凝土梁上铁为构造钢筋时，即 $A_s' = \rho bh = \rho b(h_0 + a_s)$ 时，单位长度的双筋混凝土梁碳排放量：

$$\begin{aligned} C_{双筋} \geqslant &\left(\frac{\eta\gamma_{钢筋}C_{钢筋}\left[(f_y' + f_y)\rho b + \alpha_1 f_c b\right]}{f_y} + C_{混凝土}b\right)h_0 - \\ &\eta\gamma_{钢筋}C_{钢筋}\sqrt{\frac{\alpha_1 f_c b^2(2f_y'\rho + \alpha_1 f_c)}{f_y^2}h_0^2 + \frac{\left(2a_1 f_c b^2 f_y'\rho(a_s - a_s')\right)}{f_y^2}h_0 - \frac{2a_1 f_c b\left(bf_y'\rho a_s a_s' + M\right)}{f_y^2}} + \\ &\frac{\eta\gamma_{钢筋}C_{钢筋}(f_y' + f_y)\rho ba_s}{f_y} + C_{混凝土}ba_s \end{aligned}$$

假设：

$$\theta_1 = \frac{\eta\gamma_{钢筋}C_{钢筋}\left[(f_y' + f_y)\rho b + \alpha_1 f_c b\right]}{f_y} + C_{混凝土}b$$

$$\theta_2 = \frac{\eta^2\gamma_{钢筋}^2 C_{钢筋}^2 \alpha_1 f_c b^2(2f_y'\rho + \alpha_1 f_c)}{f_y^2}$$

$$\theta_3 = \frac{2\eta^2\gamma_{钢筋}^2 C_{钢筋}^2 a_1 f_c b^2 f_y'\rho(a_s - a_s')}{f_y^2}$$

$$\theta_4 = \frac{2\eta^2\gamma_{钢筋}^2 C_{钢筋}^2 a_1 f_c b\left(bf_y'\rho a_s a_s' + M\right)}{f_y^2}$$

$$\theta_5 = \frac{\eta\gamma_{钢筋}C_{钢筋}(f_y' + f_y)\rho ba_s}{f_y} + C_{混凝土}ba_s$$

可得：

$$C_{双筋} \geqslant \theta_1 h_0 - \sqrt{\theta_2 h_0^2 + \theta_3 h_0 - \theta_4} + \theta_5$$

由上式可知，$C_{双筋}$ 取最小值时，$C'_{双筋} = 0$，可得：$h_0 = \frac{\theta_1}{2\theta_2}\sqrt{\frac{\theta_3^2+4\theta_2\theta_4}{\theta_1^2-\theta_2}} - \frac{\theta_3}{2\theta_2}$。此时：

$$C_{双筋,\min} = \frac{\sqrt{\theta_1^2 - \theta_2} \times \sqrt{\theta_3^2 + 4\theta_2\theta_4}}{2\theta_2} - \frac{\theta_1\theta_3}{2\theta_2} + \theta_5$$

②上铁为计算配筋时

当双筋混凝土梁上铁为计算配筋时，即

$$A'_s = \frac{M - M_c}{f'_y(h_0 - a'_s)} = \frac{M - \alpha_1 f_c b h_0^2 \xi_b (1 - 0.5\xi_b)}{f'_y(h_0 - a'_s)}$$

假设：

$$t = h_0 - a'_s$$
$$h_0 = t + a'_s$$
$$h = t + a_s$$

可得：

$$C_{双筋} \geqslant \left(\frac{\eta\gamma_{钢筋}C_{钢筋}\alpha_1 f_c b\xi_b\left[0.5\xi_b\left(f'_y + f_y\right) - f_y\right]}{f'_y f_y} + C_{混凝土}b\right)t + \frac{\eta\gamma_{钢筋}C_{钢筋}\left(f'_y + f_y\right)\left[M - \alpha_1 f_c b\xi_b a_s'^2(1 - 0.5\xi_b)\right]}{f'_y f_y t} + \frac{\eta\gamma_{钢筋}C_{钢筋}\alpha_1 f_c b\xi_b a'_s\left[\xi_b\left(f'_y + f_y\right) - 2f_y - f'_y\right]}{f'_y f_y} + C_{混凝土}b(a_s + a'_s)$$

假设：

$$\mu_1 = \frac{\eta\gamma_{钢筋}C_{钢筋}\alpha_1 f_c b\xi_b\left[0.5\xi_b\left(f'_y + f_y\right) - f_y\right]}{f'_y f_y} + C_{混凝土}b$$

$$\mu_2 = \frac{\eta\gamma_{钢筋}C_{钢筋}\left(f'_y + f_y\right)\left[M - \alpha_1 f_c b\xi_b a_s'^2(1 - 0.5\xi_b)\right]}{f'_y f_y}$$

$$\mu_3 = \frac{\eta\gamma_{钢筋}C_{钢筋}\alpha_1 f_c b\xi_b a'_s\left[\xi_b\left(f'_y + f_y\right) - 2f_y - f'_y\right]}{f'_y f_y} + C_{混凝土}b(a_s + a'_s)$$

由上式可知，$t = \sqrt{\frac{\mu_2}{\mu_1}}$ 时，$C_{双筋}$ 取最小值。此时

$$C_{双筋,\min} = \mu_1\sqrt{\frac{\mu_2}{\mu_1}} + \mu_2\sqrt{\frac{\mu_1}{\mu_2}} + \mu_3 = 2\sqrt{\mu_1\mu_2} + \mu_3$$

（2）双筋混凝土梁碳排放量公式验证

①上铁配筋为构造钢筋时

a. 边界条件

弯矩设计值 M 为 100kN · m，混凝土强度等级为 C30，钢筋强度等级为 HRB400，a_s 和 a'_s 为 35mm，取钢筋超配系数 η 为 1.1，配筋率为 0.2%，钢筋密度 $\gamma_{钢筋}$ 为 7.8t/m^3。由

《混凝土结构设计标准》GB/T 50010—2010（2024 年版）第 4.1.4 条和第 4.2.3 条可知，混凝土轴心抗压强度设计值 f_c 为 14.3N/mm^2，普通钢筋抗拉、抗压强度设计值 f_y、f'_y 为 360N/mm^2。

b. 公式计算

当截面宽度 b 为 250mm 时，根据公式可求得截面有效高度 h_0 为 323.86mm，即截面高度 h 为 358.86mm，受拉区纵筋截面面积为 975.66mm^2/m，受压区纵筋截面面积为 179.43mm^2/m，双筋混凝土梁碳排放量最小为 50.25kgCO_2e/m。

当截面宽度 b 为 300mm 时，根据公式可求得截面有效高度 h_0 为 295.64mm，即截面高度 h 为 330.64mm，受拉区纵筋截面面积为 1071.16mm^2/m，受压区纵筋截面面积为 198.39mm^2/m，双筋混凝土梁碳排放量最小为 55.40kgCO_2e/m。

当截面宽度 b 为 350mm 时，根据公式可求得截面有效高度 h_0 为 273.71mm，即截面高度 h 为 308.71mm，受拉区纵筋截面面积为 1159.40mm^2/m，受压区纵筋截面面积为 216.10mm^2/m，双筋混凝土梁碳排放量最小为 60.2kgCO_2e/m。

c. 验证

用理正软件分别计算不同截面高度时钢筋面积和双筋混凝土梁碳排放量，计算结果如表 2.2-26～表 2.2-28 和图 2.2-21 所示。

验证 b 为 250mm，计算求得 h 为 358.86mm 时钢筋面积和双筋混凝土梁碳排放量　　表 2.2-26

截面有效高度 h_0（mm）	截面高度 h（mm）	纵筋截面面积（mm^2/m）		混凝土体积（$\times 10^{-3}$m^3/m）	双筋混凝土梁碳排放量（kgCO_2e/m）
		受压区	受拉区		
243.86	278.86	139.43	1598.86	69.72	56.36
273.86	308.86	154.43	1257.91	77.22	51.86
303.86	338.86	169.43	1067.24	84.72	50.46
323.86	358.86	179.43	975.66	89.72	50.25
343.86	378.86	189.43	901.30	94.72	50.40
373.86	408.86	204.43	811.82	102.22	51.08
403.86	438.86	219.43	740.70	109.72	52.14

验证 b 为 300mm，计算求得 h 为 330.64mm 时钢筋面积和双筋混凝土梁碳排放量　　表 2.2-27

截面有效高度 h_0（mm）	截面高度 h（mm）	纵筋截面面积（mm^2/m）		混凝土体积（$\times 10^{-3}$m^3/m）	双筋混凝土梁碳排放量（kgCO_2e/m）
		受压区	受拉区		
215.64	250.64	150.39	1925.97	75.19	64.94
245.64	280.64	168.39	1424.18	84.19	57.63
275.64	310.64	186.39	1182.43	93.19	55.68
295.64	330.64	198.39	1071.16	99.19	55.40
315.64	350.64	210.39	982.64	105.19	55.60
345.64	380.64	228.39	878.01	114.19	56.47
375.64	410.64	246.39	796.19	123.19	57.81

验证 b 为 350mm，计算求得 h 为 383.79mm 时钢筋面积和双筋混凝土梁碳排放量　表 2.2-28

截面有效高度 h_0（mm）	截面高度 h（mm）	纵筋截面面积（mm^2/m）		混凝土体积（$\times 10^{-3}m^3/m$）	双筋混凝土梁碳排放量（$kgCO_2e/m$）
		受压区	受拉区		
193.71	228.71	160.10	2367.68	80.05	75.67
223.71	258.71	181.10	1588.38	90.55	63.15
253.71	288.71	202.10	1290.72	101.05	60.55
273.71	308.71	216.10	1159.40	108.05	60.20
293.71	328.71	230.10	1056.86	115.05	60.44
323.71	358.71	251.10	937.61	125.55	61.51
353.71	388.71	272.10	845.70	136.05	63.15

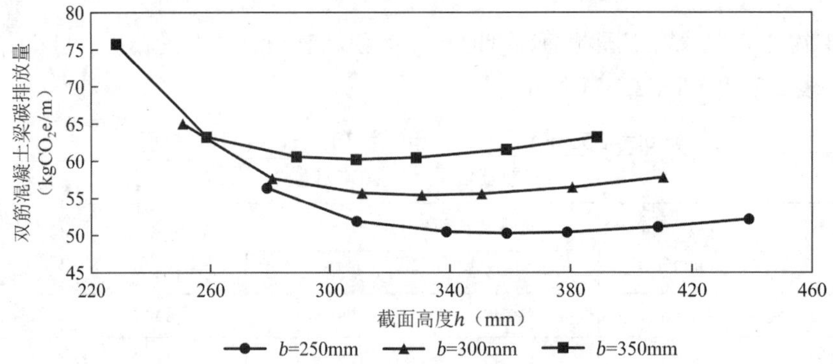

图 2.2-21　不同截面高度时双筋混凝土梁碳排放量

由表 2.2-25～表 2.2-28 和图 2.2-21 可知，公式计算钢筋面积和双筋混凝土梁碳排放量的结果与理正软件计算结果一致，即公式正确。

②上铁配筋为计算配筋时

a. 边界条件

同“上铁配筋为构造配筋时”边界条件。

b. 公式计算

当截面宽度 b 为 250mm 时，根据公式可求得截面有效高度 h_0 为 739.05mm，即截面高度 h 为 774.05mm，受拉区纵筋截面面积为 1237.86mm^2/m，受压区纵筋截面面积为 −2561.25mm^2/m，双筋混凝土梁碳排放量最小为 29.84$kgCO_2e/m$。

当截面宽度 b 为 300mm 时，根据公式可求得截面有效高度 h_0 为 676.61mm，即截面高度 h 为 711.61mm，受拉区纵筋截面面积为 1344.45mm^2/m，受压区纵筋截面面积为 −2829.30mm^2/m，双筋混凝土梁碳排放量最小为 32.40$kgCO_2e/m$。

当截面宽度 b 为 350mm 时，根据公式可求得截面有效高度 h_0 为 628.00mm，即截面高度 h 为 663.00mm，受拉区纵筋截面面积为 1440.48mm^2/m，受压区纵筋截面面积为 −3079.04mm^2/m，双筋混凝土梁碳排放量最小为 34.71$kgCO_2e/m$。

c. 验证

用理正软件分别计算不同截面高度时钢筋面积和双筋混凝土梁碳排放量，计算结果如表 2.2-29～表 2.2-31 和图 2.2-22 所示。

验证 b 为 250mm，计算求得 h 为 774.05mm 时钢筋面积和双筋混凝土梁碳排放量　　表 2.2-29

截面有效高度 h_0（mm）	截面高度 h（mm）	纵筋截面面积（mm^2/m）		混凝土体积（$\times 10^{-3}m^3/m$）	双筋混凝土梁碳排放量（$kgCO_2e/m$）
		受压区	受拉区		
659.05	694.05	−2206.72	1181.15	173.51	30.07
679.05	714.05	−2296.51	1194.17	178.51	29.96
709.05	744.05	−2429.69	1215.21	186.01	29.87
739.05	774.05	−2561.25	1237.86	193.51	29.84
769.05	804.05	−2691.41	1261.92	201.01	29.86
799.05	834.05	−2820.32	1287.23	208.51	29.94
829.05	864.05	−2948.12	1313.64	216.01	30.07

验证 b 为 300mm，计算求得 h 为 711.61mm 时钢筋面积和双筋混凝土梁碳排放量　　表 2.2-30

截面有效高度 h_0（mm）	截面高度 h（mm）	纵筋截面面积（mm^2/m）		混凝土体积（$\times 10^{-3}m^3/m$）	双筋混凝土梁碳排放量（$kgCO_2e/m$）
		受压区	受拉区		
596.61	631.61	−2403.11	1277.15	55.90	32.71
616.61	651.61	−2511.21	1292.42	57.67	32.57
646.61	681.61	−2671.33	1317.36	60.32	32.44
676.61	711.61	−2829.30	1344.45	62.98	32.40
706.61	741.61	−2985.41	1373.40	65.63	32.44
736.61	771.61	−3139.90	1403.97	68.29	32.54
766.61	801.61	−3292.97	1435.96	70.94	32.70

验证 b 为 350mm，计算求得 h 为 663.00mm 时钢筋面积和双筋混凝土梁碳排放量　　表 2.2-31

截面有效高度 h_0（mm）	截面高度 h（mm）	纵筋截面面积（mm^2/m）		混凝土体积（$\times 10^{-3}m^3/m$）	双筋混凝土梁碳排放量（$kgCO_2e/m$）
		受压区	受拉区		
548.00	583.00	−2580.98	1362.80	204.05	35.11
568.00	603.00	−2707.50	1380.21	211.05	34.93
598.00	633.00	−2894.64	1408.97	221.55	34.76
628.00	663.00	−3079.04	1440.48	232.05	34.71
658.00	693.00	−3261.09	1474.33	242.55	34.76
688.00	723.00	−3441.11	1510.21	253.05	34.89
718.00	753.00	−3619.38	1547.84	263.55	35.09

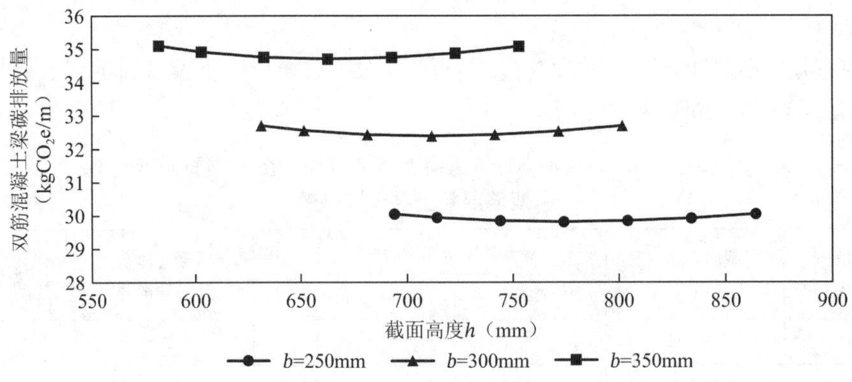

图 2.2-22 不同截面高度时双筋混凝土梁碳排放量

由表 2.2-29～表 2.2-31 和图 2.2-22 可知，公式计算钢筋面积和双筋混凝土梁碳排放量的结果与理正软件计算结果一致，即公式正确。

d. 矫正

由验证中可以看到受压区纵筋计算截面面积为负值，这是不合理的，其受压区纵筋截面面积最小应为 0，为负值时需取构造配筋值。根据公式计算受压区纵筋截面面积为 0 时截面的有效高度。

当截面宽度 b 为 250mm 时，根据公式求得截面有效高度 h_0 为 270.01mm，即截面高度 h 为 305.01mm，受拉区纵筋截面面积为 1388.01mm²/m。此时，双筋混凝土梁碳排放量最小为 51.08kgCO_2e/m。

当截面宽度 b 为 300mm 时，根据公式求得截面有效高度 h_0 为 246.49mm，即截面高度 h 为 281.49mm，受拉区纵筋截面面积为 1520.49mm²/m。此时，双筋混凝土梁碳排放量最小为 56.22kgCO_2e/m。

当截面宽度 b 为 350mm 时，根据公式求得截面有效高度 h_0 为 228.20mm，即截面高度 h 为 263.20mm，受拉区纵筋截面面积为 1642.31mm²/m。此时，双筋混凝土梁碳排放量最小为 60.99kgCO_2e/m。

用理正软件计算不同截面高度时钢筋面积和双筋混凝土梁碳排放量，计算结果如表 2.2-32～表 2.2-34 和图 2.2-23 所示。

验证 b 为 250mm，计算求得 h 为 305.01mm 时钢筋面积和双筋混凝土梁碳排放量 表 2.2-32

截面有效高度 h_0（mm）	截面高度 h（mm）	纵筋截面面积（mm²/m）		混凝土体积（×10⁻³m³/m）	双筋混凝土梁碳排放量（$kgCO_2e/m$）
		受压区	受拉区		
240.01	275.01	284.36	1518.15	68.75	57.40
250.01	285.01	184.30	1469.49	71.25	55.07
260.01	295.01	89.75	1426.35	73.75	52.98
270.01	305.01	0.00	1388.01	76.25	51.08
280.01	315.01	157.51	1596.92	78.75	59.36
290.01	325.01	162.51	1653.32	81.25	61.36
300.01	335.01	167.51	1709.73	83.75	63.36

验证 b 为 300mm，计算求得 h 为 281.49mm 时钢筋面积和双筋混凝土梁碳排放量　　表 2.2-33

截面有效高度 h_0（mm）	截面高度 h（mm）	纵筋截面面积（mm^2/m）		混凝土体积（$\times 10^{-3}m^3/m$）	双筋混凝土梁碳排放量（$kgCO_2e/m$）
		受压区	受拉区		
216.49	251.49	349.90	1685.33	75.45	64.17
226.49	261.49	225.86	1622.97	78.45	61.21
236.49	271.49	109.59	1568.39	81.45	58.58
246.49	281.49	0.00	1520.49	84.45	56.22
256.49	291.49	174.89	1757.06	87.45	65.58
266.49	301.49	180.89	1824.75	90.45	67.98
276.49	311.49	186.89	1892.44	93.45	70.38

验证 b 为 350mm，计算求得 h 为 263.20mm 时钢筋面积和双筋混凝土梁碳排放量　　表 2.2-34

截面有效高度 h_0（mm）	截面高度 h（mm）	纵筋截面面积（mm^2/m）		混凝土体积（$\times 10^{-3}m^3/m$）	双筋混凝土梁碳排放量（$kgCO_2e/m$）
		受压区	受拉区		
198.20	233.20	418.09	1844.50	81.62	70.67
208.20	243.20	268.80	1767.17	85.12	67.04
218.20	253.20	129.97	1700.32	88.62	63.83
228.20	263.20	0.00	1642.31	92.12	60.99
238.20	273.20	191.24	1905.52	95.62	71.38
248.20	283.20	198.24	1984.49	99.12	74.19
258.20	293.20	205.24	2063.46	102.62	76.99

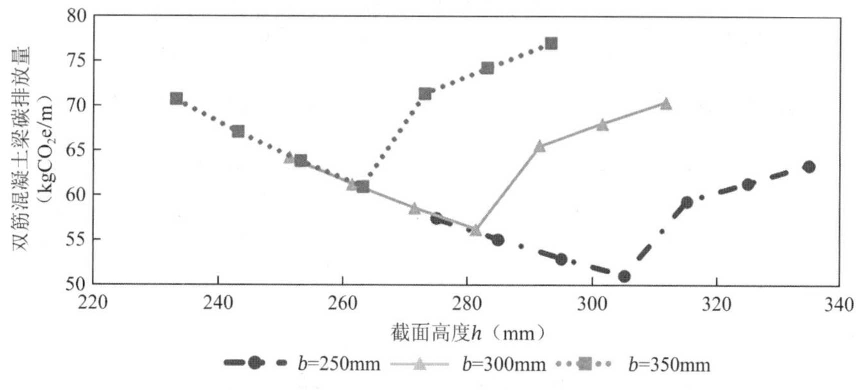

图 2.2-23　不同截面高度时双筋混凝土梁碳排放量

由表 2.2-32～表 2.2-34 和图 2.2-23 可知，公式计算钢筋面积和双筋混凝土梁碳排放量的结果与理正软件计算结果一致，即公式正确。

3）单筋和双筋混凝土梁碳排放量对比分析

当弯矩设计值 M 为 100kN · m，混凝土强度等级为 C30，钢筋强度等级为 HRB400 时，单筋、双筋混凝土梁碳排放量最小时截面有效高度 h_0、截面高度 h、纵筋截面面积、混凝土体积和混凝土梁最小碳排放量计算结果如表 2.2-35～表 2.2-37 所示。

由表 2.2-35～表 2.2-37 可知，在同一边界条件下，单筋混凝土梁碳排放量 < 上铁为构造钢筋的双筋混凝土梁 < 上铁为计算钢筋的双筋混凝土梁。

b 为 250mm，单筋和双筋混凝土梁碳排放量对比　　表 2.2-35

		单筋混凝土梁	双筋混凝土梁 上铁为构造钢筋	双筋混凝土梁 上铁为计算钢筋
截面有效高度 h_0（mm）		348.79	323.86	270.01
截面高度 h（mm）		383.79	358.86	305.01
纵筋截面面积（mm^2/m）	受拉区	918.08	975.66	1388.01
	受压区	0	179.43	0
混凝土体积（$\times 10^{-3}m^3/m$）		95.95	89.72	76.25
混凝土梁碳排放量（$kgCO_2e/m$）		47.21	50.25	51.08

b 为 300mm，单筋和双筋混凝土梁碳排放量对比　　表 2.2-36

		单筋混凝土梁	双筋混凝土梁 上铁为构造钢筋	双筋混凝土梁 上铁为计算钢筋
截面有效高度 h_0（mm）		318.40	295.64	246.49
截面高度 h（mm）		353.40	330.64	281.49
纵筋截面面积（mm^2/m）	受拉区	1005.70	1071.16	1520.49
	受压区	0	198.39	0
混凝土体积（$\times 10^{-3}m^3/m$）		106.02	99.19	84.45
混凝土梁碳排放量（$kgCO_2e/m$）		51.99	55.40	56.22

b 为 350mm，单筋和双筋混凝土梁碳排放量对比　　表 2.2-37

		单筋混凝土梁	双筋混凝土梁 上铁为构造钢筋	双筋混凝土梁 上铁为计算钢筋
截面有效高度 h_0（mm）		294.78	273.71	228.20
截面高度 h（mm）		329.78	308.71	263.20
纵筋截面面积（mm^2/m）	受拉区	1086.28	1159.40	1642.31
	受压区	0	216.10	0
混凝土体积（$\times 10^{-3}m^3/m$）		115.42	108.05	92.12
混凝土梁碳排放量（$kgCO_2e/m$）		56.42	60.20	60.99

4）总结与建议

（1）在给定弯矩作用下，给出了混凝土梁最低碳排放量对应的单筋截面尺寸和配筋计算公式，以及双筋截面尺寸和配筋计算公式；

（2）通过案例计算验证，得出单筋和双筋混凝土梁碳排放量最小时截面高度以及最小碳排放量公式计算结果与软件计算结果一致，即公式正确。

（3）相同工况下，单筋混凝土梁碳排放量最优，其次为上铁为构造钢筋的双筋混凝土梁，上铁为计算钢筋的双筋混凝土梁最差。

2. 混凝土梁受剪工况下碳排放研究

1）混凝土梁碳排放量计算

根据《建筑碳排放计算标准》GB/T 51366—2019 可知，建筑碳排放阶段分为建材生产阶段、运输阶段、建造阶段、运行阶段和拆除阶段。根据该标准可知，混凝土梁在生产阶段的碳排放量为：

$$C_{SC}=M_{混凝土}C_{混凝土}+M_{钢筋}C_{钢筋}+M_{钢材}C_{钢材}$$

式中　$M_{混凝土}$、$M_{钢筋}$、$M_{钢材}$——分别为混凝土、钢筋和钢材的用量；

$C_{混凝土}$、$C_{钢筋}$、$C_{钢材}$——分别为混凝土、钢筋和钢材的碳排放因子。

如何在满足一定边界条件下给出碳排放最低的混凝土梁截面和配筋，是一个非常复杂的问题，究其原因是混凝土梁截面尺寸与配筋间存在耦合关系。本书针对此问题开展深入研究，即在给定剪力设计值 V 情况下，找到对应最低碳排放量的混凝土截面和配筋值。因生产阶段的碳排放占隐含碳比例高达 70%，故本书的最低碳排放量将按照生产阶段公式进行推导。

根据《混凝土结构设计标准》GB/T 50010—2010（2024 年版）第 6.3.4 条可知：

$$V\leqslant\alpha_{cv}f_tbh_0+f_{yv}\frac{A_{sv}}{s}h_0$$

可得：

$$\frac{A_{sv}}{s}\geqslant\frac{V-\alpha_{cv}f_tbh_0}{f_{yv}h_0}\tag{2.2-5}$$

同时，《混凝土结构设计标准》GB/T 50010—2010（2024 年版）第 6.3.1 条规定：

$$V\leqslant0.25\beta_cf_cbh_0$$

可得：

$$h_0\geqslant\frac{V}{0.25\beta_cf_cb}$$

根据使用情况，斜截面受剪时混凝土梁最常用的为双肢箍筋和四肢箍筋，本书将分别进行分析。

2）双肢箍筋混凝土梁碳排放量公式研究

（1）双肢箍筋混凝土梁最小碳排放量公式推导

已知单位长度的双肢箍筋混凝土梁碳排放量：

$$\begin{aligned}C_{双肢箍筋}&=\eta\gamma_{钢筋}C_{钢筋}\times\frac{A_{sv}}{2}\times\frac{1}{s}\times(h-2a_s+b-2a_s)\times2+C_{混凝土}bh\\&=\eta\gamma_{钢筋}C_{钢筋}\times\frac{A_{sv}}{s}\times(h+b-4a_s)+C_{混凝土}bh\end{aligned}\tag{2.2-6}$$

将式(2.2-5)、$h=h_0+a_s$ 代入式(2.2-6)可得：

$$\begin{aligned}C_{双肢箍筋}&\geqslant\eta\gamma_{钢筋}C_{钢筋}\times\frac{V-\alpha_{cv}f_tbh_0}{f_{yv}h_0}\times(h_0+a_s+b-4a_s)+C_{混凝土}b(h_0+a_s)\\&\geqslant\left(C_{混凝土}b-\frac{\eta\gamma_{钢筋}C_{钢筋}\alpha_{cv}f_tb}{f_{yv}}\right)\times h_0+\frac{\eta\gamma_{钢筋}C_{钢筋}V(b-3a_s)}{f_{yv}}\times\frac{1}{h_0}+\\&\quad\frac{\eta\gamma_{钢筋}C_{钢筋}[V-\alpha_{cv}f_tb(b-3a_s)]}{f_{yv}}+C_{混凝土}ba_s\end{aligned}$$

由上式可知，$h_0=\sqrt{\dfrac{\eta\gamma_{钢筋}C_{钢筋}V(b-3a_s)}{C_{混凝土}f_{yv}b-\eta\gamma_{钢筋}C_{钢筋}\alpha_{cv}f_tb}}$，$C_{双肢箍筋}$ 取最小值。

故当 $\sqrt{\dfrac{\eta\gamma_{钢筋}C_{钢筋}V(b-3a_s)}{C_{混凝土}f_{yv}b-\eta\gamma_{钢筋}C_{钢筋}\alpha_{cv}f_tb}}\leqslant\dfrac{V}{0.25\beta_cf_cb}$，取 $h_0=\dfrac{V}{0.25\beta_cf_cb}$ 时，$C_{双肢箍筋}$ 最小；当 $\sqrt{\dfrac{\eta\gamma_{钢筋}C_{钢筋}V(b-3a_s)}{C_{混凝土}f_{yv}b-\eta\gamma_{钢筋}C_{钢筋}\alpha_{cv}f_tb}}>\dfrac{V}{0.25\beta_cf_cb}$，取 $h_0=\sqrt{\dfrac{\eta\gamma_{钢筋}C_{钢筋}V(b-3a_s)}{C_{混凝土}f_{yv}b-\eta\gamma_{钢筋}C_{钢筋}\alpha_{cv}f_tb}}$ 时，$C_{双肢箍筋}$ 最小。

（2）截面计算有效高度＞截面构造有效高度时

①边界条件

剪力设计值 V 为 50kN，混凝土强度等级为 C30，钢筋强度等级为 HRB400，混凝土轴心抗拉强度设计值 f_t 为 1.43N/mm^2，横向钢筋抗拉强度设计值 f_{yv} 为 360N/mm^2。假定 a_s 为 35mm，取钢筋超配系数 η 为 1.1，钢筋密度 $\gamma_{钢筋}$ 为 7.8t/m^3。由《建筑碳排放计算标准》GB/T 51366—2019 附录 D 可知，混凝土碳排放因子 $C_{混凝土}$ 为 295kgCO$_2$e/m^3，钢筋碳排放因子 $C_{钢筋}$ 为 2400kgCO$_2$e/t。

②公式计算

当截面宽度 b 为 250mm 时，根据公式可求得截面有效高度 h_0 为 83.53mm，截面构造有效高度为 55.94mm，即取计算截面高度 h 为 118.53mm，A_{sv}/s 为 0.97mm，双肢箍筋混凝土梁碳排放量最小为 13.30kgCO$_2$e/m。

当截面宽度 b 为 280mm 时，根据公式可求得截面有效高度 h_0 为 86.71mm，截面构造有效高度为 49.95mm，即取计算截面高度 h 为 121.71mm，A_{sv}/s 为 0.82mm，双肢箍筋混凝土梁碳排放量最小为 14.49kgCO$_2$e/m。

当截面宽度 b 为 300mm 时，根据公式可求得截面有效高度 h_0 为 88.43mm，截面构造有效高度为 46.62mm，即取计算截面高度 h 为 123.43mm，A_{sv}/s 为 0.74mm，双肢箍筋混凝土梁碳排放量最小为 15.22kgCO$_2$e/m。

③验证

用软件分别计算不同截面高度时的 A_{sv}/s 和单位长度双肢箍筋混凝土梁碳排放量，计算结果如表 2.2-38～表 2.2-40 和图 2.2-24 所示。

验证 b 为 250mm，计算求得 h 为 118.53mm 时 A_{sv}/s 和双肢箍筋混凝土梁碳排放量　　表 2.2-38

截面有效高度 h_0（mm）	截面高度 h（mm）	A_{sv}/s（mm）	混凝土体积（×10^{-3}m^3）	双肢箍筋混凝土梁碳排放量（kgCO$_2$e/m）
56.53	91.53	1.76	22.88	14.06
63.53	98.53	1.49	24.63	13.67
73.53	108.53	1.19	27.13	13.38
83.53	118.53	0.97	29.63	13.30
103.53	138.53	0.65	34.63	13.52
123.53	158.53	0.43	39.63	14.06

验证 b 为 280mm，计算求得 h 为 121.71mm 时 A_{sv}/s 和双肢箍筋混凝土梁碳排放量　表 2.2-39

截面有效高度 h_0（mm）	截面高度 h（mm）	A_{sv}/s（mm）	混凝土体积（$\times 10^{-3}m^3$）	双肢箍筋混凝土梁碳排放量（$kgCO_2e/m$）
56.71	91.71	1.67	25.68	15.55
66.71	101.71	1.30	28.48	14.89
76.71	111.71	1.03	31.28	14.58
86.71	121.71	0.82	34.08	14.49
106.71	141.71	0.52	39.68	14.74
126.71	161.71	0.32	45.28	15.33

验证 b 为 300mm，计算求得 h 为 123.43mm 时 A_{sv}/s 和双肢箍筋混凝土梁碳排放量　表 2.2-40

截面有效高度 h_0（mm）	截面高度 h（mm）	A_{sv}/s（mm^2）	混凝土体积（$\times 10^{-3}m^3$）	双肢箍筋混凝土梁碳排放量（$kgCO_2e/m$）
58.43	93.43	1.54	28.03	16.32
68.43	103.43	1.20	31.03	15.64
78.43	113.43	0.94	34.03	15.31
88.43	123.43	0.74	37.03	15.22
108.43	143.43	0.45	43.03	15.48
128.43	163.43	0.25	49.03	16.11

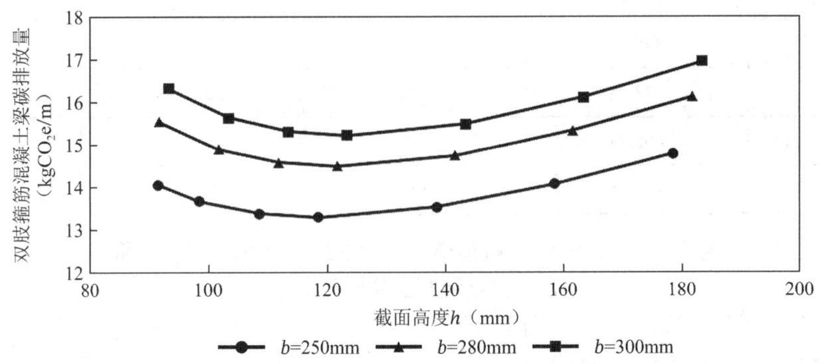

图 2.2-24　不同截面高度时双肢箍筋混凝土梁碳排放量图

由表 2.2-38～表 2.2-40 和图 2.2-24 可知，公式计算 A_{sv}/s 和双肢箍筋混凝土梁碳排放量的结果与软件计算结果一致，且此时双肢箍筋混凝土梁碳排放量最小，即公式正确。

（3）截面计算有效高度 ≤ 截面构造有效高度时

①边界条件

剪力设计值 V 为 200kN，混凝土强度等级为 C30，钢筋强度等级为 HRB400，混凝土轴心抗拉强度设计值 f_t 为 1.43N/mm²，横向钢筋抗拉强度设计值 f_{yv} 为 360N/mm²。假定 a_s 为 35mm，取钢筋超配系数 η 为 1.1，钢筋重度 $\gamma_{钢筋}$ 为 7.8t/m³。由《建筑碳排放计算标准》GB/T 51366—2019 中附录 D 可知，混凝土碳排放因子 $C_{混凝土}$ 为 295kgCO₂e/m³，钢筋

碳排放因子 $C_{钢筋}$ 为 2400kgCO_2e/t。

②公式计算

当截面宽度 b 为 250mm 时，根据公式可求得截面有效高度 h_0 为 167.06mm，截面构造有效高度为 223.78mm，即取构造截面高度 h 为 258.78mm，A_{sv}/s 为 1.79mm，双肢箍筋混凝土梁碳排放量最小为 32.66kgCO_2e/m。

当截面宽度 b 为 280mm 时，根据公式可求得截面有效高度 h_0 为 173.42mm，截面构造有效高度为 199.80mm，即取构造截面高度 h 为 234.80mm，A_{sv}/s 为 2.00mm，双肢箍筋混凝土梁碳排放量最小为 34.85kgCO_2e/m。

当截面宽度 b 为 300mm 时，根据公式可求得截面有效高度 h_0 为 176.85mm，截面构造有效高度为 186.48mm，即取构造截面高度 h 为 221.48mm，A_{sv}/s 为 2.15mm，双肢箍筋混凝土梁碳排放量最小为 36.45kgCO_2e/m。

③验证

用软件分别计算不同截面高度时的 A_{sv}/s 和单位长度双肢箍筋混凝土梁碳排放量，计算结果如表 2.2-41～表 2.2-43 和图 2.2-25 所示。

验证 b 为 250mm，构造选取 h 为 258.78mm 时 A_{sv}/s 和双肢箍筋混凝土梁碳排放量

表 2.2-41

截面有效高度 h_0（mm）	截面高度 h（mm）	A_{sv}/s（mm）	混凝土体积（$\times 10^{-3}m^3$）	双肢箍筋混凝土梁碳排放量（kgCO_2e/m）
223.78	258.78	1.79	64.69	32.66
253.78	288.78	1.49	72.19	33.57
283.78	318.78	1.26	79.69	34.66
313.78	348.78	1.08	87.19	35.88
343.78	378.78	0.92	94.69	37.20
373.78	408.78	0.79	102.19	38.60
403.78	438.78	0.68	109.69	40.05

验证 b 为 280mm，构造选取 h 为 234.80mm 时 A_{sv}/s 和双肢箍筋混凝土梁碳排放量

表 2.2-42

截面有效高度 h_0（mm）	截面高度 h（mm）	A_{sv}/s（mm）	混凝土体积（$\times 10^{-3}m^3$）	双肢箍筋混凝土梁碳排放量（kgCO_2e/m）
199.80	234.80	2.00	65.74	34.85
229.80	264.80	1.64	74.14	35.53
259.80	294.80	1.36	82.54	36.53
289.80	324.80	1.14	90.94	37.73
319.80	354.80	0.96	99.34	39.07
349.80	384.80	0.81	107.74	40.53
379.80	414.80	0.68	116.14	42.08

验证 b 为 300mm，构造选取 h 为 221.48mm 时 A_{sv}/s 和双肢箍筋混凝土梁碳排放量　　表 2.2-43

截面有效高度 h_0（mm）	截面高度 h（mm）	A_{sv}/s（mm）	混凝土体积（$\times 10^{-3}m^3$）	双肢箍筋混凝土梁碳排放量（$kgCO_2e/m$）
186.48	221.48	2.15	66.44	36.45
216.48	251.48	1.73	75.44	36.93
246.48	281.48	1.42	84.44	37.82
276.48	311.48	1.18	93.44	38.98
306.48	341.48	0.98	102.44	40.33
336.48	371.48	0.82	111.44	41.82
366.48	401.48	0.68	120.44	43.41

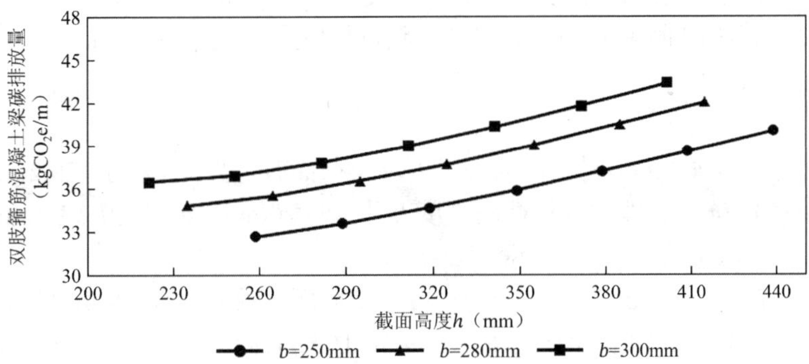

图 2.2-25　不同截面高度时双肢箍筋混凝土梁碳排放量图

由表 2.2-41～表 2.2-43 和图 2.2-25 可知，公式计算 A_{sv}/s 和双肢箍筋混凝土梁碳排放量的结果与软件计算结果一致，且此时双肢箍筋混凝土梁碳排放量最小，即公式正确。

3）四肢箍筋混凝土梁碳排放量公式研究

（1）四肢箍混凝土梁最小碳排放量公式推导：

已知单位长度的四肢箍筋混凝土梁碳排放量：

$$\begin{aligned} C_{\text{四肢箍筋}} &= \eta\gamma_{\text{钢筋}}C_{\text{钢筋}} \times \frac{A_{sv}}{4} \times \frac{1}{s} \times \left[4(h-2a_s)+\frac{8}{3}(b-2a_s)\right] + C_{\text{混凝土}}bh \\ &= \eta\gamma_{\text{钢筋}}C_{\text{钢筋}} \times \frac{A_{sv}}{s} \times \frac{1}{3}(3h+2b-10a_s) + C_{\text{混凝土}}bh \end{aligned} \tag{2.2-7}$$

将式(2.2-5)、$h=h_0+a_s$ 代入式(2.2-7)可得：

$$\begin{aligned} C_{\text{四肢箍筋}} &\geqslant \eta\gamma_{\text{钢筋}}C_{\text{钢筋}} \times \frac{V-\alpha_{cv}f_t bh_0}{f_{yv}h_0} \times \frac{1}{3}[3(h_0+a_s)+2b-10a_s] + C_{\text{混凝土}}b(h_0+a_s) \\ &\geqslant \left(C_{\text{混凝土}}b - \frac{\eta\gamma\gamma_{\text{钢筋}}C_{\text{钢筋}}\alpha_{cv}f_t b}{f_{yv}}\right) \times h_0 + \frac{\eta\gamma_{\text{钢筋}}C_{\text{钢筋}}V\left(\frac{2}{3}b-\frac{7}{3}a_s\right)}{f_{yv}} \times \frac{1}{h_0} + \\ &\quad \frac{\eta\gamma_{\text{钢筋}}C_{\text{钢筋}}\left[V-\alpha_{cv}f_t b\left(\frac{2}{3}b-\frac{7}{3}a_s\right)\right]}{f_{yv}} + C_{\text{混凝土}}ba_s \end{aligned}$$

由上式可知，$h_0=\sqrt{\dfrac{\eta\gamma_{钢筋}C_{钢筋}V\left(\frac{2}{3}b-\frac{7}{3}a_s\right)}{C_{混凝土}f_{yv}b-\eta\gamma_{钢筋}C_{钢筋}\alpha_{cv}f_tb}}$，$C_{四肢箍筋}$ 取最小值。

故当 $\sqrt{\dfrac{\eta\gamma_{钢筋}C_{钢筋}V\left(\frac{2}{3}b-\frac{7}{3}a_s\right)}{C_{混凝土}f_{yv}b-\eta\gamma_{钢筋}C_{钢筋}\alpha_{cv}f_tb}}\leqslant\dfrac{V}{0.25\beta_cf_cb}$，取 $h_0=\dfrac{V}{0.25\beta_cf_cb}$ 时，$C_{四肢箍筋}$ 最小；当 $\sqrt{\dfrac{\eta\gamma_{钢筋}C_{钢筋}V\left(\frac{2}{3}b-\frac{7}{3}a_s\right)}{C_{混凝土}f_{yv}b-\eta\gamma_{钢筋}C_{钢筋}\alpha_{cv}f_tb}}>\dfrac{V}{0.25\beta_cf_cb}$，取 $h_0=\sqrt{\dfrac{\eta\gamma_{钢筋}C_{钢筋}V\left(\frac{2}{3}b-\frac{7}{3}a_s\right)}{C_{混凝土}f_{yv}b-\eta\gamma_{钢筋}C_{钢筋}\alpha_{cv}f_tb}}$ 时，$C_{四肢箍筋}$ 最小。

（2）四肢箍混凝土梁最小碳排放量公式验证

①截面计算有效高度大于截面构造有效高度时

a. 边界条件

剪力设计值 V 为 150kN，混凝土强度等级为 C30，钢筋强度等级为 HRB400，混凝土轴心抗拉强度设计值 f_t 为 1.43N/mm^2，横向钢筋抗拉强度设计值 f_{yv} 为 360N/mm^2。假定 a_s 为 35mm，取钢筋超配系数 η 为 1.1，钢筋密度 $\gamma_{钢筋}$ 为 7.8t/m^3。由《建筑碳排放计算标准》GB/T 51366—2019 附录 D 可知，混凝土碳排放因子 $C_{混凝土}$ 为 295kgCO$_2$e/m^3，钢筋碳排放因子 $C_{钢筋}$ 为 2400kgCO$_2$e/t。

b. 公式计算

当截面宽度 b 为 400mm 时，根据公式可求得截面有效高度 h_0 为 129.20mm，截面构造有效高度为 104.90mm，即取计算截面高度 h 为 164.20mm，A_{sv}/s 为 2.11mm，四肢箍筋混凝土梁碳排放量最小为 33.05kgCO$_2$e/m。

当截面宽度 b 为 450mm 时，根据公式可求得截面有效高度 h_0 为 132.33mm，截面构造有效高度为 93.24mm，即取计算截面高度 h 为 167.33mm，A_{sv}/s 为 1.90mm，四肢箍筋混凝土梁碳排放量最小为 35.91kgCO$_2$e/m。

当截面宽度 b 为 500mm 时，根据公式可求得截面有效高度 h_0 为 134.78mm，截面构造有效高度为 83.92mm，即取计算截面高度 h 为 169.78mm，A_{sv}/s 为 1.70mm，四肢箍筋混凝土梁碳排放量最小为 38.58kgCO$_2$e/m。

c. 验证

用软件分别计算不同截面高度时的 A_{sv}/s 和单位长度四肢箍筋混凝土梁碳排放量，计算结果如表 2.2-44～表 2.2-46 和图 2.2-26 所示。

验证 b 为 400mm，计算求得 h 为 164.20mm 时 A_{sv}/s 和四肢箍筋混凝土梁碳排放量 表 2.2-44

截面有效高度 h_0（mm）	截面高度 h（mm）	A_{sv}/s（mm）	混凝土体积（$\times 10^{-3}$m^3）	四肢箍筋混凝土梁碳排放量（kgCO$_2$e/m）
104.90	139.90	2.86	55.96	33.58
109.20	144.20	2.70	57.68	33.39
119.20	154.20	2.38	61.68	33.12
129.20	164.20	2.11	65.68	33.05
149.20	184.20	1.68	73.68	33.30
169.20	204.20	1.35	81.68	33.94

验证 b 为 450mm，计算求得 h 为 167.33mm 时 A_{sv}/s 和四肢箍筋混凝土梁碳排放量　　表 2.2-45

截面有效高度 h_0（mm）	截面高度 h（mm）	A_{sv}/s（mm）	混凝土体积（$\times 10^{-3}m^3$）	四肢箍筋混凝土梁碳排放量（$kgCO_2e/m$）
105.33	140.33	2.70	63.15	36.65
112.33	147.33	2.46	66.30	36.30
122.33	157.33	2.15	70.80	36.00
132.33	167.33	1.90	75.30	35.91
152.33	187.33	1.48	84.30	36.20
172.33	207.33	1.17	93.30	36.91

验证 b 为 500mm，计算求得 h 为 169.78mm 时 A_{sv}/s 和四肢箍筋混凝土梁碳排放量　　表 2.2-46

截面有效高度 h_0（mm）	截面高度 h（mm）	A_{sv}/s（mm）	混凝土体积（$\times 10^{-3}m^3$）	四肢箍筋混凝土梁碳排放量（$kgCO_2e/m$）
107.78	142.78	2.48	71.39	39.38
114.78	149.78	2.24	74.89	38.99
124.78	159.78	1.95	79.89	38.68
134.78	169.78	1.70	84.89	38.58
154.78	189.78	1.30	94.89	38.89
174.78	209.78	0.99	104.89	39.67

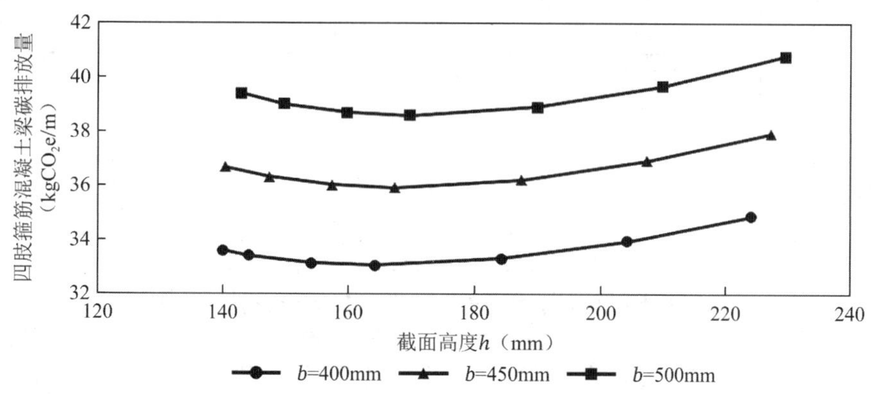

图 2.2-26　不同截面高度时四肢箍筋混凝土梁碳排放量图

由表 2.2-44～表 2.2-46 和图 2.2-26 可知，公式计算 A_{sv}/s 和四肢箍筋混凝土梁碳排放量的结果与软件计算结果一致，且此时四肢箍筋混凝土梁碳排放量最小，即公式正确。

②截面计算有效高度小于等于截面构造有效高度时

a. 边界条件

剪力设计值 V 为 400kN，混凝土强度等级为 C30，钢筋强度等级为 HRB400，混凝土轴心抗拉强度设计值 f_t 为 1.43N/mm^2，横向钢筋抗拉强度设计值 f_{yv} 为 360N/mm^2。假定 a_s 为 35mm，取钢筋超配系数 η 为 1.1，钢筋密度 $\gamma_{钢筋}$ 为 7.8t/m^3。由《建筑碳排放计算标准》GB/T 51366—2019[2]附录 D 可知，混凝土碳排放因子 $C_{混凝土}$ 为 295kgCO$_2$e/m^3，钢筋碳排放因子 $C_{钢筋}$ 为 2400kgCO$_2$e/t。

b. 公式计算

当截面宽度 b 为 400mm 时，根据公式可求得截面有效高度 h_0 为 210.72mm，截面构造有效高度为 279.72mm，即取构造截面高度 h 为 314.72mm，A_{sv}/s 为 2.86mm，四肢箍筋混凝土梁碳排放量最小为 64.51kgCO$_2$e/m。

当截面宽度 b 为 450mm 时，根据公式可求得截面有效高度 h_0 为 216.09mm，截面构造有效高度为 248.64mm，即取构造截面高度 h 为 283.64mm，A_{sv}/s 为 3.22mm，四肢箍筋混凝土梁碳排放量最小为 68.59kgCO$_2$e/m。

当截面宽度 b 为 500mm 时，根据公式可求得截面有效高度 h_0 为 220.09mm，截面构造有效高度为 223.78mm，即取构造截面高度 h 为 258.78mm，A_{sv}/s 为 3.58mm，四肢箍筋混凝土梁碳排放量最小为 73.17kgCO$_2$e/m。

c. 验证

用软件分别计算不同截面高度时的 A_{sv}/s 和单位长度四肢箍筋混凝土梁碳排放量，计算结果如表 2.2-47～表 2.2-49 和图 2.2-27 所示。

验证 b 为 400mm，构造选取 h 为 314.72mm 时 A_{sv}/s 和四肢箍筋混凝土梁碳排放量 表 2.2-47

截面有效高度 h_0（mm）	截面高度 h（mm）	A_{sv}/s（mm）	混凝土体积（$\times 10^{-3}$m^3）	四肢箍筋混凝土梁碳排放量（kgCO$_2$e/m）
279.72	314.72	2.86	125.89	64.51
299.72	334.72	2.59	133.89	65.40
319.72	354.72	2.36	141.89	66.42
339.72	374.72	2.16	149.89	67.54
359.72	394.72	1.98	157.89	68.75
379.72	414.72	1.81	165.89	70.03

验证 b 为 450mm，构造选取 h 为 283.64mm 时 A_{sv}/s 和四肢箍筋混凝土梁碳排放量 表 2.2-48

截面有效高度 h_0（mm）	截面高度 h（mm）	A_{sv}/s（mm）	混凝土体积（$\times 10^{-3}$m^3）	四肢箍筋混凝土梁碳排放量（kgCO$_2$e/m）
248.64	283.64	3.22	127.64	68.59
268.64	303.64	2.88	136.64	69.24

续表

截面有效高度 h_0（mm）	截面高度 h（mm）	A_{sv}/s（mm）	混凝土体积（$\times 10^{-3}m^3$）	四肢箍筋混凝土梁碳排放量（$kgCO_2e/m$）
288.64	323.64	2.60	145.64	70.09
308.64	343.64	2.35	154.64	71.11
328.64	363.64	2.13	163.64	72.26
348.64	383.64	1.94	172.64	73.53

验证 b 为 500mm，构造选取 h 为 258.78mm 时 A_{sv}/s 和四肢箍筋混凝土梁碳排放量　　**表 2.2-49**

截面有效高度 h_0（mm）	截面高度 h（mm）	A_{sv}/s（mm）	混凝土体积（$\times 10^{-3}m^3$）	四肢箍筋混凝土梁碳排放量（$kgCO_2e/m$）
223.78	258.78	3.58	129.39	73.17
243.78	278.78	3.17	139.39	73.44
263.78	298.78	2.82	149.39	74.02
283.78	318.78	2.53	159.39	74.86
303.78	338.78	2.27	169.39	75.90
323.78	358.78	2.04	179.39	77.11

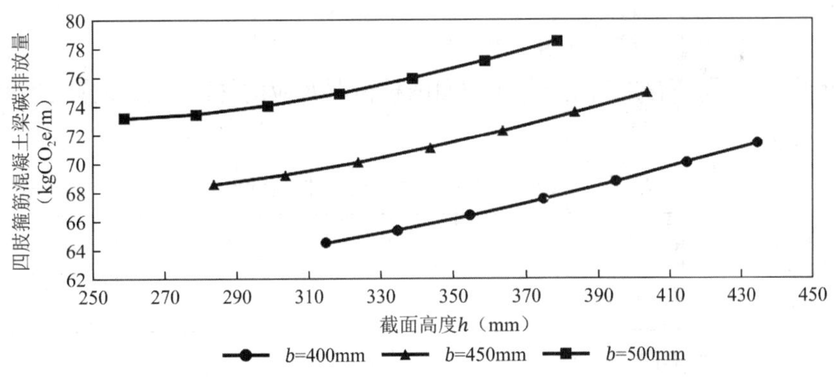

图 2.2-27　不同截面高度时四肢箍筋混凝土梁碳排放量图

由表 2.2-47～表 2.2-49 和图 2.2-27 可知，公式计算 A_{sv}/s 和四肢箍筋混凝土梁碳排放量的结果与软件计算结果一致，且此时四肢箍筋混凝土梁碳排放量最小，即公式正确。

4）总结与建议

（1）在给定剪力作用下，给出了混凝土梁最低碳排放量对应的双肢箍筋截面尺寸和配筋计算公式，以及四肢箍筋截面尺寸和配筋计算公式，其他肢数可以参照得出相应公式；

（2）通过公式可知，碳排放量是以截面高度为变量的双曲函数，即当计算值大于构造值时，计算值为最低碳排放点；反之，则是构造值为最低碳排放点；

（3）通过案例计算验证，得出双肢箍筋和四肢箍筋混凝土梁碳排放量最小时截面高度以及最小碳排放量公式计算结果与软件计算结果一致，即公式正确。

3. 混凝土梁受弯剪工况下碳排放研究

通常情况下，梁将同时承受弯剪工况。根据前文对纯受弯或纯受剪工况的分析，不难得到同时承受弯剪工况的计算公式。经过分析，能够找到对应碳排放最低时的截面尺寸以及配筋值，但因计算公式复杂，需要借助计算机软件求解，这里不再占用篇幅。想进一步分析的读者，可以按此思路开展工作。

2.2.5 柱低碳化设计方法

混凝土柱的碳排放也是由混凝土和钢筋两部分材料组成，根据受力特点，又分为计算配筋和构造配筋，计算配筋又分为小偏心受压和大偏心受压。构造配筋是指满足《建筑抗震设计标准》GB/T 50011—2010（2024 年版）和《混凝土结构设计标准》GB/T 50010—2010（2024 年版）对结构柱构造配筋的要求。

1. 参数分析

混凝土柱计算时，根据内力分为 4 种工况，分别对应构造配筋、部分构造部分计算配筋、小偏压计算配筋和大偏压计算配筋。据碳强比分析，纵筋强度等级在构造配筋时取 HRB400，计算配筋时取 HRB500；箍筋强度等级均取 HRB400。柱混凝土强度等级取 C30，柱截面为 800mm × 800mm，其他强度等级采用等效轴压比及经验截面取值。

碳排放因子，按照《建筑碳排放计算标准》GB/T 51366—2019 取值。

2. 碳排放计算与分析

根据上述参数，计算不同工况下的柱碳排放，并根据计算结果，对不同工况下的柱碳排放进行分析。

1）构造配筋工况下，柱碳排放分析

构造配筋工况下，等效截面和经验截面两种情况对应的柱碳排放计算结果如表 2.2-50 和表 2.2-51 所示。

构造配筋工况下，等效截面的柱碳排放计算结果 表 2.2-50

	混凝土强度等级	C30	C35	C40	C45	C50
等效截面	柱边长（mm）	800.00	740.29	692.22	658.59	629.44
	纵筋截面面积（mm^2）	5120.00	4381.00	3831.00	3464.00	3165.00
	箍筋等效截面面积（mm^2）	2211.00	2023.00	1877.00	1770.00	1858.00
	混凝土碳排放（$kgCO_2e/m$）	188.80	174.27	162.92	157.45	152.53
	钢筋碳排放（$kgCO_2e/m$）	133.81	116.89	104.18	95.53	91.68
	总碳排放（$kgCO_2e/m$）	322.61	291.16	267.10	252.98	244.21
	混凝土碳排放占比	59%	60%	61%	62%	62%

轴力：5500kN，弯矩：500kN，剪力：300kN。柱截面按照轴压比相等的原则等效，柱配筋均为构造配筋

构造配筋工况下，经验截面的柱碳排放计算结果　　表 2.2-51

	混凝土强度等级	C30	C35	C40	C45	C50
经验截面	柱边长（mm）	800.00	750.00	700.00	650.00	600.00
	纵筋截面面积（mm^2）	5120.00	4500.00	3920.00	3380.00	2880.00
	箍筋等效截面面积（mm^2）	2211.00	1576.00	1559.00	1770.00	1619.00
	混凝土碳排放（$kgCO_2e/m$）	188.80	178.88	166.60	153.37	138.60
	钢筋碳排放（$kgCO_2e/m$）	133.81	110.90	100.00	94.00	82.12
	总碳排放（$kgCO_2e/m$）	322.61	289.77	266.60	247.37	220.72
	混凝土碳排放占比	59%	62%	62%	62%	63%
轴力：5500kN，弯矩：500kN，剪力：300kN。柱截面按照经验取值，柱配筋均为构造配筋						

以混凝土强度等级为横坐标，碳排放量为纵坐标，两种情况对应的柱碳排放分析如图 2.2-28 所示。通过分析可知，混凝土强度等级越高，碳排放量越小，原因是截面降低更有效。

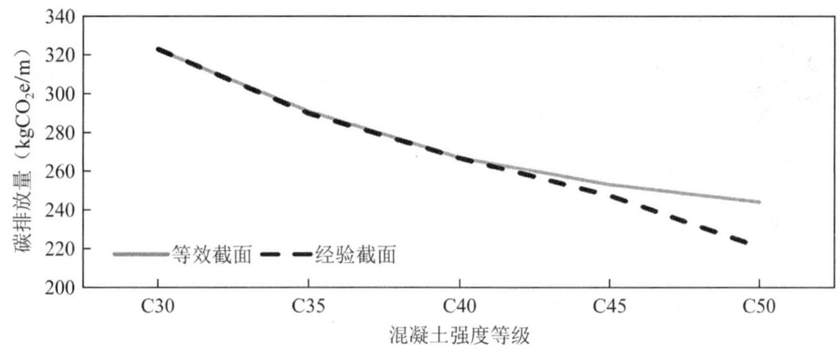

图 2.2-28　构造配筋工况下，柱碳排放分析图

2）部分构造部分计算配筋工况下，柱碳排放分析

部分构造部分计算配筋工况下，等效截面和经验截面两种情况对应的柱碳排放计算结果如表 2.2-52 和表 2.2-53 所示。

部分构造部分计算配筋工况下，等效截面的柱碳排放计算结果　　表 2.2-52

	混凝土强度等级	C30	C35	C40	C45	C50
等效截面	柱边长（mm）	800.00	740.29	692.22	658.59	629.44
	纵筋截面面积（mm^2）	5120.00	4381.00	3831.00	3873.00	4183.00
	箍筋等效截面面积（mm^2）	2211.00	1889.00	1884.00	1769.00	1850.00
	混凝土碳排放（$kgCO_2e/m$）	188.80	174.27	162.92	157.45	152.53
	钢筋碳排放（$kgCO_2e/m$）	133.81	114.44	104.31	102.98	110.11
	总碳排放（$kgCO_2e/m$）	322.61	288.71	267.23	260.43	262.65
	混凝土碳排放占比	59%	60%	61%	60%	58%
轴力：5500kN，弯矩：800kN，剪力：500kN。柱截面按轴压比相等的原则等效，柱配筋前三个为构造配筋						

部分构造部分计算配筋工况下，经验截面的柱碳排放计算结果 表 2.2-53

	混凝土强度等级	C30	C35	C40	C45	C50
经验截面	柱边长（mm）	800.00	750.00	700.00	650.00	650.00
	纵筋截面面积（mm^2）	5120.00	4500.00	3920.00	4345.00	3380.00
	箍筋等效截面面积（mm^2）	2211.00	1576.00	1555.00	1769.00	1642.00
	混凝土碳排放（$kgCO_2e/m$）	188.80	178.88	166.60	153.37	162.66
	钢筋碳排放（$kgCO_2e/m$）	133.81	110.90	99.93	111.59	91.66
	总碳排放（$kgCO_2e/m$）	322.61	289.77	266.53	264.96	254.32
	混凝土碳排放占比	59%	62%	63%	58%	64%

轴力：5500kN，弯矩：800kN，剪力：500kN。柱截面按经验取值，柱配筋前三个为构造配筋

以混凝土强度等级为横坐标，碳排放量为纵坐标，两种情况对应的柱碳排放分析如图 2.2-29 所示。通过分析可知：混凝土强度等级越高，碳排放量越小，原因是截面降低更有效。

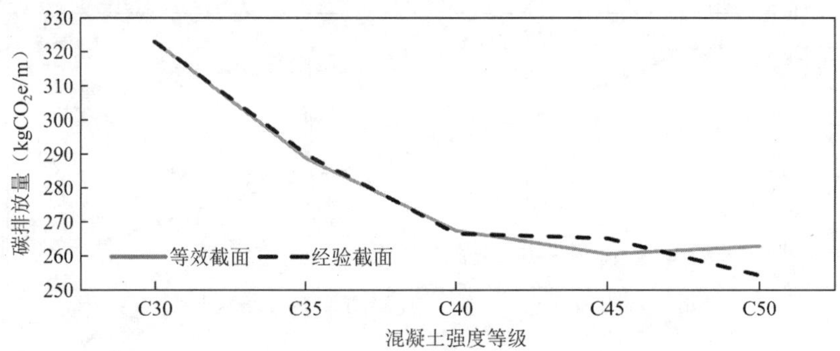

图 2.2-29 部分构造部分计算配筋工况下，柱碳排放分析图

3）小偏压计算配筋工况下，柱碳排放分析

小偏压计算配筋工况下，等效截面和经验截面两种情况对应的柱碳排放计算结果如表 2.2-54 和表 2.2-55 所示。

小偏压计算配筋工况下，等效截面的柱碳排放计算结果 表 2.2-54

	混凝土强度等级	C30	C35	C40	C45	C50
等效截面	柱边长（mm）	800.00	740.29	692.22	658.59	629.44
	纵筋截面面积（mm^2）	5737.00	6173.00	6638.00	7069.00	7480.00
	箍筋等效截面面积（mm^2）	2211.00	1889.00	1888.00	1769.00	1850.00
	混凝土碳排放（$kgCO_2e/m$）	188.80	174.27	162.92	157.45	152.53
	钢筋碳排放（$kgCO_2e/m$）	145.07	147.15	155.62	161.31	170.29
	总碳排放（$kgCO_2e/m$）	333.87	321.42	318.53	318.76	322.82
	混凝土碳排放占比	57%	54%	51%	49%	47%

轴力：5500kN，弯矩：1100kN，剪力：500kN。柱截面按照轴压比相等的原则等效，柱配筋均为计算配筋

小偏压计算配筋工况下，经验截面的柱碳排放计算结果　　表 2.2-55

经验截面	混凝土强度等级	C30	C35	C40	C45	C50
	柱边长（mm）	800.00	750.00	700.00	700.00	700.00
	纵筋截面面积（mm^2）	5737.00	5716.00	6224.00	4933.00	4065.00
	箍筋等效截面面积（mm^2）	2211.00	1579.00	1556.00	1778.00	1559.00
	混凝土碳排放（$kgCO_2e/m$）	188.80	178.88	166.60	177.87	188.65
	钢筋碳排放（$kgCO_2e/m$）	145.07	133.15	142.00	122.49	102.65
	总碳排放（$kgCO_2e/m$）	333.87	312.02	308.60	300.36	291.30
	混凝土碳排放占比	57%	57%	54%	59%	65%

轴力：5500kN，弯矩：1100kN，剪力：500kN。柱截面按照经验取值，柱配筋均为计算配筋

以混凝土强度等级为横坐标，碳排放量为纵坐标，两种情况对应的柱碳排放分析如图 2.2-30 所示。通过分析可知：等效截面时，强度等级越高，碳排放量先小后大；经验截面时，强度等级越高，碳排放量越小。

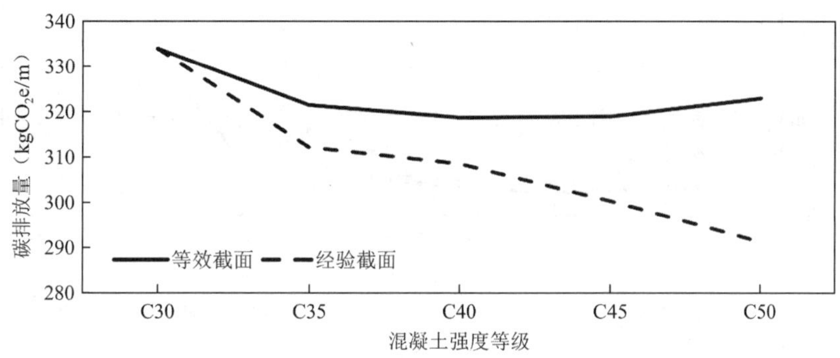

图 2.2-30　小偏压计算配筋工况下，柱碳排放分析图

4）大偏压计算配筋工况下，柱碳排放分析

大偏压计算配筋工况下，等效截面和经验截面两种情况对应的柱碳排放计算结果如表 2.2-56 和表 2.2-57 所示。

以混凝土强度等级为横坐标，碳排放量为纵坐标，两种截面对应的柱碳排放分析如图 2.2-31 所示。通过分析可知：等效截面时，强度等级越高，碳排放量先小后大；经验截面时，强度等级越高，碳排放量越大。

大偏压计算配筋工况下，等效截面的柱碳排放计算结果　　表 2.2-56

等效截面	混凝土强度等级	C30	C35	C40	C45	C50
	柱边长（mm）	800.00	740.29	692.22	658.59	629.44
	纵筋截面面积（mm^2）	13750.00	14588.00	15446.00	16154.00	18680.00
	箍筋等效截面面积（mm^2）	1437.00	1322.00	1225.00	1152.00	1110.00
	混凝土碳排放（$kgCO_2e/m$）	188.80	174.27	162.92	157.45	152.53
	钢筋碳排放（$kgCO_2e/m$）	277.19	290.39	304.28	315.87	361.21
	总碳排放（$kgCO_2e/m$）	465.99	464.66	467.19	473.32	513.74
	混凝土碳排放占比	41%	38%	35%	33%	30%

轴力：1000kN，弯矩：1800kN，剪力：500kN。柱截面按照轴压比相等的原则等效，柱配筋均为计算配筋

大偏压计算配筋工况下，经验截面的柱碳排放计算结果　　表 2.2-57

	混凝土强度等级	C30	C35	C40	C45	C50
经验截面	柱边长（mm）	800.00	750.00	700.00	700.00	650.00
	纵筋截面面积（mm^2）	13750.00	14423.00	15282.00	15261.00	16361.00
	箍筋等效截面面积（mm^2）	1437.00	1340.00	1247.00	1247.00	1150.00
	混凝土碳排放（$kgCO_2e/m$）	188.80	178.88	166.60	177.87	162.66
	钢筋碳排放（$kgCO_2e/m$）	277.19	287.71	301.69	301.30	319.61
	总碳排放（$kgCO_2e/m$）	465.99	466.58	468.29	479.17	482.27
	混凝土碳排放占比	41%	38%	36%	37%	34%

轴力：1000kN，弯矩：1800kN，剪力：500kN。柱截面按照经验取值，柱配筋均为计算配筋

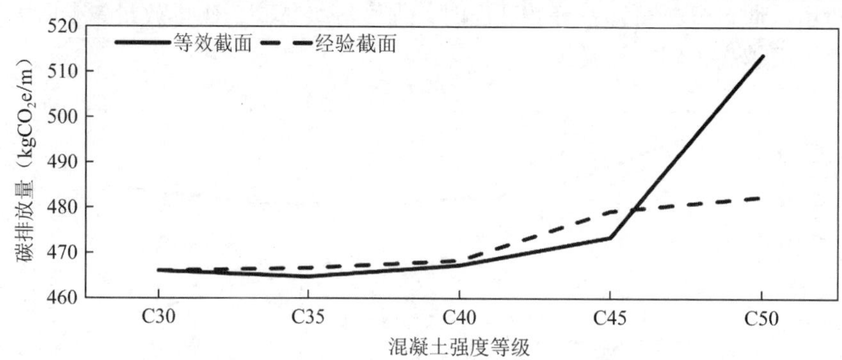

图 2.2-31　大偏压计算配筋工况下，柱碳排放分析图

3. 总结与展望

1）经过上述分析，在满足结构刚度的前提下，混凝土柱碳排放有如下规律：

（1）构造配筋时，通过提高混凝土强度等级减少截面，可以降低柱碳排放；随纵筋强度等级降低或箍筋强度等级提高，柱碳排放得以降低。

（2）小偏心受压计算配筋时，通过提高混凝土强度等级减小截面，可以降低柱碳排放；随着钢筋强度等级提高，柱碳排放得以降低。

（3）大偏心受压计算配筋时，通过降低混凝土强度等级增加截面，可以降低柱碳排放；随着钢筋强度等级提高，柱碳排放得以降低。

（4）碳排放占比：小偏心受压时混凝土碳排放占比为 45%～65%，大偏心受压时混凝土碳排放占比不足 50%，甚至低至 30%。

2）基于以上分析，建议在进行柱低碳设计时，宜采用以下设计方法：

（1）混凝土柱小偏心受压时，宜选用高强度等级混凝土并减小截面的方式。

（2）混凝土柱大偏心受压时，宜选用低强度等级混凝土并增加截面的方式。

（3）混凝土柱构造配筋时，纵筋宜选用低强度等级钢筋，箍筋宜选用高强度等级钢筋；计算配筋时，宜选用高强度等级钢筋。

2.2.6　墙低碳化设计方法

混凝土墙的碳排放也是由混凝土和钢筋两部分材料组成，根据使用部位分为地下室外

墙和混凝土剪力墙，根据受力特点分为计算配筋和构造配筋。构造配筋是指满足《建筑抗震设计标准》GB/T 50011—2010（2024 年版）和《混凝土结构设计标准》GB/T 50010—2010（2024 年版）对结构墙构造配筋的要求。

1. 地下室外墙碳排放设计分析

1）参数分析

根据地下室外墙常见层高及受力条件，本节按照一层地下室外墙和两层地下室外墙两种情形进行计算分析：

（1）一层地下室外墙时：层高设定为 6m；室外地坪标高同地下室标高，均为±0.000m；地下水位标高为±0.000m；外墙支承条件为下侧固定，上侧简支，边侧自由。荷载取恒荷载 50.0kN/m、活荷载 20.0kN/m，不考虑人防荷载。主要计算工况如下：

①250mm 厚外墙；

②300mm 厚外墙；

③350mm 厚外墙；

④400mm 厚外墙。

（2）两层地下室外墙时：层高均为 3.6m；室外地坪标高同地下室标高，均为±0.000m；地下水位标高为−3.600m；外墙支承条件为下侧固定，上侧简支，边侧自由。荷载取恒荷载 50.0kN/m、活荷载 20.0kN/m，不考虑人防荷载。主要计算工况如下：

①300mm 厚外墙；

②350mm 厚外墙；

③400mm 厚外墙。

注：碳排放因子依据《建筑碳排放计算标准》GB/T 51366—2019 相关规定取值，下同。

2）一层地下室外墙碳排放分析

（1）碳排放计算

根据上述参数，计算不同工况下的混凝土一层地下室外墙碳排放情况，计算结果如表 2.2-58、表 2.2-59 所示。

一层地下室外墙碳排放量计算结果（单位：$kgCO_2e/m^2$）　表 2.2-58

墙厚	250mm			300mm			350mm			400mm		
混凝土强度等级	钢筋强度等级											
	HPB300	HRB400	HRB500	HPB300	HRB400	HRB500	HPB300	HRB400	HRB500	HPB300	HRB400	HRB500
C30	174.98	156.11	148.81	177.45	161.65	156.24	187.48	173.16	168.88	200.88	187.32	183.84
C35	180.88	160.03	152.54	186.41	167.84	162.55	198.30	180.84	176.61	213.74	196.31	192.85
C40	188.21	165.56	157.44	196.37	175.80	168.71	210.53	189.98	184.08	227.66	206.90	201.51
C45	194.20	173.03	162.57	204.26	184.91	175.33	219.99	201.26	191.99	238.59	219.89	210.62
C50	201.31	179.18	167.59	213.32	192.73	181.72	230.75	210.53	199.56	250.97	230.56	219.35

表 2.2-59

一层地下室外墙结构材料碳排放占比情况（%）

墙厚	250mm						300mm						350mm						400mm					
混凝土强度等级	钢筋强度等级																							
	HPB300		HRB400		HRB500		HPB300		HRB400		HRB500		HPB300		HRB400		HRB500		HPB300		HRB400		HRB500	
	钢筋	混凝土	钢筋	混凝土	钢筋	混凝土	钢筋	混凝土	钢筋	混凝土	钢筋	混凝土	钢筋	混凝土	钢筋	混凝土	钢筋	混凝土	钢筋	混凝土	钢筋	混凝土	钢筋	混凝土
C30	57.85	42.15	52.76	47.24	50.44	49.56	50.13	49.87	45.25	54.75	43.36	56.64	44.93	55.07	40.37	59.63	38.86	61.14	41.26	58.74	37.01	62.99	35.81	64.19
C35	56.05	43.95	50.32	49.68	47.88	52.12	48.82	51.18	43.16	56.84	41.31	58.69	43.87	56.13	38.45	61.55	36.98	63.02	40.49	59.51	35.20	64.80	34.04	65.96
C40	54.84	45.16	48.66	51.34	46.01	53.99	48.06	51.94	41.98	58.02	39.54	60.46	43.48	56.52	37.36	62.64	35.36	64.64	40.26	59.74	34.27	65.73	32.51	67.49
C45	53.27	46.73	47.55	52.45	44.18	55.82	46.69	53.31	41.11	58.89	37.89	62.11	42.25	57.75	36.87	63.13	33.82	66.18	39.14	60.86	33.97	66.03	31.06	68.94
C50	52.19	47.81	46.28	53.72	42.57	57.43	45.86	54.14	40.07	59.93	36.44	63.56	41.60	58.40	35.99	64.01	32.48	67.52	38.64	61.36	33.21	66.79	29.79	70.21

（2）碳排放分析

以墙厚及钢筋强度等级为横坐标，碳排放量为纵坐标，不同墙厚的地下室单层外墙碳排放情况如图 2.2-32～图 2.2-38 所示。通过分析可知：

①一层地下室外墙碳排放量随着墙厚及混凝土强度等级的增加而不断提高。

②碳排放量随着钢筋强度等级的提高及混凝土强度等级的降低而不断减少。

③相对于钢筋强度等级的变化，墙厚的增加对碳排放的影响更大。

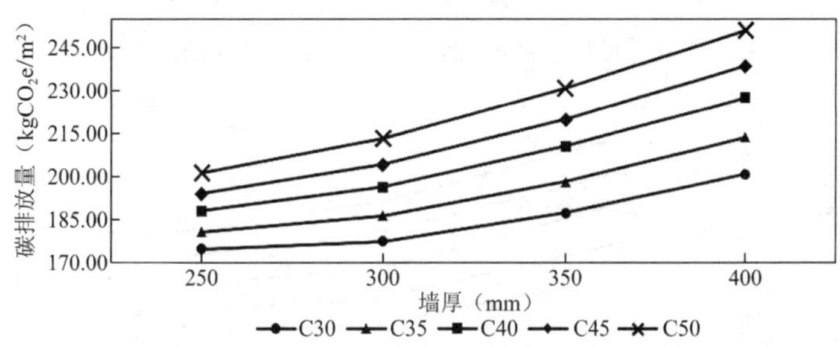

图 2.2-32　HPB300 钢筋时一层地下室外墙碳排放情况

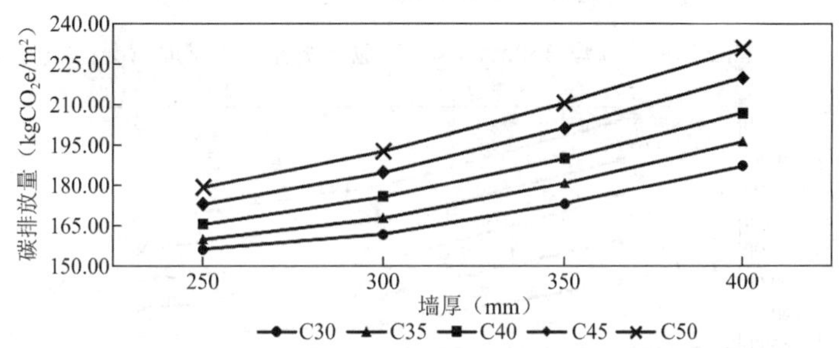

图 2.2-33　HRB400 钢筋时一层地下室外墙碳排放情况

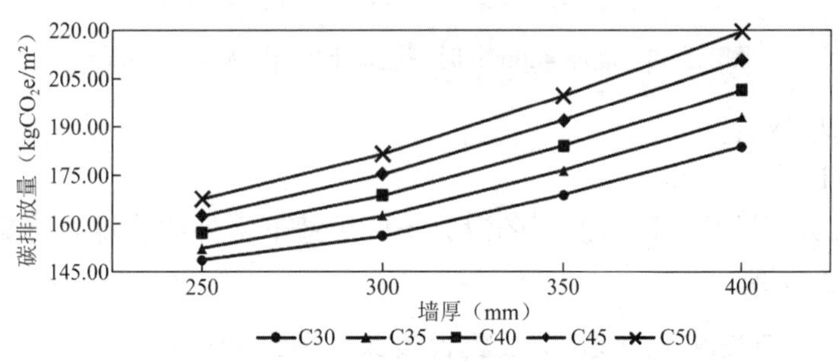

图 2.2-34　HRB500 钢筋时一层地下室外墙碳排放情况

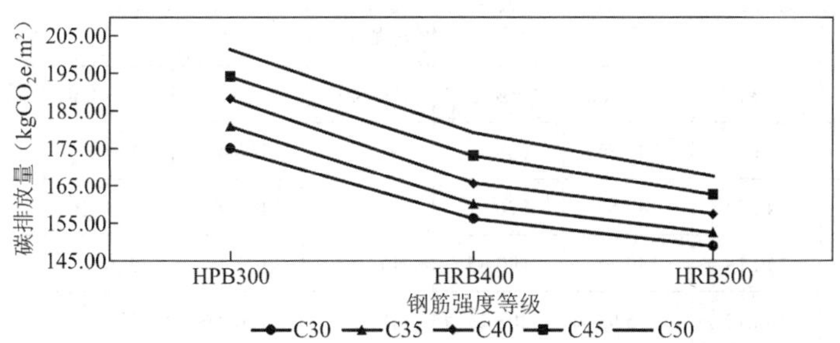

图 2.2-35　墙厚 250mm 时一层地下室外墙碳排放情况

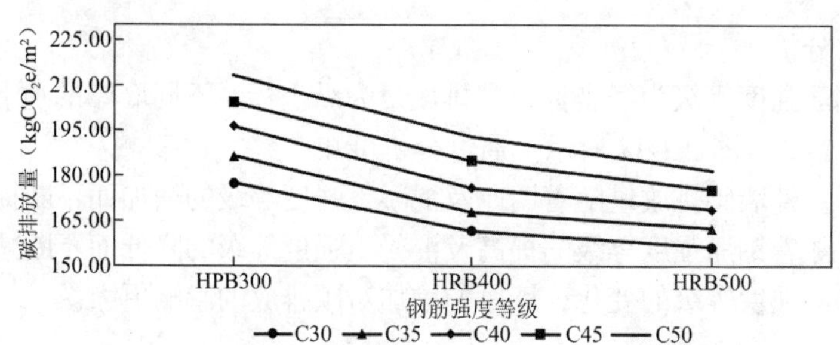

图 2.2-36　墙厚 300mm 时一层地下室外墙碳排放情况

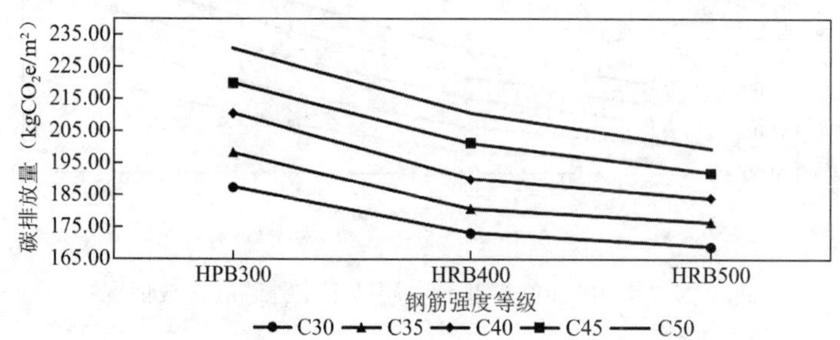

图 2.2-37　墙厚 350mm 时一层地下室外墙碳排放情况

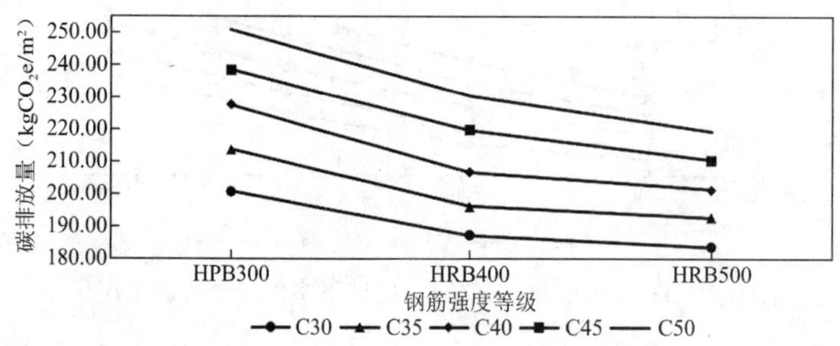

图 2.2-38　墙厚 400mm 时一层地下室外墙碳排放情况

3）地下室双层外墙

（1）碳排放计算

根据上述参数，计算不同工况下的混凝土两层地下室外墙碳排放情况，计算结果如表 2.2-60、表 2.2-61 所示。

两层地下室外墙碳排放量计算结果（单位：$kgCO_2e/m^2$）　　表 2.2-60

墙厚	300mm			350mm			400mm		
混凝土强度等级	钢筋强度等级								
	HPB300	HRB400	HRB500	HPB300	HRB400	HRB500	HPB300	HRB400	HRB500
C30	144.88	135.71	135.53	163.70	155.69	156.41	185.55	176.93	177.88
C35	154.47	142.74	142.55	176.51	163.74	164.46	200.29	186.11	187.07
C40	166.31	150.18	149.15	190.85	174.18	171.76	216.81	198.04	195.87
C45	175.08	162.13	155.93	201.23	186.83	180.21	228.66	212.49	205.07
C50	185.24	170.56	162.53	213.58	196.98	187.91	242.78	224.09	213.87

两层地下室外墙结构材料碳排放占比情况（%）　　表 2.2-61

墙厚	300mm						350mm						400mm					
混凝土强度等级	钢筋强度等级																	
	HPB300		HRB400		HRB500		HPB300		HRB400		HRB500		HPB300		HRB400		HRB500	
	钢筋	混凝土	钢筋	混凝土	钢筋	混凝土	钢筋	混凝土	钢筋	混凝土	钢筋	混凝土	钢筋	混凝土	钢筋	混凝土	钢筋	混凝土
C30	38.91	61.09	34.79	65.21	34.70	65.30	36.93	63.07	33.68	66.32	33.99	66.01	36.41	63.59	33.31	66.69	33.66	66.34
C35	38.24	61.76	33.17	66.83	33.07	66.93	36.94	63.06	32.03	67.97	32.32	67.68	36.49	63.51	31.65	68.35	32.00	68.00
C40	38.67	61.33	32.08	67.92	31.61	68.39	37.65	62.35	31.68	68.32	30.72	69.28	37.27	62.73	31.33	68.67	30.56	69.44
C45	37.80	62.20	32.83	67.17	30.16	69.84	36.86	63.14	32.00	68.00	29.50	70.50	36.50	63.50	31.67	68.33	29.19	70.81
C50	37.65	62.35	32.28	67.72	28.94	71.06	36.91	63.09	31.59	68.41	28.29	71.71	36.57	63.43	31.28	68.72	27.99	72.01

（2）碳排放分析

以墙厚及钢筋强度等级为横坐标，碳排放量为纵坐标，不同墙厚的两层地下室外墙碳排放情况如图 2.2-39～图 2.2-44 所示。通过分析可知：

①两层地下室外墙碳排放量随着墙厚及混凝土强度等级的增加而不断提高。

②碳排放量随着墙厚减小、混凝土强度等级降低、钢筋强度等级提高而降低。

③墙厚的变化对碳排放的影响最大。

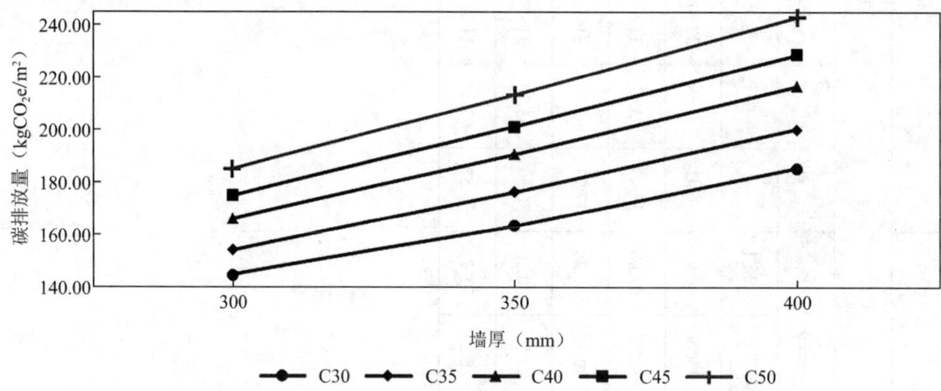

图 2.2-39　HPB300 钢筋时两层地下室外墙碳排放情况

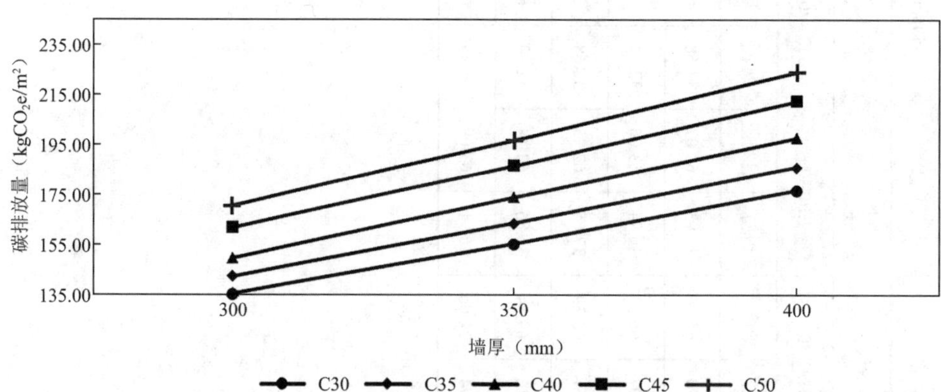

图 2.2-40　HRB400 钢筋时两层地下室外墙碳排放情况

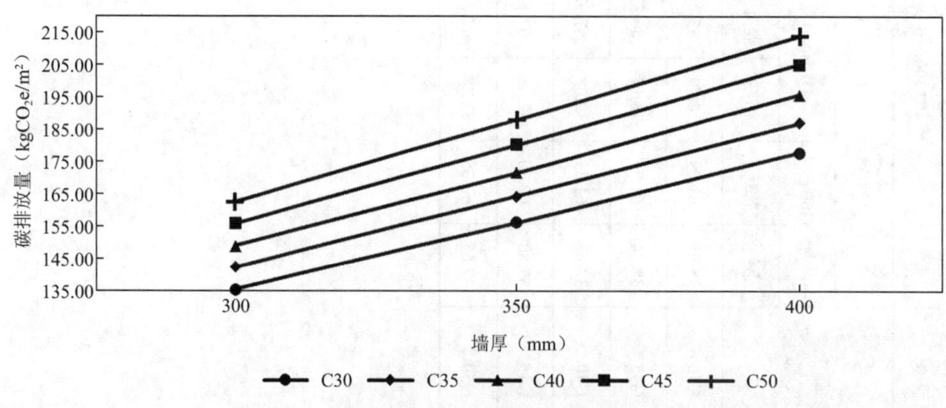

图 2.2-41　HRB500 钢筋时两层地下室外墙碳排放情况

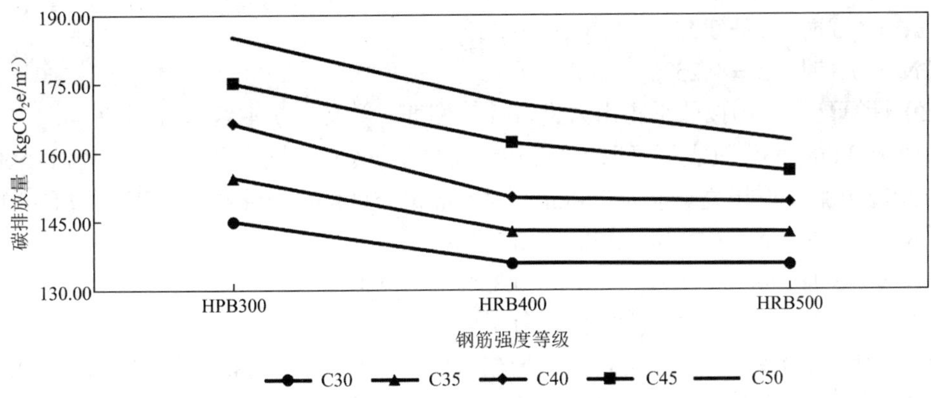

图 2.2-42　墙厚 300mm 时两层地下室外墙碳排放情况

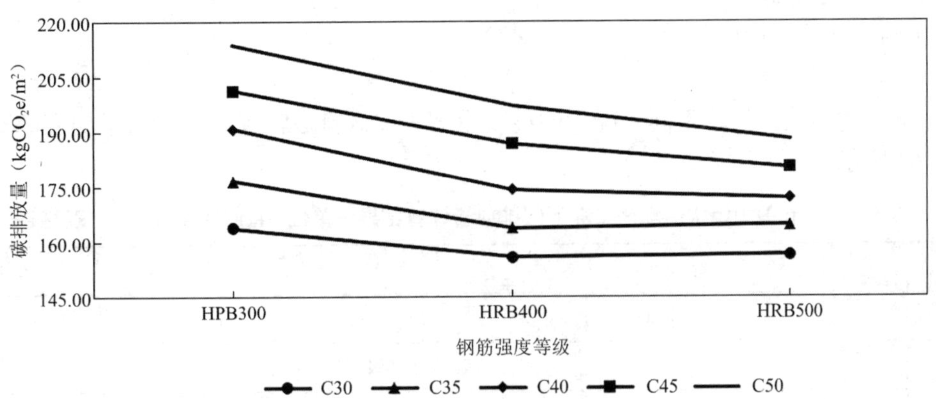

图 2.2-43　墙厚 350mm 时两层地下室外墙碳排放情况

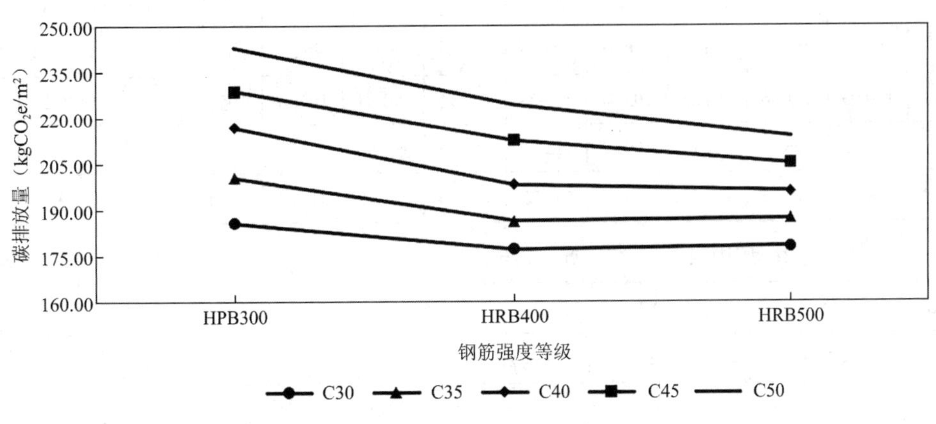

图 2.2-44　墙厚 400mm 时两层地下室外墙碳排放情况

2. 剪力墙碳排放设计分析

1）参数分析

根据剪力墙常见受力形式，本节按照构造配筋和计算配筋两种情形进行设计分析：

（1）构造配筋：构造配筋是指墙体承受较小的内力，配筋满足《建筑抗震设计标准》GB/T 50011—2010（2024 年版）[5]和《混凝土结构设计标准》GB/T 50010—2010（2024 年版）[4]的构造要求，取墙长分别为 4m、4.5m、5m，墙厚 200mm。主要计算工况如下：

①$N<0.3$ 时，$\rho=0.25\%$、0.30%、0.35%；

②$N>0.3$ 时，$\rho=0.25\%$、0.30%、0.35%。

（2）计算配筋：即按照承担内力进行计算配筋。计算分析取墙长分别为 4m、4.5m、5m，墙厚 200mm，墙体抗震等级取二级，边缘构件根据《建筑抗震设计标准》GB/T 50011—2010（2024 年版）[5]相关要求为 200mm × 400mm（500mm）。主要计算工况如下：

①$N<0.3$ 时，$\rho=0.25\%$、0.30%、0.35%；

②$N>0.3$ 时，$\rho=0.25\%$、0.30%、0.35%；

③$N=0.3$ 时，$\rho=0.25\%$、0.30%、0.35%。

注：其中，N 为轴压比，$N<0.3$ 对应墙混凝土强度等级为 C30 时的应力水平，$N>0.3$ 对应墙混凝土强度等级为 C50 时的应力水平，$N=0.3$ 对应墙混凝土强度等级为 C40 时的应力水平；ρ 为配筋率。

2）构造配筋碳排放分析

（1）碳排放计算

根据上述参数，计算不同工况下的混凝土剪力墙碳排放情况，计算结果如表 2.2-62～表 2.2-64 所示。

4m 剪力墙构造配筋工况下碳排放量计算结果（单位：$kgCO_2e/m^2$）　　表 2.2-62

轴压比	$N<0.3$						$N>0.3$					
配筋率	$\rho=0.25\%$		$\rho=0.30\%$		$\rho=0.35\%$		$\rho=0.25\%$		$\rho=0.30\%$		$\rho=0.35\%$	
混凝土强度等级	钢筋强度等级											
	HRB400	HRB500	HRB400	HRB500	HRB400	HRB500	HRB400	HRB500	HRB400	HRB500	HRB400	HRB500
C30	91.93	92.66	95.58	96.31	99.23	99.96	94.06	93.85	97.71	97.50	101.36	101.15
C35	96.53	97.26	100.18	100.91	103.83	104.56	99.63	99.29	103.28	102.94	106.93	106.60
C40	100.93	101.66	104.58	105.31	108.23	108.96	101.91	102.67	105.56	106.32	109.21	109.97
C45	105.53	106.26	109.18	109.91	112.83	113.56	106.99	107.27	110.64	110.92	114.29	114.57
C50	109.93	110.66	113.58	114.31	117.23	117.96	111.88	111.69	115.53	115.34	119.18	118.99

4.5m 剪力墙构造配筋工况下碳排放量计算结果（单位：$kgCO_2e/m^2$）　　表 2.2-63

轴压比	$N<0.3$						$N>0.3$					
配筋率	$\rho=0.25\%$		$\rho=0.30\%$		$\rho=0.35\%$		$\rho=0.25\%$		$\rho=0.30\%$		$\rho=0.35\%$	
混凝土强度等级	钢筋强度等级											
	HRB400	HRB500	HRB400	HRB500	HRB400	HRB500	HRB400	HRB500	HRB400	HRB500	HRB400	HRB500
C30	90.30	90.30	93.95	93.95	97.60	97.60	93.48	92.37	97.13	96.02	100.78	99.67
C35	94.90	95.55	98.55	99.20	102.20	102.85	99.16	98.66	102.81	102.31	106.46	105.96
C40	99.30	99.95	102.95	103.60	106.60	107.25	101.20	101.81	104.85	105.46	108.50	109.11
C45	103.90	104.55	107.55	108.20	111.20	111.85	106.34	106.41	109.99	110.06	113.64	113.71
C50	108.30	108.95	111.95	112.60	115.60	116.25	111.28	110.95	114.93	114.60	118.58	118.25

5m 剪力墙构造配筋工况下碳排放量计算结果（单位：$kgCO_2e/m^2$）　　表 2.2-64

轴压比	$N < 0.3$						$N > 0.3$					
配筋率	$\rho = 0.25\%$		$\rho = 0.30\%$		$\rho = 0.35\%$		$\rho = 0.25\%$		$\rho = 0.30\%$		$\rho = 0.35\%$	
混凝土强度等级	钢筋强度等级											
	HRB400	HRB500	HRB400	HRB500	HRB400	HRB500	HRB400	HRB500	HRB400	HRB500	HRB400	HRB500
C30	88.99	89.58	92.64	93.23	96.29	96.88	91.86	91.54	95.51	95.19	99.16	98.84
C35	93.59	94.18	97.24	97.83	100.89	101.48	97.43	96.98	101.08	100.63	104.73	104.28
C40	97.99	98.58	101.64	102.23	105.29	105.88	98.78	99.38	102.43	103.03	106.08	106.68
C45	102.59	103.18	106.24	106.83	109.89	110.48	103.76	103.98	107.42	107.63	111.07	111.28
C50	106.99	107.58	110.64	111.23	114.29	114.88	108.55	108.40	112.20	112.06	115.85	115.71

（2）碳排放分析

以混凝土强度等级为横坐标，碳排放量为纵坐标，不同受力及配筋率情况的混凝土剪力墙碳排放情况如图 2.2-45～图 2.2-50 所示。通过分析可知：

①剪力墙的碳排放随着混凝土强度等级、纵筋钢筋强度等级或竖向分布筋配筋率的提高呈现增加趋势；

②当约束边缘构件采用低强度等级混凝土且箍筋采用 HRB500 时，可以降低碳排放。

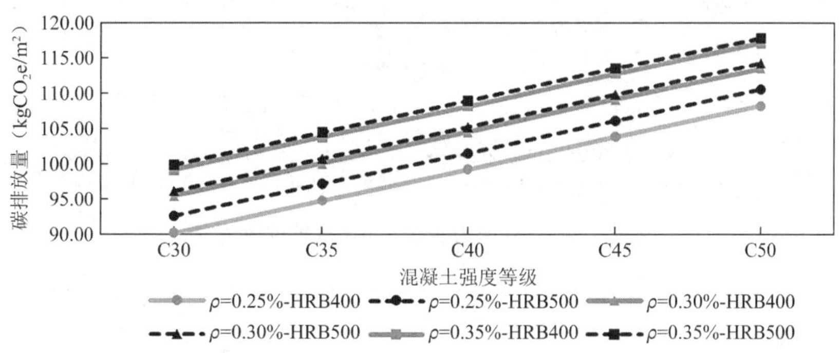

图 2.2-45　4m 剪力墙 $N < 0.3$ 时碳排放情况

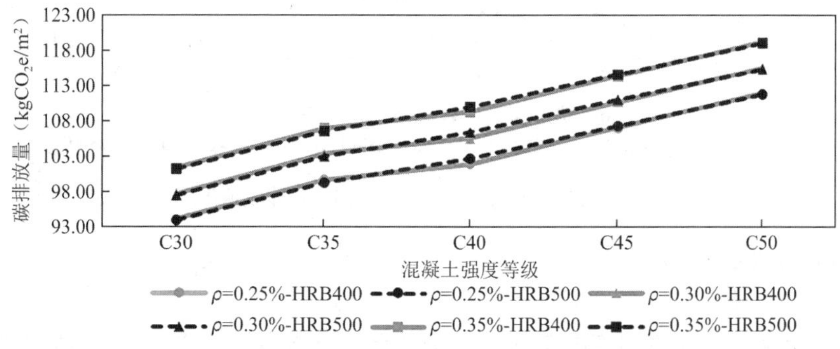

图 2.2-46　4m 剪力墙 $N > 0.3$ 时碳排放情况

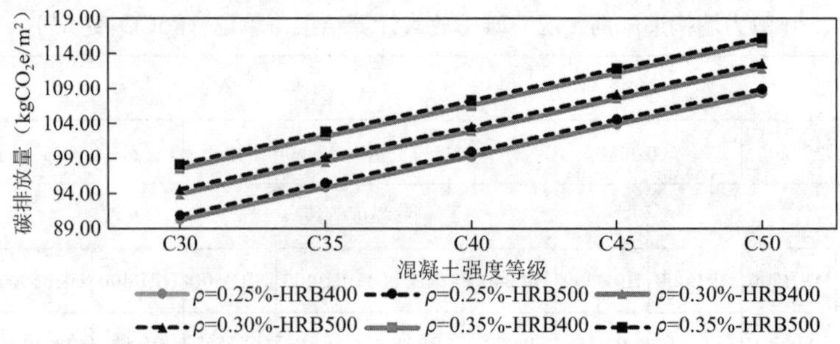

图 2.2-47　4.5m 剪力墙 $N < 0.3$ 时碳排放情况

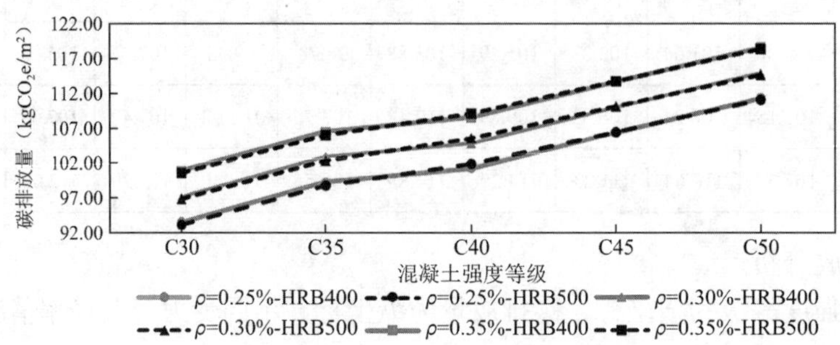

图 2.2-48　4.5m 剪力墙 $N > 0.3$ 时碳排放情况

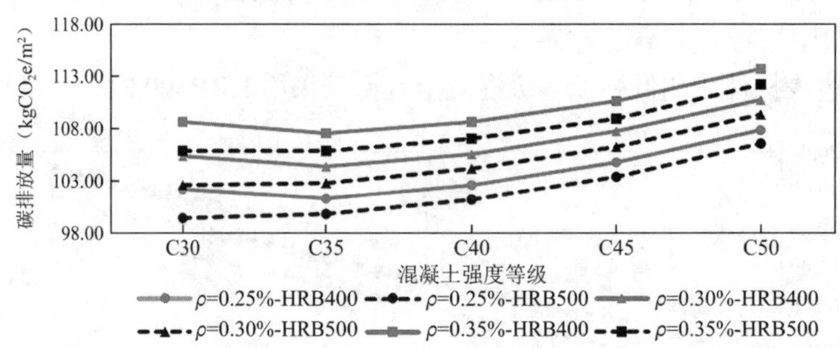

图 2.2-49　5m 剪力墙 $N < 0.3$ 时碳排放情况

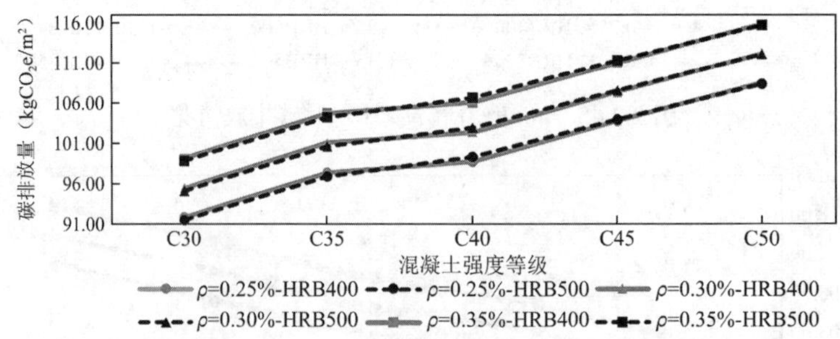

图 2.2-50　5m 剪力墙 $N > 0.3$ 时碳排放情况

3）计算配筋碳排放分析

（1）碳排放计算

根据上述参数，计算不同工况下的计算配筋剪力墙碳排放情况，计算结果如表 2.2-65～表 2.2-67 所示。

4m 剪力墙计算配筋工况下碳排放量计算结果（单位：$kgCO_2e/m^2$）　表 2.2-65

轴压比	$N<0.3$						$N>0.3$						$N=0.3$					
配筋率	$\rho=0.25\%$		$\rho=0.30\%$		$\rho=0.35\%$		$\rho=0.25\%$		$\rho=0.30\%$		$\rho=0.35\%$		$\rho=0.25\%$		$\rho=0.30\%$		$\rho=0.35\%$	
混凝土强度等级	钢筋强度等级																	
	HRB400	HRB500	HRB400	HRB500	HRB400	HRB500	HRB400	HRB500	HRB400	HRB500	HRB400	HRB500	HRB400	HRB500	HRB400	HRB500	HRB400	HRB500
C30	114.56	110.41	113.87	109.70	113.20	109.01	121.84	116.52	124.92	120.17	123.38	118.34	124.48	118.96	125.84	120.31	127.21	121.66
C35	116.30	112.29	115.55	111.49	114.79	110.73	121.05	116.48	123.91	119.32	122.47	117.90	123.56	119.35	124.82	120.60	126.09	121.85
C40	118.31	114.39	117.49	113.54	116.68	112.71	118.26	115.23	120.93	117.87	119.59	116.54	124.43	120.45	125.62	121.61	126.80	122.79
C45	121.54	117.85	120.85	116.96	120.00	116.07	119.91	116.66	122.45	119.17	121.17	117.91	125.60	121.76	126.74	122.86	127.88	123.98
C50	125.03	121.23	124.14	120.30	123.25	119.38	121.79	118.31	124.23	120.71	123.00	119.51	127.83	124.11	128.92	125.17	130.01	126.24

4.5m 剪力墙计算配筋工况下碳排放量计算结果（单位：$kgCO_2e/m^2$）　表 2.2-66

轴压比	$N<0.3$						$N>0.3$						$N=0.3$					
配筋率	$\rho=0.25\%$		$\rho=0.30\%$		$\rho=0.35\%$		$\rho=0.25\%$		$\rho=0.30\%$		$\rho=0.35\%$		$\rho=0.25\%$		$\rho=0.30\%$		$\rho=0.35\%$	
混凝土强度等级	钢筋强度等级																	
	HRB400	HRB500	HRB400	HRB500	HRB400	HRB500	HRB400	HRB500	HRB400	HRB500	HRB400	HRB500	HRB400	HRB500	HRB400	HRB500	HRB400	HRB500
C30	98.71	96.48	99.87	97.62	101.05	98.78	115.72	111.23	117.25	112.75	118.79	114.28	107.30	103.52	108.67	104.88	110.05	106.25
C35	100.10	98.65	101.19	99.67	102.27	100.70	115.37	112.38	116.78	113.76	118.21	115.15	105.03	103.53	106.32	104.75	107.61	106.00
C40	101.76	100.36	102.78	101.30	103.80	102.25	112.55	110.87	113.88	112.16	115.22	113.44	104.78	103.37	105.94	104.47	107.10	105.57
C45	104.45	103.08	105.42	103.97	106.40	104.91	114.39	112.30	115.66	113.52	116.94	114.75	105.95	104.59	107.05	105.62	108.16	106.66
C50	107.62	106.28	108.56	107.13	109.51	108.86	116.46	114.09	117.68	115.25	118.91	117.07	108.28	106.97	109.33	107.95	110.39	108.94

5m 剪力墙计算配筋工况下碳排放量计算结果（单位：$kgCO_2e/m^2$）　表 2.2-67

轴压比	$N < 0.3$						$N > 0.3$						$N = 0.3$					
配筋率	$\rho = 0.25\%$		$\rho = 0.30\%$		$\rho = 0.35\%$		$\rho = 0.25\%$		$\rho = 0.30\%$		$\rho = 0.35\%$		$\rho = 0.25\%$		$\rho = 0.30\%$		$\rho = 0.35\%$	
混凝土强度等级	钢筋强度等级																	
	HRB400	HRB500	HRB400	HRB500	HRB400	HRB500	HRB400	HRB500	HRB400	HRB500	HRB400	HRB500	HRB400	HRB500	HRB400	HRB500	HRB400	HRB500
C30	97.05	95.69	98.28	96.87	99.53	98.07	118.29	115.35	119.79	116.88	121.30	118.41	107.74	105.07	107.28	104.56	106.82	104.07
C35	98.63	97.33	99.79	98.43	100.95	99.53	117.98	115.28	119.38	116.71	120.77	118.13	105.71	104.14	105.15	103.52	104.60	102.92
C40	100.43	99.17	101.53	100.19	102.63	101.23	115.55	114.12	116.85	115.46	118.16	116.81	105.55	104.07	104.86	103.32	104.18	102.57
C45	103.21	101.98	104.26	102.96	105.33	103.99	117.45	115.71	118.68	116.99	119.93	118.29	106.80	105.37	106.06	104.55	105.32	103.74
C50	106.46	105.25	107.48	106.20	108.52	107.94	119.52	117.58	120.71	118.81	121.90	120.06	108.91	107.53	108.11	106.65	107.32	105.79

（2）碳排放分析

以混凝土强度等级为横坐标，碳排放量为纵坐标，不同受力情况及不同配筋率情况下混凝土剪力墙碳排放情况如图 2.2-51～图 2.2-59 所示。通过分析可知：

①设置构造边缘构件的剪力墙，其碳排放随着混凝土强度等级提高、纵筋强度等级降低呈现增加趋势。

②设置约束边缘构件的剪力墙，其碳排放随着混凝土强度等级的提高，先下降再上升；当轴压比接近但小于配箍特征值变化点时，碳排放为最小。碳排放随着钢筋强度等级提高而降低。

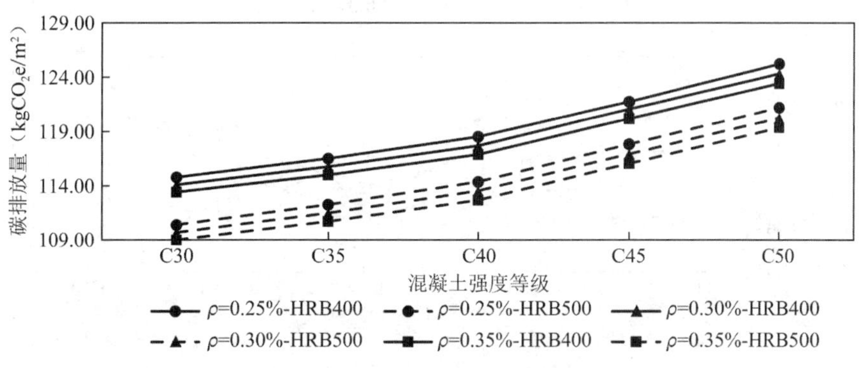

图 2.2-51　4m 剪力墙 $N < 0.3$ 时碳排放情况

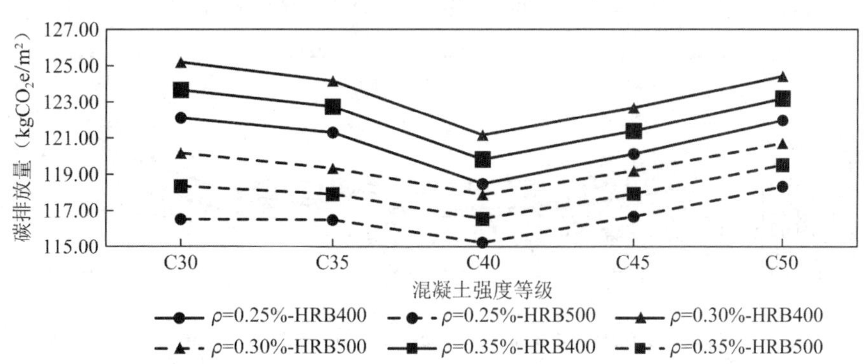

图 2.2-52　4m 剪力墙 $N > 0.3$ 时碳排放情况

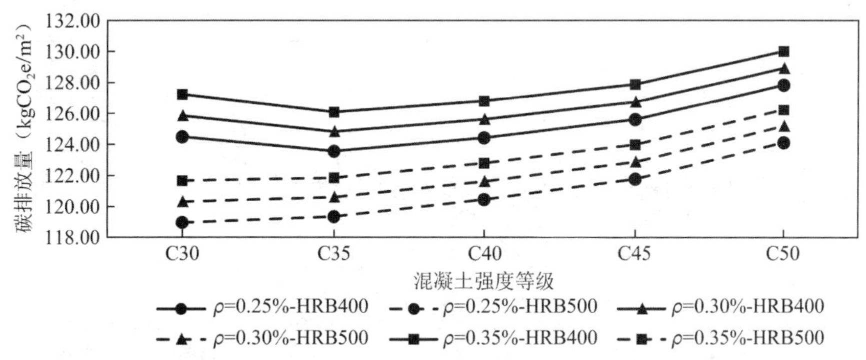

图 2.2-53　4m 剪力墙 $N = 0.3$ 时碳排放情况

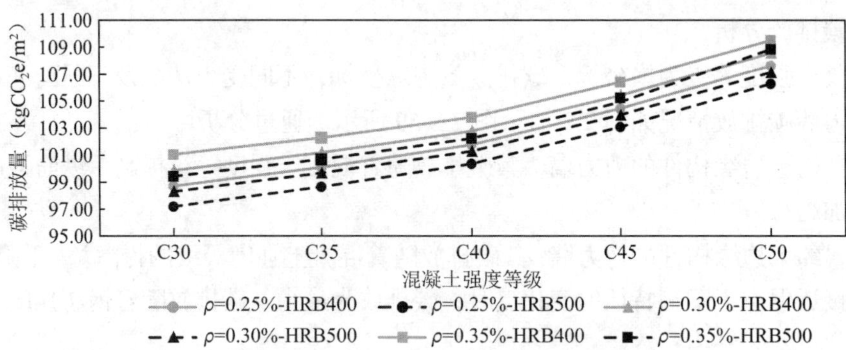

图 2.2-54　4.5m 剪力墙 $N < 0.3$ 时碳排放情况

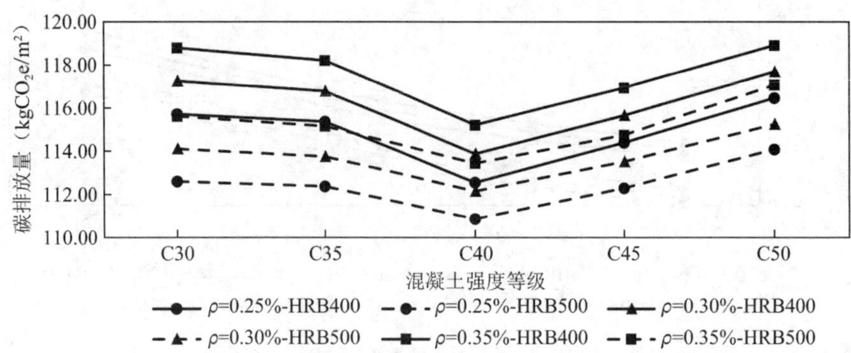

图 2.2-55　4.5m 剪力墙 $N > 0.3$ 时碳排放情况

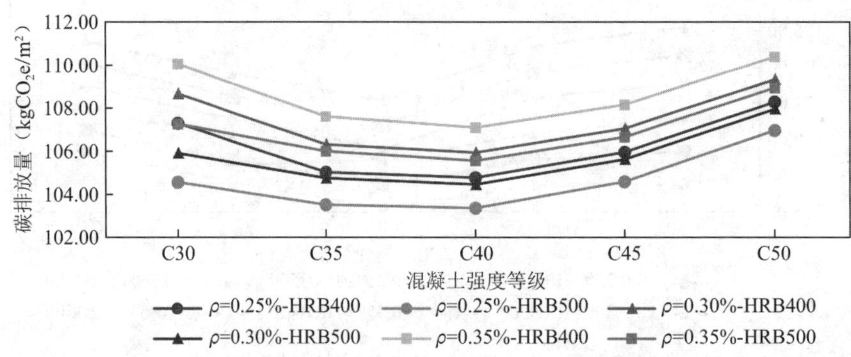

图 2.2-56　4.5m 剪力墙 $N = 0.3$ 时碳排放情况

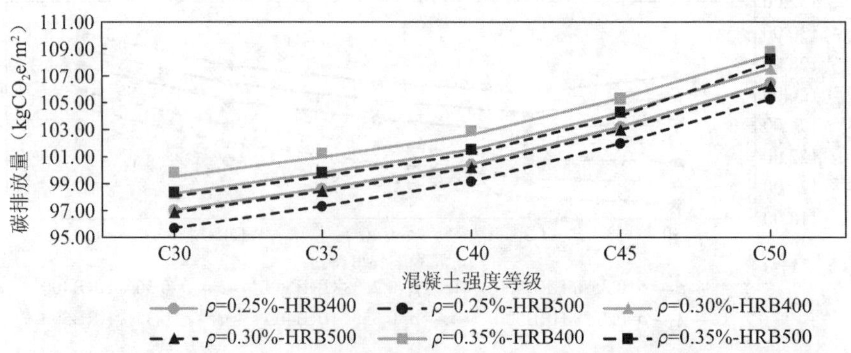

图 2.2-57　5m 剪力墙 $N < 0.3$ 时碳排放情况

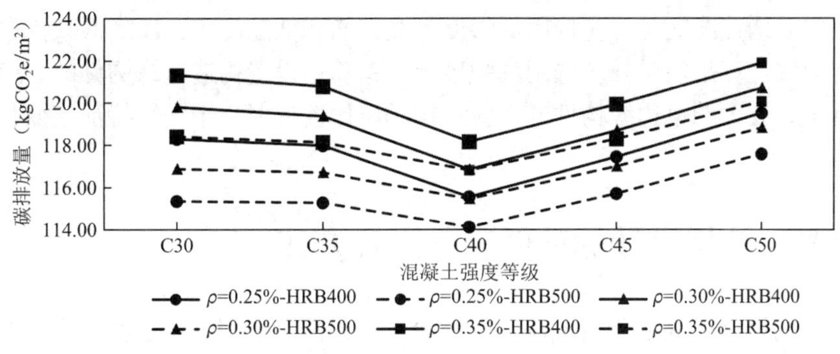

图 2.2-58　5m 剪力墙 $N > 0.3$ 时碳排放情况

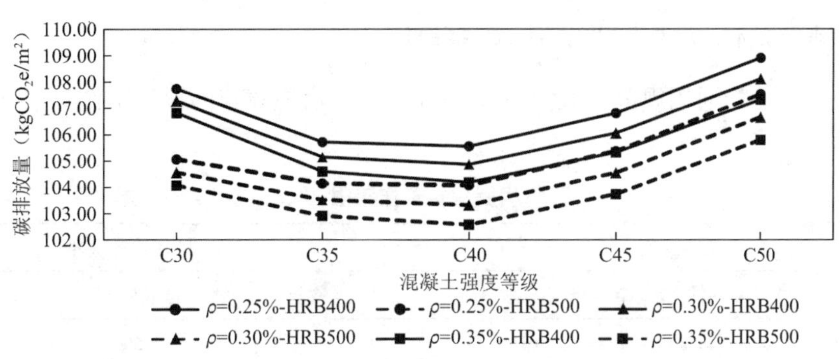

图 2.2-59　5m 剪力墙 $N = 0.3$ 时碳排放情况

3. 结论与建议

经过上述分析，混凝土墙的碳排放量呈现以下规律：

1）混凝土外墙

（1）碳排放量受墙厚、混凝土强度等级和钢筋强度等级三个因素的影响，随着墙厚减小、混凝土强度等级降低、钢筋强度等级提高而降低。其中，墙厚对于碳排放的影响最大。

（2）碳排放占比：混凝土碳排放占比为 50%～70%。

2）混凝土剪力墙

（1）构造配筋

①剪力墙的碳排放随着混凝土强度等级、纵筋强度等级或竖向分布筋配筋率的降低呈现减少趋势。

②当约束边缘构件采用低强度等级混凝土或箍筋采用 HRB500 时，可以降低碳排放。

（2）计算配筋

①设置构造边缘构件的剪力墙，其碳排放随着混凝土强度等级降低、纵筋强度等级提高呈现减少趋势。

②设置约束边缘构件的剪力墙，其碳排放随着混凝土强度等级的提高，先下降再上升；当轴压比接近但小于配箍特征值变化点时，碳排放为最小。碳排放随着钢筋强度等级提高而降低。

3）碳排放占比

构造配筋时混凝土碳排放占比为 60%～70%，计算配筋时混凝土碳排放占比为 50%～70%。

基于以上分析，在进行混凝土墙低碳设计时，可采用以下设计方法：

（1）地下室外墙，应选用小墙厚，并采用低强度等级混凝土和高强度等级钢筋。

（2）剪力墙构造配筋时，应选用低强度等级钢筋和低配筋率，以降低碳排放。

（3）剪力墙计算配筋时，应选用高强度等级钢筋；设置构造边缘构件的，应选用低强度等级混凝土；设置约束边缘构件的，应选用轴压比接近但小于配箍特征值变化点时的混凝土强度等级。

2.3 混凝土结构设计标准低碳化设计方法

这里的结构设计标准主要指设计工作年限、耐久性年限和结构适变性，其对混凝土结构的隐含碳排放和运行碳排放均有较大的影响。

2.3.1 混凝土结构设计工作年限低碳设计

根据《工程结构通用规范》GB 55001—2021[18]，房屋建筑的设计工作年限规定情况如表 2.3-1 所示。

房屋建筑工作年限　　表 2.3-1

建筑类别	设计工作年限（年）
临时性建筑结构	5
普通房屋和构筑物	50
特别重要的建筑结构	100

由上可知，普通房屋设计工作年限均为 50 年。因此本书以设计工作年限 50 年的常规项目为分析基础，开展不同设计工作年限对结构碳排放影响分析。根据研究可知：

（1）结构服役期间，年碳排放量随着设计工作年限目标的提升而降低。

（2）结构服役期间，年碳排放量有两个计算模型，即等比例增长和恒值模型[19]。下面，将按照这两个模型分别进行分析。

1. 等比例增长模型的碳排放分析

等比例增长模型即假定建筑碳排放量逐年等比例增长，则设计工作年限 Y 年的建筑服役 X 年的单位面积碳排放量计算公式如下：

$$C_Y^X = C_{\mathrm{YD}} + \frac{C_{\mathrm{YX}} \times \left(1 - {\gamma_Y}^X\right)}{1 - \gamma_Y} \tag{2.3-1}$$

式中　C_Y^X——设计工作年限 Y 年的建筑服役 X 年的单位面积碳排放量；

C_{YD}——建筑隐含碳排放量，对于 50 年设计年限的建筑取 $640\mathrm{kgCO_2e/m^2}$，100 年设计年限的建筑取 $768\mathrm{kgCO_2e/m^2}$，50～100 年间按照线性插值；

C_{YX}——建筑服役第一年碳排放量；

γ_Y——建筑当年碳排放量与上一年度比值，γ_{50} 取 1.01，γ_{100} 取 1.005。

根据上述假定，计算等比例增长模型下不同设计工作年限建筑碳排放情况，计算结果见图 2.3-1～图 2.3-4。由分析结果可知，在等比例增长模型下，设计工作年限分别为 50 年和 100 年的建筑，在服役时长约达 30 年时建筑单位总碳排放量几近持平；而后，随着服役时长的增加，设计工作年限为 100 年的建筑在碳排放方面优势越发显著，较设计工作年限 50 年的建筑减碳量可达 20%。

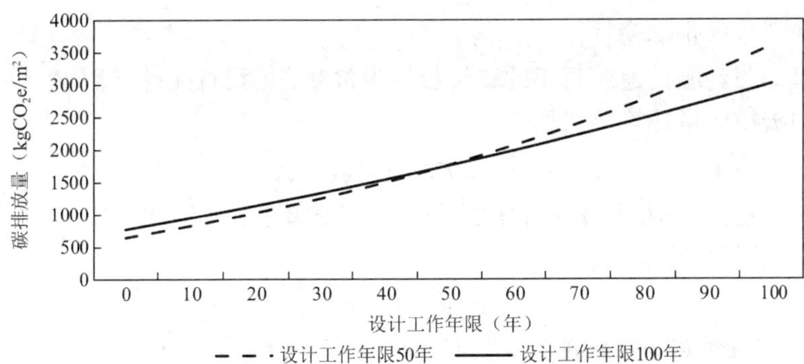

图 2.3-1　城镇住宅（除北方供暖）不同设计年限碳排放情况

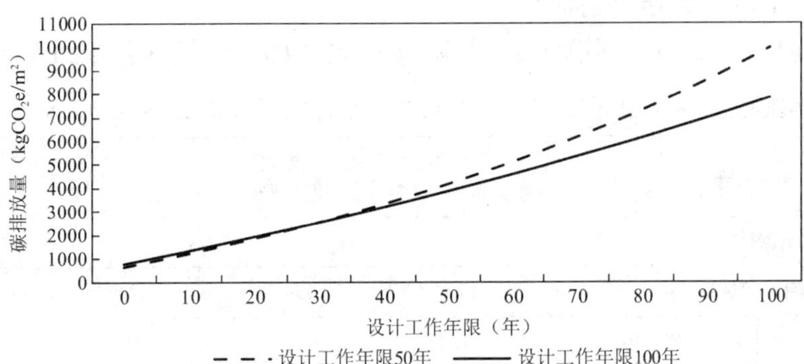

图 2.3-2　城镇住宅（北方供暖）不同设计年限碳排放情况

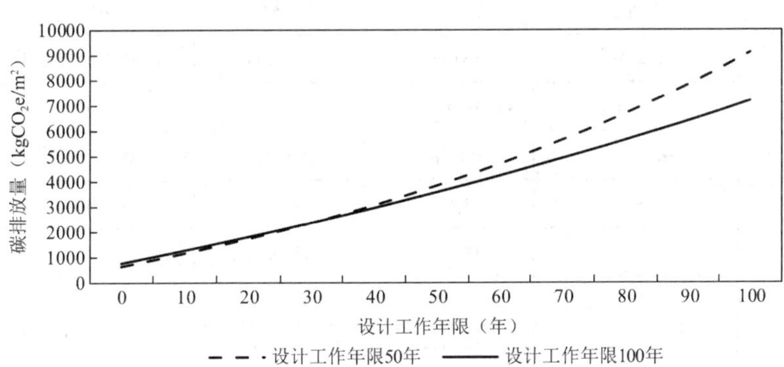

图 2.3-3　公共建筑（除北方供暖）不同设计年限碳排放

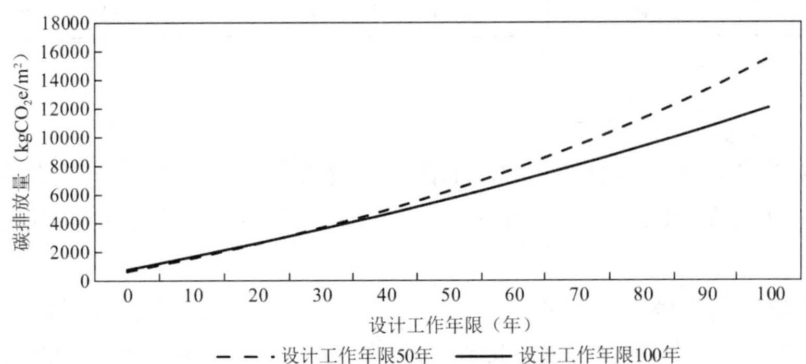

图 2.3-4　公共建筑（北方供暖）不同设计年限碳排放

2. 恒值模型的碳排放分析

恒值模型即假定服役建筑每年的碳排放量为常数，则设计工作年限 Y 年的建筑服役 X 年的单位面积碳排放量计算公式如下：

$$C_{Y}^{X'} = C_{YD} + C_{YX} \times X \tag{2.3-2}$$

式中 $C_{Y}^{X'}$——设计工作年限 Y 年的建筑服役 X 年的单位面积碳排放量；

X——建筑服役年限。

$$C_{YD} = C_{Y} \times \alpha \tag{2.3-3}$$

式中 C_{Y}——建筑初始隐含碳排放量，取 640kgCO_2e/m^2；

α——增大系数，当设计工作年限不大于 50 年时，取 1.0；100 年时，取 1.2；50～100 年间，采用线性插值。

根据恒值模型，计算不同设计工作年限建筑碳排放情况，计算结果如表 2.3-2 所示。

恒值模型下不同设计工作年限建筑碳排放量计算结果（单位：kgCO_2e/m^2） 表 2.3-2

建筑类型		城镇住宅（除北方供暖）	城镇住宅（北方供暖）	公共建筑（除北方供暖）	公共建筑（北方供暖）
隐含碳排放量		640			
服役首年建筑碳排放量		17.4	54.7	49.7	87
服役 30 年建筑碳排放量	$Y = 50$	1162.00	2281.00	2131.00	3250.00
	$Y = 100$	1290.00	2409.00	2259.00	3378.00
	$C_{100}^{30'}/C_{50}^{30'}$	111.02%	105.61%	106.01%	103.94%
服役 50 年建筑碳排放量	$Y = 50$	1510.00	3375.00	3125.00	4990.00
	$Y = 100$	1638.00	3503.00	3253.00	5118.00
	$C_{100}^{50'}/C_{50}^{50'}$	108.48%	103.79%	104.10%	102.57%
服役 70 年建筑碳排放量	$Y = 50$	2358.00	4969.00	4619.00	7230.00
	$Y = 100$	1986.00	4597.00	4247.00	6858.00
	$C_{100}^{70'}/C_{50}^{70'}$	84.22%	92.51%	91.95%	94.85%
服役 100 年建筑碳排放量	$Y = 50$	2880.00	6610.00	6110.00	9840.00
	$Y = 100$	2508.00	6238.00	5738.00	9468.00
	$C_{100}^{100}/C_{50}^{100}$	87.08%	94.37%	93.91%	96.22%

3. 结论

经过上述分析计算可得如下结论：

（1）采用等比例增长模型时，设计工作年限越长，建筑隐含碳排放量越高，服役建筑碳排放量年增长率越低；设计工作年限 100 年建筑与 50 年建筑碳排放情况如图 2.3-5 所示。

（2）采用恒值模型时，当建筑寿命小于 50 年时，按照设计工作年限 50 年设计的建筑相较 100 年设计工作年限建筑碳排放量低；但当建筑寿命大于 50 年时，按照设计工作年限 100 年设计的建筑相较 50 年设计工作年限建筑碳排放量低。

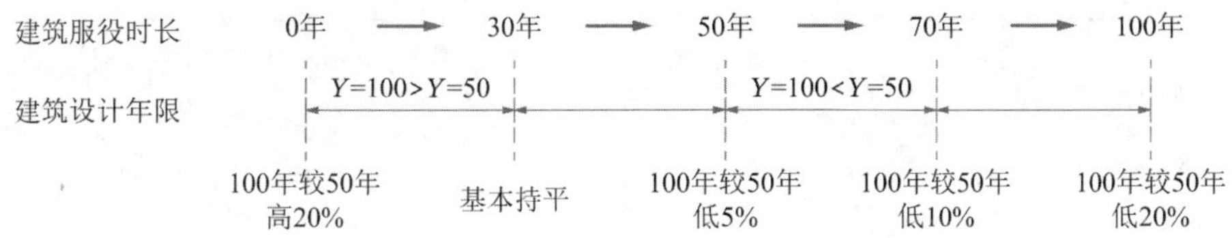

图 2.3-5　设计工作年限 100 年建筑与 50 年建筑的碳排放情况

2.3.2　混凝土结构耐久性低碳设计

对于混凝土结构而言，耐久性设计应根据结构的设计工作年限、结构所处的环境类别和作用等级进行设计，并应满足《混凝土结构设计标准》GB/T 50010—2010（2024 年版）的相关规定。

混凝土结构耐久性设计的重要指标为工作年限，常规混凝土结构的耐久性年限为 50 年。本书选取耐久性设计年限为 50 年的建筑为参照建筑，对不同年限的碳排放情况进行分析。根据相关研究可知：

（1）随着耐久性设计年限的提高，结构的年碳排放量会有所降低；

（2）服役建筑的年碳排放量分为等比例增长模型和恒值模型。

1. 等比例增长模型的碳排放分析

假定服役建筑的年碳排放量逐年等比例增长，则耐久性设计年限 Y 年的建筑服役 X 年的单位面积碳排放量计算公式如下：

$$C_{\mathrm{NY}}^{X}=C_{\mathrm{YD}}+\frac{C_{\mathrm{YX}}\times\left(1-\gamma_{Y}{}^{X}\right)}{1-\gamma_{\mathrm{NY}}} \tag{2.3-4}$$

式中　C_{NY}^{X}——耐久性设计年限 Y 年的建筑服役 X 年的单位面积碳排放量；

γ_{NY}——建筑当年碳排放量与上一年度比值，γ_{N50} 取为 1.01，γ_{N100} 取为 1.008。

根据上述假定，计算等比例假定下不同耐久性设计工作年限建筑碳排放情况，计算结果如图 2.3-6～图 2.3-9 所示。由计算结果可见，在等比例增长模型下，耐久性设计工作年限分别为 50 年和 100 年的建筑，在服役时长约达 30 年时建筑单位碳排放量几近持平，而后随着服役时长的增加，耐久性设计年限为 100 年的建筑碳排放量增长速度逐步放缓，较 50 年设计工作年限建筑碳排放量约低 10%。

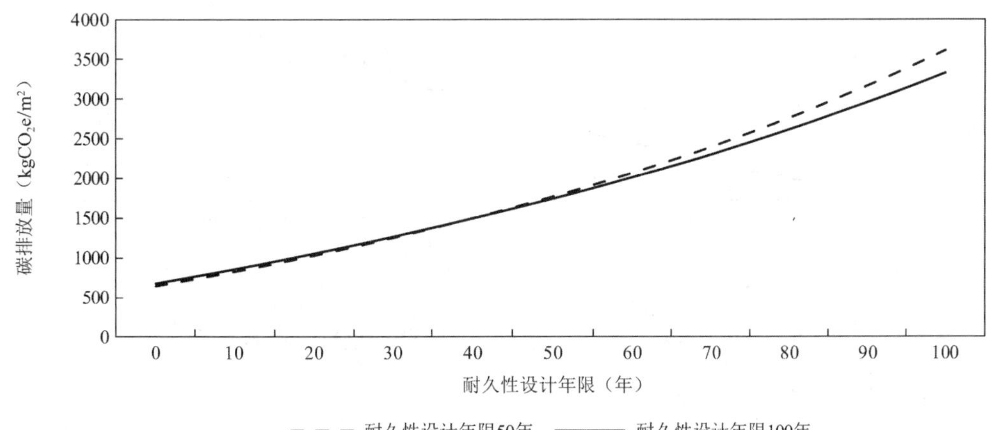

图 2.3-6　城镇住宅（除北方供暖）不同耐久性设计年限碳排放情况

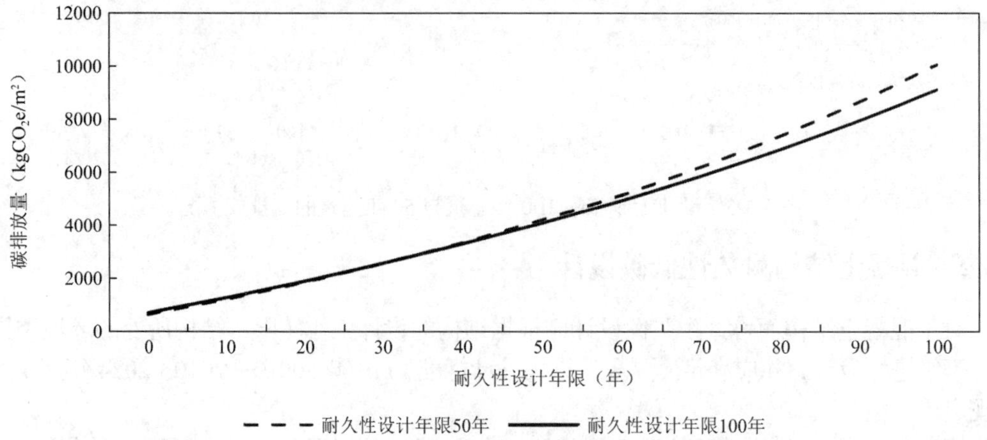

图 2.3-7　城镇住宅（北方供暖）不同耐久性设计年限碳排放情况

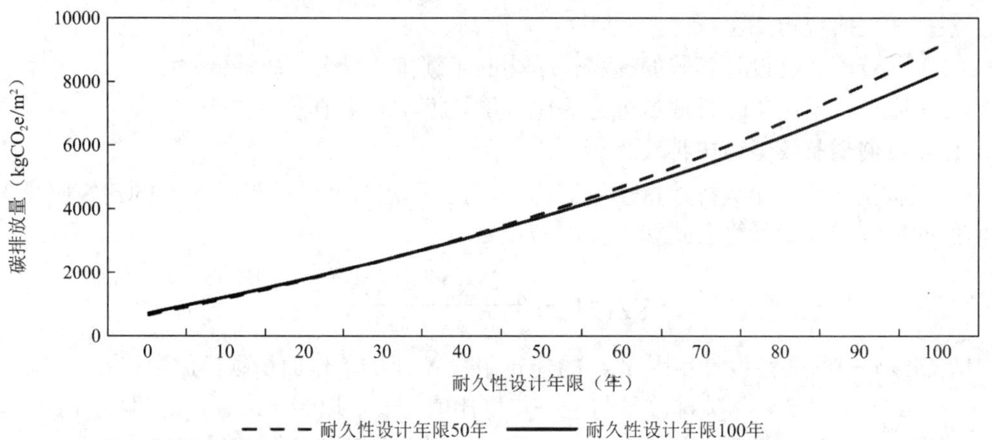

图 2.3-8　公共建筑（除北方供暖）不同耐久性设计年限碳排放

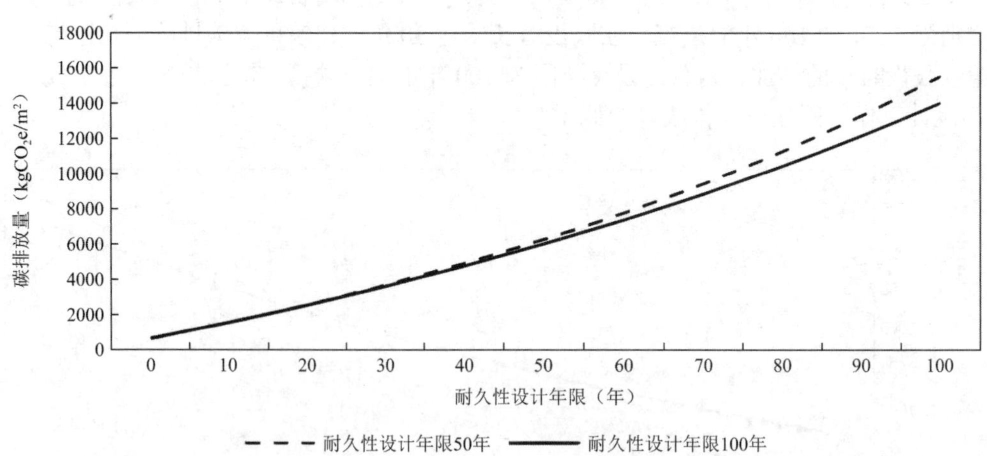

图 2.3-9　公共建筑（北方供暖）不同耐久性设计年限碳排放

2. 恒值模型的碳排放分析

假定服役建筑每年的碳排放量为常数，则耐久性设计年限 Y 年的建筑服役 X 年的单位面积碳排放量计算公式如下：

$$C_{NY}^{X'} = C_{YD} + C_{YX} \times X \tag{2.3-5}$$

式中　$C_{NY}^{X'}$——耐久性设计年限 Y 年的建筑服役 X 年的单位面积碳排放量。

$$C_{YD} = C_Y \times \alpha_N \tag{2.3-6}$$

式中　α_N——结构耐久性增大系数，当耐久性设计年限不大于 50 年时，取 1.0；100 年时，取 1.05；50～100 年间，采用线性插值。

根据恒值模型，计算不同耐久性设计年限建筑碳排放情况，计算结果如表 2.3-3 所示。

恒值模型下不同耐久性设计年限建筑碳排放量计算结果（单位：$kgCO_2e/m^2$）　表 2.3-3

建筑类型		城镇住宅（除北方供暖）	城镇住宅（北方供暖）	公共建筑（除北方供暖）	公共建筑（北方供暖）
隐含碳排放量		640			
服役首年建筑碳排放量		17.4	54.7	49.7	87
服役 30 年建筑碳排放量	$Y = 50$	1162.00	2281.00	2131.00	3250.00
	$Y = 100$	1194.00	2313.00	2163.00	3282.00
	$C_{N100}^{30'}/C_{N50}^{30'}$	102.75%	101.40%	101.50%	100.98%
服役 50 年建筑碳排放量	$Y = 50$	1510.00	3375.00	3125.00	4990.00
	$Y = 100$	1542.00	3407.00	3157.00	5022.00
	$C_{N100}^{50'}/C_{N50}^{50'}$	102.12%	100.95%	101.02%	100.64%
服役 70 年建筑碳排放量	$Y = 50$	2358.00	4969.00	4619.00	7230.00
	$Y = 100$	1890.00	4501.00	4151.00	6762.00
	$C_{N100}^{70'}/C_{N50}^{70'}$	80.15%	90.58%	89.87%	93.53%
服役 100 年碳排放量	$Y = 50$	2880.00	6610.00	6110.00	9840.00
	$Y = 100$	2412.00	6142.00	5642.00	9372.00
	$C_{N100}^{100'}/C_{N50}^{100'}$	83.75%	92.92%	92.34%	95.24%

3. 结论

经过上述分析计算可得如下结论：

（1）当采用等比例增长模型时，耐久性设计年限越长，建筑隐含碳排放量越高，服役建筑碳排放年增长率越低；耐久性设计年限 100 年建筑与 50 年建筑相比，碳排放情况如图 2.3-10 所示。

（2）当采用恒值模型，建筑服役时长小于 50 年时，按照耐久性设计年限 50 年设计较按照耐久性设计年限 100 年设计的建筑碳排放量低；当建筑服役时长大于 50 年时，按照耐久性设计年限 100 年设计较按照耐久性设计年限 50 年设计的建筑碳排放量更低。

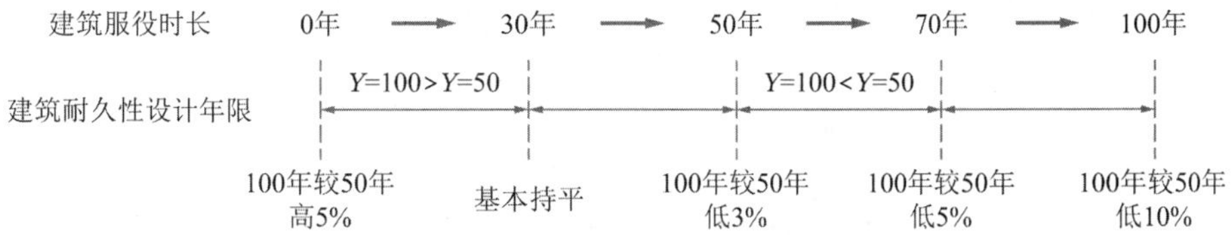

图 2.3-10　耐久性设计年限 100 年建筑与 50 年建筑的碳排放情况

2.3.3 混凝土结构适变性低碳设计

1. 结构适变性

结构适变性，即结构适应使用功能和空间变化的能力，是结构韧性的重要体现[20]。目前实现结构适变性的主要手段有：

（1）结构布置空间开阔

主要指结构构件（特别是竖向构件）的大间距、开阔性布置，后期可通过调整非结构构件布置以实现因使用功能和空间变化而带来的变动，且对结构构件不做改动或改动很小。在实际工程中，公共建筑可采用大空间结构布置，城镇住宅可采用户内无结构墙或少结构墙布置等方式。

（2）适当提升局部荷载

建筑在使用中，往往因部分空间使用需求发生变化（如机电系统提升等）引起荷载增加，从而需对相关范围内结构进行改造加固。因此，可在设计之初对部分房间进行荷载预留，避免因后续使用需求调整导致结构改造加固。

结构适变性同样影响隐含碳排放和运行碳排放，也同样有两个计算模型：等比例增长模型和恒值模型。

2. 等比例增长模型的碳排放分析

假定服役建筑的年碳排放量逐年等比例增长，采用结构适变性设计的建筑服役 X 年的单位面积碳排放量计算公式如下：

$$C_{\mathrm{C}} = C_{\mathrm{YC}} + \frac{C_{\mathrm{YX}} \times \left(1 - {\gamma_Y}^X\right)}{1 - \gamma_Y} \tag{2.3-7}$$

式中 C_{C}——采用结构适变性设计的建筑服役 X 年的单位面积碳排放量；

C_{YC}——进行结构适变性设计后的建筑隐含碳排放量；

C_{YX}——建筑运行第一年碳排放量；

γ_Y——建筑当年碳排放量与上一年度比值，采用结构开阔布置时取 1.008，采用提升局部荷载时取 1.009。

$$C_{\mathrm{YC}} = C_{\mathrm{Y}} \times \alpha_{\mathrm{C}} \tag{2.3-8}$$

式中 α_{C}——结构适变性增大系数，采用结构开阔布置时取 1.02，采用提升局部荷载时取 1.01。

根据等比例增长模型，是否采用结构适变性措施的建筑碳排放情况计算结果如图 2.3-11～图 2.3-14 所示。

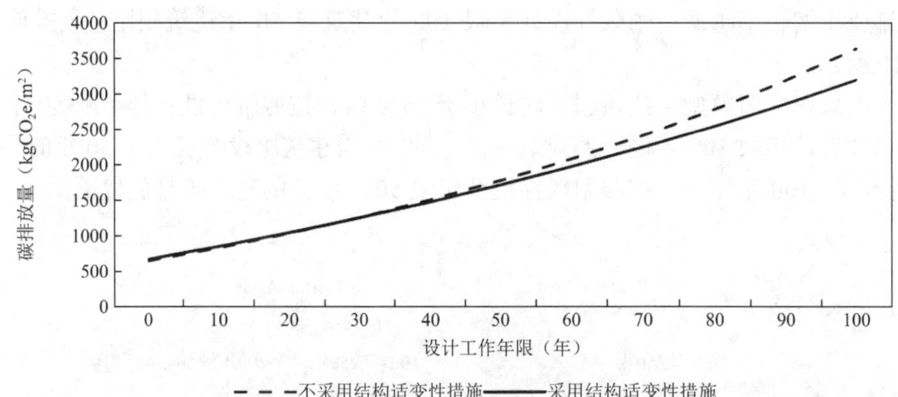

图 2.3-11 城镇住宅（除北方供暖）采用结构适变性前后碳排放对比

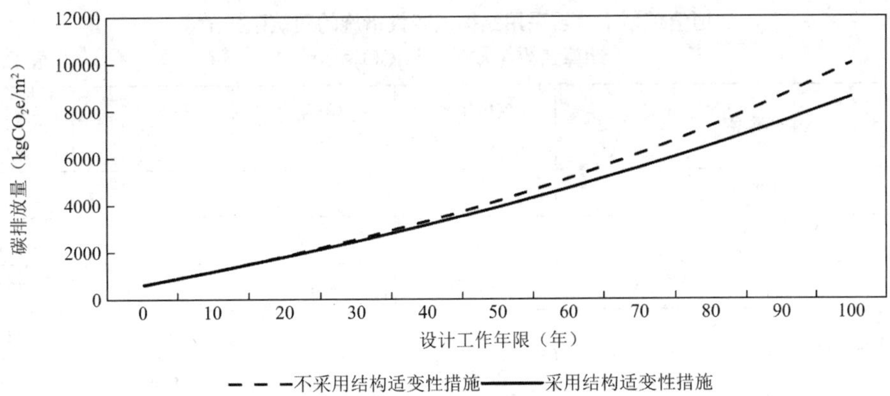

图 2.3-12　城镇住宅（北方供暖）采用结构适变性前后碳排放对比

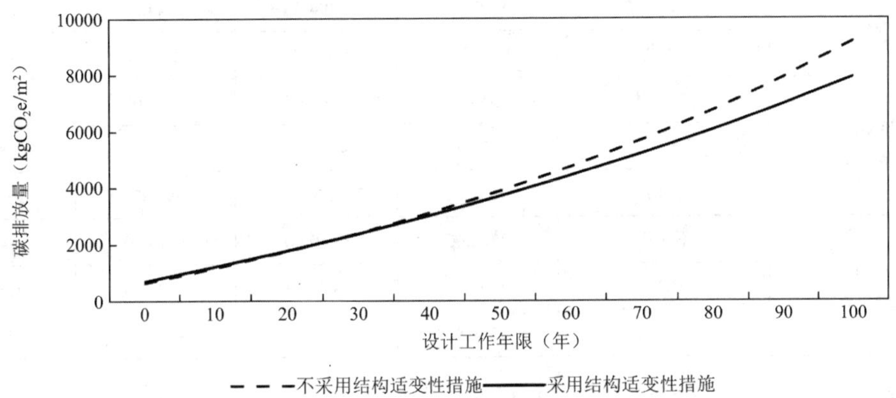

图 2.3-13　公共建筑（除北方供暖）采用结构适变性前后碳排放对比

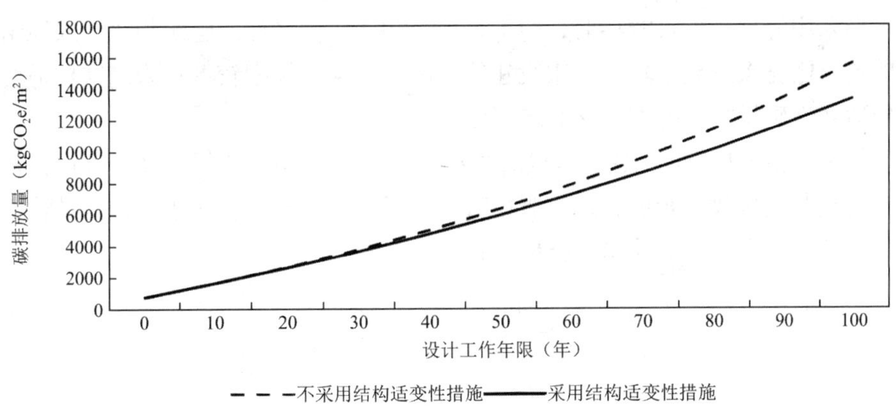

图 2.3-14　公共建筑（北方供暖）采用结构适变性前后碳排放对比

3. 恒值模型的碳排放分析

假定服役建筑每年的碳排放量为常数，则采用结构适变性的建筑服役 X 年的单位面积碳排放量计算公式如下：

$$C_{\mathrm{C}}^{X} = C_{\mathrm{YC}} + C_{\mathrm{YX}} \times X \tag{2.3-9}$$

根据恒值模型，是否采用结构适变性措施的建筑碳排放情况计算结果如表 2.3-4 所示。

恒值模型下是否采用结构适变性措施的建筑碳排放量计算结果（单位：$kgCO_2e/m^2$）　表 2.3-4

建筑类型		城镇住宅（除北方供暖）	城镇住宅（北方供暖）	公共建筑（除北方供暖）	公共建筑（北方供暖）
隐含碳排放量		640			
服役建筑碳排放量		17.4	54.7	49.7	87
服役 30 年建筑碳排放量	不采用	1162.00	2281.00	2131.00	3250.00
	采用	1181.33	2300.33	2150.33	3269.33
	比值	101.66%	100.85%	100.91%	100.59%
服役 50 年建筑碳排放量	不采用	1510.00	3375.00	3125.00	4990.00
	采用	1529.33	3394.33	3144.33	5009.33
	比值	101.28%	100.57%	100.62%	100.39%
服役 70 年建筑碳排放量	不采用	2358.00	4969.00	4619.00	7230.00
	采用	1877.33	4488.33	4138.33	6749.33
	比值	79.62%	90.33%	89.59%	93.35%
服役 100 年建筑碳排放量	不采用	2880.00	6610.00	6110.00	9840.00
	采用	2399.33	6129.33	5629.33	9359.33
	比值	83.31%	92.73%	92.13%	95.12%

4. 结论

经过上述分析计算可得如下结论：

（1）当采用等比例增长模型时，与不采用结构适变性设计的建筑相比，采用结构适变性设计的建筑隐含碳排放量较高，服役建筑的碳排放年增长率较低；采用结构适变性与不采用结构适变性碳排放情况如图 2.3-15 所示。

（2）当采用恒值模型时，建筑服役时长小于 50 年时，不采用结构适变性设计较采用适变性设计的建筑碳排放量较低；建筑服役时长大于 50 年时，相比于不进行结构适变性设计，采用结构适变性设计的建筑碳排放量较低。

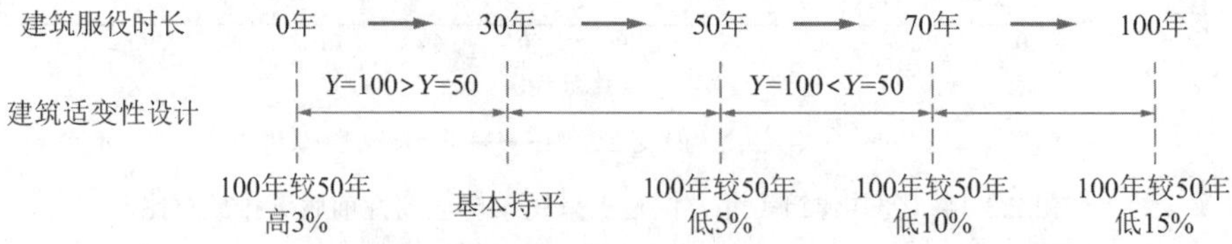

图 2.3-15　采用结构适变性与不采用结构适变性的建筑碳排放情况

2.4　装配式混凝土结构低碳化设计方法

装配式建筑是指由预制部品部件在工地装配而成的建筑，装配式混凝土结构则是指结构系统由混凝土部件（预制构件）构成的装配式建筑[21-22]。近年来，国家连续发布多项政策支持装配式建筑发展，推进生产生活低碳化，大力发展绿色建筑，全面推行绿色施工。

本章将根据装配式混凝土结构的自身特点，对应用最广泛的预制墙板和预制楼板进行碳排放分析研究。

2.4.1 预制墙板碳排放分析

目前，我国大量采用的预制墙板有三种形式：预制混凝土夹芯保温外墙板、预制混凝土外墙板及叠合类墙板。本书将围绕其自身特点、碳排放因子选取等方面，对这三种预制墙板开展碳排放的计算研究，给出其低碳化设计方法。

1. 概述

（1）预制混凝土夹芯保温外墙板（图 2.4-1）

预制混凝土夹芯保温外墙板俗称“三明治板”。由钢筋混凝土外叶板、保温层和钢筋混凝土内叶板组成，是建筑、结构、保温、装饰一体化墙板。夹芯保温构件的外叶板最小厚度 50mm，用可靠的拉结件与内叶构件连接，不会像薄层灰浆那样裂缝脱落；保温层也不会脱落，防火性能也大大提高[23]。外叶板可以直接做成装饰层或作为装饰面层的基层。

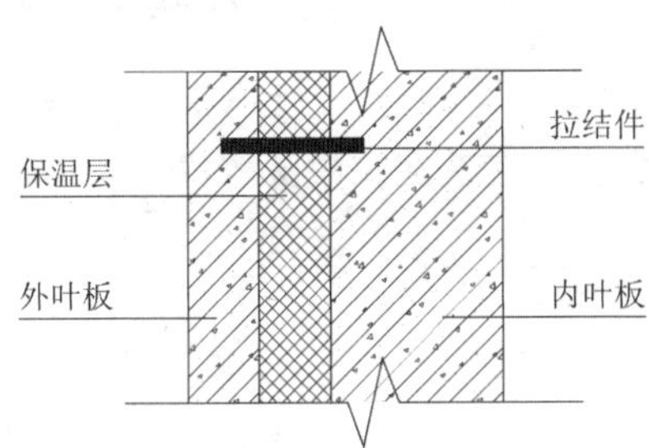

图 2.4-1　预制混凝土夹芯保温外墙板

（2）预制混凝土外墙板（图 2.4-2）

预制混凝土外墙板的预制墙板在工厂预制生产，构件运至现场后通过现浇段连为整体受力结构，其外保温材料一般采用后粘贴方式连接。

图 2.4-2　预制混凝土外墙板

（3）叠合类墙板（图 2.4-3）

叠合类墙板是指墙体外表在工厂预制，内部空腔在现场浇筑混凝土，通过叠合形成的整体预制墙板。按照空腔的不同形式，又分为纵肋叠合墙板、双 P 墙板、单 P 墙板等。为了研究方便，本书以双 P 墙为研究对象进行分析。该双 P 墙一般由两叶 50mm 厚钢筋混凝土板通过桁架筋连接而成，空腔净距不小于 100mm[25]。现场安装后，在空腔内敷设、搭接钢筋，浇筑混凝土，形成剪力墙实心板。

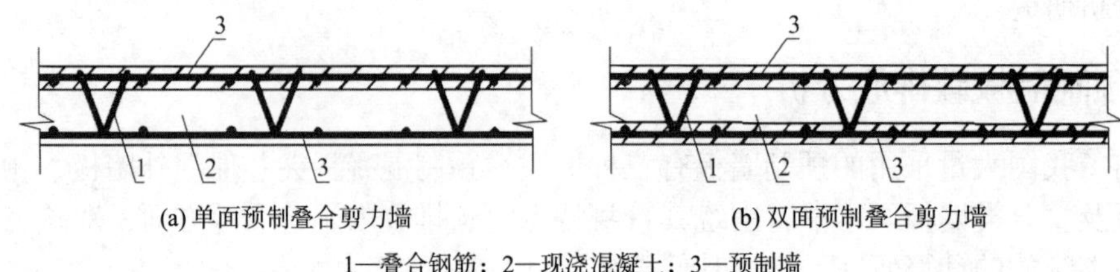

(a) 单面预制叠合剪力墙　　(b) 双面预制叠合剪力墙

1—叠合钢筋；2—现浇混凝土；3—预制墙

图 2.4-3　叠合类墙板

（4）计算模型概述

以《预制混凝土剪力墙外墙板》15G365-1[24]第 44～57 页 WQ-2730～WQ-4530 为例，以此作为墙板混凝土及钢筋量计算基础。其中，预制混凝土夹芯保温外墙板考虑钢筋、混凝土、保温板、灌浆量、灌浆套筒及预埋件量；预制混凝土外墙板考虑钢筋、混凝土、保温体系、灌浆量、灌浆套筒及预埋件量；叠合类墙板考虑钢筋、混凝土及保温体系，相关算例图见图 2.4-4。

俯视图

WQ-2730主视图

仰视图

WQ-2730配筋图

1-1

2-2

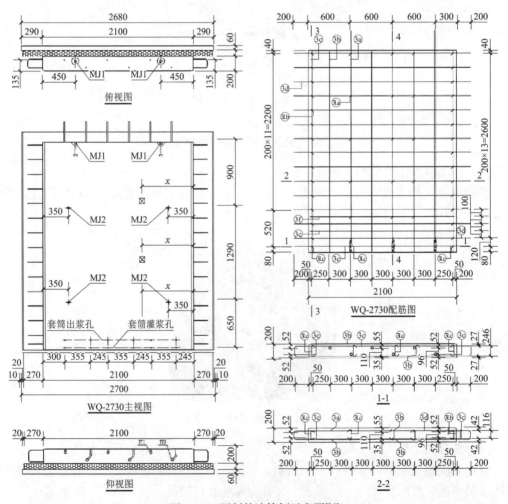

图 2.4-4　预制外墙算例示意图[26]

（5）保温体系介绍

在计算预制混凝土外墙板及叠合类墙板时，考虑施工现场后粘保温板，根据《外墙外保温工程技术规程》JGJ 144—2019[25]保温板年限为 25 年，以 50 年设计周期为计算周期，周期内保温板及其保温体系按替换一次考虑，后粘保温体系的做法如表 2.4-1 和图 2.4-5 所示。

后粘保温体系做法　　表 2.4-1

	系统组成	计算用参数	1. 基于当前建筑工程实际，选取其中应用较广泛的“粘贴保温板 + 薄抹灰 + 涂料饰面”外墙外保温系统。 2. 保温系统中所涉其他辅助件（如锚固件、防水界面剂、发泡胶、密封条、墙角托架、包角条）不作考虑。 3. 鉴于粘结砂浆、抹面砂浆、抗裂砂浆成分差异较小，研究中将抹面砂浆、抗裂砂浆均近似等同于粘结砂浆
外墙保温系统	胶粘剂	聚合物改性水泥砂浆	
		$d = 1\text{mm}$	
	保温板	按不同区域情况取值	
	分层抹防裂砂浆	$d = 5\text{mm}$	
	外墙涂料	JS 聚合物水泥防水涂料	

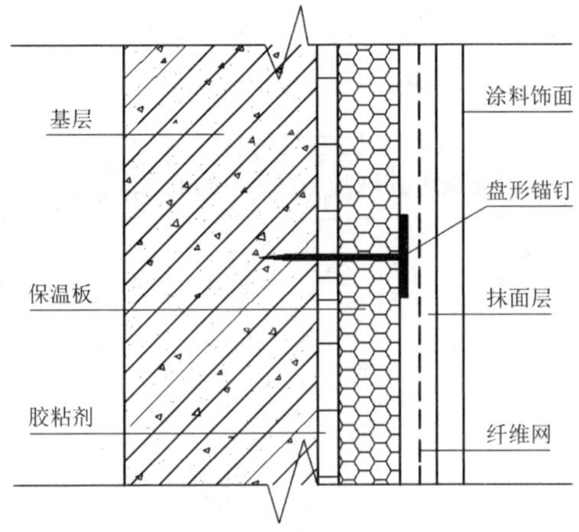

图 2.4-5　后粘保温体系做法示意图

（6）碳排放因子

本研究涉及的建筑材料碳排放因子参数如表 2.4-2 所示，参数来源于《建筑碳排放计算标准》GB/T 51366—2019 附录 D。

建筑材料碳排放因子参数[2]　　表 2.4-2

序号	项目	单位	碳排放因子	备注
1	墙板钢筋	$kgCO_2e/t$	2590.88	按 HRB400 钢筋
2	外叶板钢筋	$kgCO_2e/t$	2350	按 HPB300 钢筋
3	混凝土	$kgCO_2e/m^3$	295	按 C30 混凝土
4	灌浆	$kgCO_2e/t$	735	按水泥考虑
5	保温材料 1	$kgCO_2e/t$	4620	按聚苯乙烯
6	聚合物改性水泥砂浆	$kgCO_2e/kg$	1.102	
7	防裂砂浆	$kgCO_2e/kg$	1.102	
8	玻纤网格布	$kgCO_2e/kg$	2.633	

续表

序号	项目	单位	碳排放因子	备注
9	套筒	$kgCO_2e/t$	2467.5	按 Q355 钢材
10	连接件	$kgCO_2e/t$	2590.88	按 HRB400 钢筋
11	JS 聚合物水泥防水涂料	$kgCO_2e/kg$	0.734	

2. 预制混凝土夹芯保温外墙板与预制混凝土外墙板碳排放对比

在不同区域，由于气候、能源结构和生产工艺等因素的影响，预制混凝土夹芯保温外墙板和预制混凝土外墙板的碳排放量存在差异。预制混凝土夹芯保温外墙板与预制混凝土外墙板在不同区域的碳排放对比需要综合考虑多个因素。具体的数据需要根据不同地区的生产工艺、能源结构、运输方式和安装工艺等因素进行详细的评估和计算。现假设在能源结构和工艺等因素一致的前提下，仅以不同区域对保温材料厚度取值作为分析变量，对预制混凝土夹芯保温外墙板与预制混凝土外墙板在不同区域的碳排放进行对比分析，情况如下：

（1）严寒地区（表 2.4-3 和图 2.4-6）

严寒地区预制混凝土夹芯保温外墙板及预制混凝土外墙板碳排放（单位：$kgCO_2e$） 表 2.4-3

WQ-2730	钢筋	混凝土	灌浆	保温板	聚合物改性水泥砂浆	防裂砂浆	玻纤网格布	套筒	连接件	JS 聚合物水泥防水涂料
预制混凝土夹芯保温外墙板	294.67（31%）	493.24（53%）	16.01（2%）	130.85（14%）	0.00	0.00	0.00	1.50	0.76	0.00
预制混凝土外墙板	256.41（24%）	351.88（33%）	16.01（2%）	261.69（25%）	22.54（2%）	112.71（11%）	5.39（1%）	1.50	0.76	25.99（2%）
差值	38.26	141.36	0.00	−130.85	−22.54	−112.71	−5.39	0.00	0.00	−25.99

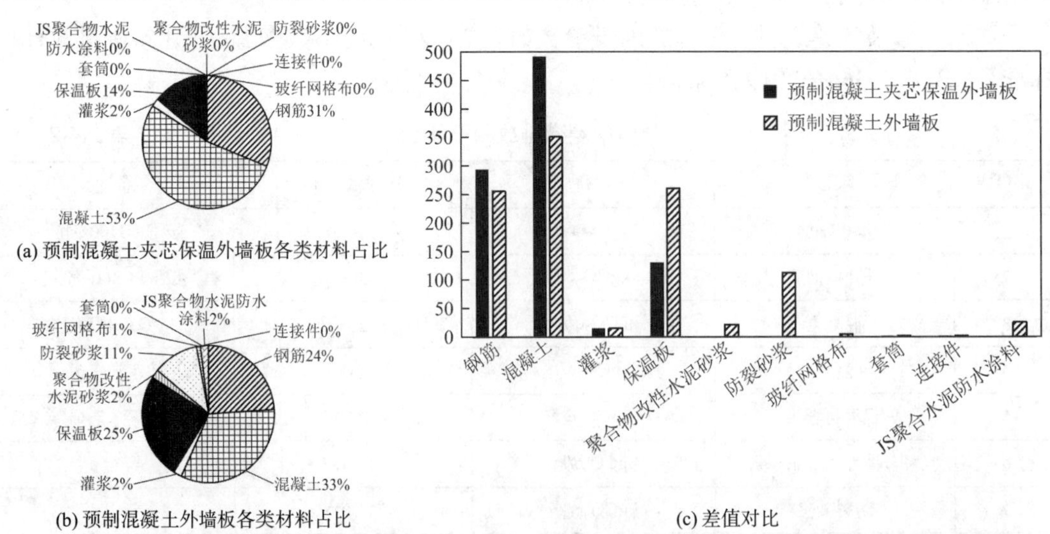

图 2.4-6 严寒地区预制混凝土夹芯保温外墙板及预制混凝土外墙板碳排放对比

（2）寒冷地区（表 2.4-4 和图 2.4-7）

寒冷地区预制混凝土夹芯保温外墙板及预制混凝土外墙板碳排放（单位：$kgCO_2e$）　　表 2.4-4

WQ-2730	钢筋	混凝土	灌浆	保温板	聚合物改性水泥砂浆	防裂砂浆	玻纤网格布	套筒	连接件	JS 聚合物水泥防水涂料
预制混凝土夹芯保温外墙板	294.67（33%）	493.24（55%）	16.01（2%）	87.23（10%）	0.00	0.00	0.00	1.50	0.76	0.00
预制混凝土外墙板	256.41（26%）	351.88（36%）	16.01（2%）	174.46（18%）	22.54（2%）	112.71（12%）	5.39（1%）	1.50	0.76	25.99（3%）
差值	38.26	141.36	0.00	−87.23	−22.54	−112.71	−5.39	0.00	0.00	−25.99

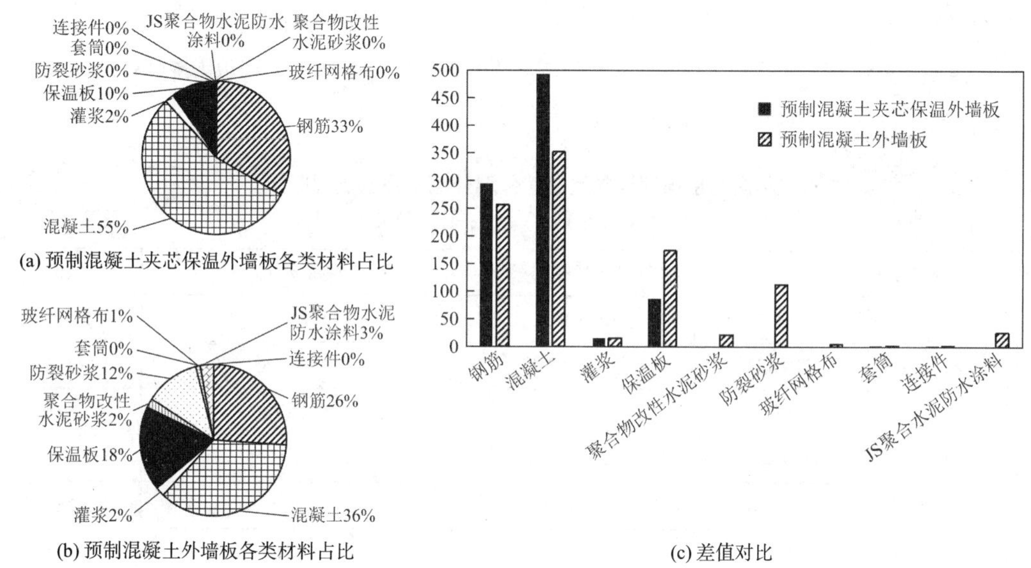

图 2.4-7　寒冷地区预制混凝土夹芯保温外墙板及预制混凝土外墙板碳排放对比

（3）夏热冬冷地区（表 2.4-5 和图 2.4-8）

夏热冬冷地区预制混凝土夹芯保温外墙板及预制混凝土外墙板碳排放（单位：$kgCO_2e$）　　表 2.4-5

WQ-2730	钢筋	混凝土	灌浆	保温板	聚合物改性水泥砂浆	防裂砂浆	玻纤网格布	套筒	连接件	JS 聚合物水泥防水涂料
预制混凝土夹芯保温外墙板	294.67（34.7%）	493.24（58.0%）	16.01（1.9%）	43.62（5.1%）	0.00	0.00	0.00	1.50（0.2%）	0.76（0.1%）	0.00
预制混凝土外墙板	256.41（29%）	351.88（40%）	16.01（1.8%）	87.23（10%）	22.54（2.5%）	112.71（13%）	5.39（0.7%）	1.50	0.76	25.99（3%）
差值	38.26	141.36	0.00	−43.61	−22.54	−112.71	−5.39	0.00	0.00	−25.99

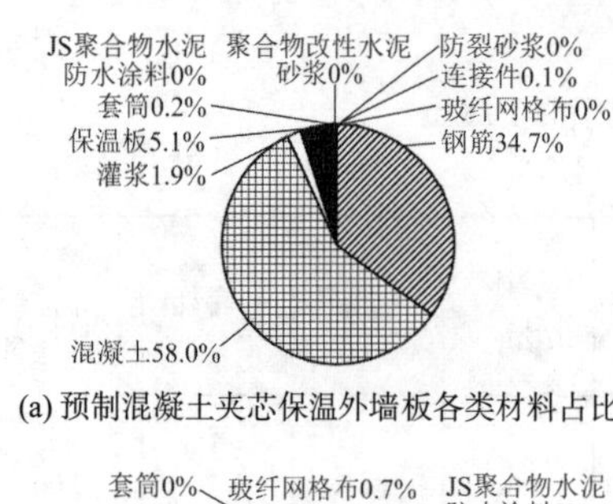

(a) 预制混凝土夹芯保温外墙板各类材料占比

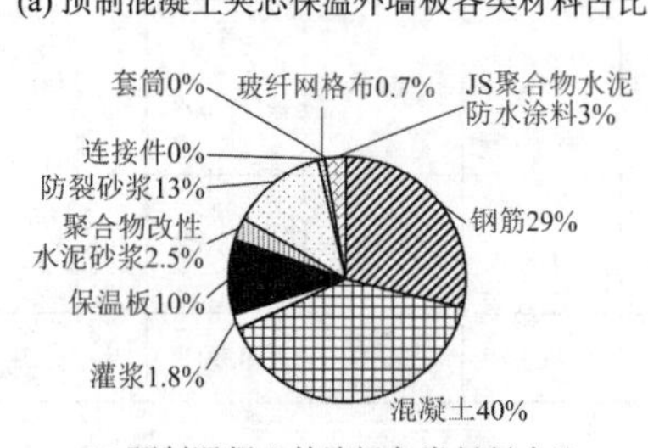

(b) 预制混凝土外墙板各类材料占比

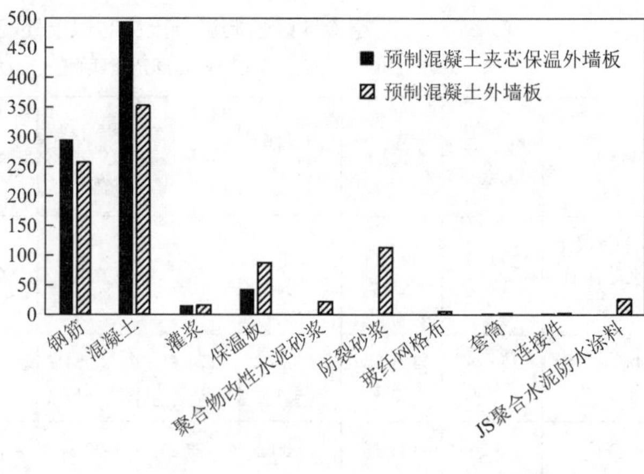

(c) 差值对比

图 2.4-8　夏热冬冷地区预制混凝土夹芯保温外墙板及预制混凝土外墙板碳排放对比

（4）总量对比（表 2.4-6 和图 2.4-9）

不同规格预制混凝土夹芯保温外墙板及预制混凝土外墙板碳排放（单位：$kgCO_2e$）　　表 2.4-6

序号	墙体编号	区域	预制混凝土夹芯保温外墙板	预制混凝土外墙板	差值
1	WQ-2730	严寒地区	937.02	1054.87	117.85
		寒冷地区	893.40	967.63	74.23
		夏热冬冷地区	849.79	880.40	30.61
2	WQ-3030	严寒地区	994.48	1126.01	131.53
		寒冷地区	945.91	1028.86	82.95
		夏热冬冷地区	897.34	931.72	34.38
3	WQ-3330	严寒地区	1106.56	1251.76	145.20
		寒冷地区	1053.03	1144.71	91.68
		夏热冬冷地区	999.50	1037.65	38.15
4	WQ-3630	严寒地区	1207.42	1366.30	158.88
		寒冷地区	1148.93	1249.33	100.40
		夏热冬冷地区	1090.45	1132.36	41.91
5	WQ-3930	严寒地区	1326.76	1499.33	172.57
		寒冷地区	1263.32	1372.44	109.12
		夏热冬冷地区	1199.88	1245.56	45.68
6	WQ-4230	严寒地区	1441.23	1627.47	186.24
		寒冷地区	1372.83	1490.68	117.85
		夏热冬冷地区	1304.43	1353.88	49.45

续表

序号	墙体编号	区域	预制混凝土夹芯保温外墙板	预制混凝土外墙板	差值
7	WQ-4530	严寒地区	1569.54	1769.46	199.92
		寒冷地区	1496.19	1618.23	122.04
		夏热冬冷地区	1422.83	1476.05	53.22

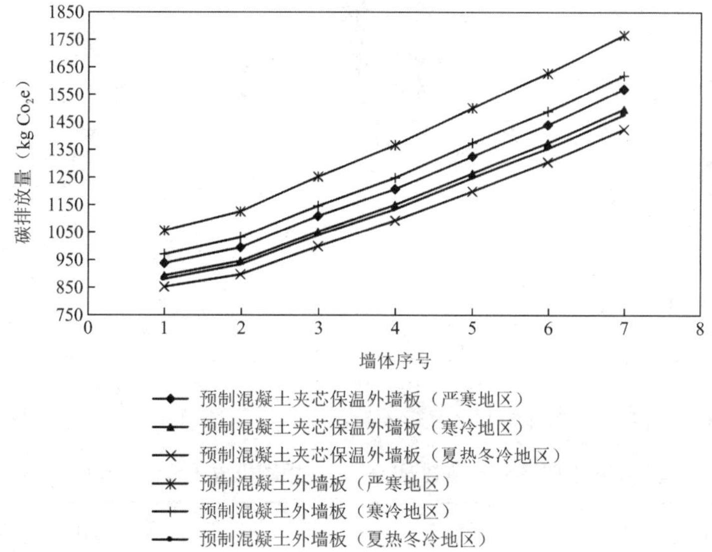

图 2.4-9　不同规格预制混凝土夹芯保温外墙板及预制混凝土外墙板碳排放对比

经过分析，可以得出以下结论：预制混凝土夹芯保温外墙板由于混凝土和钢筋是主要的建筑材料，因此在生产过程中会产生较高的碳排放。另外，这种墙体构造方法的特殊之处在于保温材料被整合到混凝土和钢筋中，从而避免了额外的碳排放。然而，不同地区由于气候和建筑规范的要求，保温材料的厚度存在差异，这会对整体碳排放产生影响。预制混凝土外墙板的保温做法与传统外墙做法一致，需要在现场施工保温体系，因此保温体系的碳排放会相对较高，钢筋及混凝土材料仍是主要的碳排放来源。

3. 叠合类墙板体系与预制混凝土外墙板体系碳排放对比分析（仅考虑严寒地区）

叠合类墙板体系与预制混凝土外墙板体系碳排放在生产过程材料用量基本一致，仅混凝土板、连接件套筒不一致。叠合类墙板体系与预制混凝土外墙板体系碳排放对比情况见表 2.4-7 和图 2.4-10。

严寒地区叠合类墙板与预制混凝土外墙板碳排放（单位：$kgCO_2e$）　　表 2.4-7

WQ-2730	钢筋	混凝土	灌浆	保温板	聚合物改性水泥砂浆	防裂砂浆	玻纤网格布	套筒	连接件	JS 聚合物水泥防水涂料
叠合类墙板	256.41（31%）	355.09（43%）	0.00	130.85（16%）	11.27（1%）	56.35（6.7%）	2.69（0.3%）	0.00	0.00	12.99（2%）
预制混凝土外墙板	256.41（31%）	351.88（42%）	16.01（2%）	130.85（15%）	11.27（1%）	56.35（7%）	2.69	1.50	0.76	12.99（2%）
差值	0.00	3.21	−16.01	0.00	0.00	0.00	0.00	−1.50	−0.76	0.00

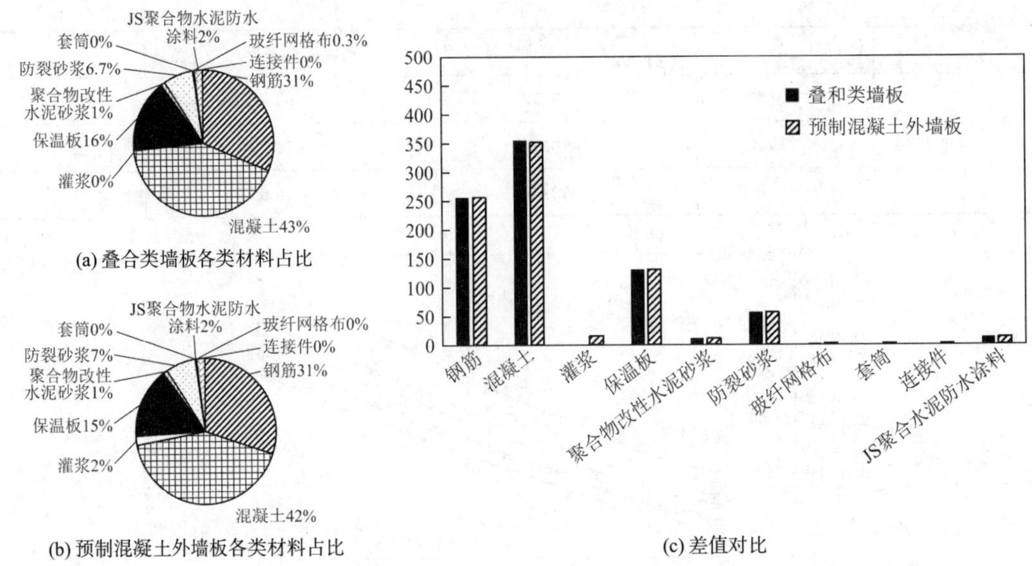

(a) 叠合类墙板各类材料占比

(b) 预制混凝土外墙板各类材料占比

(c) 差值对比

图 2.4-10 严寒地区叠合类墙板与预制混凝土外墙板碳排放对比

总量对比见表 2.4-8 和图 2.4-11。

不同规格叠合类墙板与预制混凝土外墙板碳排放（单位：kgCO$_2$e） 表 2.4-8

序号	墙体编号	叠合类墙板	预制混凝土外墙板	差值
1	WQ-2730	838.65	851.45	12.80
2	WQ-3030	887.76	901.98	14.22
3	WQ-3330	989.22	1004.88	15.66
4	WQ-3630	1079.47	1096.56	17.09
5	WQ-3930	1188.21	1206.72	18.51
6	WQ-4230	1292.07	1312.01	19.94
7	WQ-4530	1409.77	1431.14	21.37

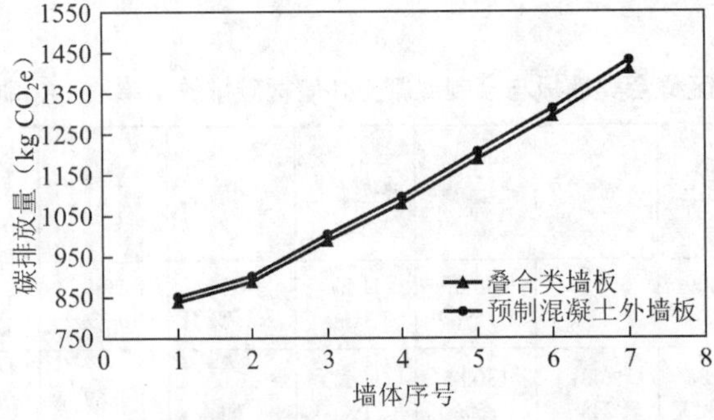

图 2.4-11 不同规格叠合类墙板与预制混凝土外墙板碳排放对比

4. 结论

（1）基于预制混凝土夹芯保温外墙板与预制混凝土外墙板的碳排放对比可知，预制混凝土夹芯保温外墙板在碳排放上更有优势，主要因为预制混凝土外墙板由于保温要求 25 年后需要更换，尤其是在严寒地区的优势更加明显。

（2）基于叠合类墙板与预制混凝土外墙板的碳排放对比可知，预制混凝土外墙板与叠合类墙板的碳排放基本一致，预制混凝土外墙板仅略高于叠合类墙板，主要差异在于叠合类墙板的外皮混凝土量以及灌浆料的差值。

（3）通过对三种不同类型预制墙板分析可知，预制混凝土夹芯保温外墙板在碳排放上更有优势，主要原因在于其做到了外围护一体化，延长了外墙保温的使用周期。

因此，预制墙板在低碳化设计中，应优先选用预制混凝土夹芯保温外墙板，其次为叠合类墙板。

2.4.2　预制楼板碳排放分析

装配式混凝土结构中常用的预制楼板形式为叠合楼板和钢筋桁架楼承板，两者在设计和建造上差异较大，因而碳排放上也有很大不同。本书对这两种预制楼板进行研究，给出其低碳化设计方法。

1. 概述

（1）叠合楼板

叠合楼板简称叠合板，是由预制板和现浇混凝土层叠合而成的装配整体式楼板（图 2.4-12）。预制板既是楼板结构的组成部分之一，又是现浇混凝土叠合层的永久性模板。叠合板具有施工速度快、方便埋设管线、提高施工质量、节能环保等优点。因此，叠合板是我国装配式混凝土建筑的常用构件。

（2）钢筋桁架楼承板

钢筋桁架楼承板简称楼承板，由纵向钢筋、腹杆钢筋及镀锌钢板组成（图 2.4-13），其中上下弦杆钢筋可以作为使用阶段楼板的受力纵筋使用。上下弦钢筋呈三角形布置，采用腹杆点焊连接在一起，上下弦杆钢筋、腹杆钢筋、镀锌薄钢板三者形成一个稳定的空间三角桁架。这样的空间桁架可以承担部分荷载，通常情况下可以承担施工阶段的自重和施工活荷载。结合镀锌钢板作为底模，钢筋桁架楼承板可以免去施工阶段的脚手架支撑。

图 2.4-12　叠合楼板示意图

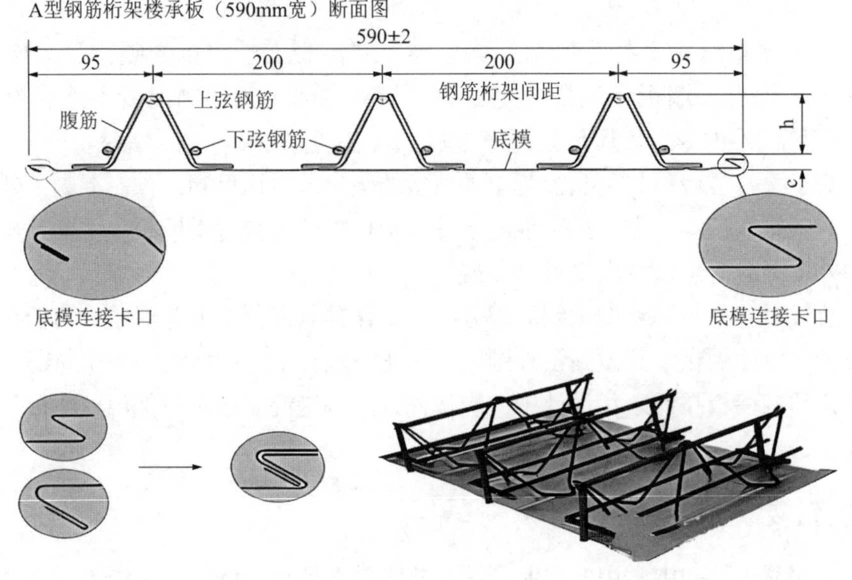

图 2.4-13　钢筋桁架楼承板示意图

（3）计算模型

以《桁架钢筋混凝土叠合板》15G366-1[26]图集宽 1.2m 双向板为基础研究对象，对叠合板与钢筋桁架楼承板进行分析，如图 2.4-14 所示。碳排放分析考虑材料碳排放包含：底板钢筋、混凝土、桁架钢筋、钢筋桁架楼承板的镀锌钢板。对于桁架钢筋，叠合板间距为 600mm，钢筋桁架间距为 200mm。叠合板最小板厚为 130mm，本次分析以常用尺寸 130mm 及 140mm 为研究对象；钢筋桁架楼承板楼板尺寸以 100mm、110mm、120mm、130mm 和 140mm 为研究对象。运输因素：由于叠合板在运输阶段碳排放高于钢筋桁架楼承板，本次碳排放引入运输因子分别为 1.07 和 1.15。

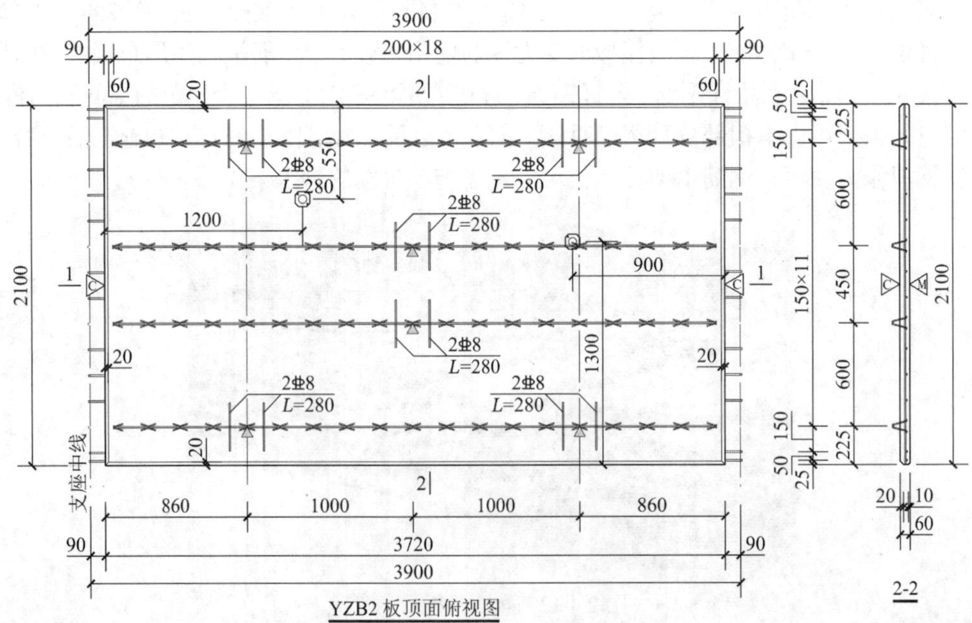

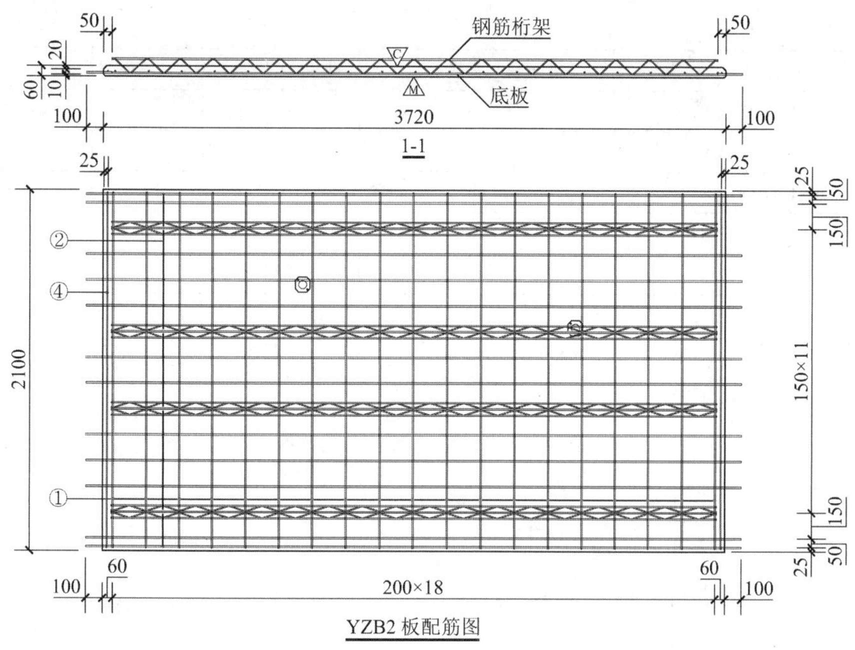

图 2.4-14　钢筋桁架楼承板计算简图

（4）碳排放因子选取

本研究涉及的建筑材料碳排放因子参数如表 2.4-9 所示，参数来源于《建筑碳排放计算标准》GB/T 51366—2019 附录 D。

建筑材料碳排放因子参数　　表 2.4-9

序号	项目	单位	碳排放因子	备注
1	楼板钢筋	$kgCO_2e/t$	2590.88	按 HRB400 钢筋
2	镀锌钢板	$kgCO_2e/t$	2350	
3	混凝土	$kgCO_2e/m^3$	295	按 C30 混凝土
4	电炉炼钢	$kgCO_2e/t$	600	

2. 叠合板与钢筋桁架楼承板碳排放对比分析

1）建材生产阶段碳排放分析（仅考虑材料碳排放）

（1）100mm 厚钢筋桁架楼承板与 130mm 厚及 140mm 厚叠合板碳排放对比

①总量对比（表 2.4-10、图 2.4-15、表 2.4-11、图 2.4-16）

不同规格装配式楼板碳排放对比（单位：$kgCO_2e$）　　表 2.4-10

序号	底板编号	130mm 厚叠合板	100mm 厚钢筋桁架楼承板	差值
1	DBS1-67-3012-X1	183.57	188.01	−4.44
2	DBS1-67-3312-X1	202.80	207.76	−4.96
3	DBS1-67-3612-X1	220.62	226.27	−5.65
4	DBS1-67-3912-X1	241.93	249.20	−7.27
5	DBS1-67-4212-X1	259.90	267.95	−8.05
6	DBS1-67-4512-X1	279.31	287.97	−8.66

续表

序号	底板编号	130mm 厚叠合板	100mm 厚钢筋桁架楼承板	差值
7	DBS1-67-4812-X1	297.29	306.73	−9.44
8	DBS1-67-5112-X1	316.68	326.71	−10.03
9	DBS1-67-5412-X1	334.68	345.50	−10.82
10	DBS1-67-5712-X1	354.06	365.48	−11.42
11	DBS1-67-6012-X1	372.04	384.23	−12.19

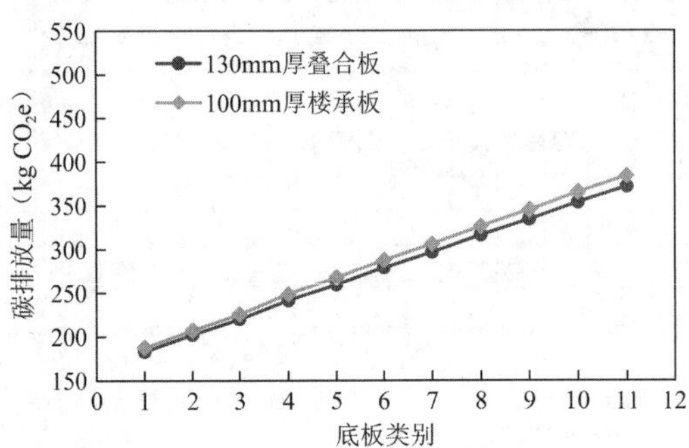

图 2.4-15　100mm 厚钢筋桁架楼承板与 130mm 厚叠合板碳排放对比

不同规格装配式楼板碳排放对比（单位：kgCO_2e）　　表 2.4-11

序号	底板编号	140mm 厚叠合板	100mm 厚钢筋桁架楼承板	差值
1	DBS1-68-3012-X1	201.30	188.01	13.29
2	DBS1-68-3312-X1	222.28	207.76	14.52
3	DBS1-68-3612-X1	241.88	226.27	15.61
4	DBS1-68-3912-X1	264.96	249.20	15.76
5	DBS1-68-4212-X1	284.72	267.95	16.77
6	DBS1-68-4512-X1	305.88	287.97	17.91
7	DBS1-68-4812-X1	325.66	306.73	18.93
8	DBS1-68-5112-X1	346.83	326.71	20.12
9	DBS1-68-5412-X1	366.58	345.50	21.08
10	DBS1-68-5712-X1	387.77	365.48	22.29
11	DBS1-68-6012-X1	407.52	384.23	23.29

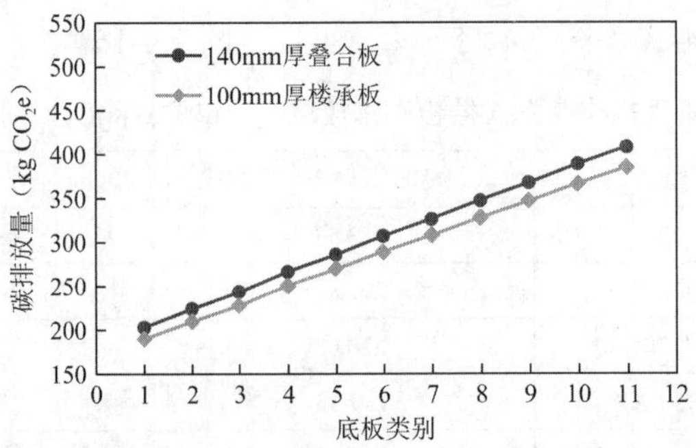

图 2.4-16　100mm 厚钢筋桁架楼承板与 140mm 厚叠合板碳排放对比

②差值对比（表 2.4-12 和图 2.4-17）

不同类型装配式楼板碳排放对比（单位：$kgCO_2e$）　　表 2.4-12

楼板类型	混凝土	钢筋	镀锌钢板
叠合板	138.06	45.51	0.00
钢筋桁架楼承板	106.20	48.57	33.25
差值	31.86	−3.06	−33.25

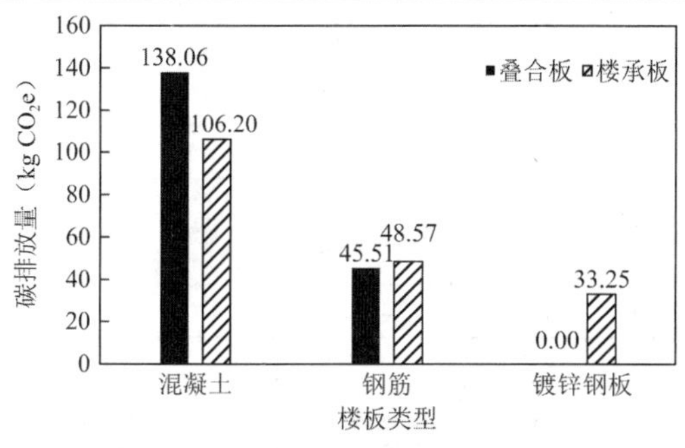

图 2.4-17　不同类型装配式楼板碳排放对比

（2）110mm 厚钢筋桁架楼承板与 130mm 厚及 140mm 厚叠合板碳排放对比

①总量对比（表 2.4-13、图 2.4-18、表 2.4-14、图 2.4-19）

不同规格装配式楼板碳排放对比（单位：$kgCO_2e$）　　表 2.4-13

序号	底板编号	130mm 厚叠合板	110mm 厚钢筋桁架楼承板	差值
1	DBS1-67-3012-X1	183.57	200.54	−16.97
2	DBS1-67-3312-X1	202.80	221.56	−18.76
3	DBS1-67-3612-X1	220.62	241.35	−20.73
4	DBS1-67-3912-X1	241.93	265.87	−23.94
5	DBS1-67-4212-X1	259.90	285.92	−26.02
6	DBS1-67-4512-X1	279.31	307.24	−27.93
7	DBS1-67-4812-X1	297.29	327.29	−30.00
8	DBS1-67-5112-X1	316.68	348.57	−31.89
9	DBS1-67-5412-X1	334.68	368.66	−33.98
10	DBS1-67-5712-X1	354.06	389.94	−35.88
11	DBS1-67-6012-X1	372.04	409.99	−37.95

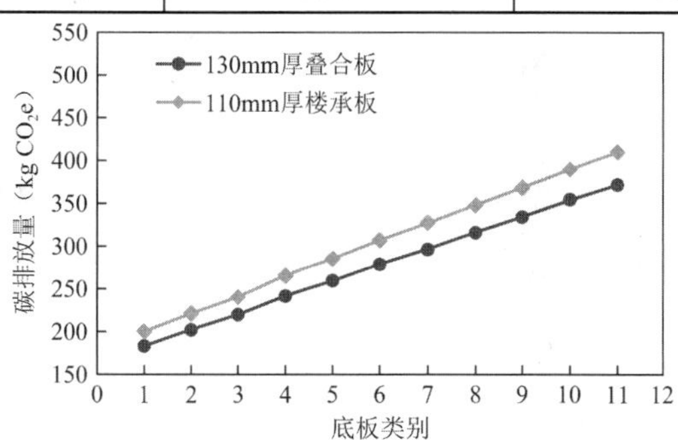

图 2.4-18　110mm 厚钢筋桁架楼承板与 130mm 厚叠合板碳排放对比

不同规格装配式楼板碳排放对比（单位：$kgCO_2e$）　表 2.4-14

序号	底板编号	140mm 厚叠合板	110mm 厚钢筋桁架楼承板	差值
1	DBS1-68-3012-X1	201.30	200.54	0.76
2	DBS1-68-3312-X1	222.28	221.56	0.72
3	DBS1-68-3612-X1	241.88	241.35	0.53
4	DBS1-68-3912-X1	264.96	265.87	−0.91
5	DBS1-68-4212-X1	284.72	285.92	−1.20
6	DBS1-68-4512-X1	305.88	307.24	−1.36
7	DBS1-68-4812-X1	325.66	327.29	−1.63
8	DBS1-68-5112-X1	346.83	348.57	−1.74
9	DBS1-68-5412-X1	366.58	368.66	−2.08
10	DBS1-68-5712-X1	387.77	389.94	−2.17
11	DBS1-68-6012-X1	407.52	409.99	−2.47

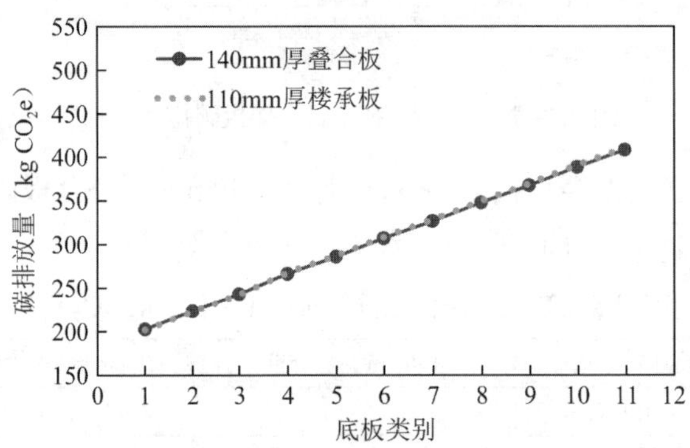

图 2.4-19　110mm 厚钢筋桁架楼承板与 140mm 厚叠合板碳排放对比

②差值对比（表 2.4-15 和图 2.4-20）

不同类型装配式楼板碳排放对比（单位：$kgCO_2e$）　表 2.4-15

楼板类型	混凝土	钢筋	镀锌钢板
叠合板	138.06	45.51	0.00
钢筋桁架楼承板	116.82	50.48	33.25
差值	21.24	−4.97	−33.25

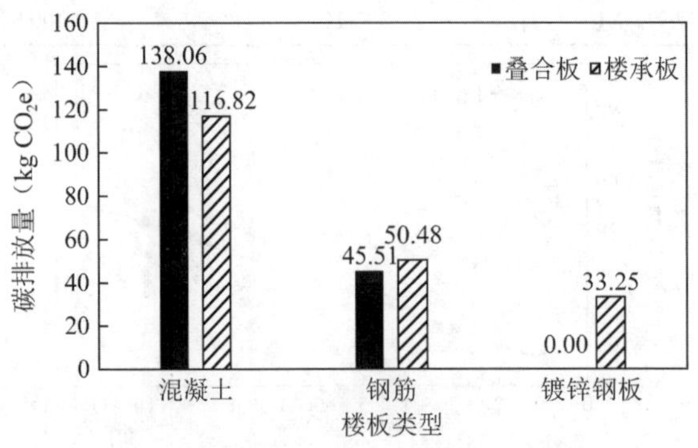

图 2.4-20　不同类型装配式楼板碳排放对比

（3）120mm 厚钢筋桁架楼承板与 130mm 厚及 140mm 厚叠合板碳排放对比

①总量对比（表 2.4-16、图 2.4-21、表 2.4-17、图 2.4-22）

不同规格装配式楼板碳排放对比（单位：$kgCO_2e$）　表 2.4-16

序号	底板编号	130mm 厚叠合板	120mm 厚钢筋桁架楼承板	差值
1	DBS1-67-3012-X1	183.57	213.07	−29.50
2	DBS1-67-3312-X1	202.80	235.36	−32.56
3	DBS1-67-3612-X1	220.62	256.42	−35.80
4	DBS1-67-3912-X1	241.93	282.54	−40.61
5	DBS1-67-4212-X1	259.90	303.88	−43.98
6	DBS1-67-4512-X1	279.31	326.51	−47.20
7	DBS1-67-4812-X1	297.29	347.85	−50.56
8	DBS1-67-5112-X1	316.68	370.43	−53.75
9	DBS1-67-5412-X1	334.68	391.82	−57.14
10	DBS1-67-5712-X1	354.06	414.40	−60.34
11	DBS1-67-6012-X1	372.04	435.75	−63.71

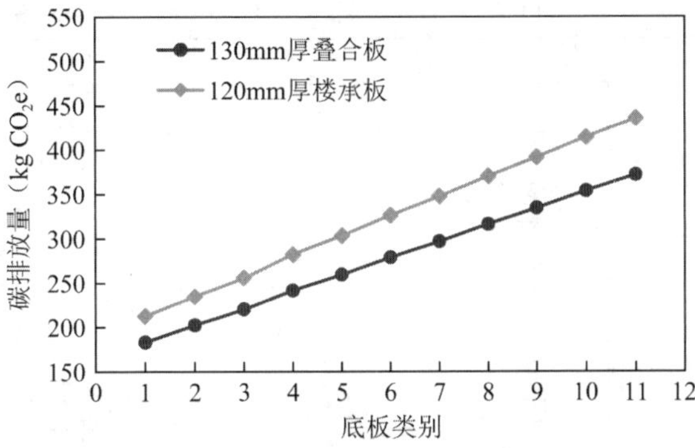

图 2.4-21　120mm 厚钢筋桁架楼承板与 130mm 厚叠合板碳排放对比

不同规格装配式楼板碳排放对比（单位：$kgCO_2e$）　表 2.4-17

序号	底板编号	140mm 厚叠合板	120mm 厚钢筋桁架楼承板	差值
1	DBS1-68-3012-X1	201.30	213.07	−11.77
2	DBS1-68-3312-X1	222.28	235.36	−13.08
3	DBS1-68-3612-X1	241.88	256.42	−14.54
4	DBS1-68-3912-X1	264.96	282.54	−17.58
5	DBS1-68-4212-X1	284.72	303.88	−19.16
6	DBS1-68-4512-X1	305.88	326.51	−20.63
7	DBS1-68-4812-X1	325.66	347.85	−22.19
8	DBS1-68-5112-X1	346.83	370.43	−23.60
9	DBS1-68-5412-X1	366.58	391.82	−25.24
10	DBS1-68-5712-X1	387.77	414.40	−26.63
11	DBS1-68-6012-X1	407.52	435.75	−28.23

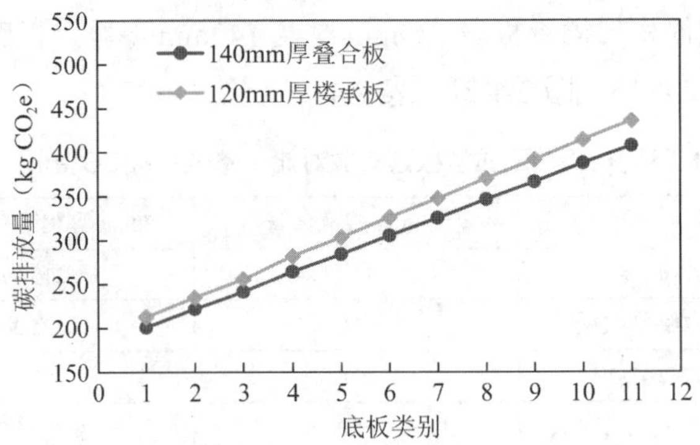

图 2.4-22　120mm 厚钢筋桁架楼承板与 140mm 厚叠合板碳排放对比

②差值对比（表 2.4-18 和图 2.4-23）

不同类型装配式楼板碳排放对比（单位：kgCO_2e）　　表 2.4-18

楼板类型	混凝土	钢筋	镀锌钢板
叠合板	138.06	45.51	0.00
钢筋桁架楼承板	127.44	52.39	33.25
差值	10.62	−6.88	−33.25

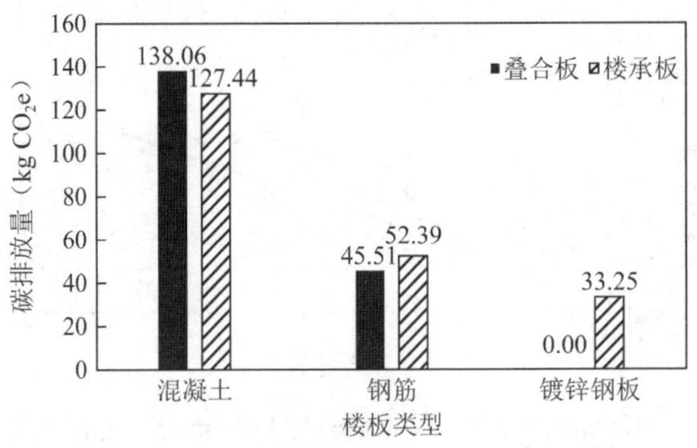

图 2.4-23　不同类型装配式楼板碳排放对比

（4）130mm 厚钢筋桁架楼承板与 130mm 厚及 140mm 厚叠合板碳排放对比

①总量对比（表 2.4-19、图 2.4-24、表 2.4-20、图 2.4-25）

不同规格装配式楼板碳排放对比（单位：kgCO_2e）　　表 2.4-19

序号	底板编号	130mm 厚叠合板	130mm 厚钢筋桁架楼承板	差值
1	DBS1-67-3012-X1	183.57	225.60	−42.03
2	DBS1-67-3312-X1	202.80	249.16	−46.36
3	DBS1-67-3612-X1	220.62	271.50	−50.88
4	DBS1-67-3912-X1	241.93	299.20	−57.27
5	DBS1-67-4212-X1	259.90	321.85	−61.95
6	DBS1-67-4512-X1	279.31	345.77	−66.46
7	DBS1-67-4812-X1	297.29	368.42	−71.13

续表

序号	底板编号	130mm 厚叠合板	130mm 厚钢筋桁架楼承板	差值
8	DBS1-67-5112-X1	316.68	392.29	−75.61
9	DBS1-67-5412-X1	334.68	414.98	−80.30
10	DBS1-67-5712-X1	354.06	438.86	−84.80
11	DBS1-67-6012-X1	372.04	461.50	−89.46

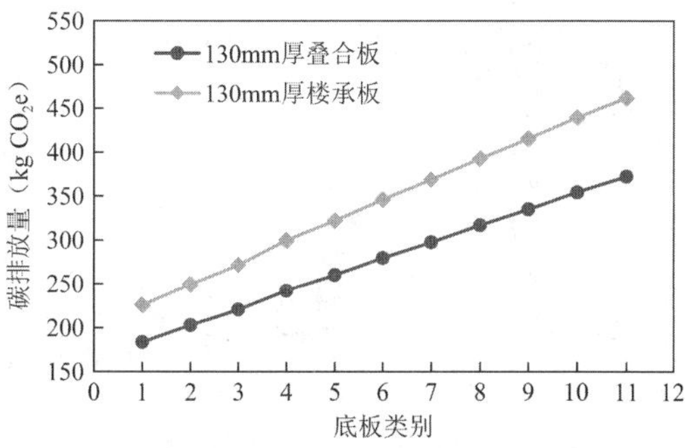

图 2.4-24　130mm 厚钢筋桁架楼承板与 130mm 厚叠合板碳排放对比

不同规格装配式楼板碳排放对比（单位：kgCO_2e）　　表 2.4-20

序号	底板编号	140mm 厚叠合板	130mm 厚钢筋桁架楼承板	差值
1	DBS1-68-3012-X1	201.30	225.60	−24.30
2	DBS1-68-3312-X1	222.28	249.16	−26.88
3	DBS1-68-3612-X1	241.88	271.50	−29.62
4	DBS1-68-3912-X1	264.96	299.20	−34.24
5	DBS1-68-4212-X1	284.72	321.85	−37.13
6	DBS1-68-4512-X1	305.88	345.77	−39.89
7	DBS1-68-4812-X1	325.66	368.42	−42.76
8	DBS1-68-5112-X1	346.83	392.29	−45.46
9	DBS1-68-5412-X1	366.58	414.98	−48.40
10	DBS1-68-5712-X1	387.77	438.86	−51.09
11	DBS1-68-6012-X1	407.52	461.50	−53.98

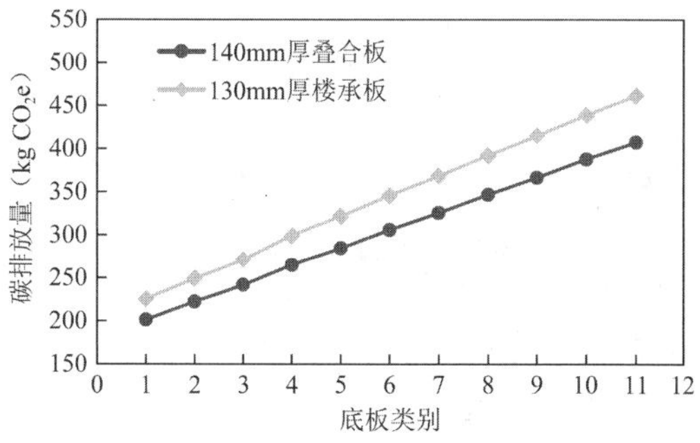

图 2.4-25　130mm 厚钢筋桁架楼承板与 140mm 厚叠合板碳排放对比

②差值对比（表 2.4-21 和图 2.4-26）

不同类型装配式楼板碳排放对比（单位：$kgCO_2e$）　　表 2.4-21

楼板类型	混凝土	钢筋	镀锌钢板
叠合板	138.06	45.51	0.00
钢筋桁架楼承板	138.06	54.29	33.25
差值	0.00	−8.78	−33.25

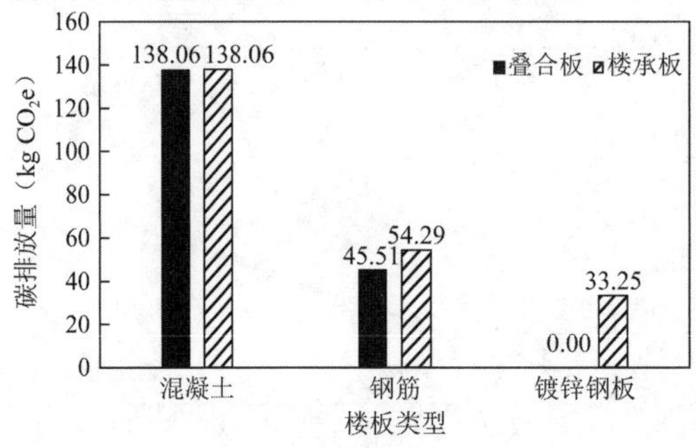

图 2.4-26　不同类型装配式楼板碳排放对比

（5）140mm 厚钢筋桁架楼承板与 130mm 厚及 140mm 厚叠合板碳排放对比

①总量对比（表 2.4-22、图 2.4-27、表 2.4-23、图 2.4-28）

不同规格装配式楼板碳排放对比（单位：$kgCO_2e$）　　表 2.4-22

序号	底板编号	130mm 厚叠合板	140mm 厚钢筋桁架楼承板	差值
1	DBS1-67-3012-X1	183.57	243.54	−59.97
2	DBS1-67-3312-X1	202.80	268.85	−66.05
3	DBS1-67-3612-X1	220.62	292.99	−72.37
4	DBS1-67-3912-X1	241.93	322.50	−80.57
5	DBS1-67-4212-X1	259.90	346.95	−87.05
6	DBS1-67-4512-X1	279.31	372.63	−93.32
7	DBS1-67-4812-X1	297.29	397.13	−99.84
8	DBS1-67-5112-X1	316.68	422.80	−106.12
9	DBS1-67-5412-X1	334.68	447.25	−112.57
10	DBS1-67-5712-X1	354.06	472.98	−118.92
11	DBS1-67-6012-X1	372.04	497.43	−125.39

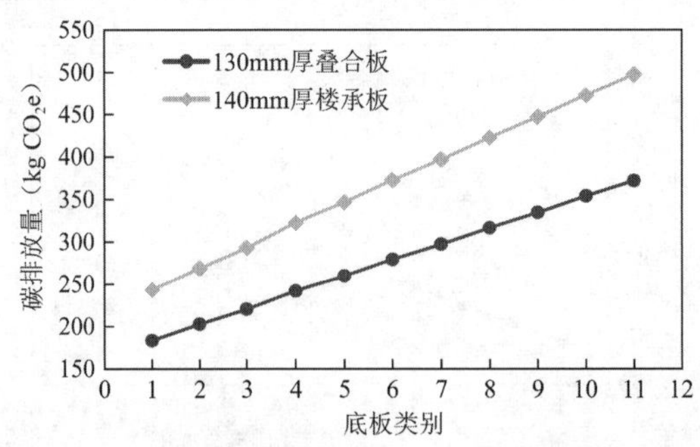

图 2.4-27　140mm 厚钢筋桁架楼承板与 130mm 厚叠合板碳排放对比

不同规格装配式楼板碳排放对比（单位：$kgCO_2e$）　　表 2.4-23

序号	底板编号	140mm 厚叠合板	140mm 厚钢筋桁架楼承板	差值
1	DBS1-68-3012-X1	201.30	243.54	−42.24
2	DBS1-68-3312-X1	222.28	268.85	−46.57
3	DBS1-68-3612-X1	241.88	292.99	−51.11
4	DBS1-68-3912-X1	264.96	322.50	−57.54
5	DBS1-68-4212-X1	284.72	346.95	−62.23
6	DBS1-68-4512-X1	305.88	372.63	−66.75
7	DBS1-68-4812-X1	325.66	397.13	−71.47
8	DBS1-68-5112-X1	346.83	422.80	−75.97
9	DBS1-68-5412-X1	366.58	447.25	−80.67
10	DBS1-68-5712-X1	387.77	472.98	−85.21
11	DBS1-68-6012-X1	407.52	497.43	−89.91

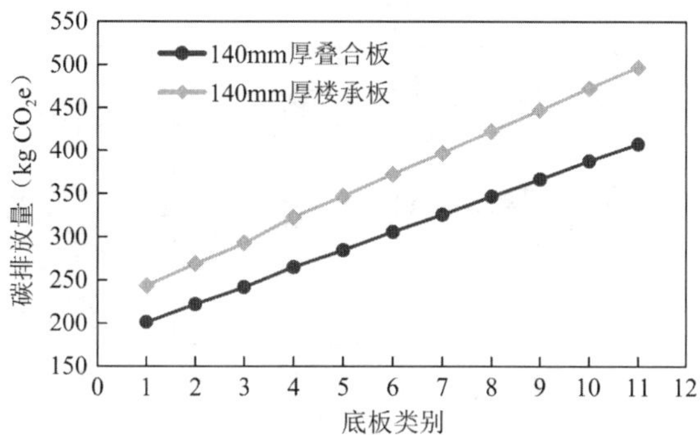

图 2.4-28　140mm 厚钢筋桁架楼承板与 140mm 厚叠合板碳排放对比

②差值对比（表 2.4-24 和图 2.4-29）

不同类型装配式楼板碳排放对比（单位：$kgCO_2e$）　　表 2.4-24

楼板类型	混凝土	钢筋	镀锌钢板
叠合板	138.06	45.51	0.00
钢筋桁架楼承板	148.68	61.61	33.25
差值	−10.62	−16.10	−33.25

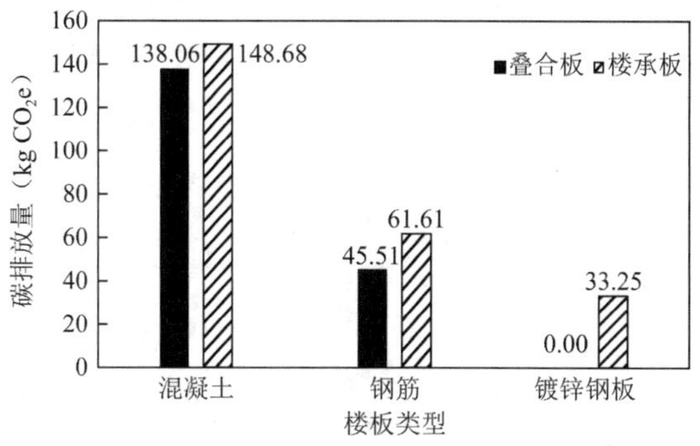

图 2.4-29　不同类型装配式楼板碳排放对比

2）建材生成阶段碳排放分析

基于仅对材料分析的前提下可知，叠合板在碳排放上与钢筋桁架楼承板对比有一定优势。通过差值分析可知，主要原因在于桁架钢筋与镀锌钢板碳排放量的差异。因此，在不考虑负碳、运输以及层高足够的前提下，叠合板比钢筋桁架楼承板更具优势，详细对比数据见表 2.4-25、图 2.4-30。

不同厚度及类型装配式楼板碳排放对比（单位：$kgCO_2e$）　表 2.4-25

楼板类型	140mm 钢筋桁架楼承板	130mm 钢筋桁架楼承板	120mm 钢筋桁架楼承板	110mm 钢筋桁架楼承板	100mm 钢筋桁架楼承板
钢筋桁架楼承板	243.54	225.60	213.07	200.54	188.01
130mm 厚叠合板	183.57	183.57	183.57	183.57	183.57
140mm 厚叠合板	201.30	201.30	201.30	201.30	201.30

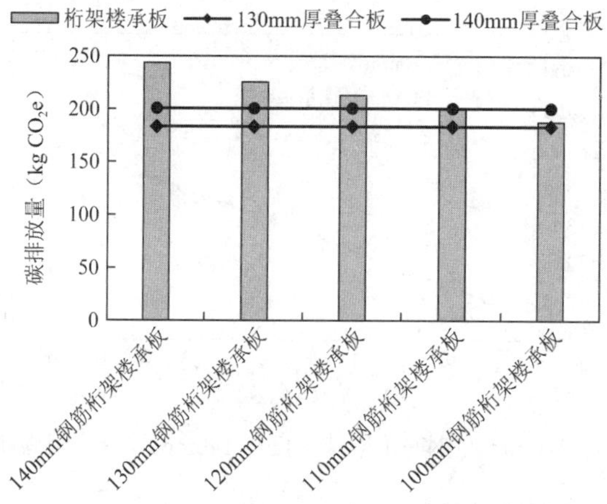

图 2.4-30　不同厚度及类型装配式楼板碳排放对比

3）考虑运输因子碳排放对比分析

在碳排放研究中，运输同样为重要的考虑因素。基于传统建筑对各阶段碳排放分析，运输与建材比例大概为 1∶0.07，因此，运输因子考虑为 1.07。同时，装配式建筑在运输上比传统建筑的碳排放占比更高，综合考虑后，也同时选取运输因子 1.15 进行数据分析[27-30]。

通过图 2.4-31、表 2.4-26 可知，考虑了 1.07 的运输因子后，100mm 厚钢筋桁架楼承板与 130mm 厚叠合板对比碳排放更低，100～120mm 厚钢筋桁架楼承板与 140mm 厚叠合板对比碳排放更低。

运输因子 1.07 时不同厚度及类型装配式楼板碳排放对比（单位：$kgCO_2e$）　表 2.4-26

楼板类型	140mm 钢筋桁架楼承板	130mm 钢筋桁架楼承板	120mm 钢筋桁架楼承板	110mm 钢筋桁架楼承板	100mm 钢筋桁架楼承板
钢筋桁架楼承板	243.54	225.60	213.07	200.54	188.01
130mm 厚叠合板	196.42	196.42	196.42	196.42	196.42
140mm 厚叠合板	215.39	215.39	215.39	215.39	215.39

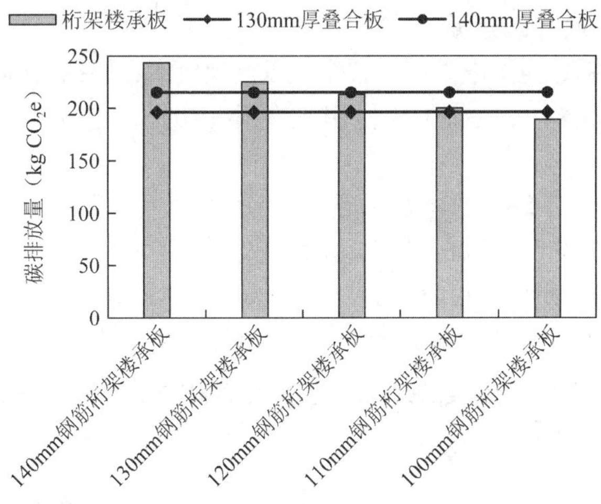

图 2.4-31　不同厚度及类型装配式楼板碳排放对比

通过图 2.4-32、表 2.4-27 可知，考虑了 1.15 的运输因子后，100～110mm 厚钢筋桁架楼承板与 130mm 厚叠合板对比碳排放更低，100～130mm 厚钢筋桁架楼承板与 140mm 厚叠合板对比碳排放更低。因此，运输因子的引入，影响了仅考虑材料时碳排放的结论，对于装配式建筑应重点考虑材料运输的碳排放，尽量就近选择预制构件厂家，对于较近距离的运输，叠合板碳排放更有优势，对于长距离运输，钢筋桁架楼承板碳排放更有优势。

运输因子 1.15 时不同厚度及类型装配式楼板碳排放对比（单位：kgCO_2e）　　表 2.4-27

楼板类型	140mm 钢筋桁架楼承板	130mm 钢筋桁架楼承板	120mm 钢筋桁架楼承板	110mm 钢筋桁架楼承板	100mm 钢筋桁架楼承板
钢筋桁架楼承板	243.54	225.60	213.07	200.54	188.01
130mm 厚叠合板	211.11	211.11	211.11	211.11	211.11
140mm 厚叠合板	231.49	231.49	231.49	231.49	231.49

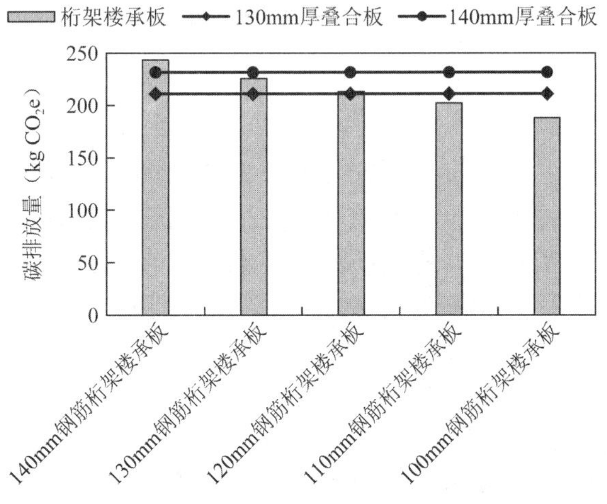

图 2.4-32　不同厚度及类型装配式楼板碳排放对比

4）考虑负碳碳排放对比分析

再利用的钢筋和钢材通过电炉炼钢技术可以实现负碳，根据再利用的难易程度，钢筋的再利用比例取 60%，钢材的再利用比例取 90%，电炉炼钢的碳排放因子为 $600kgCO_2e/t$[31-32]。

根据图 2.4-33、表 2.4-28 可知，在考虑了负碳因素下（不考虑运输因子），100～110mm 厚钢筋桁架楼承板与 130mm 厚叠合板对比碳排放更低，100～120mm 厚钢筋桁架楼承板与 140mm 厚叠合板对比碳排放更低。在同时考虑 1.07 的运输因子和负碳下，钢筋桁架楼承板的优势更大，120mm 厚以下的楼板，采用钢筋桁架楼承板碳排放更低。

考虑负碳技术不同厚度及类型装配式楼板碳排放对比（单位：$kgCO_2e$） 表 2.4-28

楼板类型	140mm 钢筋桁架楼承板	130mm 钢筋桁架楼承板	120mm 钢筋桁架楼承板	110mm 钢筋桁架楼承板	100mm 钢筋桁架楼承板
钢筋桁架楼承板	192.85	178.29	166.64	154.99	143.34
130mm 厚叠合板	162.59	162.59	162.59	162.59	162.59
140mm 厚叠合板	177.04	177.04	177.04	177.04	177.04

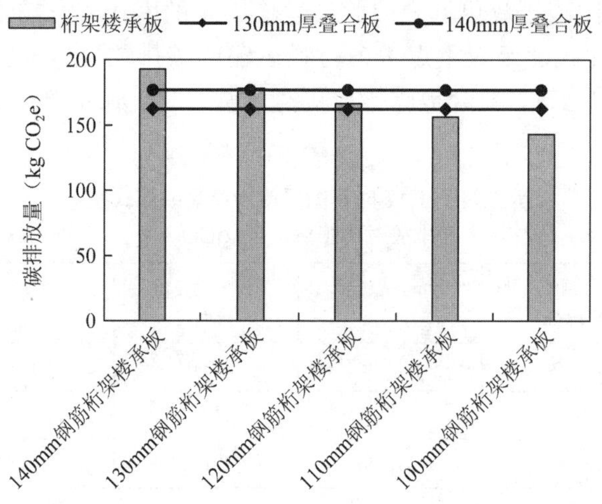

图 2.4-33 不同厚度及类型装配式楼板碳排放对比

3. 结论及建议

（1）结论

在仅考虑材料用量上的碳排放研究可知，叠合板更有优势，主要原因在于钢筋桁架楼承板桁架钢筋与镀锌钢板碳排放较高。在引入运输因子后，钢筋桁架楼承板因板厚及运输优势，100～110mm 厚的钢筋桁架楼承板更有优势。在考虑负碳后，镀锌钢板考虑 90%的回收再利用，钢筋考虑 60%的回收再利用，100～110mm 厚的钢筋桁架楼承板更有优势。

（2）建议

预制楼板低碳设计时，应关注所选产品的供给情况；如运输距离较远（超过 200km），则尽可能更换其他产品。对于跨度较小的工程，优先选用 100～110mm 厚钢筋桁架楼承板。在选用钢筋桁架楼承板时，其底模应优先选用碳排放低的材质，尽量不采用镀锌钢板。

2.5　预应力混凝土结构低碳化设计方法

预应力混凝土是根据需要人为地引入某一数值与分布的内应力，用以全部或部分抵消外荷载应力的一种加筋混凝土[33]。近些年，凭借质量好、工程造价低、结构耐久性强等优势，预应力混凝土结构持续受到高度关注，目前已在不同领域的国家重点工程中有大量示范应用。大力发展预应力技术具有重要意义，可以在安全、耐久的前提下节约工程建设材料，应对国家“双碳”战略对建筑业提出的新挑战。

基于施工工艺和传力机理的差别，预应力混凝土结构分为有粘结预应力、无粘结预应力以及缓粘结预应力混凝土。本节将基于预应力混凝土结构的自身特点，对三种应用较为广泛的预应力混凝土构件，即预应力混凝土梁、预应力混凝土板和预应力混凝土抗拔桩进行碳排放分析研究。

1. 预应力混凝土梁

（1）概述

预应力混凝土梁是一种高效、经济且耐久的建筑结构元素，其中，以有粘结预应力混凝土梁和缓粘结预应力混凝土梁最为常见。缓粘结预应力技术集有粘结预应力粘结锚固性能好和无粘结预应力施工方便的优势于一身，近年来得到广泛的应用。本节将围绕其自身特点、碳排放因子选取等对这两种预应力技术展开碳排放的计算研究，给出其低碳化设计方法。

（2）碳排放因子

本研究涉及的部分建筑材料碳排放因子参数如表 2.5-1 所示，参数来源于《建筑碳排放计算标准》GB/T 51366—2019 附录 D，缓粘结预应力钢绞线碳排放因子参数详见表 2.5-2。

建筑材料碳排放因子参数　　　　**表 2.5-1**

序号	项目	单位	碳排放因子	备注
1	有粘结预应力钢绞线	$kgCO_2e/t$	2375	按热轧碳钢高线材
2	普通硅酸盐水泥	$kgCO_2e/m^3$	735	
3	镀锌钢带	$kgCO_2e/t$	3310	按碳钢热镀锌板卷
4	高密度聚乙烯	$kgCO_2e/t$	2620	

不同型号缓粘结预应力钢绞线碳排放因子参数　　　　**表 2.5-2**

型号	名称						
	钢丝（$kgCO_2e/t$）	质量占比	高密度聚乙烯（$kgCO_2e/t$）	质量占比	缓凝粘合剂（$kgCO_2e/t$）	质量占比	单吨钢绞线总碳排放因子（$kgCO_2e/t$）
15.2	2375	78.00%	2620	7.74%	1739	14.75%	2300
17.8	2375	80.00%	2620	7.49%	1739	12.30%	2315
21.8	2375	84.00%	2620	5.69%	1739	10.17%	2324
28.6	2375	88.00%	2620	3.56%	1739	8.33%	2331

以 15.2 型号为例，由于有粘结预应力施工工序较为复杂，施工过程中涉及的辅材多于缓粘结预应力。因此在选用有粘结预应力钢绞线作为主材的预应力工程中，需合并计入辅

材水泥和镀锌钢带的碳排放（详见表 2.5-3），折算后每吨 15.2 型号的有粘结预应力钢绞线对应的碳排放应为 2824kgCO_2e。

水泥、镀锌钢带在有粘结预应力施工中的碳排放计算 **表 2.5-3**

名称	碳排放因子（kgCO_2e/t）	材料数量（t）	碳排放量（kgCO_2e）
水泥	735.00	0.34	250
镀锌钢带	3310.00	0.06	199

注：1. 以 1t15.2 型号的有粘结预应力钢绞线为例。
2. 根据行业常规施工经验，民建项目水泥用量约为钢绞线用量的 32%，桥梁项目可达到 35%，本节选取平均数 33.5%。
3. ϕ100 的金属波纹管钢带厚度暂取 0.30mm，先穿束预应力钢筋根数 18 根，在损耗 6%的前提下，计算钢带的数量。

（3）有粘结预应力与缓粘结预应力碳排放对比

本节选取采用有粘结预应力混凝土梁和缓粘结预应力混凝土梁的两个项目（具体信息详见表 2.5-4），针对混凝土中的预应力分项工程部分进行全寿命期碳排放对比分析。

项目概况 **表 2.5-4**

序号	项目名称	项目 A	项目 C
1	层数	地上 4 层，地下 1 层	地上 4 层，地下 3 层
2	总建筑面积	12.17 万 m^2	70 万 m^2
3	预应力工程类型	有粘结预应力	缓粘结预应力
4	钢绞线用量	420t	2542.36t

计算结果如表 2.5-5 所示，缓粘结预应力较有粘结预应力的全寿命期碳排放更少、更为节碳。鉴于施工简便性、布置灵活性、耐久性好以及标准化程度高等优势，缓粘结预应力较有粘结预应力而言，更值得在今后的预应力混凝土梁中推广使用。

项目 A 和项目 C 预应力工程各阶段碳排放量对比 **表 2.5-5**

<table>
<tr><th>项目名称</th><th>全寿命期阶段</th><th>碳排放量（kgCO_2e）</th><th>比例（%）</th><th>单吨钢绞线碳排放量（kgCO_2e）</th></tr>
<tr><td rowspan="7">项目 A
有粘结预应力</td><td>规划设计阶段</td><td>306.70</td><td>0.02%</td><td rowspan="5">3615</td></tr>
<tr><td>建材生产阶段</td><td>1215694.50</td><td>80.07%</td></tr>
<tr><td>施工建设阶段</td><td>227114.35</td><td>14.96%</td></tr>
<tr><td>报废拆除阶段</td><td>75225.85</td><td>4.95%</td></tr>
<tr><td>小计</td><td>1518341.46</td><td>100.00%</td></tr>
<tr><td>回收碳补偿量</td><td>−403942.46</td><td>—</td><td rowspan="2">2653</td></tr>
<tr><td>合计</td><td>1114399.00</td><td>—</td></tr>
<tr><td rowspan="5">项目 C
缓粘结预应力</td><td>规划设计阶段</td><td>282.62</td><td>0.00%</td><td rowspan="5">2704</td></tr>
<tr><td>建材生产阶段</td><td>6171351.19</td><td>89.77%</td></tr>
<tr><td>施工建设阶段</td><td>538706.55</td><td>7.84%</td></tr>
<tr><td>报废拆除阶段</td><td>163919.70</td><td>2.38%</td></tr>
<tr><td>小计</td><td>6874260.05</td><td>100.00%</td></tr>
</table>

续表

项目名称	全寿命期阶段	碳排放量（$kgCO_2e$）	比例（%）	单吨钢绞线碳排放量（$kgCO_2e$）
项目 C 缓粘结预应力	回收碳补偿量	−2450319.00	—	1740
	合计	4423941.05	—	

注：由于本章节选取的预应力工程的竣工时间均为近三年，目前无预应力损失，不需要进行材料更换和结构检测，尚不存在维护问题。因此，运营维护阶段的碳排放数据为 0。

2. 预应力混凝土板

（1）概述

目前，我国预应力混凝土板中多采用无粘结预应力和缓粘结预应力，两种技术以施工简便、结构稳定性和经济性著称，广泛适用于大跨度建筑工程。本节将围绕其自身特点、碳排放因子选取等对这两种预应力技术展开碳排放的计算研究，给出其低碳化设计方法。

（2）碳排放因子

本研究涉及的部分建筑材料碳排放因子参数如表 2.5-6 所示，参数来源于《建筑碳排放计算标准》GB/T 51366—2019 附录 D，无粘结预应力钢绞线碳排放因子参数详见表 2.5-7，缓粘结预应力钢绞线碳排放因子参数详见表 2.5-2。

建筑材料碳排放因子参数　　表 2.5-6

序号	项目	单位	碳排放因子	备注
1	有粘结预应力钢绞线	$kgCO_2e/t$	2375	按热轧碳钢高线材
2	润滑脂	$kgCO_2e/t$	336	
3	高密度聚乙烯	$kgCO_2e/t$	2620	

不同型号无粘结预应力钢绞线碳排放因子参数　　表 2.5-7

型号	名称						
	钢丝（$kgCO_2e/t$）	质量占比	高密度聚乙烯（$kgCO_2e/t$）	质量占比	防腐润滑脂（$kgCO_2e/t$）	质量占比	单吨钢绞线总碳排放因子（$kgCO_2e/t$）
15.2	2375	91.80%	2620	4.10%	336	4.10%	2301
17.8	2375	93.00%	2620	3.50%	336	3.50%	2312

（3）无粘结预应力与缓粘结预应力碳排放对比

本节选取采用无粘结预应力混凝土板和缓粘结预应力混凝土板的两个项目（具体信息详见表 2.5-8），针对混凝土中的预应力分项工程部分进行全寿命期碳排放对比分析。

项目概况　　表 2.5-8

序号	项目名称	项目 B	项目 C
1	层数	地上 3 层	地上 4 层，地下 3 层
2	总建筑面积	1.5 万 m^2	70 万 m^2
3	预应力工程类型	无粘结预应力	缓粘结预应力
4	钢绞线用量	29.71t	822.49t

计算结果如表 2.5-9 所示，缓粘结预应力较无粘结预应力的全寿命期碳排放更少、更为节能。相较于无粘结预应力，缓粘结预应力可用于抗震结构工程中，更值得在今后的预应力混凝土板中推广使用。

项目 B 和项目 C 预应力工程各阶段碳排放量对比 **表 2.5-9**

项目名称	全寿命期阶段	碳排放量（$kgCO_2e$）	比例（%）	单吨钢绞线碳排放量（$kgCO_2e$）
项目 B 无粘结预应力	规划设计阶段	145.89	0.18%	2795
	建材生产阶段	71701.89	86.35%	
	施工建设阶段	8279.64	9.97%	
	报废拆除阶段	2907.89	3.50%	
	小计	83035.31	100.00%	
	回收碳补偿量	−28735.88	—	1828
	合计	54299.43	—	
项目 C 缓粘结预应力	规划设计阶段	91.43	0.00%	2726
	建材生产阶段	1958708.72	87.36%	
	施工建设阶段	214892.63	9.58%	
	报废拆除阶段	68505.58	3.06%	
	小计	2242198.37	100.00%	
	回收碳补偿量	−785496.23	—	1771
	合计	1456702.13	—	

注：由于本章节选取的预应力工程的竣工时间均为近三年，目前无预应力损失，不需要进行材料更换和结构检测，尚不存在维护问题。因此，运营维护阶段的碳排放数据为 0。

3. 预应力混凝土抗拔桩

（1）概述

作为一种应用广泛的地下结构抗浮构件，抗拔桩具有抗拔承载力大、安全可靠等优势。但普通钢筋抗拔桩也存在着配筋率高、经济性低、钢筋过密导致混凝土不易密实和施工不便等问题。缓粘结预应力抗拔桩作为一种新型抗拔桩技术，将缓粘结预应力技术应用到抗拔桩中，能够高效地解决裂缝控制问题，具有更优异的耐久性、施工便捷性以及良好的经济性，能够更好地应对各种复杂地质条件和工程需求。

（2）碳排放因子

本研究涉及的部分建筑材料碳排放因子参数如表 2.5-10 所示，参数来源于《建筑碳排放计算标准》GB/T 51366—2019 附录 D。

建筑材料碳排放因子参数 **表 2.5-10**

序号	项目	单位	碳排放因子	备注
1	缓粘结预应力钢绞线	$kgCO_2e/t$	2324	21.8mm 规格
2	钢筋	$kgCO_2e/t$	2340	
3	钢板箍	$kgCO_2e/t$	2050	按普通碳钢

（3）缓粘结预应力抗拔桩与普通钢筋抗拔桩碳排放对比

某站房及配套枢纽工程为地下三层框架结构，底板埋深 29.5～33.5m。在抗拔承载力和抗裂性能符合设计要求前提下，提出缓粘结预应力抗拔桩设计方案。与原方案相比，在增加配筋率 0.3%的缓粘结预应力钢绞线后，钢筋笼重量减轻了 73%，纵向普通钢筋的配筋率降低了 92.05%。在混凝土用量、钢筋笼环向约束钢筋用量均未发生变化的前提下，本节针对两种设计方案（详见图 2.5-1、图 2.5-2）进行碳排放对比分析，具体材料用量详见表 2.5-11、表 2.5-12。

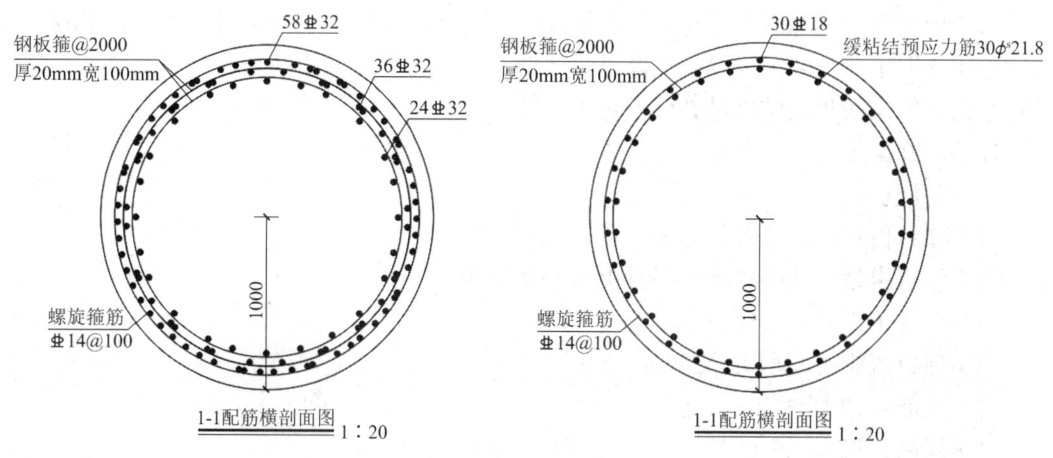

图 2.5-1　普通钢筋抗拔桩设计方案　　　图 2.5-2　缓粘结预应力抗拔桩设计方案

普通钢筋抗拔桩设计方案材料用量　　　**表 2.5-11**

名称	普通钢筋（t）	钢板箍（t）
总数量	9750.61	1214.29

缓粘结预应力抗拔桩设计方案材料用量　　　**表 2.5-12**

名称	普通钢筋（t）	缓粘结预应力钢绞线（t）	钢板箍（t）
总数量	6171.28	956.02	411.99

普通钢筋抗拔桩方案与缓粘结预应力抗拔桩方案的碳排放可以考虑从三个部分进行分析：材料生产、机械设备、交通运输。由于机械设备相关数据计算复杂且不易获取，本节仅针对材料和交通运输两个方面的碳排放进行对比，计算结果详见表 2.5-13。

两种设计方案碳排放　　　**表 2.5-13**

项目名称	材料生产碳排放量（$kgCO_2e$）	交通运输碳排放量（$kgCO_2e$）	合计（$kgCO_2e$）
普通钢筋抗拔桩	21187226.80	453288.97	21640515.77
缓粘结预应力抗拔桩	14347736.80	311674.25	14659411.05

注：普通钢筋回收系数 30%，钢材回收系数 90%，混凝土回收系数 50%[31-32]。

由表 2.5-13 可知，缓粘结预应力抗拔桩方案的碳排放量更少，比普通钢筋抗拔桩方案整体碳排放量减少 32.26%。在施工更加便捷的基础上，更好地满足裂缝控制要求，节省了 36.71%的纵向普通钢筋用量和 66.07%的钢筋箍用量，因此缓粘结预应力抗拔桩方案为最优方案。

2.6 典型案例

2.6.1 装配式建筑碳排放计算案例

本节旨在分析两栋装配式建筑的碳排放，以论证建筑形体规则性对碳排放的影响。为此，本次选取了两个装配式混凝土建筑的案例，由于它们的形体规则性存在差异，本节分别对它们的单位面积碳排放量进行了对比分析。

1. 样本户型 1

1）项目概况

（1）项目位置：北京市北七家

（2）建筑类型：装配整体式混凝土剪力墙结构

（3）设计工作年限：50 年

（4）项目规模（面积）：5572m^2

（5）层数：17 层

（6）层高：见表 2.6-1

建筑层高　　表 2.6-1

层数	1层	2～15层	16层	17层
层高/m	2.94	2.9	3.03	3.9

（7）装配率：50%

（8）预制率：40%

（9）本工程的结构整体计算采用中国建筑科学研究院编制的 PKPM 系列软件

2）平面图（图 2.6-1）

(a) 建筑效果图

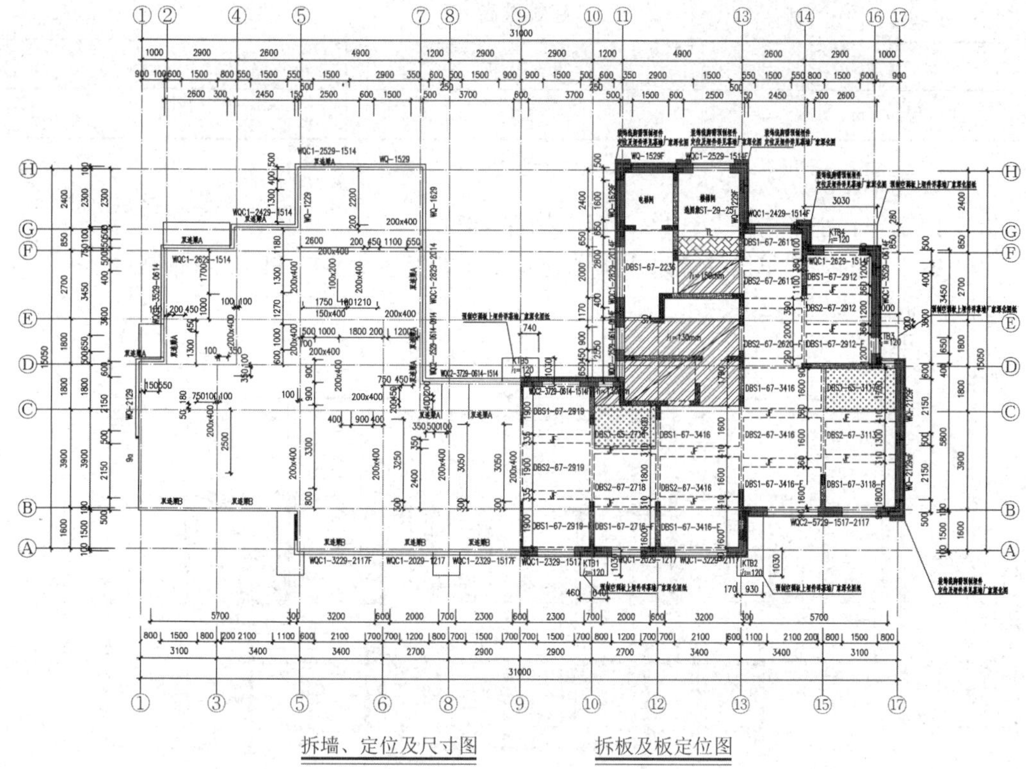

(b) 结构平面图

图 2.6-1 建筑效果图及结构平面图

3）碳排放量统计（表 2.6-2）

工程量及碳排放分析 **表 2.6-2**

项目		工程量	碳排放量
混凝土	C30	1456.33m^3	460782.81kgCO_2e
	C40	541.53m^3	222243.91kgCO_2e
	C45	180.04m^3	79451.65kgCO_2e
钢筋	HPB300	5580.14kg	13113.33kgCO_2e
	HRB400	265792.14kg	688635.54kgCO_2e
碳排放量合计			1464227.24kgCO_2e
碳排放量/建筑面积			262.78kg/m^2

2. 样本户型 2

1）项目概况

（1）项目位置：北京市北七家

（2）建筑类型：装配整体式混凝土剪力墙结构

（3）设计工作年限：50 年

（4）项目规模（面积）：4947.73m^2

（5）层数：地下 3 层，地上 11 层

（6）层高：见表 2.6-3

建筑层高 表 2.6-3

层数	1～10层	11层
层高（m）	2.9	3

（7）装配率：61.72%

（8）预制率：水平构件 75.01%，竖向构件 44%

（9）本工程的结构整体计算采用中国建筑科学研究院编制的 PKPM 系列软件

2）平面图（图 2.6-2）

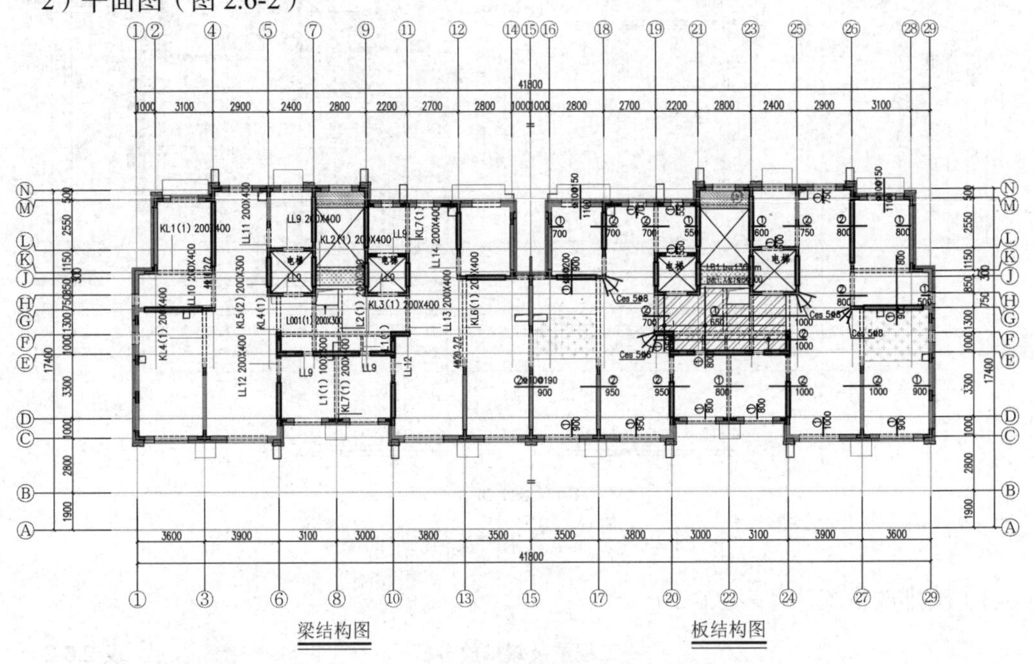

图 2.6-2 结构平面图

3）碳排放量统计（表 2.6-4）

工程量及碳排放分析 表 2.6-4

项目		工程量	碳排放量
混凝土	C30	1188.88m^3	376161.63kgCO_2e
	C35	242.95m^3	88093.67kgCO_2e
钢筋	HPB300	2819.06kg	6624.79kgCO_2e
	HRB400	179188.62kg	464256.21kgCO_2e
碳排放量合计			935136.31kgCO_2e
碳排放量/建筑面积			189.00kg/m^2

结论：本节对比分析了两栋装配式混凝土建筑的碳排放量，以论证建筑形体规则性对碳排放的影响。样本户型 1 和 2 均为装配整体式混凝土剪力墙结构，设计工作年限为 50年。样本户型 1 的建筑面积为 5572m^2，层数为 17 层，碳排放量/建筑面积为 262.78kg/m^2；样

本户型 2 的建筑面积为 4947.73m^2，层数为 11 层，碳排放量/建筑面积为 189.00kg/m^2。样本户型 1 的平面图显示，其形体规则性相较于样本户型 2 更加不规则。因此，样本户型 1 的碳排放量与建筑面积比值也相应更高。综合分析结果表明，建筑形体规则性对碳排放具有一定影响。

2.6.2　减震建筑碳排放计算案例

减隔震抗震措施也是较多工程采取的低碳化手段之一，此措施可有效降低结构的抗震等级从而降低地震作用以达到低碳的目标，以下为一减震方案与抗震方案碳排放对比。

（1）工程基本信息

地上信息：地上共五层，建筑高度 22.7m，其中首层层高 4.2m，二～五层层高均为 3.9m，机房层层高 2.9m；

地下信息：地下共一层，层高 6.0m。

（2）自然条件

地震设防烈度：8 度；

基本地震加速度：0.30g；

设计地震分组：第 2 组；

场地类别：Ⅱ类；

风荷载：按重现期 50 年取值，$w_0 = 0.4\text{kN/m}^2$；

地面粗糙度：B 类。

抗震模型和减震模型分别如图 2.6-3 和图 2.6-4 所示。

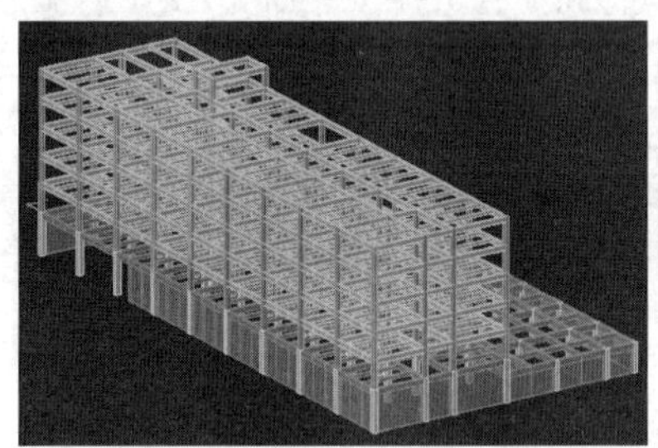

图 2.6-3　抗震模型

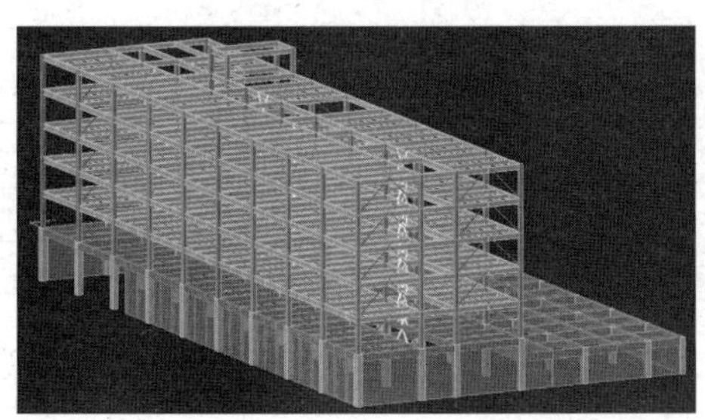
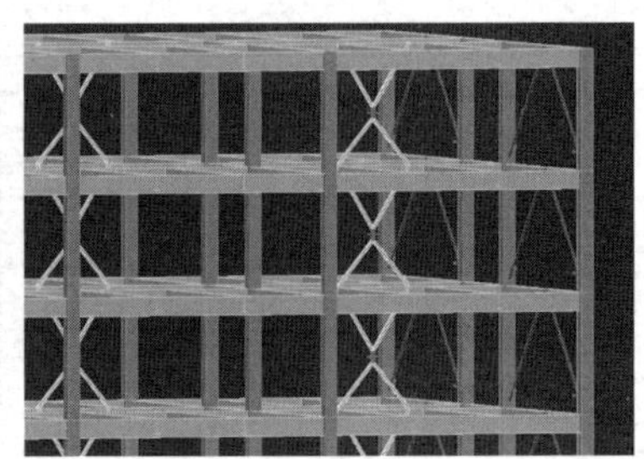

图 2.6-4　减震模型

由模型可知，抗震方案为框架结构体系，减震方案在一～五层分别设置了撑式位移消能器和墙板式位移消能器，共 30 个减震支撑。减震与抗震碳排放量对比见表 2.6-5。

减震与抗震碳排放量对比 表 2.6-5

模型名称	钢筋（kg）	混凝土 C30（m^3）	碳排放量（$kgCO_2e/t$）	差值（$kgCO_2e/t$）
减震模型	285528.83	1034.2	1044859.935	38055.364
抗震模型	300217.03	1034.2	1082915.299	

结论：本工程通过采用高效率的减震器，有效地减小地震或其他振动对结构的影响，从而降低结构的碳排放，相比于抗震模式减小了约 3.5%。同时也应注意，减隔震器需通过合理的布局和设计，才可以减小结构的自重和刚度，从而降低结构的能耗和碳排放。

2.6.3 预应力结构碳排放计算案例

预应力混凝土结构较钢筋混凝土结构有更好的力学性能、更佳的耐久性、更广泛的使用范围以及更优的综合建造成本。本节将选取工程案例，对钢筋混凝土结构与预应力混凝土结构不同设计方案下的工程碳排放进行对比分析。

某站房三层平面尺寸为 148m × 42m，其中最长的梁达到 31m，同时提出钢筋混凝土结构（详见图 2.6-5）与预应力混凝土结构（详见图 2.6-6）两个方案进行对比。项目按照等效荷载的原则进行设计，挠度、刚度等因素均符合设计要求。根据本项目模型，在保证建筑基本构造和受力要求的基础上，将钢筋混凝土结构的 HRB400 钢筋等强度替换为 15.2mm 规格缓粘结预应力钢绞线。本节针对两种设计方案进行碳排放对比分析，具体材料用量详见表 2.6-6、表 2.6-7。

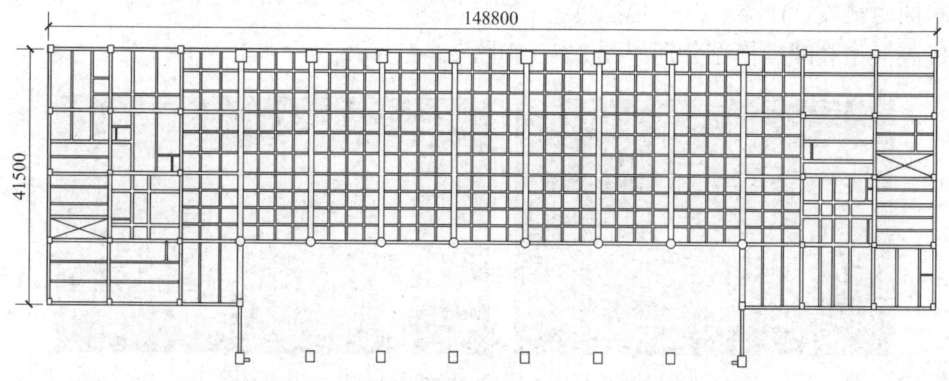

图 2.6-5 第 3 层楼面配筋图（无预应力设计）

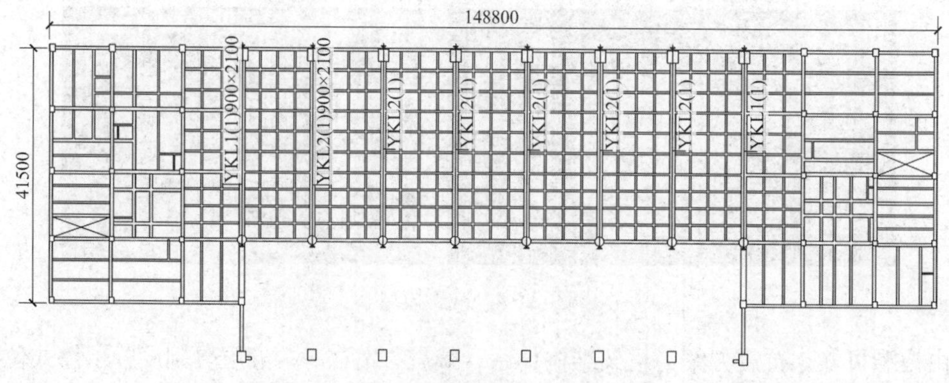

图 2.6-6 第 3 层楼面配筋图（有预应力设计）

某站房第 3 层梁钢筋用量（无预应力设计）　　表 2.6-6

名称	普通钢筋（t）	混凝土量（m^3）
总数量	340.17	2429.35

某站房第 3 层梁钢筋用量（有预应力设计）　　表 2.6-7

名称	普通钢筋（t）	缓粘结预应力钢绞线（t）	混凝土量（m^3）
总数量	324.37	11.12	2293.31

钢筋混凝土结构与预应力混凝土结构的碳排放可以考虑从三个部分进行分析：材料生产、机械设备、交通运输。由于机械设备相关数据计算复杂且不易获取，本节仅针对材料和交通运输两个方面的碳排放进行对比。各材料碳排放因子详见表 2.6-8。

由表 2.6-9 中计算结果可知，预应力混凝土结构方案的碳排放量更少，比钢筋混凝土结构方案整体碳排放量减少 4%。在节省材料的基础上，运输阶段碳排放量更少，预应力材料回收系数更高且回收阶段碳补偿量更多，因此预应力混凝土结构方案更节碳、更环保。

建筑材料碳排放因子参数　　表 2.6-8

序号	项目	单位	碳排放因子	备注
1	缓粘结预应力钢绞线	$kgCO_2e/t$	2300	15.2mm 规格
2	钢筋	$kgCO_2e/t$	2340	
3	混凝土	$kgCO_2e/m^3$	295	按 C30 混凝土

两种设计方案碳排放　　表 2.6-9

名称	材料生产碳排放（$kgCO_2e$）	交通运输碳排放（$kgCO_2e$）	合计（$kgCO_2e$）
钢筋混凝土结构	1404809.69	44172.47	1448982.16
预应力混凝土结构	1348067.24	42292.96	1390360.19

注：普通钢筋回收系数 30%，钢材回收系数 90%，混凝土回收系数 50%[31-32]。根据《普通混凝土配合比设计规程》JGJ 55—2011[34]，普通混凝土的干密度为 2000～2800kg/m^3，本节计算时 1m^3 混凝土取值 2450 kg，其中水为 180 kg。

2.7　本章小结

本章主要聚焦于混凝土结构建筑的低碳化设计，从设计标准、方案选择、材料选用、构件设计以及特殊技术手段等多个维度进行了系统性的阐述，自理论分析出发，辅以典型案例验证，提出了混凝土结构低碳设计与可靠度平衡化建议与措施。

结构低碳化设计并不局限于设计单一阶段，而是应立足于建筑全寿命期，对结构设计工作年限、耐久性、适变性等设计标准关键指标进行综合评估优化。并自方案阶段植入低碳化理念，合理选取结构材料、形体与体系，包括装配式、预应力、减隔震等特殊技术的使用。在此基础上，对板、梁、墙、柱等结构构件进行低碳兼容设计，以此共同构建完整的低碳化混凝土结构建筑设计方法体系。

混凝土结构是我国建筑的主要结构形式，其低碳化设计方法的研究为建筑低碳化进程添砖加瓦的同时，也为钢结构低碳化设计的研究奠定了基础。下一章将进一步讨论我国另一种建筑结构形式——钢结构的低碳化设计方法。

参考文献

[1] 赵彦革, 孙倩, 韦婉, 等. 建筑结构类型及方案对碳排放的影响研究[J]. 建筑结构, 2023, 53(17): 14-18.

[2] 中华人民共和国住房和城乡建设部. 建筑碳排放计算标准: GB/T 51366—2019[S]. 北京: 中国建筑工业出版社, 2019.

[3] 中华人民共和国住房和城乡建设部. 混凝土结构通用规范: GB 55008—2021[S]. 北京: 中国建筑工业出版社, 2021.

[4] 中华人民共和国住房和城乡建设部. 混凝土结构设计标准: GB/T 50010—2010（2024 年版）[S].

[5] 中华人民共和国住房和城乡建设部. 建筑抗震设计标准: GB/T 50011—2010（2024 年版）[S].

[6] 中华人民共和国住房和城乡建设部. 高层建筑混凝土结构技术规程: JGJ 3—2010 [S]. 北京: 中国建筑工业出版社, 2010.

[7] STEIN R G, SERBER D. Energy conservation through building design[M]. New York: McGraw HILL, 1979.

[8] ZHANG X C, WANG F L. Life-cycle assessment and control measures for carbon emissions of typical buildings in China[J]. Building and Environment, 2015, 86: 89-97.

[9] TAE S H, SHIN S W, WOO J W. The development of apartment house life cycle CO_2 simple assement system using standard apartment houses of South Korea[J]. Renewable and Sustainable Energy Reviews, 2011, 15(3): 1454-1467.

[10] 张频. 建筑空间构成元素在建筑设计中的应用[J]. 中国住宅设施, 2021 (8): 53-54+56.

[11] KIM S B, LEE Y H, SCANLON A. Comparative study of structural material quantities of high-rise residential building[J]. The Structural Design of Tall and Special Buildings, 2008, 17 (1): 217-229.

[12] 苏迎社, 高层建筑结构优化设计案例分析[J]. 山西建筑, 2010, 36(36): 40-41.

[13] 李均鹏. 基于不同建筑结构体系的全寿命期碳排放分析研究[D]. 哈尔滨: 哈尔滨工业大学, 2013.

[14] 中华人民共和国国务院. 建设工程抗震管理条例[EB/OL]. 2021-07-19.

[15] PLAZA M G, MARTÍNEZ S, RUBIERA F. CO_2 capture, use, and storage in the cement industry: State of the art and expectations[J]. Energies, 2020, 21(13): 5692.

[16] URREGO J, RESCH E, LAUSSELET C. Whole-life embodied carbon in multistory buildings: Steel, concrete and timber structures[J]. Journal of Industrial Ecology, 2021, 25(2): 419.

[17] 肖建庄, 夏冰, 肖绪文, 等. 混凝土结构低碳设计理论前瞻[J]. 中国科学, 2022, 67(28, 29): 3425-3438.

[18] 中华人民共和国住房和城乡建设部. 工程结构通用规范: GB 55001—2021[S]. 北京: 中国建筑工业出版社, 2021.

[19] 赵彦革, 孙倩, 韦婉, 等. 建筑结构设计对碳排放的影响研究[J]. 建筑结构, 2023, 53(17): 19-23.

[20] SHEN W. Preparation and properties of high strength and high performance coarse aggregate interlocking concrete[J]. J Chin Ceram Soc, 2007, 35: 624-628.

[21] 中华人民共和国住房和城乡建设部. 装配式建筑评价标准: GB/T 51129—2017[S]. 北京: 中国建筑工业出版社, 2017.

[22] 中华人民共和国住房和城乡建设部. 装配式混凝土建筑技术标准: GB/T 51231—2016[S]. 北京: 中国建筑工业出版社, 2016.

[23] 中华人民共和国住房和城乡建设部. 装配式混凝土结构技术规程: JGJ 1—2014[S]. 北京: 中国建筑工业出版社, 2014.

[24] 中华人民共和国住房和城乡建设部. 预制混凝土剪力墙外墙板: 15G365-1[S]. 北京: 中国计划出版社, 2015.

[25] 中华人民共和国住房和城乡建设部. 外墙外保温工程技术规程: JGJ 144—2019[S]. 北京: 中国建筑工业出版社, 2019.

[26] 中华人民共和国住房和城乡建设部. 桁架钢筋混凝土叠合板: 15G366-1[S]. 北京: 中国计划出版社, 2015.

[27] 黄志甲, 冯雪峰, 张婷. 住宅建筑碳排放核算方法与应用[J]. 建筑节能, 2014, 42(4): 48-52.

[28] 李静, 刘胜男. 装配式混凝土建筑物化阶段碳足迹评价研究[J]. 建筑经济, 2021, 42(1): 101-105.

[29] 孟昊杰. 装配式建筑施工碳排放计算及影响因素研究[D]. 成都: 西南交通大学, 2013.

[30] 朱嬿, 陈莹. 住宅建筑生命周期能耗及环境排放案例[J]. 清华大学学报 (自然科学版), 2010, 50(3): 330-334.

[31] 徐原野. 建设废料低技化再利用导向下的关中乡村建设拆解研究——以杨陵区为例[D]. 西安: 西安建筑科技大学, 2020.

[32] 闫宏亮. 建筑垃圾循环再利用处理工艺改进研究[D]. 长春: 吉林大学, 2019.

[33] American Concrete Institute. Building Code Requirementsfor Structural Concrete [S]. 2019.

[34] 中华人民共和国住房和城乡建设部. 普通混凝土配合比设计规程: JGJ 55—2011[S]. 北京: 中国建筑工业出版社, 2011.

第 3 章

钢结构低碳化设计方法与应用

3.1　钢结构行业发展概述

钢结构是以钢板或型钢通过焊接或螺栓连接而成的受力结构形式，以轻质高强、施工周期短、绿色可回收等特点在建筑领域得到了广泛的应用。钢结构建筑的结构构件通常在加工厂内制作，然后运输到项目现场进行安装。具有湿作业少、施工现场对周围环境影响小等特点，符合目前建筑行业转型升级和高质量发展的要求。

经过几十年的发展，我国钢结构产业规模已经连续多年高居全球第一。根据中国钢结构协会统计数据，近 10 年来，钢结构行业发展迅猛，2022 年全国钢结构加工量达到了 10140 万 t（图 3.1-1），约占全国粗钢产量的 10%。

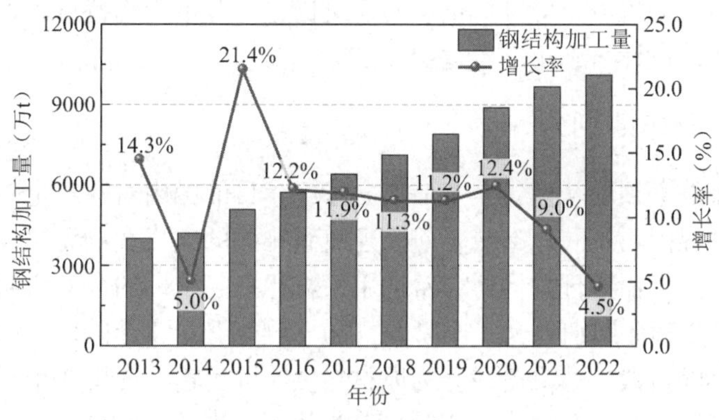

图 3.1-1　近 10 年钢结构加工量统计

钢结构在厂房、高层建筑、展览馆、体育场等建筑中得到了广泛的应用，很多标志性建筑都采用了钢结构，如北京大兴国际机场航站楼、国家速滑馆（冰丝带）、北京中信大厦、上海中心大厦、500m 口径球面射电望远镜（天眼 FAST）等。这些项目对钢结构的应用起到了良好的促进作用。北京大兴国际机场航站楼，是世界规模最大、技术难度最高的单体机场航站楼，由核心区和五个指廊组成，造型酷似“凤凰”。钢结构施工难度堪称世界级，采用了原位拼装、分块提升等多种方法。北京中信大厦（中国尊），高 528m，是北京目前建成的第一高楼，也是世界上首个 8 度抗震设防区主体结构超过 500m 的超高层建筑物，采用了多腔钢管钢筋混凝土结构等多项新技术。北京冬奥会唯一新建场馆——国家速滑馆，又名“冰丝带”，是世界规模最大的单层双向正交马鞍形索网屋面。世界最大单口径球面射电望远镜 FAST（中国天眼）的建成，使我国摆脱了在天文观测领域的弱势地位。FAST 索网是世界上跨度最大、精度最高的索网结构，也是世界上第一个采用变位工作方式的索网体系，对我国索结构工程水平起到了巨大的提升作用。这些重大、特大工程的建成和投入使用，代表了中国钢结构行业的顶级水平和所有建设者的集体智慧，代表着中国的钢结构相关建设技术已达世界领先水平。

钢结构作为绿色可持续建筑，完全具备高质量发展的基础条件，随着钢结构智能建造与新型建筑工业化协同发展取得长足进步，钢结构行业必将实现高质量发展，为我国建筑业转型升级作出新贡献。

3.2 钢结构碳排放计算与分析

钢结构与传统的现浇混凝土结构、砌体结构等相比，生产安装等过程具有明显的不同。第一，钢结构的主体材料为钢材，通常含钢量要比一般的混凝土建筑高，钢材的碳排放因子很重要，直接关系到钢结构建筑碳排放量的准确程度；第二，钢结构构件通常在加工厂内制作加工，加工精度及制作质量都要比现场制作好很多，工厂内的能耗和碳排放需要重点考虑；第三，钢结构现场安装通常需要大型吊装设备，效率高，工期短，需要的劳动力较少，湿作业极少，与现浇混凝土结构有明显不同；第四，钢结构在拆除回收阶段，相比混凝土结构，容易拆除，且回收效率高，部分构件甚至可以直接重复利用，极大地减少了碳排放量。

基于上述钢结构的特点，应针对钢结构建筑构建符合钢结构特点的碳排放计算模型，用以指导钢结构建筑设计、施工的全过程。

3.2.1 钢结构全寿命期划分

研究建筑碳排放必须要从建筑全寿命期去考虑，目前国内对建筑全寿命期的划分存在差异，划分范围和界限不统一，造成了研究建筑碳排放的项目案例无法进行有效对比。对钢结构建筑来说，全寿命期理论同样非常适用，应建立起统一的全寿命期阶段划分。

J. Hart 等[1]将全寿命期细分为 4 个阶段，16 个子阶段。4 个阶段是产品阶段、建造阶段、使用阶段、拆除阶段。产品阶段分为原材料供应、运输、加工 3 个子阶段；建造阶段分为运输、建造安装 2 个子阶段；使用阶段分为使用、维护、修理、更新、替换、能源消费、水消费 7 个子阶段；拆除阶段分为拆除、运输、废物处理、弃置 4 个子阶段，如图 3.2-1 所示。

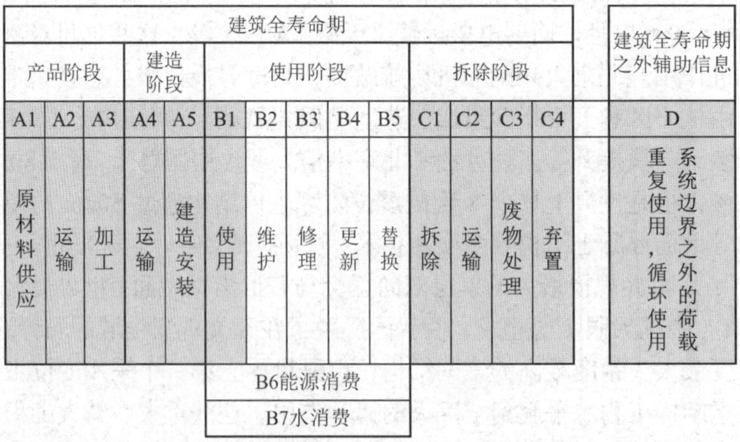

建筑全寿命期														建筑全寿命期之外辅助信息
产品阶段			建造阶段		使用阶段					拆除阶段				
A1	A2	A3	A4	A5	B1	B2	B3	B4	B5	C1	C2	C3	C4	D
原材料供应	运输	加工	运输	建造安装	使用	维护	修理	更新	替换	拆除	运输	废物处理	弃置	系统边界之外的荷载 重复使用，循环使用
					B6能源消费									
					B7水消费									

图 3.2-1 建筑碳排放全寿命期阶段划分[1]

Li 等[2]建议将全寿命期分为原材生产阶段、材料运输阶段、建筑施工阶段、建筑运营阶段、回收阶段共 5 个阶段。Shen 等[3]将全寿命期分为设计阶段、建材开采与生产阶段、施工阶段、运营维护阶段、拆除与处置阶段。根据工程定额，提出了基于系数法和库存分析的计算模型。Luo 等[4]将装配式建筑全寿命期碳排放阶段分为：设计阶段、建造阶段、使用阶段和拆除回收阶段共 4 个阶段。李静等[5]将建筑全寿命期分为设计阶段、物化阶段、使用维护阶段、拆除回收阶段。将建筑碳排放归结为能源、建材、机械的碳排放，运用排放因子法计算排放量。其中，设计阶段可以忽略，物化阶段细分为建材生产阶段、建材运输阶段和施工过程阶段三部分。李兵[6]基于全寿命期理论，划分 4 个阶段来核算碳排放：规划设计阶段、施工安装阶段、使用维护阶段、拆除清理阶段。规划设计阶段直接排放极少，但对后续阶段碳排放影响是巨大的。在设计方案中，确定选址、结构类型、材料、施工方案等各方面均与碳排放直接相关。施工安装阶段包括建材碳排放和施工作业碳排放。使用维护阶段包括使用和维护两个阶段。拆除清理阶段包括废弃物处理、运输、可再生材料回收等产生的碳排放。

综合以上研究成果可知，全寿命期理论在建筑碳排放计算中应用非常广泛，划分阶段的情况有所差异。总体可以划分为设计阶段、建造阶段、使用阶段和拆除回收阶段。每个阶段可以划分为更细的子阶段，以方便碳排放的计算。建筑全寿命期的阶段划分是进行建筑碳排放研究的基础，如果阶段划分不统一，则容易造成忽略某些阶段产生的碳排放，相关碳排放数据很难做到可比性和科学性，不利于建筑碳排放研究的开展。因此，应在钢结构领域统一全寿命期的阶段划分，并严格按照各个阶段的碳排放量计算。

根据钢结构建筑的特点，其全寿命期可划分为物化阶段、使用阶段和拆除阶段三大阶段[7]。物化阶段指的是建筑物从无到有的整个过程，具体包括规划设计、建材生产、建材运输、构件生产、构件运输、建造安装 6 个环节；使用阶段指的是钢结构建筑建造完成后，开始使用运营维护直至寿命终止的过程，具体包括正常使用、日常维修、改造大修 3 个环节；消纳阶段指的是建筑物完成使命将其废弃拆除并予以合理化处理的过程，具体包括拆解、分类回收、废弃处置 3 个环节。见图 3.2-2、图 3.2-3。

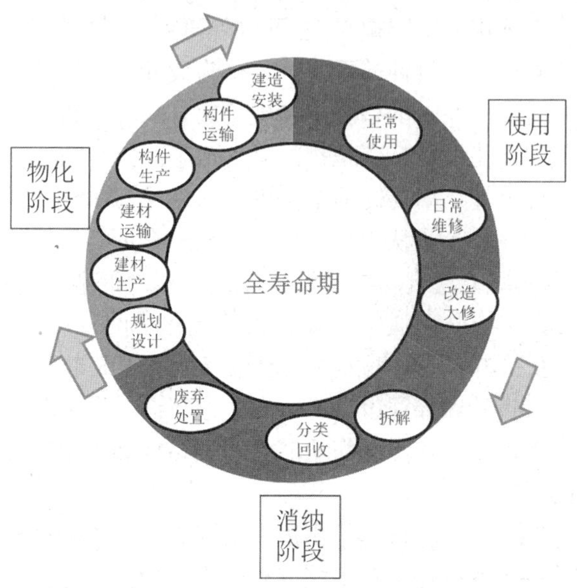

图 3.2-2　钢结构全寿命期阶段划分示意图

阶段	环节	碳排放相关因素
物化阶段	AO规划设计	设计方案的选择
		设计人员习惯
	A1建材生产	建材用量
		建材排放因子
		建材消耗
	A2建材运输	建材运输量
		运输距离
		运输方式（碳排放因子）
	A3构件生产	焊丝等辅材消耗量
		加工设备耗电量
		加工或厂内运输耗油量
	A4构件运输	构件重量
		运输距离
		运输方式及能耗
	A5建造安装	安装辅料消耗
		安装设备能耗

阶段	环节	碳排放相关因素
使用阶段	B1正常使用	耗电量
		燃气等能源消耗
		供热量
	B2日常维修	维修用耗材
		设备能耗
	B3改造大修	建材用量
		设备能耗
消纳阶段	C1拆解	设备能耗
		水消耗
	C2分类回收	回收所耗能源
		回收运输
		回收碳减排
	C3废弃处置	废弃物运输
		废弃物处置

图 3.2-3 钢结构全寿命期阶段、环节划分及碳排放因素图

3.2.2 钢结构物化阶段主要环节碳排放分析

1. 规划设计环节

规划设计环节的碳排放主要为设计人员所用办公电力、踏勘现场所用交通工具等产生，其值非常小，可以忽略不计。但本阶段的工作非常重要，直接关系到钢结构建筑碳排放量的大小。碳排放量与建材用量直接相关，尤其对钢结构建筑来说，通常比混凝土建筑用钢量要大，且全国设计院中对钢结构有成熟设计经验的设计师比较稀缺，有数据统计约占设计人员的 10%。优良的设计和一般的设计，效果是完全不一样的。有研究表明：目前通常的钢结构设计存在较大的保守空间，大致可优化 20%～30%左右的钢材用量。钢结构建筑规划设计阶段对全寿命期碳排放量影响最大，国内外研究学者均强调要重视优化设计工作。Dunant 等[8]强调钢结构建筑优化设计的重要性，认为设计中应尽可能地选择规则的网格布置，通过设计优化可最大减少 50%的建材隐含碳排放。Drewniok 等[9]认为钢结构建筑碳排放与建材用量直接相关，优化设计是碳减排的有力措施。由于缺乏结构优化及设计师保守假定等导致不必要的过度设计，钢结构框架至少可优化掉约 30%的钢材，从而大幅降低钢结构建筑碳排放量。D’Amico 等[10]认为设计优化或改进是最有效的减少钢结构建筑建材碳排放的措施，对于典型钢框架建筑，通过设计优化可减少碳排放 23%，且不影响工期。Eleftheriadis 等[11]认为钢结构框架通常存在较大的优化空间，可优化的钢材达到 35%～46%。通过设计优化可获得更合适的截面，可大幅降低工程成本和碳排放量。

按照经济设计、一般设计和保守设计三种方式进行设计人员调研，分析案例统计其钢材用量的区别；同时，考虑复杂节点和简单节点对钢结构加工制作带来的差异，从而提出规划设计阶段的碳减排要点和措施。

另外，本环节应对项目的碳排放量给出最大值限制，作为碳排放的极限最大值，后续的设计、采购、施工等一系列操作绝对不能突破。本阶段可结合设计优化方法和原则，提出钢结构建筑的系列设计原则，比如建筑造型要规则、对称等。规划设计环节应该是碳减

排最重要的环节，规划设计环节造成的先天不足，后续工序将无法予以弥补。

2. 建材生产环节

建材生产阶段碳排放的特点是时间短，排放强度大。该阶段应考虑主要建材的清单和碳排放因子。具体到钢结构，主要是钢材产品的用量，且应考虑材料损耗问题。一般来说，钢筋 2%损耗，中厚板 4%损耗。在构建建材生产阶段碳排放计算公式时，应将损耗考虑在内。

项目实施过程中应尽量采用工厂化生产的建筑材料，以减少现场加工造成的材料损耗；采用本地建材和近距离的建材提供商，以减少运输过程中的能耗和碳排放；采用高强度、高耐久性的建材，减少建材使用量的同时，提高建材的使用寿命；使用可循环材料和利用废弃物生产的建材，降低处理废弃物和生产全新建材的能耗和碳排放，秉承可持续发展的精神。

在实际项目调研时，最好能拿到项目的工程量清单。如果是投标或者结算版本是最为详细的，投标版工程量计算碳排放是碳排放预算，结算版工程量计算碳排放是碳排放决算。决算结果应与预算结果对比，且反馈预算。除钢铁产品之外的建材的碳排放因子需要查阅相关文献或规范。

3. 构件生产环节

钢构件生产即加工制作阶段的碳排放主要以构件加工车间为统计对象，详细记录生产构件所消耗的电力、燃气等能源和焊丝、液氧、二氧化碳、丙烷、乙炔等相关辅材的消耗量。根据车间的每月或每年完成的钢结构加工量及能源消耗、辅材消耗，折算出加工每吨钢结构的碳排放量[12]。

不同的管理水平导致材料损耗不同、能耗不同、工人的生产效率不同。同时，构件的标准化程度不同，也导致碳排放有差异。通过设立合理的碳排放限制指标，将淘汰小作坊式加工企业，鼓励具备实力的大中型企业节能减排。鼓励钢铁厂做进一步的产品延伸，跨界竞争，推动钢结构加工的技术进步。

另外，应鼓励各加工厂根据自身厂房情况，设置光伏发电等清洁能源，以增加清洁电力的使用，从而降低或对冲一部分碳排放。争取让光伏发电成为加工厂的标配。

构件加工制作阶段碳排放计算方法可分为两种：基于加工工序的碳排放测算和基于投入产出平衡的碳排放测算。

基于加工工序的钢构件碳排放测算：以钢结构工程中最常用的 H 型钢构件为例，加工厂内的主要工序包括：钢板切割、组立焊接、矫正、钻孔机加工、喷涂 5 个工序。另外，应考虑加工厂内零部件或构件成品的运输耗能；同时，要考虑钢板的损耗，一般加工厂损耗控制在 3%～6%之间。

统计期间，该加工厂主要生产的构件为 H 型钢、箱形梁柱、十字柱、空间桁架、桥梁构件等。从 2021 全年统计结果来看，每月的消耗电量、焊丝焊剂用量、天然气用量均有所不同，如图 3.2-4～图 3.2-6 所示。这与加工厂当月生产主要构件类型不同有关。一般而言，当月生产 H 型钢较多时，其耗电及辅料用量较少，而生产复杂的构件如十字柱、箱形梁柱、桥梁构件等时，其耗电及辅料用量较多。

由于在加工厂内进行能耗统计时，很难准确追踪每个工序的能耗，只能按照实际监测数据对每道工序的碳排放进行估算。从钢构件加工制作全工序考虑，主要产生碳排放的工序有：钢板切割下料、钢板制孔、构件组立焊接、构件矫正、除锈及油漆喷涂、其他零星工序等。

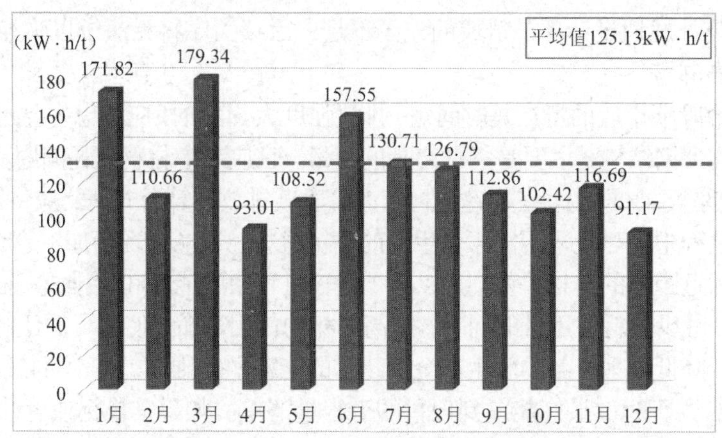

图 3.2-4　钢结构加工消耗电量实际统计

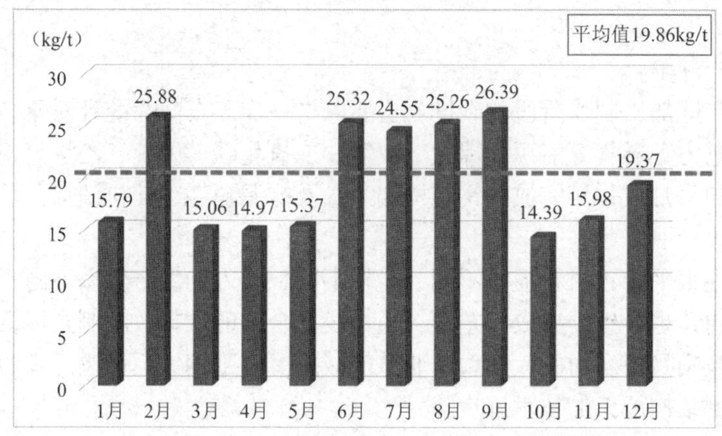

图 3.2-5　钢结构加工消耗焊丝焊剂实际统计

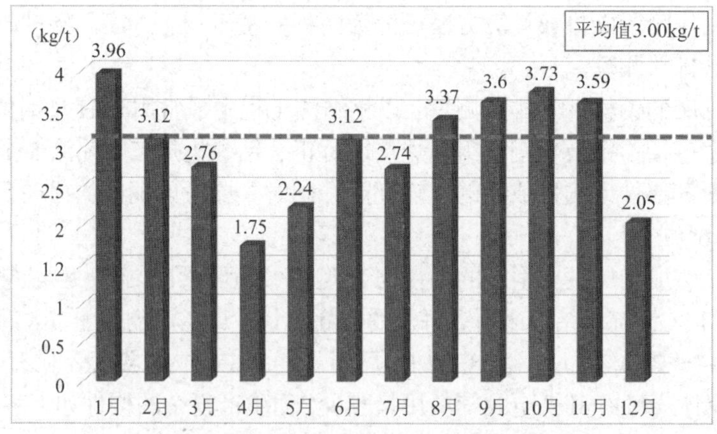

图 3.2-6　钢结构加工消耗天然气量实际统计

（1）钢板切割下料工序

目前，钢板下料常用的方法有火焰切割、等离子切割和激光切割。考虑到大多数加工厂的技术水平和设备更新程度，以火焰切割为主来计算碳排放。火焰切割主要用到丙烷、乙炔等液化天然气，切割过程中因气体燃烧产生化学反应从而释放出 CO_2。根据车间实际统计，该部分的每吨钢构件消耗液化天然气为 3kg，其碳排放量为 7.08kg。

（2）钢板制孔工序

本工序主要为制孔设备的电力消耗。该工序的碳排放与构件节点设计有较大关系，钻孔多则碳排放多，钻孔少则碳排放少。根据车间实际统计数据，该工序每吨钢耗电约 2～3kW · h，取 2.5kW · h，每吨钢碳排放量为 2.21kg。

（3）构件组立焊接工序

钢结构加工厂焊接工艺通常采用埋弧焊和气体保护焊。碳排放来源为焊丝消耗、焊接电能消耗、CO_2 保护气体直接消耗等。焊丝用量与焊缝面积、焊缝长度、焊丝质量、焊接人员操作水平等密切相关，CO_2 保护气体直接排放量与 CO_2 的流量和焊接时间直接相关，焊接消耗电能为焊接设备功率与焊接时间的乘积。该部分为钢构件加工制造工艺中最主要的排放来源，根据车间实际统计数据，该工序每吨钢构件消耗焊材平均为 19.86kg，耗电 118kW · h，消耗 CO_2 保护气体 30kg，由此计算出该工序碳排放量为 172.28kg，该工序在钢构件加工制造碳排放中占比最大。

（4）构件矫正工序

构件矫正主要包括火焰矫正、锤击矫正及设备矫正。设备矫正主要为电力消耗，火焰矫正主要为燃烧气体释放。该工艺碳排放非常少，根据车间统计数据，每吨钢构件碳排放量为 1～1.5kg。

（5）抛丸除锈及油漆喷涂工序

主要为抛丸除锈、油漆消耗和喷涂过程中电能的消耗。根据车间统计数据，抛丸除锈工艺中每吨钢结构消耗钢丸约 1.5kg，每吨钢消耗电能约 2～3kW · h；每平方米钢结构消耗油漆约 0.3kg（考虑损耗为 20%），钢构件喷涂面积按照平均 $25m^2/t$ 考虑，则抛丸除锈及油漆喷涂工序中，每吨钢碳排放量为 31.91kg。

（6）其他零星工序

包含场内零部件运输、成品场内运输等，可通过柴油消耗、电能消耗来测算。根据车间统计，一般每吨钢碳排放量约为 1kg，基本可以忽略不计。

综上所述，钢构件加工制作环节的碳排放量为 215.98kg/t，如表 3.2-1 所示。其中，构件组立焊接工序占比最高，为 79.77%，油漆喷涂工艺占比为 14.77%，二者之和约占碳排放量的 95%，切割工序占比为 3.28%，这三个工序是加工制作环节中需要重点关注的工序，尤其是构件组立焊接。其他工序碳排放均在 1%以下，基本可以忽略不计。钢结构加工制作全工序碳排放对比如图 3.2-7 所示。

基于制作工序的碳排放统计表　　表 3.2-1

序号	工序名称	碳排放量统计（kg/t）	碳排放占比（%）
1	钢板切割下料	7.08	3.28
2	钢板制孔	2.21	1.02
3	构件组立焊接	172.28	79.77

续表

序号	工序名称	碳排放量统计（kg/t）	碳排放占比（%）
4	构件矫正	1.50	0.69
5	抛丸除锈及油漆喷涂	31.91	14.77
6	其他零星工序	1.00	0.46
7	合计	215.98	100.00

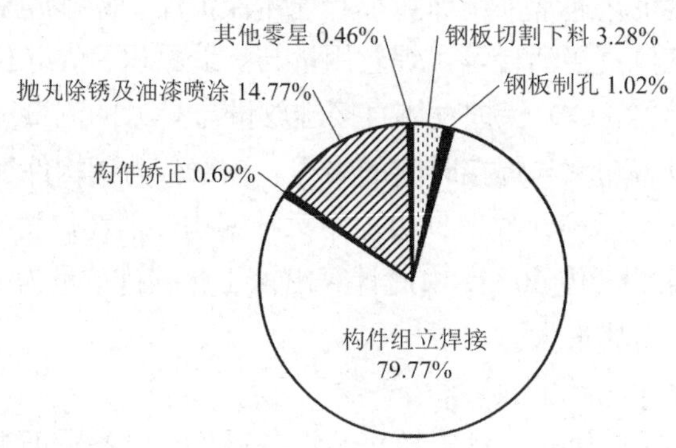

图 3.2-7　钢结构加工制作工序碳排放占比分析

基于投入产出法的加工制作碳排放测算如下：

通过调研全国各地数十家钢结构加工厂，采集相关加工数据，并根据各加工厂 2021 年的钢结构加工量、消耗化石能源量、消耗电量、消耗加工辅材数量等相关数据，列出典型企业钢结构加工制作阶段每吨钢碳排放统计数据（表 3.2-2）进行对比分析。

基于投入产出平衡的钢结构加工制作每吨钢碳排放统计　　**表 3.2-2**

加工厂	电力消耗（kW·h）	焊材焊剂（kg）	液化天然气（kg）	二氧化碳（kg）	油漆涂料（kg）	碳排放量（kg）
江苏某厂	163.00	23.00	4.73	48.40	7.50	244.41
甘肃某厂	120.00	18.00	6.00	40.00	9.60	202.19
天津某厂	170.00	14.00	4.25	38.70	6.60	248.90
山东某厂	121.00	14.00	4.00	44.00	8.40	216.58
湖北某厂	135.00	15.00	3.00	30.00	10.80	174.50
浙江某厂	90.00	18.00	5.40	29.00	9.00	170.94
河南某厂	137.00	21.00	2.87	45.00	6.00	184.90
平均值	133.71	17.57	4.32	39.30	8.27	206.06

分析表明，在各加工厂所处省份不同、区域划分不同以及电力排放系数有差异的情况下，各典型加工厂钢结构加工制作环节每吨钢碳排放量在 170.94～248.90kg 之间，平均值为 206.06kg，如图 3.2-8 所示。钢结构加工制作环节，电力消耗碳排放占比最大，基本占加工制作阶段的 45.64%，其次为焊接工序碳排放，因二氧化碳气体保护焊应用广泛，焊接过

程中释放出的二氧化碳直接排放占比达到加工制作阶段的 19.07%，焊材焊剂、油漆、液化天然气分别占比为 16.29%、14.05%、4.95%，如图 3.2-9 所示。

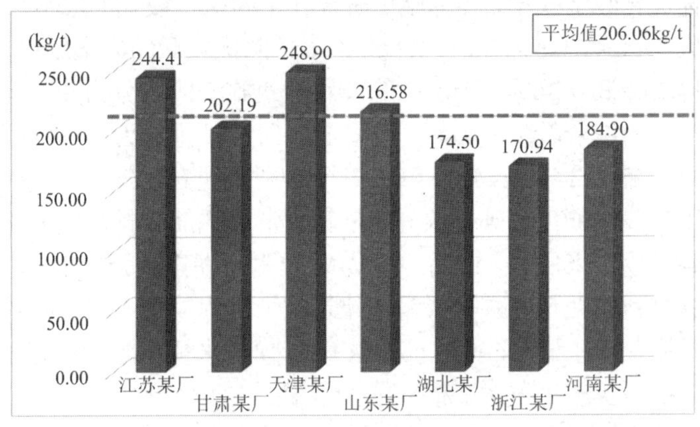

图 3.2-8　典型企业钢构件加工制作环节碳排放实际统计

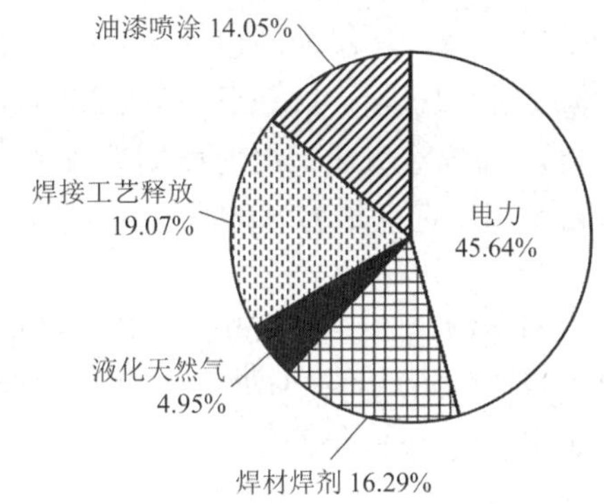

图 3.2-9　钢结构加工制作碳排放情况统计

对于钢结构加工制作环节碳排放，基于钢结构制造全工序统计与基于投入产出法统计的数值分别为 215.98kg/t 和 206.06kg/t。考虑到各加工厂采取的工艺有所差异，加工制作的钢构件类型有所不同，存在一定的偏差是正常的。

4. 建造安装环节

钢结构安装阶段碳排放的绝对数值较少，但该环节是整个建造过程中最为复杂、最为危险的阶段。常规建造方案通常考虑的是造价、工期、质量等要素，尤其以成本为第一要素。现阶段，在双碳目标下，碳排放也成为建造方案必须要考虑的要素，因此一个优秀的建造方案必须要考虑造价、工期、质量、碳排放等多目标达到综合最优。研究中，需要采用多目标优化函数分析多种方案，找到各方面的最优方案。同时，要建立一个最优方案的评价体系，指导安装阶段建造方案的选择。

付菲菲[13]提出了基于离散事件仿真的施工碳排放测评方法和多目标优化模型。施工机械不同的配置方案、不同的施工方案对成本、工期、碳排放量均有影响，降低碳排放不一定以牺牲成本和工期为代价，可以做到最优解。以某展馆桁架钢结构工程为例，通过多目标最优化评价，选出最优施工方案，比原始方案减少碳排放 9.7%，减少工期 45.9%，减少成本 36.4%。

杨伟军等[14]针对某工程土方机械施工方案，建立碳排放计算模型及施工方案比选模型，优先选择碳排放更小的施工方案。刘香香等[15]以预制叠合板构件安装过程为例，构建了施工工序多目标优化数学模型，计算施工阶段在不同执行模式的成本、工期、碳排放量。用蚁群算法找出成本-工期-碳排放综合最优组合，按照优化后的方案成本降低 1.55%，工期降低 3.52%，碳排放降低 7.36%。李水生等[16]将建筑施工阶段分为建材运输和现场机械施工两个环节。以某小学综合教学楼为例，计算施工阶段碳排放为 24.68kg/m^2。其中，运输为 10.1kg/m^2，现场机械为 14.49kg/m^2。陈彬彬等[17]利用现有定额中机械台班消耗和能源消耗量数据，对施工阶段钢筋工程碳排放进行估算，形成钢筋碳排放定额子目，可为量化建筑施工过程中的碳排放带来便利。Li 等[2]将 BIM 技术与碳排放分析工具相结合，在整个施工过程中实时计算材料消耗量和碳排放量。建筑施工过程复杂多变，必须考虑满足施工质量、成本、工期等基本条件约束；同时，建立 BIM 模型来模拟施工动态过程，测算施工过程的碳排放，并得出最优施工方案，指导精益施工。

Abouhamad[18]认为，优秀的施工方案应该使用简单工具进行组装，并使用最少的机械进行安装，应减少或消除由于现场缺乏熟练人员造成的错误。Heravi 等[19]以伊朗工程为例，建筑施工能耗是全球平均能耗的 5 倍，建议采用包括 VSM、JIT、TPM、连续流在内的精益管理措施进行施工管理。通过精益管理，可将能耗降低 9.2%，碳排放减少 4.4%，施工时间减少 42.3%，成本降低 17.1%。高源等对建筑全寿命期碳排放多目标优化提出采用 Pareto 最优解方法，决策者根据实际要求，选择最合理的解。可运用 Ecotect 2018 软件，运行求得最优化解。

建造方案及建材生产阶段均是物化阶段的重点，物化阶段的碳排放时间短、强度大，应采用不同的指标体系体现该阶段的重要性。比如，对比建筑物处于不同阶段时每年的碳排放量，物化阶段应远大于使用阶段的年碳排放量。

3.2.3 钢结构使用阶段碳排放分析

对钢结构使用阶段的碳排放进行研究，严格来说其实与结构形式并无太大关联，主要还是围护保温效果及人的行为模式管理。另外，建筑的日常维护、保养也比较重要，一般来说结构本身不会有太大问题，钢结构可能涉及防腐油漆、防火涂料的修补或重新喷涂。使用阶段关于暖通空调等消耗计算可参照现有成果，维修可按照我国台湾学者张又升[20]提出的每年 1%消耗（扣除结构建材之外部分），更新次数可参照现有数据进行衡量。

应旗帜鲜明地反对建筑大拆大建模式，应尽量延长建筑的使用寿命。但也要从修缮成本、年碳排放量、居住品质等方面对钢结构建筑的最佳寿命作评判，给出最优寿命分析方法。

3.2.4 钢结构消纳阶段碳排放分析

对钢结构建筑而言，拆除回收阶段是其显著区别于混凝土建筑的阶段，因钢材回收系数高，且部分应用场景下，钢构件可以直接重复利用，在第二次、第三次寿命中，其碳排放已经在第一次寿命里体现，减排效果大大改观。应针对钢结构拆除与回收再利用环节，进一步梳理影响因素，设计阶段即做好有利于拆除回收的节点构造，提高钢结构回收效率，降低碳排放和能耗。

对于直接重复应用的场景，如临时用房、厂房、售楼处、停车楼等，应结合市场上的新业态，全面分析异地重建项目的造价、碳排放等因素。在最佳运输距离的限制下，达到最佳目的。应该对钢结构项目异地重建有一套合适的评价方法。同时，考虑到重复利用的需求，应在设计阶段即做好节点构造，方便日后的保护性拆除。可拆卸钢结构也是考虑到碳减排及项目成本的一个新型研究方向。

3.2.5　钢结构全寿命期碳排放计算

应按照全寿命期理论，构建钢结构建筑碳排放模型，重点是物化阶段和拆除回收阶段的分析，使用阶段考虑修缮和更新的碳排放量确定。计算模型要准确可行，方便计算。结合项目的工程量清单用排放系数法予以计算。建立钢结构全寿命期碳排放计算模型框图，如图 3.2-10 所示。

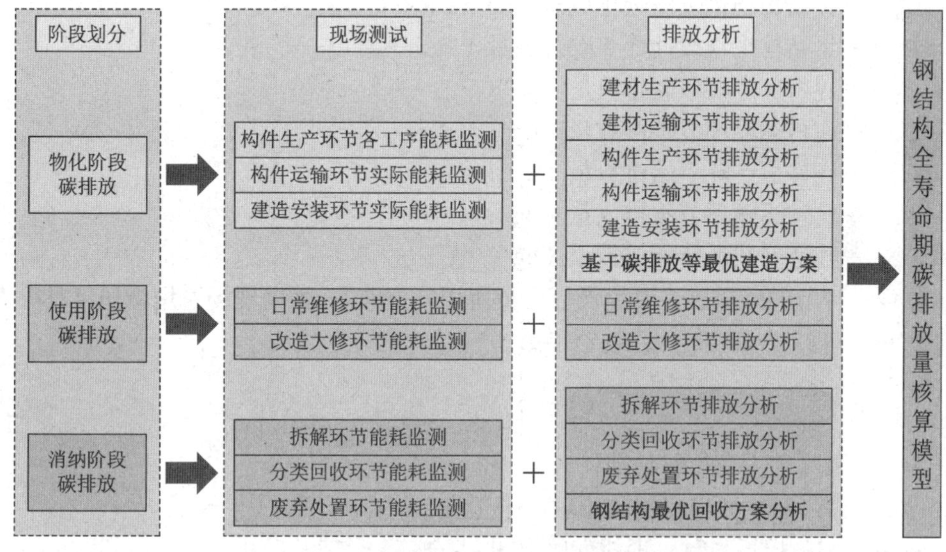

图 3.2-10　全寿命期碳排放计算模型框图

钢结构碳排放核算应包含以下六类主要温室气体：①二氧化碳（CO_2）；②甲烷（CH_4）；③氧化亚氮（N_2O）；④氢氟烃（HFCs），如 CHF_3；⑤全氟化碳（PFCs），如 CF_4、C_nF_{2n+2}；⑥六氟化硫（SF_6）、氮氟化物（NF_3）、卤化醚等。钢结构碳排放的计量边界应包括与钢构件生产、运输、施工、运维、拆除回收等活动相关的温室气体排放的核算范围。计量内容应包括各阶段相关的材料消耗、电力、热力（如蒸汽）、生产、辅助系统、装载运输、设备机械、钢构件回收以及采用可再生能源等技术手段进行的碳核减等。钢结构碳排放计量分为物化阶段、使用阶段和消纳阶段三大阶段，应根据不同阶段进行计算，并将各阶段的碳排放计算结果进行累计。物化阶段包含钢材生产过程的碳排放、钢构件加工过程所涉及的主要生产系统（如车间设备、机械等）、辅助生产系统（如车间照明等）产生的电力及能源消耗、运输车辆及装载机械能耗、安装施工机械、安装措施项目、临时设施等相关碳排放。使用阶段碳排放计量应包括防腐除锈过程中涂料消耗、设备用能的碳排放及防火处理中防火涂料消耗的碳排放。消纳阶段碳排放计量应包括拆除机械、垃圾外运、钢构件回收再利用减碳量等。钢结构碳排放计量基本单位为 $kgCO_2/t$。

钢结构全寿命期碳排放量按照下式进行计算：

$$C_t = C_m + C_u + C_d$$

式中 C_t——钢结构全寿命期碳排放量（kg）；

C_m——钢结构物化阶段碳排放量（kg）；

C_u——钢结构使用阶段碳排放量（kg）；

C_d——钢结构消纳阶段碳排放量（kg）。

1. 钢结构物化阶段碳排放计算

钢结构物化阶段可分为规划设计环节、建材生产环节、建材运输环节、构件生产环节、构件运输环节、建造安装环节。钢结构物化阶段碳排放为六个环节的碳排放之和，按下列公式计算：

$$C_m = C_1 + C_2 + C_3 + C_4 + C_5 + C_6$$

式中 C_m——钢结构物化阶段碳排放量（kg）；

C_1——钢结构规划设计环节碳排放量（kg）；

C_2——建材生产环节碳排放量（kg）；

C_3——建材运输环节碳排放量（kg）；

C_4——构件生产环节碳排放量（kg）；

C_5——构件运输环节碳排放量（kg）；

C_6——建造安装环节碳排放量（kg）。

规划设计环节的碳排放主要为设计人员所用办公电力、踏勘现场所用交通工具等产生，其值非常小，可以忽略不计，故取 $C_1 = 0$。

$$C_2 = \sum_{i=1}^{n} M_i F_i (1 + a_i)$$

式中 M_i——第 i 种主要建材的消耗量（t）；

F_i——第 i 种主要建材的碳排放因子（kg/t）；

a_i——材料损耗系数，钢材一般取 3%～6%。

$$C_3 = \sum_{i=1}^{n} M_i D_i T_i (1 + a_i)$$

式中 M_i——第 i 种主要建材的消耗量（t）；

D_i——第 i 种主要建材的运输距离（km）；

T_i——第 i 种主要建材运输的单位质量单位距离的碳排放因子［$kgCO_2/(t \cdot km)$］；

a_i——材料损耗系数，钢材一般取 3%～6%。

$$C_4 = \sum_{i=1}^{n} E_i F_e + O_i F_O + G_i F_G + A_i F_i + C_0$$

式中 E_i——第 i 种主要建材的消耗电量（kW · h）；

F_e——加工厂所在地区的电力碳排放系数；

O_i——第 i 种主要建材的消耗油量（t）；

F_O——油料碳排放系数（kg/t）；

G_i——第 i 种主要建材的消耗液化天然气量（t）；

F_G——液化天然气碳排放系数（kg/t）；

A_i——第 i 种辅材的消耗量（t）；

F_i——第 i 种辅材的碳排放系数（kg/t）；

C_0——焊接保护气体直接释放出 CO_2 量。

$$C_5=\sum_{i=1}^{n}M_iD_iT_i$$

式中　M_i——第 i 种钢构件的消耗量（t）；

D_i——第 i 种钢构件的运输距离（km）；

T_i——第 i 种钢构件运输的单位质量单位距离的碳排放因子［$kgCO_2/(t\cdot km)$］。

$$C_6=C_{61}+C_{62}+C_{63}$$

式中　C_6——建造安装环节产生的碳排放量（$kgCO_2e$）；

C_{61}——施工机械产生的碳排放量（$kgCO_2e$）；

C_{62}——措施项目的碳排放量（$kgCO_2e$）；

C_{63}——临时设施的碳排放量（$kgCO_2e$）。

$$C_{61}=\sum_{i=1}^{n}M_i\times D_i\times F_{\mathrm{d}}+\sum_{j=1}^{n}M_j\times D_j\times F_j$$

式中　M_i——第 i 种耗电机械的单位台班的消耗量（kW · h/台班）；

D_i——第 i 种耗电机械单位构件台班（台班）；

F_{d}——电力的碳排放因子［$kgCO_2e/（kW\cdot h）$］；

D_j——第 j 种耗油机械单位构件台班（台班）；

F_j——第 j 种耗油机械碳排放因子（$kgCO_2e/t$）；

M_j——第 j 种主运输机械耗油单位台班的消耗量（t/台班）。

$$C_{62}=\sum_{k}C_{\mathrm{jx},k}+C_{\mathrm{cl}}$$

式中　$C_{\mathrm{jx},k}$——措施项目中第 k 个项目施工机械运行的碳排放量（$kgCO_2e$）；

C_{cl}——所消耗材料生产过程中的碳排放量（$kgCO_2e$）。

$$C_{\mathrm{jx},k}=Q_{\mathrm{cs},k}\cdot\sum_{i}T_{k,i}\cdot R_{k,i}\cdot EF_i$$

式中　$Q_{\mathrm{cs},k}$——措施项目中第 k 个项目的工程量；

$T_{k,i}$——第 k 个措施项目单位工程量第 i 种施工机械台班消耗（台班/单位工程量）；

$R_{k,i}$——第 k 个项目第 i 种施工机械单位台班的能源用量（kW · h/台班）；

EF_i——第 i 种机械所使用能源的碳排放因子［$kgCO_2/(kW\cdot h)$］；

k——措施项目序号；

i——施工机械序号。

$$C_{\mathrm{cl}}=\sum_{j}\frac{N_{\mathrm{yy},j}}{N_{\mathrm{zz},j}}M_{\mathrm{cl},j}\cdot EF_j$$

式中　$M_{\mathrm{cl},j}$——措施项目中所消耗的第 j 种材料的消耗量；

$N_{\mathrm{zz},j}$——第 j 种材料的周转次数，当采用周转材料时，$N_{\mathrm{zz},j}$ 按照相关材料行业平均周转次数取值；当采用非周转材料时，$N_{\mathrm{zz},j}$ 取 1；

$N_{\mathrm{yy},j}$——第 j 种材料在本项目的周转应用次数，当采用周转材料时，$N_{\mathrm{yy},j}$ 按照相关材料行业平均周转次数取值；当采用非周转材料时，$N_{\mathrm{yy},j}$ 取 1；

EF_j——第 j 种措施项目中所消耗材料的碳排放因子（$kgCO_2$/单位材料数量）。

2. 钢结构使用阶段碳排放计算

使用阶段时，钢结构构件主要涉及构件表面的防腐和防火涂料的更换。其他碳排放与钢结构构件本身并无关系，故不计入。

$$C_u = \sum_{i=1}^{n} F_i \times M_i \times K_i + \sum_{j=1}^{n} E_j \times EF_j$$

式中 M_i——第 i 种防腐或防火涂料的消耗量（t）；

F_i——第 i 种防腐或防火涂料的碳排放因子（kg/t）；

K_i——第 i 种防腐或防火涂料更换次数，可按照结构使用年限除以涂料使用年限取整数处理；

E_j——第 j 种能源或机械消耗量；

EF_j——第 j 种能源或机械的碳排放因子。

3. 钢结构消纳阶段碳排放计算

消纳阶段应综合考虑拆除机械的碳排放量、废旧钢构件外运碳排放量和钢构件回收利用碳减排量。

$$C_d = \sum_{i=1}^{n} E_i \times EF_i + \sum_{i=1}^{n} M_i D_i T_i - \sum_{n} Q_{cn} \cdot MF_n$$

式中 E_i——第 i 种能源或机械消耗量；

EF_i——第 i 种能源或机械的碳排放因子；

M_i——第 i 种钢构件的消耗量（t）；

D_i——第 i 种钢构件的运输距离（km）；

T_i——第 i 种钢构件运输的单位质量单位距离的碳排放因子［$kgCO_2/(t \cdot km)$］；

Q_{cn}——第 n 种钢构件的数量（t）；

MF_n——第 n 种钢构件的碳排放因子（$kgCO_2e/t$）。

3.3 钢结构低碳设计方案

3.3.1 结构方案的选择

钢结构工程按照使用功能，可分为多层与高层建筑钢结构、单层与多层厂房钢结构、空间网格结构等类型，应根据具体工程特点选择适宜的结构形式。

多层与高层建筑钢结构设计应根据所设计房屋的高度和抗震设防烈度，综合考虑其特点和使用功能、荷载性质、材料供应、制作安装、施工条件等因素，选用抗震和抗风性能好且又经济、合理的结构体系。

多层与高层钢结构房屋结构形式有框架结构、框架-支撑结构（包括框架-中心支撑、框架-偏心支撑和框架-屈曲约束支撑结构）、框架-延性墙板结构、筒体结构等，实际工程中通常采用的结构形式为框架结构、框架-支撑结构。钢结构框架应双向刚性连接。框架-支撑结构中，中心支撑宜采用交叉支撑，也可采用人字支撑或单斜杆支撑，不宜采用 K 形支撑；支撑的轴线宜交会于梁柱构件轴线的交点。框架-延性墙板中，延性墙板可采用带加劲钢板墙、防屈曲钢板墙、钢板组合墙及带竖缝钢板剪力墙等。不同结构形式对钢结构碳排放量的影响后文有专门论述。

单层与多层厂房钢结构中，单层厂房结构通常横向采用抗侧力体系、纵向通过设置屋面支撑与柱间支撑实现水平作用传递，主要有框（排）架和门式刚架两种形式。多层厂房钢结构一般层数为 4～6 层，通常结构形式为框架结构、框架-支撑结构，具体形式同民用建筑钢结构。单层与多层厂房钢结构碳排放量计算同多层与高层建筑钢结构，不再赘述。

空间网格结构是按一定规律布置的杆件、构件通过节点连接而构成的空间结构，包括网架、单层网壳、双层网壳及桁架等，具有空间受力的特性，一般为超静定结构。空间结构设计应结合建筑功能、造型需求合理选用结构体系。空间网格结构碳排放量计算的影响因素较少，这里不再讨论。

3.3.2　减隔震低碳设计方案

钢结构建筑在抗震需求较高时，尚应采取减震技术或隔震技术，以减小地震作用、改善结构变形或楼面加速度。尤其是《建设工程抗震管理条例》（国务院令第 744 号）的实施，进一步促进了减隔震技术在钢结构建筑中的广泛应用。

结合具体工程算例分析与比较减隔震技术对钢结构工程碳排放量的影响，设计算例如下：

抗震设防烈度：8 度（0.2g）

设计地震分组：第二组

场地类别：Ⅲ类

设防类别：丙类

采用钢框架结构，地上 4 层，各层层高均为 4.2m，无地下室，东西方向柱距均为 9m，标准层结构平面布置如图 3.3-1 所示。楼板厚度 120mm，楼面恒荷载（不含楼板自重）$3kN/m^2$，活荷载 $2.5kN/m^2$，基本风压为 $0.45kN/m^2$。

钢框架柱均采用焊接箱形截面，钢梁均采用热轧 H 型钢，材料强度 Q355B，结构布置如图 3.3-1 所示。

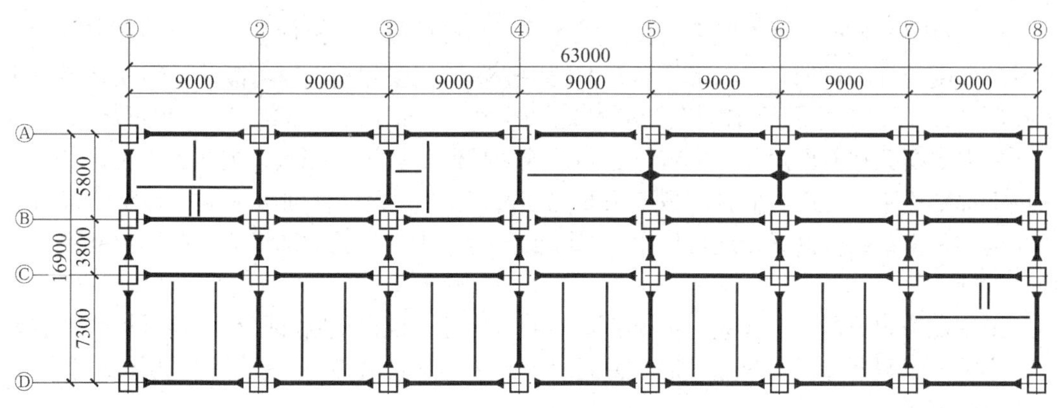

图 3.3-1　钢结构减隔震算例平面布置

分别采用隔震-《建筑抗震设计标准》GB/T 50011—2010（2024 年版）（简称《抗标》）小震设计方案、隔震-《建筑隔震设计标准》GB/T 51408—2021（简称《隔标》）中震设计方案、消能减震方案与无控制方案进行碳排放量比较（图 3.3-2）。其中，隔震方案仅比较隔震层上部钢结构部分的碳排放量；消能减震方案选用不改变结构动力特性的速度相关型阻尼器，即黏滞阻尼器。见表 3.3-1。

各设计方案主要结果列表　　表 3.3-1

设计方案	抗震等级	框架梁截面（mm）	框架柱截面（mm）
无控制	三级	HN650 × 300 HN600 × 200	□500 × 16
隔震-中震设计	四级	HN600 × 200 HN500 × 200	□500 × 14
隔震-小震设计	四级	HN600 × 200 HN500 × 200	□400 × 14
黏滞阻尼器	三级	HN600 × 200 HN500 × 200	□450 × 16

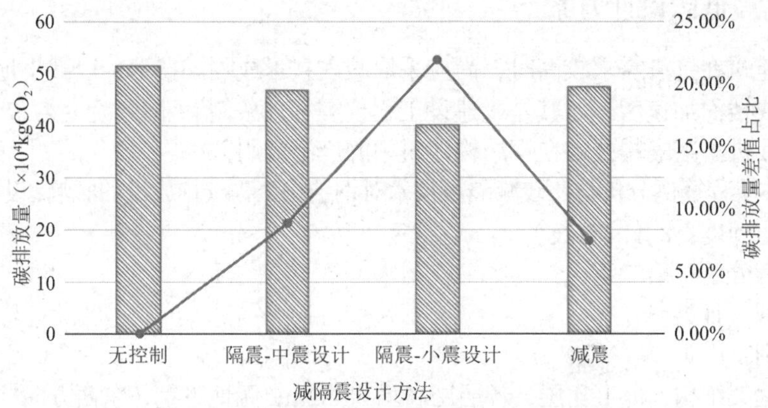

图 3.3-2　减隔震设计方法与碳排放量关系

通过设计结果可知，由于算例的最大跨度达到 9m，竖向荷载成为框架梁截面控制的主要因素，故采用减隔震技术对于框架梁的尺寸影响很小。影响碳排放量的主要因素是框架柱的截面尺寸。

可以看出，隔震设计方案无论是按照《隔标》设计或者《抗标》设计，均可以达到降低设防烈度设计的目的，可以降低框架柱的构造措施，框架柱壁厚可减薄。但是，相对于无控制方案，按照《隔标》设计的抗震性能水准由“小震不坏”提高至“中震不坏”，故其隔震层上部框架柱截面尺寸由中震位移和承载力控制。然而，按照《抗标》小震设计，隔震层上部结构不仅可以降低设防烈度采取抗震构造措施（框架柱轴压比按本地区），而且更为关键的是上部结构的设计地震作用可以降低烈度采用，故其上部框架柱截面尺寸由小震位移控制。

采用黏滞阻尼器减震方案，不改变结构动力特性，仅提供附加阻尼，降低构件地震剪力。小震下阻尼器提供的附加阻尼比最大。但是，框架柱截面由大震弹塑性层间位移角及消能子结构的极限承载力控制。

综上所述，基于此算例，采用《抗标》-小震设计方案结构的碳排放量最小，相比无控制方案，碳排放量降低率达到 20%以上。采用《隔标》-中震设计与黏滞阻尼器减震设计方案得到的碳排放量基本持平，但由于结构有中大震指标控制要求，碳排放量较《抗标》-小震设计方案要多且增量较大。

3.4　钢结构低碳化设计相关因素分析

降低钢结构的碳排放重点在于降低钢结构物化阶段的碳排放量 C_{m}。其中，C_{m} 按第 3.2.5 节公式计算。采用不同的结构体系、材料种类或构件类别产生的碳排放量不同，但是 C_1 基本不受上述因素的影响，所以在进行钢结构低碳设计时，重点对比 C_2～C_6 的总和即可，这里命名为 $C_{\mathrm{m-1}}$。

$$C_{\mathrm{m-1}} = C_2 + C_3 + C_4 + C_5 + C_6$$

钢结构运输环节碳排放量 C_3 和 C_5 以及安装环节碳排放量 C_6 这三项各自占比均较小，且基本上仅与钢结构工程量相关，即只要降低结构用钢量，就可以有效减少这三项碳排放。钢结构低碳设计着重从原材生产环节碳排放量 C_2 和钢构件加工制作环节碳排放量 C_4 两类关键因素着手。因此，为了对上述影响钢结构碳排放量的关键因素进行对比分析，运输环节的碳排放量 C_3 和 C_5 统一按照载重 18t 的重型汽油货车考虑［$0.104\mathrm{kgCO_2/(t\cdot km)}$］，安装环节碳排放量 C_6 按 $18.9\mathrm{kgCO_2/m^2}$ 考虑（参考近期相关研究成果）[1-4]。后文以普通民用多高层建筑为例，对影响钢结构碳排放量的主要影响因素进行了分析。设计算例如下：

各层层高均为 4.2m，双方向柱距均为 8.4m，标准层结构平面布置见图 3.4-1，楼板厚度为 120mm。楼面恒荷载（不含楼板自重）为 $5\mathrm{kN/m^2}$，活荷载为 $4\mathrm{kN/m^2}$，基本风压为 $0.45\mathrm{kN/m^2}$。场地类别为Ⅱ类，设计地震分组为第二组，以下参数为变量：

抗震设防烈度：6 度（0.05*g*）、7 度（0.10*g*）、8 度（0.20*g*）；

结构体系：框架结构、框架-中心支撑结构；

结构层数/总高度：7 层/29.4m、12 层/50.4m、18 层/75.6m。

结构构件为工程中最常用的箱形截面柱和 H 型钢梁，因支撑主要承受轴力，其截面采用矩形钢管或方钢管或圆形钢管。

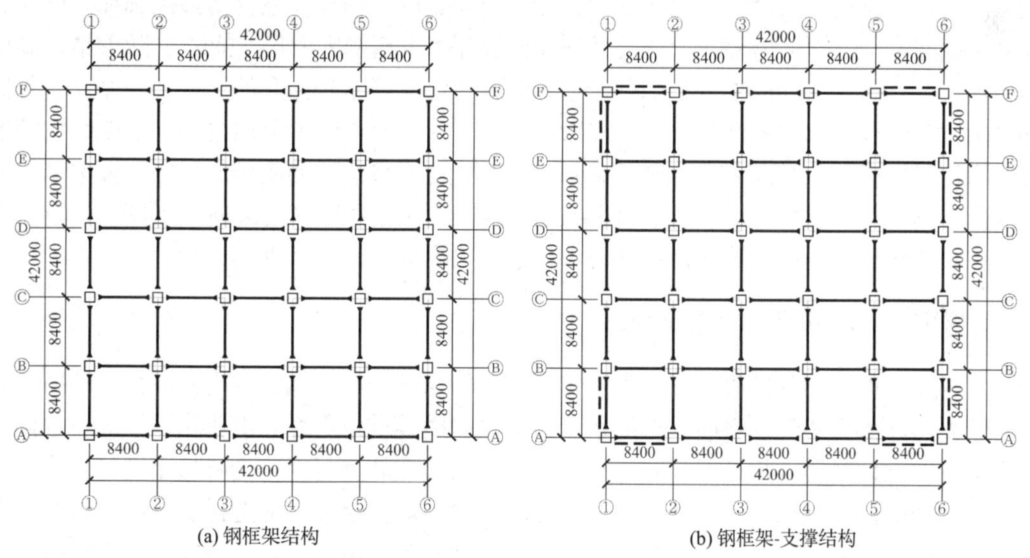

图 3.4-1　多高层钢结构算例平面布置

从整体结构的角度考虑，钢结构低碳设计的关键因素主要包括结构体系选择、构件类别（热轧型材或焊接截面）选择和材料种类选择等。从构件设计的角度考虑，钢结构低碳设计的关键因素主要包括压弯或轴压构件设计、受弯构件（梁）设计、钢结构配套楼板设计等。后文将结合算例，对上述各关键因素进行分析和总结。

3.4.1 结构体系的选择及低碳设计

体系选择是结构设计的首要任务，也是钢结构低碳设计的最关键因素。普通多高层钢结构最常用的结构体系为框架结构和框架-中心支撑结构，也有一些项目因其特殊性而选用框架-偏心支撑、框架-延性墙板结构。支撑和延性墙板均可为结构提供较大的抗侧刚度，通常适用于抗震设防烈度高或结构高度较高时；一般而言，在抗震设防烈度不高且结构高度不高时，通常采用框架结构。

本算例对抗震设防烈度为 8 度（0.2g）的 7 层（29.4m）、12 层（50.4m）和 18 层（75.6m）三种情况，进行不同体系间的碳排放比较，见图 3.4-2。

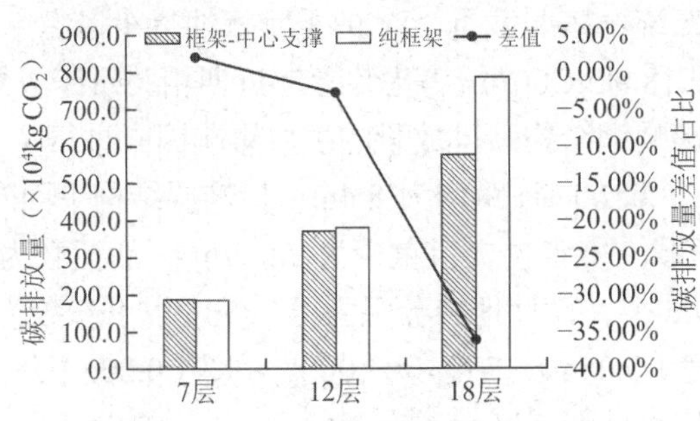

图 3.4-2 不同钢结构体系碳排放分析

整体结构及构件的各项指标满足《建筑抗震设计标准》GB/T 50011—2010（2024 年版）和《钢结构设计标准》GB 50017—2017 中的相关规定。从图 3.4-2 可以看出，总高度 29.4m 的 7 层结构，虽然抗震设防烈度较高，但是钢框架结构体系仍是最优选择。此时，若采用框架-中心支撑结构体系，碳排放量不降反增（本算例中增长 2.08%）。随着结构高度的增加，至总高度 50.4m 的 12 层结构时，框架-中心支撑结构体系的优势开始显现，其碳排放量相对于框架结构降低了 2.71%。当总高度 75.6m 和结构层数 18 层时，框架结构需要大幅增加梁柱截面，以达到结构刚度要求。框架-中心支撑结构的碳排放相比纯框架结构明显降低（约 40%）。因此，对普通多高层建筑，在结构高度大于 30m 时，低碳设计首先应做宏观的体系比选。体系选择得正确与否，是结构设计工作的基础和关键。

3.4.2 构件类别的选择及低碳设计

从构件层面控制碳排放，首先需要选择合理的构件类别。钢结构构件最突出的特点是可以分为热轧截面和焊接截面。近年来，热轧型材因其质量可靠和工业化程度高，逐渐受到许多结构设计师的青睐；但是，也有设计师认为，热轧型材规格受限且用钢量较大，使用焊接成型的截面更加自由和经济。这种分歧主要体现在梁截面的选择上。作为市场上最为常见的产品，焊接 H 形钢可以方便地符合工程师的各种设计需求，但热轧 H 型钢较难做到。多高层钢结构建筑的柱截面绝大多数为箱形截面，也有一些工程使用圆钢管截面。这两种截面在市场上均以焊接成型为主。只有柱截面较小时，才可以在市场上采购到热轧方管和无缝钢管，但工程中使用甚少。

本算例主要分析钢梁截面种类与结构碳排放之间的关系，图 3.4-3 和图 3.4-4 分别给出了 7 层（29.4m）和 12 层（50.4m）的建筑在不同抗震设防烈度时，不同构件类别与结构碳排放之间的关系，各算例的整体结构及构件各项设计指标均满足《建筑抗震设计标准》GB/T 50011—2010（2024 年版）和《钢结构设计标准》GB 50017—2017 中的相关规定。

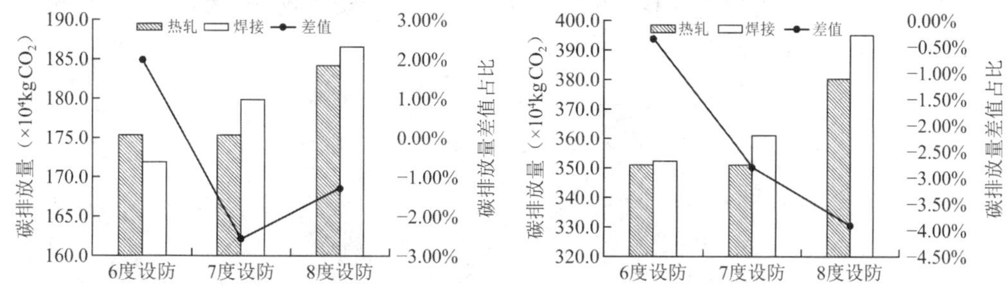

图 3.4-3　7 层/总高度 29.4m 时结构碳排放比较　图 3.4-4　12 层/总高度 50.4m 时结构碳排放比较

从图 3.4-3 可以看出，总高度为 29.4m 的 7 层结构，不同抗震设防烈度时，采用热轧 H 型钢梁和焊接 H 形钢梁的结构碳排放量相差不多（相差在 3%以内）。抗震设防烈度为 6 度时，结构构件的控制工况均为非地震工况。此时，采用焊接 H 形钢确实可以大幅降低结构用钢量；但是，因为焊接 H 形钢在工厂组焊环节有大量碳排放，即 C_4 值明显高于热轧 H 型钢，所以结构在总体碳排放上并无明显优势。随着抗震设防烈度的升高，采用热轧 H 型钢更符合低碳设计的理念。从图 3.4-4 可以看出，总高度为 50.4m 的 12 层结构，随着抗震设防烈度的升高，采用热轧 H 型钢明显可以降低碳排放。尤其是抗震设防烈度为 8 度时，降低碳排放约 4%。针对本算例而言，降低的碳排放量数值可以达到 160t。这其中的主要原因是，按照《建筑抗震设计标准》GB/T 50011—2010（2024 年版）的规定，抗震设防烈度为 8 度且结构高度超过 50m 时，结构抗震等级为二级，此时的热轧 H 型钢基本可以满足板件宽厚比要求；而焊接 H 形钢为了满足板件宽厚比要求，已经不具备节省用钢量的优势。对比图 3.4-3 和图 3.4-4，随着结构高度的增加，采用热轧型钢的减碳效应越加明显。虽然同样是抗震设防烈度 6 度，地震作用对结构设计不起控制作用，12 层结构的碳排放量已经由焊接截面占优势转变为两种截面类别基本持平，甚至热轧截面有了微弱的优势。

综上所述，从结构设计的角度来讲，结构高度和抗震设防烈度是影响结构碳排放的直接因素，而结构抗震等级是影响碳排放的根本因素。钢结构构件低碳设计时，应优先选用热轧截面。

3.4.3　材料种类的选择及低碳设计

钢材强度等级是关乎结构用钢量的重要因素，按照《建筑碳排放计算标准》GB/T 51366—2019 中的规定，热轧钢板和型钢在材料生产阶段的碳排放不按照强度等级作区分。因此，提高材料强度等级显然可以有效降低碳排放量。

以抗震设防烈度 8 度、总高度 50.4m 的 12 层结构为例，采用 Q355 级和 Q390 级钢材比较其结构碳排放量，如图 3.4-5 所示。无论是框架结构体系还是框架-中心支撑结构体系，强度等级 Q390 的钢材都可以有效降低碳排放量，但框架-中心支撑结构更明显（Q390 级别的钢材使结构减少碳排放量 14%）。主要原因是框架结构的抗侧刚度由梁柱刚接节点提供，当抗震设防烈度和建筑高度均较高时，钢梁和钢柱的截面经常由刚度控制，即承载力利用不充分，只是需要较大截面提供抗侧刚度，此时，采用更高强度的钢材来降低碳排放量，效果不明显。而框架-中心支撑结构的抗侧刚度很大一部分来源于支撑的轴向刚度，即支撑截面足够大，就可以满足整体结构的刚度需求，而大部分梁柱截面仍然是承载力控制，此时采用更高强度等级的钢材自然有较为明显的减碳效应。

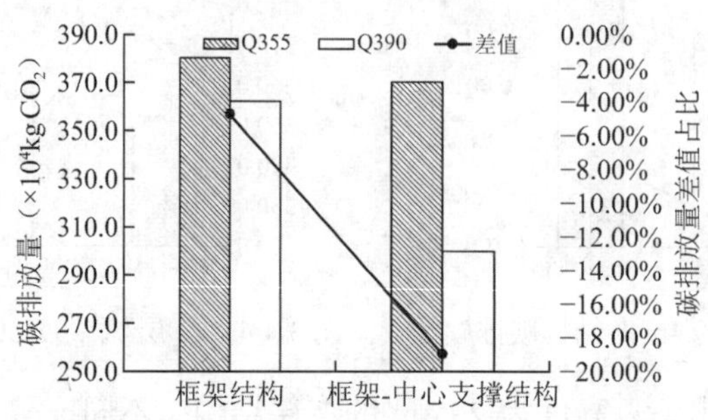

图 3.4-5　不同材料种类的结构碳排放对比

综上所述，虽然提高钢材强度等级可以减少用钢量进而降低碳排放量，但是也要针对具体情况作具体分析。当大部分构件是承载力控制时，使用高强度的材料确实可以明显降低碳排放量；但是，如果大部分构件截面受刚度控制，提高材料强度等级就不是合理的减碳方案，而且有可能会因为材料等级的提高而增加碳排放。

3.4.4　不同受力状态下构件的低碳设计

3.4.4.1　轴心受力构件碳排放分析

实际工程中，虽然不存在理想的轴心受力构件，但是有很多构件以受轴力为主，受弯矩为辅或很小，比如网架杆件、桁架杆件和各类支撑杆件等，此类构件通常按轴心受力构件进行设计。截面类型及尺寸、材料强度和长细比，是轴压构件设计需要充分考虑的三个因素，也是轴压构件低碳设计的主要影响因素。而轴拉构件因不涉及稳定问题，在进行低碳设计时，只需要考虑截面面积和材料强度即可。

本节以轴心受压构件为例，阐述轴心受力构件低碳设计的控制要素。假定构件所需要的承载力为 1000kN，构件的控制应力比为 0.85～1.00，板件宽厚比（径厚比）控制按照《钢结构设计标准》GB 50017—2017 中的 S3 级执行，设计时考虑的变参数如下：

（1）截面类型及尺寸：工程中最常用的方钢管、圆钢管，壁厚有 6mm、8mm、10mm 和 12mm 四种；

（2）材料强度：Q235 和 Q355；

（3）长细比：构件长度有 2m、4m、6m、8m 和 10m 五种。

变参数分析共设计了 52 根不同类型的轴压杆件，为了方便揭示碳排放量与各因素之间的变化规律，选用方钢管截面时，不考虑是否为市场常规供货的因素。其尺寸以 10mm 为级差进行变化。本算例所用方钢管最小的截面尺寸为 120mm × 120mm，最大为

270mm × 270mm。选用圆钢管时，因市场上常规供货的圆钢管规格较多，此算例所用圆钢管均为常规截面，最小直径为 140mm，最大直径为 325mm。

图 3.4-6 将不同截面类型的杆件碳排放量进行对比。从图中可以看出，采用圆钢管截面可以降低轴心受力构件的碳排放量。从整体规律来看，构件越长，圆管的节碳优势越明显。本算例中，Q235 级圆钢管比同强度等级的方钢管最多节碳 5.49%；Q355 级圆钢管比同强度等级的方钢管最多节碳 7.96%。但是，构件长度较短，如 2m 时，Q235 级和 Q355 级圆钢管分别只比同强度等级的方钢管节碳 0.95%和 3.44%。所以，轴心受压钢构件低碳设计应首选圆钢管截面做轴心受力构件。

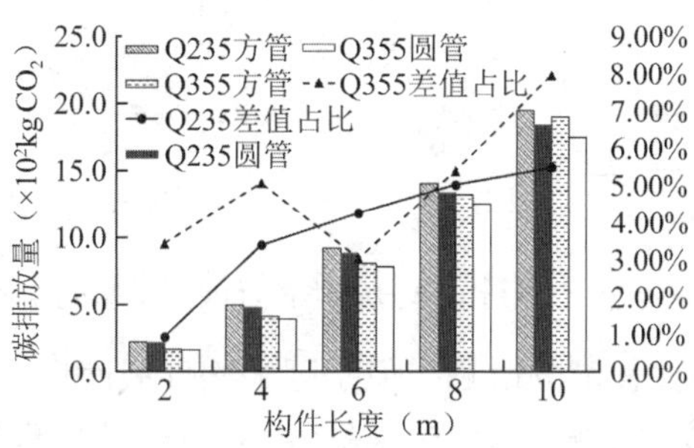

图 3.4-6　截面类型与轴压构件的碳排放量关系

为了细化分析截面类型及规格对低碳设计的影响，图 3.4-7 将各种长度的杆件，按不同厚度分类进行碳排放对比。图中，t_1、t_2 和 t_3 为三种不同壁厚，2m 和 4m 长的构件，其 t_1、t_2、t_3 分别为 6mm、8mm、10mm；6m、8m 和 10m 长的构件，其 t_1、t_2、t_3 分别为 8mm、10mm、12mm。从图 3.4-7 可以看出，无论是方钢管还是圆钢管，构件的碳排放量均随着壁厚的增加而增加；而且，构件长度越长，规律越明显。本算例中的方钢管因壁厚增加而导致的碳排放量增加，最大为 11.75%，最小为 4.45%；圆钢管因壁厚增加而导致的碳排放量增加，最大为 11.17%，最小为−0.92%（构件长度 2m 时，不同壁厚的圆钢管碳排放量基本一致）。所以，轴心受压钢构件低碳设计应首选薄壁厚、大管径的构件。

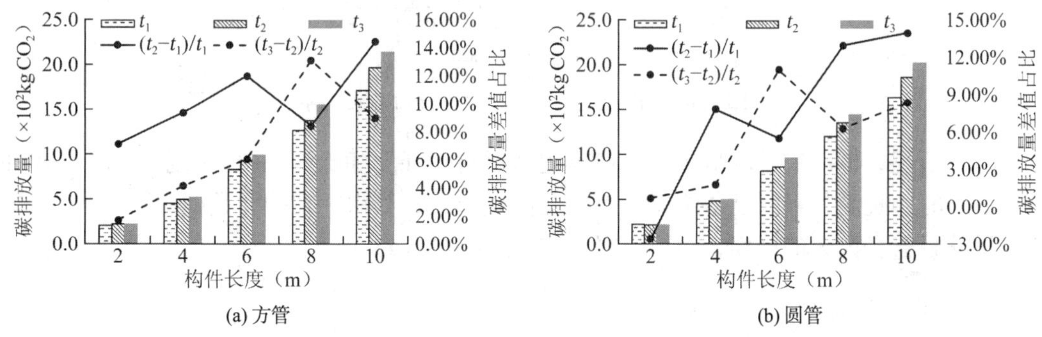

(a) 方管　　(b) 圆管

图 3.4-7　壁厚与轴压构件的碳排放量关系

改变材料强度可以显著影响构件的碳排放量，图 3.4-8 给出了材料强度与碳排放量的关系。将同一种长度和强度等级的构件碳排放量取平均值，如 2m 长的 Q235 级构件有 t_1、t_2 和 t_3 三种厚度。将其碳排放量取平均值，其余长度的构件同此处理，得到图 3.4-8 中的柱状图。从图中可以看出，提高材料强度等级带来的减碳效应十分明显。尤其是构件长度较短时，2m 长的方钢管和圆钢管，采用 Q355 级钢材分别节碳 24.63%和 26.53%；4m 长的方钢管和圆钢管，采用 Q355 级钢材分别节碳 16.74%和 18.17%。但是，当构件长度为 10m 时，采用 Q355 级钢材分别只节碳 2.53%和 5.08%。所以，在构件的承载力主要为强度控制时，优先采用高强度的材料更符合低碳设计的理念。

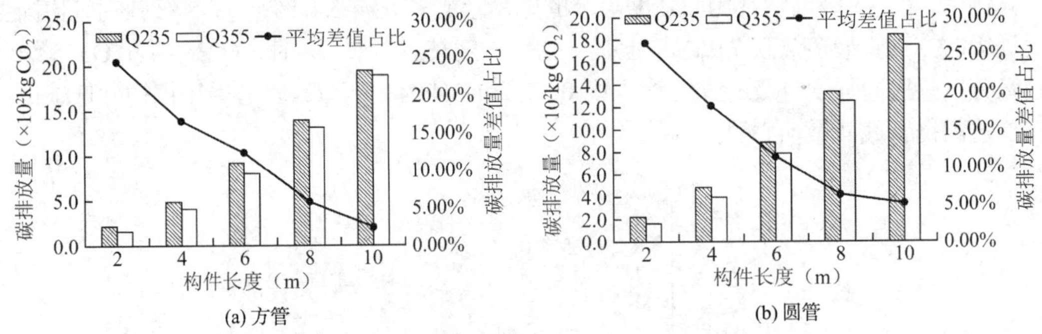

图 3.4-8　材料强度与轴压构件的碳排放量关系

上述分析虽然考虑构件长度的影响，但是因为构件截面尺寸也在变化，所以无法说明长细比对轴压构件碳排放的影响。对 52 根杆件的设计结果根据长细比进行整理，得到图 3.4-9。从图中可以明显看出，轴压构件碳排放随着长细比增加而增加，材料强度对碳排放的影响随着长细比的增加逐渐减小。在构件长细比大于 110 之后，无论截面类型如何，材料强度等级已经对碳排放无影响。

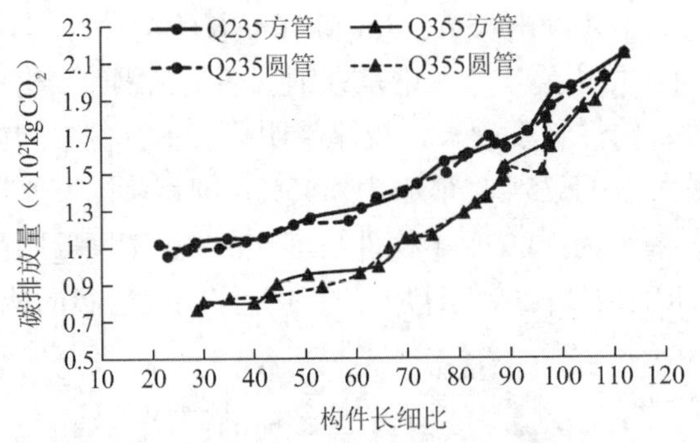

图 3.4-9　长细比与轴压构件的碳排放量关系

综上所述，轴压构件的低碳设计应首先考虑材料强度和长细比两个因素。降低构件长细比的同时，提高材料强度等级是最有效的减碳方式；其次，在截面类型的选择上要注意选择壁薄且管径较大的截面，也可以降低构件的碳排放量。

3.4.4.2　压弯构件碳排放分析

上节已经对影响轴心受力构件低碳设计的要素作了分析阐述，材料强度和长细比对碳排放量的影响规律同样适用于压弯构件。本节针对截面类型与碳排放量的关系设计算例如下：

荷载工况一：$N = 1500\text{kN}$，$M = 150\text{kN} \cdot \text{m}$（端弯矩，两端同号）；

荷载工况二：$N = 500\text{kN}$，$M = 350\text{kN} \cdot \text{m}$（端弯矩，两端同号）；

截面类型及尺寸：箱形截面、圆管和 H 型钢组焊的十字形截面，壁厚选取原则为满足板件宽厚比的前提下尽量取薄，最薄为 10mm；

构件强度等级：Q235。

变参数分析共设计了 96 根不同类型的压弯构件。为了方便揭示碳排放量与各因素之间的变化规律，各截面类型的尺寸以 5mm 为级差变化，长细比以 10 为级差变化。本算例所用箱形截面，最小的截面尺寸为 385mm × 385mm，最大的截面尺寸为 570mm × 570mm；圆钢管最小直径为 550mm，最大为 900mm；组成十字形截面的 H 型钢，最小截面高度为 490mm，最大截面高度为 1050mm，翼缘宽度有 200mm 和 250mm 两种，构件长细比为 5、10、20、30…150。

图 3.4-10 是不同荷载工况作用时，各类截面的压弯构件单位碳排放量。从图中得到规律如下：首先，长细比的增加会明显提高压弯构件碳排放量，这与轴压构件的规律是一致的。其次，十字形截面的碳排放量明显高于箱形截面和圆管截面。随着构件长细比的变化，不同截面的压弯构件单位碳排放量见表 3.4-1。荷载工况一作用下的构件轴力占比较大，长细比低于 60 时，箱形截面与圆管截面单位碳排放量相同，十字形截面的单位碳排放量比箱形截面和圆管截面大 20%左右。长细比大于 60 时，圆管截面的碳排放量较箱形截面低 3%～5%，十字形截面的碳排放量比箱形截面大 5%～10%，比圆管截面大 10%～17%。荷载工况二作用下的构件弯矩占比较大，此时构件长细比对碳排放量影响较小，圆管截面的碳排放量较箱形截面低 6%左右，十字形截面的碳排放量比箱形截面大 20%左右，比圆管截面大 25%左右。

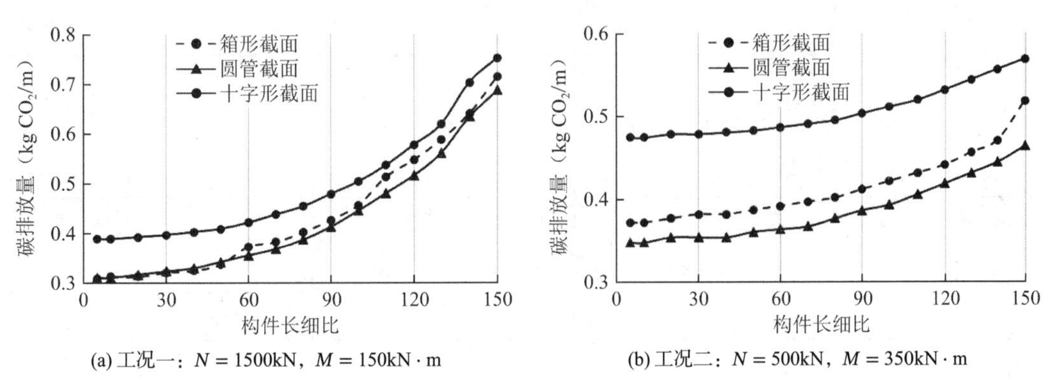

图 3.4-10　截面类型与压弯构件的碳排放量关系

各类截面压弯构件碳排放量（单位：kgCO_2/m）　　　　表 3.4-1

长细比范围	荷载工况一			荷载工况二		
	箱形	圆管	十字形	箱形	圆管	十字形
[0，30]	0.31	0.31	0.39	0.38	0.35	0.48
(30，60]	0.34	0.34	0.41	0.39	0.36	0.48
(60，90]	0.40	0.39	0.46	0.40	0.38	0.50
(90，120]	0.51	0.48	0.54	0.43	0.41	0.52
(120，150]	0.65	0.63	0.69	0.48	0.45	0.56

3.4.4.3 受弯构件碳排放分析

钢结构中的受弯构件主要为钢梁，以 H 形截面最为常见，受弯构件减碳设计的关键为减轻钢梁重量，减小梁跨度和提高材料强度是降低碳排放量的最常用方法。除此之外，本节重点分析不同设计方法在钢梁低碳设计中的作用。

以有楼板约束的简支梁为例，钢材强度等级为 Q355B，楼面恒荷载为 4kN/m^2，楼面活荷载为 3kN/m^2，钢梁受荷宽度为 3m，板件宽厚比按《钢结构设计标准》GB 50017—2017 中的 S4 级控制。为了避免计算腹板的稳定性，腹板高厚比按 $80\varepsilon_k$ 控制。分别按照钢梁、弹性组合梁和塑性组合梁进行设计，组合梁设计时按照施工期间不设置任何临时支撑验算施工阶段。为方便对比，统一设计原则为同时满足钢梁应力比小于 1.0 和挠度小于跨度的 1/250 且用钢量最省，得出不同楼板厚度和不同跨度时的钢梁截面，见表 3.4-2。

有楼板约束的简支钢梁设计结果 表 3.4-2

<table>
<tr><th>跨度（m）</th><th>板厚（mm）</th><th>按钢梁设计</th><th>按弹性组合梁设计</th><th>按塑性组合梁设计</th></tr>
<tr><td rowspan="3">4.2</td><td>110</td><td rowspan="3" colspan="3">H250 × 150 × 6 × 8</td></tr>
<tr><td>120</td></tr>
<tr><td>130</td></tr>
<tr><td rowspan="3">6.0</td><td>110</td><td rowspan="3">H350 × 200 × 6 × 8</td><td rowspan="3" colspan="2">H350 × 150 × 6 × 8</td></tr>
<tr><td>120</td></tr>
<tr><td>130</td></tr>
<tr><td rowspan="3">8.4</td><td>110</td><td rowspan="3">H500 × 200 × 8 × 10</td><td rowspan="3">H500 × 200 × 8 × 8</td><td rowspan="3">H450 × 200 × 8 × 8</td></tr>
<tr><td>120</td></tr>
<tr><td>130</td></tr>
<tr><td rowspan="3">10.8</td><td>110</td><td rowspan="3">H600 × 250 × 10 × 12</td><td rowspan="3">H600 × 200 × 10 × 10</td><td rowspan="2">H600 × 200 × 10 × 12</td></tr>
<tr><td>120</td></tr>
<tr><td>130</td><td>H600 × 200 × 10 × 10</td></tr>
<tr><td rowspan="3">12.9</td><td>110</td><td rowspan="3">H700 × 250 × 12 × 14</td><td rowspan="3" colspan="2">H700 × 200 × 12 × 12</td></tr>
<tr><td>120</td></tr>
<tr><td>130</td></tr>
</table>

从表 3.4-2 可以看出，不同楼板厚度虽然导致传给钢梁的恒荷载略有区别，但大多数情况下不会影响钢梁的设计结果。采用塑性组合梁设计方法时，因简支梁受压区板件宽厚比需要满足 S2 级；在 10.8m 跨且楼板厚度为 110mm 和 120mm 时，钢梁上翼缘处于受压区；为了钢梁材料用量最优，采用上、下翼缘不等厚的 H 形截面。同跨度条件下，楼板厚度 130mm 时，钢梁全截面处于受拉区，仍可以按照 S4 级控制其板件宽厚比。由此可见，采用塑性组合梁设计方法时，楼板厚度增加一点，反而利于降低用钢量，进而减少碳排放量。按照前文所述计算方法，计算表 3.4-2 中每种工况下的钢梁碳排放量，并把不同楼板厚度的结果取平均值，再按跨度分类后，形成图 3.4-11 中的结果。

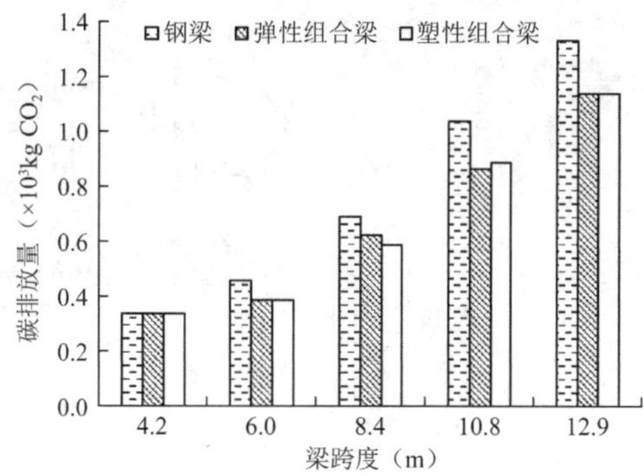

图 3.4-11　不同设计方法对钢梁碳排放的影响

从图 3.4-11 中可以看出，在钢梁跨度为 4.2m 时，三种设计方法所得钢梁碳排放量是相同的。因为跨度较小时，受制于加工、安装和使用需求等因素，钢梁截面已经不能再小。因此，如本算例所示，钢梁跨度不大于 4.2m 时，采用任何设计方法，钢梁碳排放量均相同。随着跨度的增加，可以明显看出，按组合梁设计会有效减少钢梁碳排放量，平均减少碳排放 14%左右；而且，跨度越大，组合梁设计方法的减碳效果越明显。但弹性组合梁和塑性组合梁设计方法之间并无明显区别。除此之外，因本算例限定在钢梁腹板高厚比不大于 $80\varepsilon_k$ 前提下进行，若按照《钢结构设计标准》GB 50017—2017 中的 S4 级控制钢梁腹板高厚比不大于 $124\varepsilon_k$ 进行设计，将会进一步降低钢梁的碳排放量。读者可自行试算验证。但是，比较烦琐的是，需要按照《钢结构设计标准》GB 50017—2017 验算钢梁腹板的稳定性。当其稳定性不足时，还需要设置加劲肋或考虑腹板屈曲后强度，工程中并不常用。

上述算例是有楼板约束的钢梁，因楼板有效约束了钢梁上翼缘，故不存在钢梁整体稳定问题。但是，工程中也经常遇到钢梁上翼缘无约束的情况。荷载情况与钢梁材质同上文，对不同跨度的无楼板约束简支钢梁进行设计。板件宽厚比按《钢结构设计标准》GB 50017—2017 中的 S4 级控制，得到不同截面类型的钢梁设计结果，如表 3.4-3 所示。各种工况下的钢梁碳排放结果如图 3.4-12 所示。

无楼板约束的简支钢梁设计结果　　　　**表 3.4-3**

跨度（m）	H 形截面钢梁	箱形截面钢梁
4.2	H300 × 200 × 6 × 8	□250 × 150 × 6
6.0	H400 × 250 × 6 × 10	□400 × 200 × 6
8.4	H600 × 300 × 10 × 14	□500 × 200 × 8
10.8	H800 × 350 × 12 × 18	□600 × 250 × 10
12.9	H800 × 450 × 12 × 18	□700 × 250 × 12

H 形截面钢梁在没有楼板约束上翼缘时，稳定问题非常突出。可以看出，表 3.4-3 中的 H 形钢梁翼缘宽度和厚度值均较大。而箱形截面钢梁的稳定性较好，同等条件下，箱形钢梁的碳排放量均小于 H 形钢梁。这一优势在跨度小于 6m 时并不明显，如图 3.4-12 所示。跨度 6m 及以下，箱形截面钢梁碳排放减少不到 5%。此外，需要提醒读者的是，如果做高度、宽度与 H 形截面相同的箱形钢梁，其碳排放量并不会比 H 形钢梁明显减少。这是由于翼缘的宽厚比限值比较严格所致。

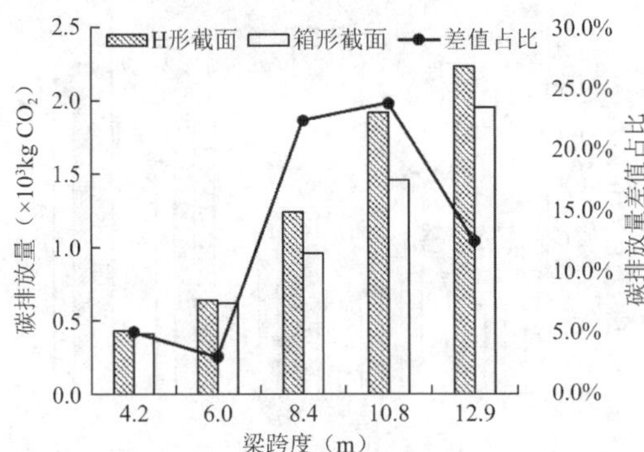

图 3.4-12 不同截面类型对钢梁碳排放的影响

3.4.5 楼板低碳设计

钢结构建筑的楼盖体系中，通常采用混凝土叠合楼板、钢筋桁架楼承板现浇混凝土楼板和压型钢板现浇混凝土组合楼板三种类型。

混凝土叠合楼板是由预制板和现浇钢筋混凝土层叠合而成的装配整体式楼板。预制板既可以为施工阶段现浇混凝土的永久支承模板，又为使用阶段楼板结构的重要组成部分。叠合楼板具有施工速度快、方便埋设管线、提高施工质量、节能环保等优点，在钢结构体系中有着广泛应用。

钢筋桁架楼承板现浇混凝土楼板，为采用钢筋桁架楼承板作为施工底模通过浇筑混凝土及其连接构造措施组合而成的楼板。钢筋桁架楼承板为钢筋桁架与底板通过电阻点焊连接成整体的组合承重板；钢筋桁架是以钢筋为上弦、下弦及腹杆，通过电阻点焊连接而成的桁架。

压型钢板现浇混凝土组合楼板，为在压型钢板作为施工底模通过浇筑混凝土及其连接构造措施组合而成的楼板。压型钢板根据受力需要，通常采用高波纹板，压型钢板形式分为开口型和闭口型。对室内观感要求较高时，常采用闭口型。

叠合楼板与钢筋桁架楼承板现浇混凝土楼板的碳排放量的相关研究，详见第 2.5.2 节。

3.5 典型案例

基于以上论述，以一栋框架-中心支撑结构的建筑为案例示范，进行碳排放计算，本案例不考虑前文所述的负碳折减。

1. 项目概况

（1）项目名称：亦庄某文化类建筑 C 区；

（2）结构类型：框架-中心支撑；

（3）结构安全等级：一级；

（4）设计使用年限：50 年；

（5）项目规模（面积）：13629m²；

（6）层数：5 层；

（7）层高：见表 3.5-1；

亦庄某文化类建筑 C 区各层高度　　表 3.5-1

层数	1 层	2 层	3～4 层	5 层
层高（m）	5.90	6.10	6.00	7.60

（8）本工程的结构整体计算，采用盈建科系列软件。

2. 平面图（图 3.5-1）

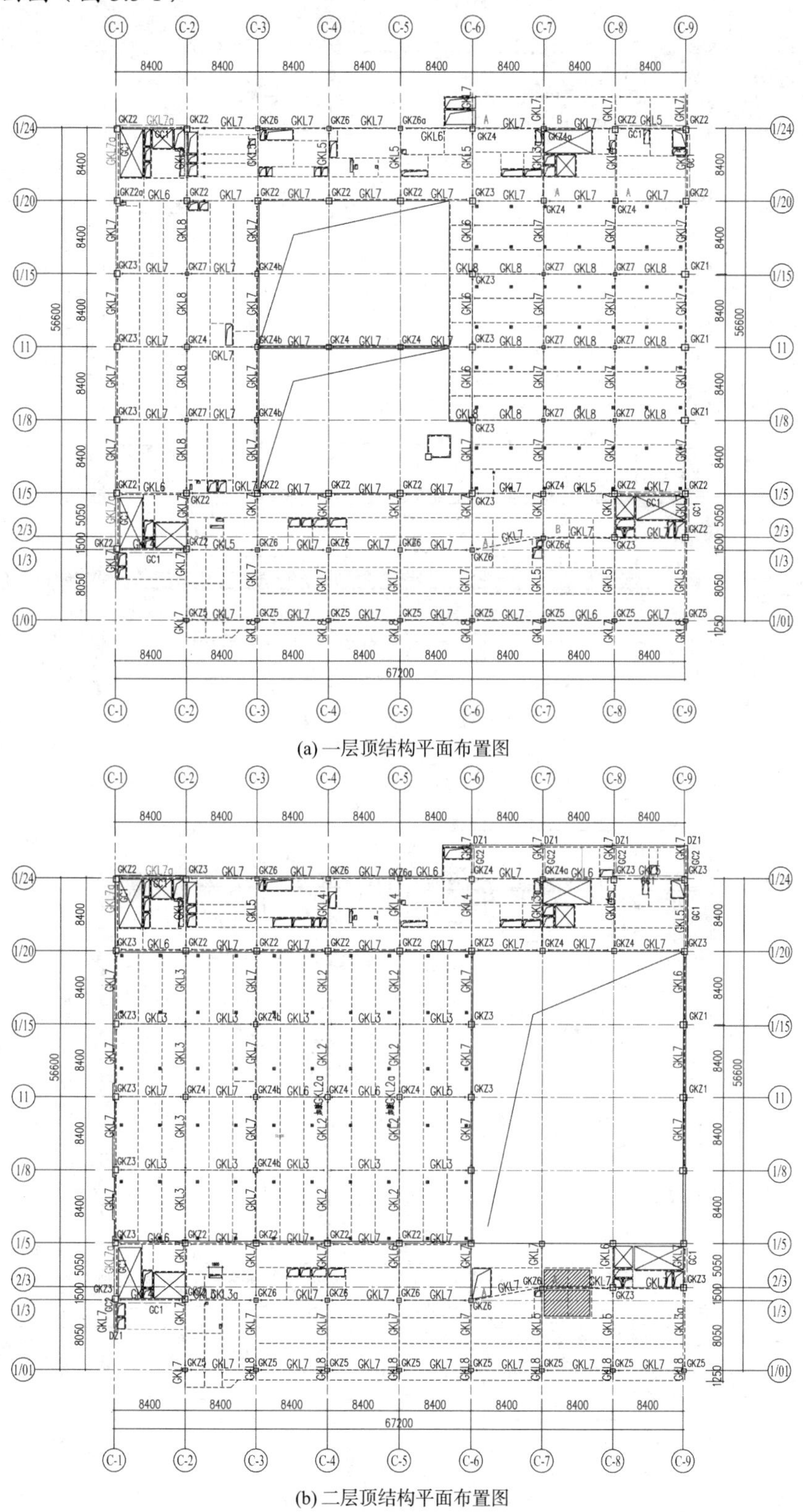

(a) 一层顶结构平面布置图

(b) 二层顶结构平面布置图

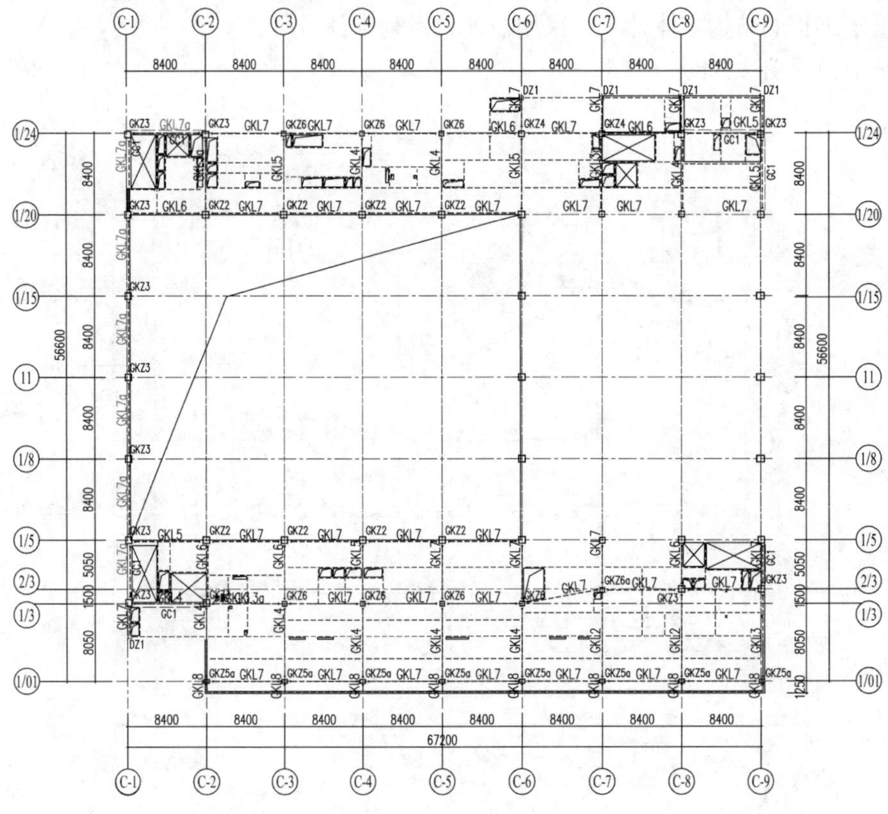

(c) 三层顶结构平面布置图

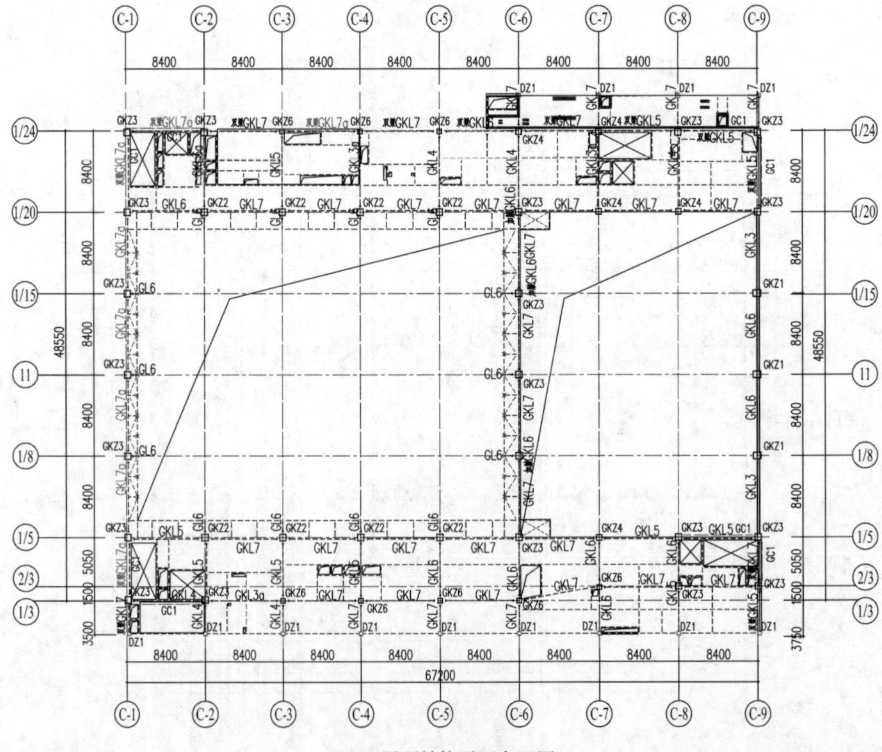

(d) 四层顶结构平面布置图

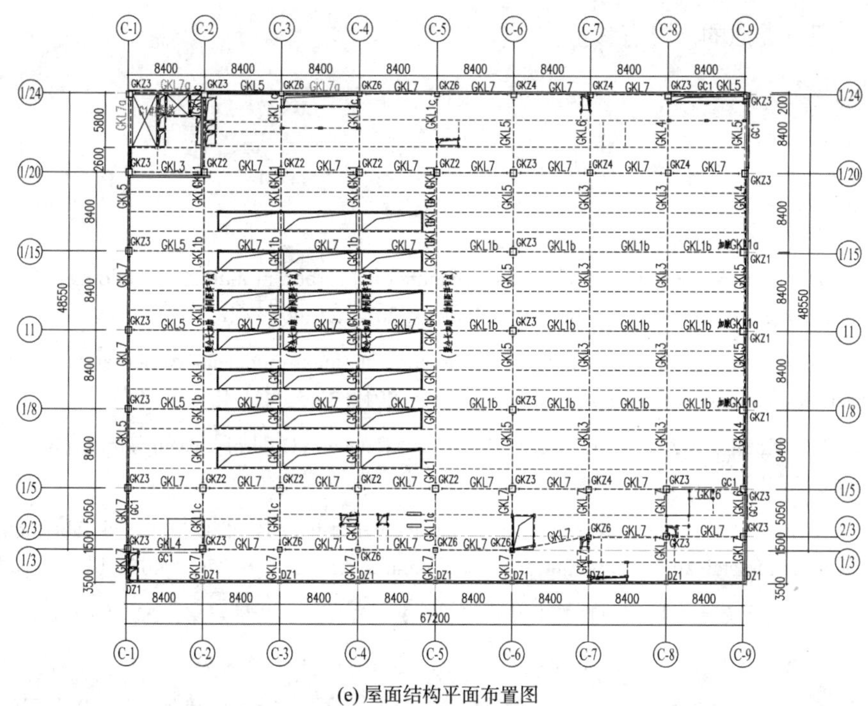

(e) 屋面结构平面布置图

图 3.5-1　亦庄某文化类建筑 C 区各层平面布置图

3. 碳排放量统计

见表 3.5-2。

碳排放量统计　　表 3.5-2

项目		工程量	碳排放量（kg）
钢材（t）	热轧截面	843.66	2294600.34
	焊接截面	1515.18	4252781.78
混凝土（m^3）	C30	1939.02	613505.32
钢筋（t）	HRB400	60.88	401934.66
碳排放量合计			7562822.10
碳排放量/建筑面积（kg/m^2）			554.91

3.6　本章小结

钢结构因其本身的特点，其碳排放与混凝土结构有明显的不同。本章系统阐述了钢结构碳排放的计算和分析，将钢结构全寿命期划分为物化阶段、使用阶段和消纳阶段三个阶段。每个阶段细分为相应的环节，对每个阶段和环节的碳排放进行了分析，重点对钢构件加工制作环节的碳排放进行了详细分析。

本章结合具体工程案例，对钢结构建筑的低碳方案、低碳设计相关因素等进行分析，重点对钢结构轴心受力构件、压弯构件、受弯构件、钢结构楼板等构件的低碳设计进行详细分析，以期对类似的项目有参考作用。

参考文献

[1] HART J, D'AMICO B, POMPONI F. Whole-life embodied carbon in multistory buildings: Steel, concrete and timber structures[J]. Journal of Industrial Ecology, 2021, 25: 403－418.

[2] LI B, FU F F, ZHONG H, et al. Research on the computational model for carbon emissions in building construction stage based on BIM[J]. Structural Survey, 2012, 30(5): 411-425.

[3] SHEN J, YIN X, QUAN Z. Research on a Calculation Model and Control Measures for Carbon Emission of Buildings. ICCREM, 2018: 190-198.

[4] LUO L, CHEN Y. Carbon emission energy management analysis of LCA-Based fabricated building construction[J]. Sustainable Computing: Informatics and Systems, 2020, 27(100405): 1-8.

[5] 李静，刘燕. 基于全生命周期的建筑工程碳排放计算模型[J]. 工程管理学报, 2015(4): 12-16.

[6] 李兵. 低碳建筑技术体系与碳排放测算方法研究[D]. 武汉：华中科技大学, 2012.

[7] 李庆伟，岳清瑞，金红伟，等. 双碳背景下钢结构碳排放研究进展[J]. 建筑结构, 2023, 53(17): 1-7.

[8] DUNANT C F, et al. Good early stage design decisions can halve embodied CO_2 and lower structural frames' cost[J]. Structure, 2021, 33: 343－354.

[9] DREWNIOK M P, CAMPBELL J, ORR J. The Lightest Beam Method－A methodology to find ultimate steel savings and reduce embodied carbon in steel framed buildings[J]. Structures, 2020, 27: 687-701.

[10] D'AMICO B, POMPONI F. Accuracy and reliability: A computational tool to minimise steel mass and carbon emissions at early-stage structural design[J]. Energy & Buildings, 2018, 168: 236-250.

[11] ELEFTHERIADIS S, et al. A computational paradigm for the optimisation of steel building strucutres based on cost and carbon indexes in early design stages[C]//International Workshop on Intelligent Computing in Engineering. 2017.

[12] 李庆伟，陈振明，岳清瑞，等. 钢结构制造全过程碳排放与碳减排研究[J]. 建筑结构, 2023, 53(17): 8-13.

[13] 付菲菲. 基于离散仿真的钢结构工程施工碳排放计量研究[J]. 工程管理学报, 2018, 32(1): 98-103.

[14] 杨伟军，肖初华，陈婵璐，等. 基于碳排放量的机械施工方案比选研究[J]. 重庆建筑, 2020, 19(11): 30-32.

[15] 刘香香，孙凤. 基于蚁群算法的装配式建筑施工工序多目标优化模型[J]. 土木工程与管理学报, 2021, 38(3): 113-118.

[16] 李水生，肖初华，杨建宇，等. 建筑施工阶段碳足迹计算与分析研究[J]. 环境科学与管理, 2020, 45(3): 41-45.

[17] 陈彬彬，陈婵璐，杨建宇，等. 施工阶段碳排放定额估算方法研究[J]. 建筑节能, 2020, 48(11): 147-150.

[18] ABOUHAMAD M. Life Cycle Environmental Assessment of Light Steel Framed Buildings with Cement-Based Walls and Floors[J]. Sustainability, 2020, 12(24): 10686.

[19] HERAVI G, ROSTAMI M, KEBRIA M F. Energy consumption and carbon emissions assessment of integrated production and erection of buildings' pre-fabricated steel frames using lean techniques[J]. Journal of Cleaner Production 2020, 253: 120045.

[20] 张又升. 建筑物生命周期二氧化碳减量评估[D]. 台南：成功大学, 2002.

[21] 杨朔. 建筑钢结构工程全生命周期碳排放计算研究[D]. 济南: 山东建筑大学, 2023.

[22] 周观根, 周雄亮. 基于生命周期评价的钢结构建筑能耗与碳排放分析[C]//钢结构与绿色建筑技术应用. 北京: 中国建筑工业出版社, 2019: 174-180.

[23] 孟昊杰. 装配式建筑施工碳排放计算及影响因素研究[D]. 成都: 西南交通大学, 2018.

[24] 吴刚, 欧晓星, 李德志, 等. 建筑碳排放计算[M]. 北京: 中国建筑工业出版社, 2022.

第 4 章

木、竹结构低碳化设计方法与应用

4.1　木、竹结构发展

4.1.1　木、竹结构概述

1. 木、竹结构概念与分类

木、竹结构是以木竹材为主制作的构件来承重的结构。现代木结构建筑则是指主要结构构件采用标准化的木材或工程木产品，构件连接节点采用金属连接件连接的建筑，具有可预制化和可装配化的特点。现代木结构建筑结构体系丰富，可以满足低层、多层、大跨到高层现代木结构的建设需要，结构体系清晰，可以按照建造方式或建材类型进行划分。《木结构设计标准》GB 50005—2017 中，按所用木材的种类将木结构划分为以下几类[1]：以方木、原木为基本构件组成的木结构称为方木原木结构（图 4.1-1a），以规格材为基本构件的称为轻型木结构（图 4.1-1b），以胶合木为基本构件的称为胶合木结构（图 4.1-1c）。此外还有混凝土核心筒-木结构、上下混合木结构等木混合结构（图 4.1-1d），以及木拱结构（图 4.1-1e）、木网架结构（图 4.1-1f）等大跨木结构。

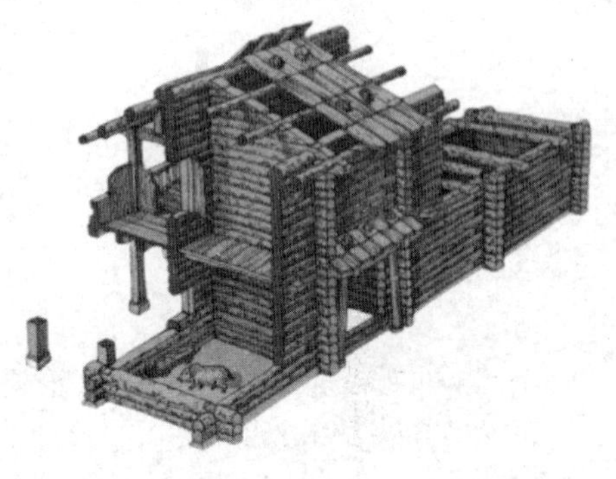

(a) 方木原木结构

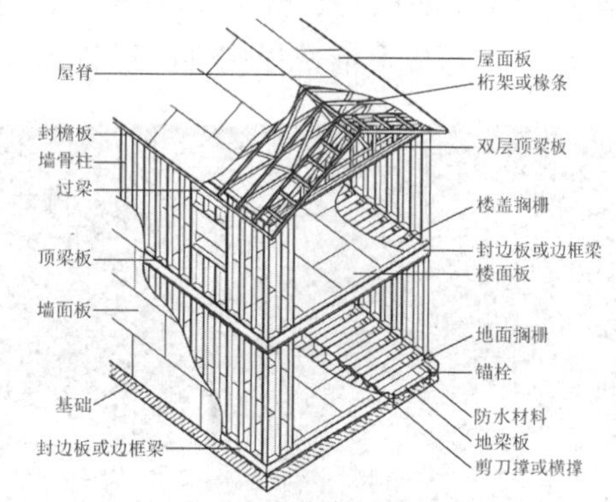

(b) 轻型木结构（图片引自：《国家建筑标准设计图集——木结构建筑》14J924[2]）

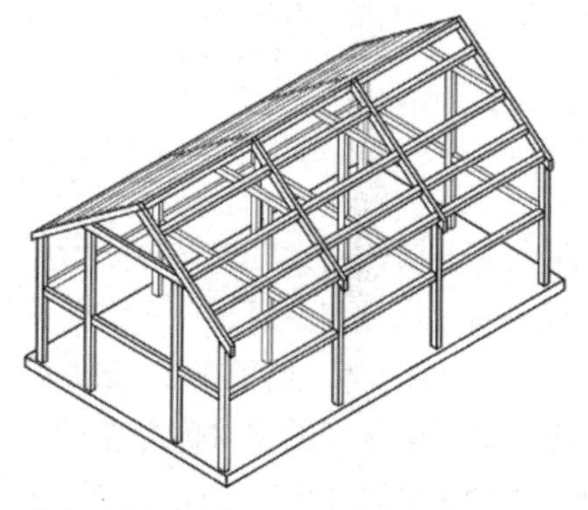

(c) 胶合木结构（图片引自：《国家建筑标准设计图集——木结构建筑》14J924）

(d) 木混合结构（图片引自：加拿大木业协会）

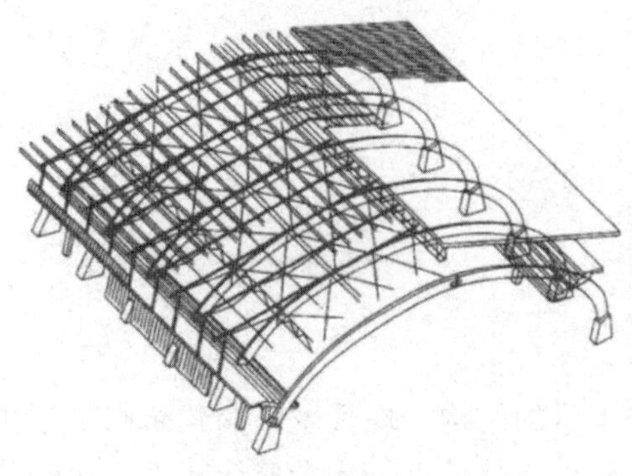

(e) 木拱结构
（图片引自：《木结构设计原理》[3]）

(f) 木网架结构
（图片引自：Kenta Mabuchi）

图 4.1-1　木结构

常见的竹结构体系包括原竹结构和现代工程竹结构（图 4.1-2）。原竹结构即利用原生竹（或简单地进行化学、物理防腐、防虫处理）建造的结构，包括框架结构、墙体承重结构、框架墙体共同承重等传统原竹结构，以及框架结构、桁架结构、拱结构、空间结构等现代原竹结构。现代工程竹结构即利用胶合竹建造的结构，包括框架式工程竹结构、轻型竹结构、现代空间竹结构等。主要常见的胶合竹材分为两大类：一类是竹重组材；另一类是竹集成材（也称层合竹材）。这些胶合竹材不再受限于传统圆竹的几何尺寸，因此在建筑结构应用中，可以灵活选择构件的形状和截面尺寸。

(a) 原竹结构
（图片引自：Hiroyuki Oki）

(b) 现代工程竹结构
（图片引自：Oval partnership）

图 4.1-2　竹结构

2. 木结构用木质建材

木结构中的构件主要可分为天然木材和工程木两大类。结构用天然木材可分为原木、方木或板材、规格材三类（图 4.1-3），方木、板材、规格材统属锯材，但其在木结构设计标准中强度的确定方法不同。原木是指树干除去枝杈和树皮后的圆木。梢径在 200mm 以上的原木，一般被机械加工锯剖成方木或板材。截面宽度大于 3 倍厚度的锯材称为板材，不足 3 倍的称为方木。规格材是按照规定的树种或树种组合和规格尺寸生产加工，并已进行强度分等的结构用商品材。

(a) 原木

(b) 方木

(c) 规格材（图片引自：加拿大木业协会）

图 4.1-3　结构用天然木材

工程木是随着加工技术的进步产生的新型构件，包括多种结构用木制产品。在建筑上广泛用作结构材料，取代传统的实体木材。工程木由通过刨、削、切等机械加工制成的规格材、单板、单板条、刨片等木质材料构成单元，根据结构需要进行设计，借助结构用胶粘剂的粘结作用，压制成具有一定形状、产品力学性能稳定、设计有保证的结构用木质材料。建筑上，常用的工程木主要有单板层积材（Laminated Veneer Lumber，LVL）、定向刨花板（Oriented Strand Board，OSB）、结构胶合板（Structural Plywood）、平行木片胶合木（Parallel Strand Lumber，PSL）、层叠木片胶合木（Laminated Strand Lumber，LSL）、集成材（Glued Laminated Timber，GLT）、正交胶合木（Cross Laminated Timber，CLT）、木工字梁（Wood I-joist）（图 4.1-4）等，以及 FRP 增强木质复合材料、木塑复合材料等工程木质复合材料（图 4.1-5）。

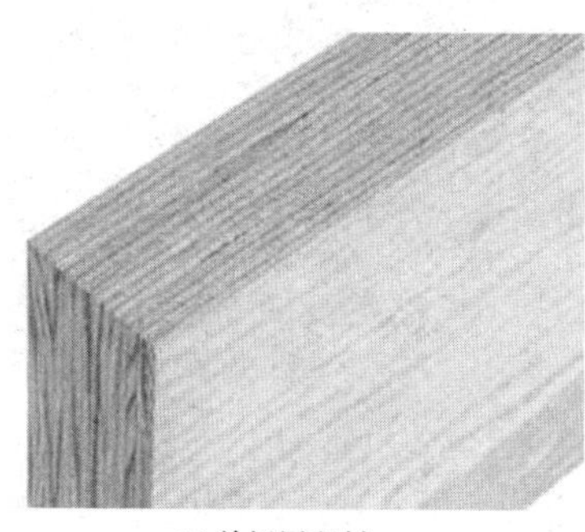
(a) 单板层积材

(b) 定向刨花板

(c) 结构胶合板

(d) 平行木片胶合木

(e) 层叠木片胶合木

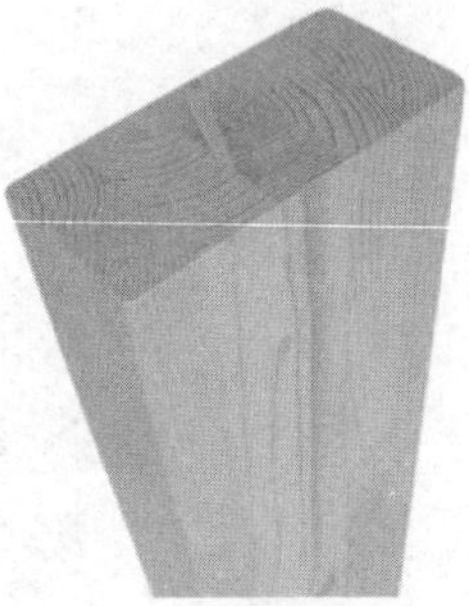

(f) 集成材

(g) 正交胶合木

(h) 木工字梁

图 4.1-4 工程木（图片引自：加拿大木业协会）

(a) FRP 增强木质复合材料[4]

(b) 木塑复合材料

图 4.1-5 工程木质复合材料

3. 竹结构用工程竹

为克服原竹材料在建筑结构中不能满足现代建筑结构对构件的几何构型、材料性质的一致性要求的缺陷，现代工程竹结构建筑成为我国建筑工业新的发展方向。现代工程竹结构的主要核心是通过一定的物理、力学和化学等手段，将竹子的各种单元形式（竹条、竹篾、竹单板、竹碎料、竹纤维等）加工组合成能够满足现代工程、结构和环境等方面用途的竹基材料，统称为工程竹。目前能够用于建筑领域的常见的工程用胶合竹，根据对竹材的处理和加工工艺的不同有多种形式，大致可以分为竹集成材和竹重组材（图 4.1-6）。竹集成材是通过对速生、短周期的竹材进行加工，将其制成定宽、定厚的竹片，经过去除竹青和竹黄，并将其干燥至含水率在 8%～12%的范围内，再通过胶粘剂将竹片胶合而成的型材。这些型材可以定向或交叉胶合。所得的板材可以直接用作墙、地板和屋顶面板。通过切割、粘合、冷压和指接等进一步加工，可以将这些板材加工成梁、柱和其他结构构件。

竹重组材是通过将竹材解构为通长的竹束或者细竹篾，保持其原有的纤维排列方式，然后经过干燥、胶粘、组坯成型，最终通过模压工艺制成的竹质型材。对于竹重组材，原材料可以来自较小的竹竿（通常直径大于 5cm）。与竹集成材 25%～30%的原材料利用率相比，竹重组材可以达到 90%的原材料利用率。

除了建筑业熟悉的工程竹外，由于竹材具有高轴向拉伸强度和良好的柔韧性，已被提议用于各种复合应用。轻质竹制缠绕复合材料，由竹刨片带状缠绕和树脂组成，已被提议用于管道和其他适合纤维缠绕的情况。类似的应用也可能适用于其他建筑应用，如弧形立面等。

(a) 竹集成材

(b) 竹重组材

图 4.1-6　工程竹

4.1.2　低碳木、竹结构政策、标准及应用的发展情况

1. 政策发展情况

木、竹结构作为我国建筑历史发展重要的结构体系之一，以其材质环保、高环境亲和力、可循环利用、极具观赏价值等特点一直被政府部门重视。近几年，我国在装配式建筑、低碳发展、绿色建材、城乡规划改造等多方面出台了多项政策法规以引导木、竹结构建筑的发展。

2015 年 9 月，工业和信息化部与住房和城乡建设部联合发布的《促进绿色建材生产和应用行动方案》提出：推进多层木混合结构建筑，开展装配式建筑应用绿色建材试点示范；促进城镇木结构建筑应用，推动木结构建筑在政府投资的学校、幼托、敬老院、园林景观等低层新建公共建筑，以及城镇平改坡中使用。2016 年 9 月，国务院办公厅出台了《关于大力发展装配式建筑的指导意见》，指出在具备条件的地方倡导建造装配式木结构建筑，因地制宜发展装配式木结构建筑，不断提高装配式建筑在新建建筑中的比例。2017 年 2 月，国务院办公厅发布的《关于促进建筑业持续健康发展的意见》指出：坚持标准化设计、工厂化生产、装配化施工、一体化装修、信息化管理、智能化应用，在具备条件的地方倡导发展现代木结构建筑。

2020 年 8 月，住房和城乡建设部等部门联合发布的《关于加快新型建筑工业化发展的若干意见》提出：率先采用绿色建材，逐步提高城镇新建建筑中绿色建材应用比例。2021 年 2 月，国务院印发的《关于加快建立健全绿色低碳循环发展经济体系的指导意见》提出：大力发展绿色建筑，加快实施建材行业绿色化改造，建设绿色制造体系。2021 年 8 月，国家林业和草原局、国家发展和改革委员会联合印发的《“十四五”林业和草原保护发展规划纲要》，提出：发展木、竹结构建筑和木竹建材等新兴产业。2021 年 10 月，国务院发布的《关于完整准确全面贯彻新发展理念做好碳达峰碳中和工作的意见》指出：大力发展绿色低碳产业，全面推广绿色低碳建材，推动建筑材料循环利用。2021 年 11 月，国家林业和草原局等十部门联合印发《关于加快推进竹产业创新发展的意见》，指出全面推进竹材建材化，推动竹纤维复合材料、竹纤维异形材料、定向重组竹集成材、竹缠绕复合材料、竹展平材等新型竹质材料研发生产，因地制宜地扩大其在园林景观、市政设施、装饰装潢和交通基建等领域的应用。

2022 年 2 月，国家林业和草原局印发《林草产业发展规划（2021—2025 年）》，提出加快发展木结构和木质建材、高性能木质重组材等新兴产业。充分宣传木结构和木建材在固碳减排、安全环保等方面的特点优势。2022 年 5 月，中共中央办公厅、国务院办公厅发布的《乡村建设行动实施方案》提出：因地制宜推广装配式木、竹结构等安全、可靠的新型建造方式。2022 年 3 月，住房和城乡建设部印发《“十四五”建筑节能与绿色建筑发展规划》，为推广新型绿色建造方式，提出因地制宜发展木结构建筑；推广成熟、可靠的新型绿色建造技术，完善装配式建筑标准化设计和生产体系。2022 年 7 月，住房和城乡建设部、国家发展和改革委员会《关于印发城乡建设领域碳达峰实施方案的通知》指出，推动低碳建筑规模化发展，鼓励建设零碳建筑和近零能耗建筑，在推进绿色低碳建造方面，鼓励有条件的地区使用木竹建材；在推进绿色低碳农房建设方面，推广使用绿色建材，鼓励选用装配式钢结构、木结构等建造方式。2023 年 11 月，国家发展和改革委员会等部门联合印发的《加快“以竹代塑”发展三年行动计划》指出：加强“以竹代塑”产品深度研发，补齐天然材料性能短板；鼓励发展竹产业循环经济，推行全竹利用产业模式，强化竹加工废弃物循环利用，加强竹材综合利用技术装备推广应用。

2. 技术标准发展情况

产品及检测标准方面：自 2000 年以来，结构用木材与木制品标准以及这些产品的力学性能评价标准得到了迅速发展，形成了全面的成系统的国家标准及行业标准，这些标准中有很多是部分或全部采纳现行的 ISO 标准、北美或欧洲标准中的内容。主要包括：锯材、结构胶合板、胶合木、胶合板等木基结构板与结构用木质复合材的生产要求、加工、机械性能要求、产品规格、试验方法、防护等标准，以及相应金属连接件和胶粘剂标准等。同时，已制定了相应的一系列木结构用材检测标准，包括结构用材的力学性能测试等试验方法标准。这些标准涉及产品制造、研发和评估，基本上构成了横跨工程木产品、连接产品及预制木构件三大类的技术标准体系。

设计及工程建设标准方面：随着我国大力推动绿色建筑材料和装配式建筑，木、竹结构相关标准规范处于快速发展期，我国现已制订和完善了一系列包含胶合木结构、轻型木结构等建筑形式在内的低层木结构建筑和木材产品相关的标准、规范，逐渐形成相对完整的技术标准体系。2017 年发布的《木结构设计标准》GB 50005—2017[5]以及《装配式木结构建筑技术标准》GB/T 51233—2016[6]，进一步促进了我国装配式木结构建筑行业高速发展，推动了建筑工业化的发展，加快了建筑产业转型的升级进程。2022 年开始实施的《木结构通用规范》GB 55005—2021[7]，提出了木结构工程建设的控制性底线要求，逐渐形成了系统、完整的设计及工程建设体系，实现了木结构全寿命周期的覆盖，将极大地促进和规范国内木结构工程的发展和应用。《木结构工程施工质量验收规范》GB 50206—2012[8]则为木结构工程设计验收提供了参考依据。

3. 应用发展情况

中国现代木结构建筑尚处于发展初期，主要用于三层及三层以下建筑，常见于公共建筑、园林景观、旅游建筑、文体建筑等形式。木结构建筑市场的占有率仍相对较小，未来的发展空间巨大。木材本身具有绿色、可持续发展和节能环保等优良特性，木结构将在绿色建筑、低碳建筑中具有重要地位，木结构“零碳”节能建筑是未来发展的方向之一。

随着社会经济的发展，大跨度、大空间建筑需求增长，木结构构件加工方便、环保美观、灵活性高，在此类建筑中的应用具有天然优势。特别是在需要大跨度、大空间的场馆建筑中，采用木结构是未来需要关注的方向之一。

此外，木材深加工技术和工程木产品不断发展，各国标准、法规也在不断更新，以及消防安全和防护工程、建筑科学和结构工程分析不断进步，多高层木结构建筑在国外得到快速发展。2022 年，美国建成世界上最高的木结构建筑——Ascent 木结构大楼。在多层和高层建筑中采用木结构构件是世界木结构建筑最新的开发领域，也是发展最快的方向之一。多层木结构建筑也将是木结构发展中最需要重点关注的一个方面，符合中国工程建设的实际情况。

4.1.3　小节

在双碳背景下，木、竹结构建筑正迎来蓬勃的发展机遇。面对气候变化和环境保护的挑战，低碳建筑成为全球建筑业的共同追求。木、竹结构作为生物质建筑材料的代表，以其绿色环保、可再生、轻质高强等特点，成为低碳建筑的璀璨明星。

木、竹结构建筑以其低碳的特点，为生态环境带来积极的影响。政府对低碳建筑的政策支持将为木、竹结构建筑的推广提供坚实保障；技术的不断进步将提高木、竹结构建筑的性能和可靠性，增强其在建筑领域的竞争力；市场对绿色建筑的日益需求，将推动木、竹结构建筑在建筑业中获得更广泛的应用。此外，木、竹结构建筑所具有的天然美感和温暖质感，也将使其成为时尚和时代的象征。通过政策支持、技术进步和市场需求的共同推动，木、竹结构建筑将在未来建筑发展中发挥重要的作用。在追求可持续发展的征程中，木、竹结构建筑将为我们创造更加绿色、环保的未来。

4.2 木、竹结构低碳优势

木、竹结构建筑是低碳节能型建筑。与轻钢结构和钢筋混凝土结构等常见建筑相比，木结构建筑节能、低碳优势显著[9]。木、竹结构以绿色、天然、可再生的生物质竹木资源为建筑原材料，木/竹材在生长过程中吸收二氧化碳、释放氧气且美化环境，是一种环境友好型建材；现代木、竹结构建筑天然具有装配式属性，高预制化使得建造与拆除机械用量降低，建筑垃圾减少且更易于处理，回收利用率高的竹木制部品可被二次再利用。此外，木、竹结构建筑内部环境相较于传统混凝土结构要更加绿色、环保，甲醛释放量远低于装修后的砖混结构房屋；竹木材导热系数较小，同时具备优良保温防潮构造的围护结构，可以减少空调、供暖散热器能源的使用，更加舒适、健康、宜居。相关研究指出，我国现代木结构建筑在 50 年使用期内，碳排放为 24.6～31.1kgCO_2e/(m^2 · a)，平均为 28.8kgCO_2e/(m^2 · a)。相较于仅使用钢筋和混凝土的基准建筑，现代木结构建筑全寿命期碳排放减少 8.6%～13.7%，木、竹结构具备显著的低碳优势[10]。

4.2.1 木、竹结构全寿命期碳排放计算方法

全寿命期评价（Life Cycle Assessment，LCA）是一种环境影响量化评估工具，可以定量化、系统化地评估出某个产品、某种生产工艺甚至某项服务在其整个生命周期中带来的资源消耗和环境负荷。ISO 14040：2020[11]将 LCA 分为 4 个阶段：目的和范围的确定、清单分析、影响评价以及解释。LCA 研究首先需确定目标和范围，主要包括研究目的、研究范围、环境影响类型、功能单位、时间边界、系统边界、假设和限制条件等。目前国内外木、竹结构碳排放均依照 LCA 方法进行计算。木、竹结构碳排放具体测算方法主要包括排放因子法、质量平衡法和实测法，EN 15978：2011[12]（下文简称 EN 标准）、ISO 21930：2017[13]（下文简称 ISO 标准）、《建筑碳排放计算标准》GB/T 51366—2019[14]（下文简称国标）均采用排放因子法。

国外通常基于 LCA 方法，列出全寿命期清单（Life Cycle Inventory，LCI），包括材料及能源输入输出清单，结合环境产品认证（Environmental Product Declaration，EPD）等文件进行累积计算。除建筑碳排放（即全球变暖潜势）计算外，通常对酸化、富营养化等其他环境影响类别也进行计算评估。国内碳排放计算方法与国外基本相同，将木、竹结构建筑生命周期活动中涉及的所有材料、能源等与其相应的碳排放因子相乘并求和。

国内外木、竹结构建筑碳排放计算标准的阶段划分范围不一致（图 4.2-1）。EN 标准与 ISO 标准将建筑生命周期分为建材生产 A1～A3、建造 A4～A5、运行 B、拆除 C 及回收阶段 D，且要求将模块 C 和模块 D 分开计算；国标则划分为建材生产及运输阶段、建造阶段、运行阶段及拆除阶段。与 EN、ISO 标准相比，国标的阶段划分存在缺

漏情况。现以 EN 与 ISO 标准的阶段划分情况及假设条件为例，与国标进行横向对比分析。

标准	建材生产阶段			建造阶段		运行阶段							拆除阶段				回收阶段		
ISO 21930:2017 EN 15978:2011	A1	A2	A3	A4	A5	B1	B2	B3	B4	B5	B6	B7	C1	C2	C3	C4	D1	D2	D3
	原材料供应	原材料运输至工厂	建材加工	建材运输至施工地	建筑建造和安装	建筑使用	建筑维护	建筑维修	建材更替	建筑翻新	运行阶段能源消耗	运行阶段水源消耗	建筑拆除	废材运输	废物处理	废物处置	再利用	回收利用	能源再生
GB/T 51366-2019	A1	A2	A3	A4	B1				A5		C1	C2	B2						
	建材生产及运输阶段				建造阶段						运行阶段		拆除阶段						

图 4.2-1　建筑全寿命期阶段划分对比

1. 建材生产阶段 A1～A3

建材生产阶段即“从摇篮到大门”的全寿命期计算阶段，按 EN、ISO 标准规定，A1 原材料供应阶段包括原材料的提取和加工、生物质生产和加工（如农业或林业经营）、重复使用的产品或材料、二次物料的输入加工等。A2 运输阶段包括原材料和其他输入材料至工厂的运输以及内部运输。A3 加工阶段包括辅助材料或预产品的生产、产品和副产品的制造、二次燃料的回收、包装制造及其废物管理等。国内尚无专有木、竹结构建筑碳排放计算标准，按照《建筑碳排放计算标准》GB/T 51366—2019 计算，未细分 A1～A3 阶段，统称为建材生产阶段，包括建筑材料生产涉及原材料与能源的开采、生产及运输过程的碳排放，以及建筑材料生产过程的直接碳排放。与 EN、ISO 标准相比，国标仅考虑建材的加工与生产，未考虑包装材料与二次燃料的回收及废物管理等阶段，未囊括木结构建筑相应木质建材原料的森林管理与可持续收获情况。国标附录中并未列出木质建材碳排放因子缺省值，未明确木质建材碳排放因子的计算边界与方法，需要采用经第三方审核的碳足迹数据。

依照 EN/ISO 标准计算木、竹结构建材生产碳排放时，通常参考竹木质建材 EPD 数据，若无相应数据，则按照 ISO 14025：2006 系列标准进行计算。木质建材的 EPD 报告包括产品定义与信息（含水率、尺寸参数、工序说明等）、生命周期评估背景信息（功能单位、系统边界、截止准则、分配规则、数据来源等）、生命周期评估结果（包含碳排放、酸化、富营养化等数据），并对生物碳排放和清除量进行补充报告，其中木质建材的固碳量依照 EN 16449：2014[15]进行计算，计算公式见式(4.2-1)。

$$P_{CO_2}=\frac{44}{12}\times cf\times\frac{\rho_w\times V_w}{1+\frac{w}{100}} \tag{4.2-1}$$

式中　P_{CO_2}——木质建材的生物碳量（kg）；

cf——烘干状态下木质材料的含碳率，默认值为 0.5；

w——木材含水率（%）；

ρ_w——该含水率下的密度（kg/m^3）；

V_w——该含水率下的体积（m^3）。

结合上述国际标准，可得出考虑木材固碳与不计木材固碳的碳排放因子。

国外木、竹结构建筑碳排放研究开始较早，木、竹结构相关碳排放因子库及建筑碳排放软件的开发相对成熟。瑞士 Ecoinvent、荷兰 SimaPro、德国 GaBi 以及北美地区 BEES 等软件均可系统地计算木结构建筑全寿命期碳排放（表 4.2-1）。相比于国外，国内相关研究才刚刚起步，目前尚未形成系统的木质建材及木结构建筑碳排放计算方法，尚无成体系的木质建材碳排放因子库，仅有少数针对某一特定建材类型或某一生产水平下的竹木质建材的碳排放因子研究。在依照国标计算木结构建筑碳排放时，通常参考国内相关研究文献报告或国外木质建材 EPD 数据。

国外木、竹结构相关碳排放因子库/碳排放软件　　表 4.2-1

数据库/软件	国家和地区	优点	缺点
Athena Impact Estimator	北美	可公开访问	数据局限性大；数据较少
BEES	北美	可公开访问	缺乏定期更新
Brightway2	瑞士	公开；数据库广；易于调整代码	需要一定 python 基础
EQUER	法国	法国国家数据库	付费；数据局限性大
SimaPro	荷兰	可在 80 多个国家使用；可灵活处理复杂建筑模型	付费；需要许可证
GaBi	德国	含 5000 多个 LCI 数据集	付费；需要许可证
Ecoinvent	瑞士	世界上最大、最一致的数据库，含 15000 多个 LCI 数据集	付费；需要许可证

2. 建造阶段 A4～A5

建造阶段即“从大门到施工”的全寿命期计算阶段，按 EN 与 ISO 标准规定，A4 运输包括从工厂大门运输至中央仓库或中间储存现场，以及最终运输至施工现场，包括产品的储存与损耗，不包括人员往返现场的交通。A5 安装包括建筑安装、产品储存、地面工程、景观美化、临时工程，以及施工废物或丢失材料的生产、运输与废物管理。与国际标准相比，国内将 A4 运输归至建材生产及运输阶段，未明确指出运输损耗及产品储存计算与否；将 A5 安装归至建造及拆除阶段，对时间边界进行明确申明，即从项目开工起至项目竣工验收止。木结构建筑具高度预制装配化，建造阶段碳排放较低。依照国标计算木结构建筑建造碳排放时，常参考《房屋建筑与装饰工程消耗量定额》确定建造施工机械及其台班工作量，进而计算碳排放量。

3. 运行阶段 B1～B7

EN 与 ISO 标准将运行阶段划分为 B1～B7：B1 使用阶段指建筑物组件正常（即预期）使用条件产生的碳排放（不包含 B6、B7 阶段）；B2 维护阶段包括用于维护的部件和辅助产品的生产和运输、建筑物内外的所有清洁维护与美学过程；B3 修理阶段包括部件和辅助产品的修复部件生产、运输、损耗、修复、废物管理及回收处置；B4 建材更替阶段则包括更换部件和辅助产品的生产至回收处置；B5 建筑翻新阶段包括新建筑构件的生产至回收处置，以及翻新过程的施工；B6 运行能源消耗阶段包括供暖、生活热水供应、空调、通风、照明、辅助能源，以及其他建筑集成技术系统（如电梯、自动扶梯、安全和安保装置以及通信系统）的能源使用。其中，光伏电池、风力发电厂、太阳能热板、热泵等可再生能源被视为 D 回收阶段产生的负碳排放；B7 运行水消耗阶段包括建筑物正常运行期间（维护、修理、更换和翻新期间除外）使用的所有水及其处理过程（使用前和使用后）。

国标将 B4 建材更替阶段划分在建材生产及运输阶段，且未考虑更换部件和辅助产品的损耗、修复、废物管理及回收处置。此外，国标的建筑运行阶段仅考虑了 B6 运行能源消耗与 B7 运行水消耗，包括暖通空调、生活热水、照明及电梯、可再生能源系统在建筑运行期间的碳排放量，其中可再生能源系统提供的能源以负值计算。木、竹结构具备优异的保温调湿功能，具有优良的保温、隔热功能，其建筑形式十分契合被动式低能耗建筑技术与理念，利用可再生能源、采用被动式超低能耗技术可以显著降低运行阶段碳排放[9]。

4. 拆除回收阶段 C1～D3

EN 与 ISO 标准将拆除阶段划分为 C1～C4：C1 拆卸阶段包括现场解构、拆卸、拆除以及材料的初步现场分拣；C2 运输阶段指运输至回收场（即 C3 废物处理阶段）或运输至最终处置场（即 C4 废物处置阶段）；C3 废物处理阶段指收集建筑拆除等环节中产生的废物以供再利用为二次材料、二次燃料或从能源回收中输出回收能源；C4 废物处置阶段包括废物处置场的物理预处理和处置场管理，若 C4 通过废物焚烧或土地填埋产生热量和电力等能源，则在下一个产品或建筑系统中利用此类能源的潜在效益分配给模块 D 废物处置阶段。国标仅考虑了 C1 拆卸阶段，即建筑拆除、肢解及垃圾运出楼层，并将其划分至建造及拆除阶段，未考虑垃圾运输至回收厂或垃圾处置场的运输碳排放以及废物处理或废物处置阶段碳排放。

回收阶段 D1～D3 与 A1～C4 不同，为可选补充模块，不列入生命周期阶段中。包括建筑系统边界以外的再利用 D1、再循环 D2 和能量回收 D3 产生的潜在碳效益。D 阶段碳排放计算结果应单独报告，旨在提高建筑回收材料碳效益的透明度。EN 标准规定，含有生物碳的建筑系统必须对 C、D 阶段碳排放数据进行计算。国标则未考虑回收阶段碳排放。由于木结构建筑建材具有绿色可回收特性，若在国标中补充回收阶段碳排放计算，木结构建筑的低碳效果将更显著。

4.2.2　木、竹结构用材低碳

1. 木、竹质建材固碳优势显著

竹木林是陆地生态系统中碳蓄积量巨大、碳储量最高的生物质，竹木材作为竹木林的主要产物，是一个巨大的碳素储存库，具备优异的固碳性能。树木经过光合作用将太阳能和二氧化碳转化成为其生长提供能量的糖类、脂肪、蛋白质等营养物质，糖类物质在其体内进行不同种类的聚合反应，形成纤维素、半纤维素、木质素及抽提物等树木的主要组成物质。树木通过这一过程将空气中的二氧化碳吸收并加以固定，起到固碳的作用。国家林业和草原局相关测算表明，一棵 20 年生的树，一年可吸收约 11～18kg 二氧化碳，林木每生长 1m³，平均吸收 1.83t 二氧化碳，释放 1.62t 氧气。树木的固碳量会随着树木年龄增加而持续增加，但在进入成熟期后，碳吸收的速度逐渐下降[16]。因此，高龄树木的碳吸收能力弱于低龄树木。与一般树木不同，作为一种速生材，竹子具有生长周期短、种植便捷、应用广泛等优势；与普通树木相比，竹子生长速度快 1～3 倍，5 年内便可成材采伐，如毛竹一般在 4～6 年即为成熟材，碳储量迅速达到最大值。竹林的固碳能力远超普通林木，是杉木的 1.46 倍、热带雨林的 1.33 倍。我国竹林每年可实现减碳 1.97 亿 t、固碳 1.05 亿 t，减碳固碳总量达到 3.02 亿 t[17]。

木结构建筑和木材产品在其使用周期内始终储存二氧化碳，增加木材在建筑中的使用，可以减少其他非可再生建筑材料的使用，从而减少碳排放，即材料替代效应。在建筑中使用木质建材可以延长碳固存的时间，提升木结构建筑的低碳效果（图 4.2-2）。一般工业用材密度约为 300～800kg/m³，固存约 1000kgCO_2e/m³，胶合竹、竹集成材密度约为 300～800kg/m³，固存约 1450kgCO_2e/m³，重组竹密度约为 1150kg/m³，固存约 2100kgCO_2e/m³，竹木建材的固碳优势显著。

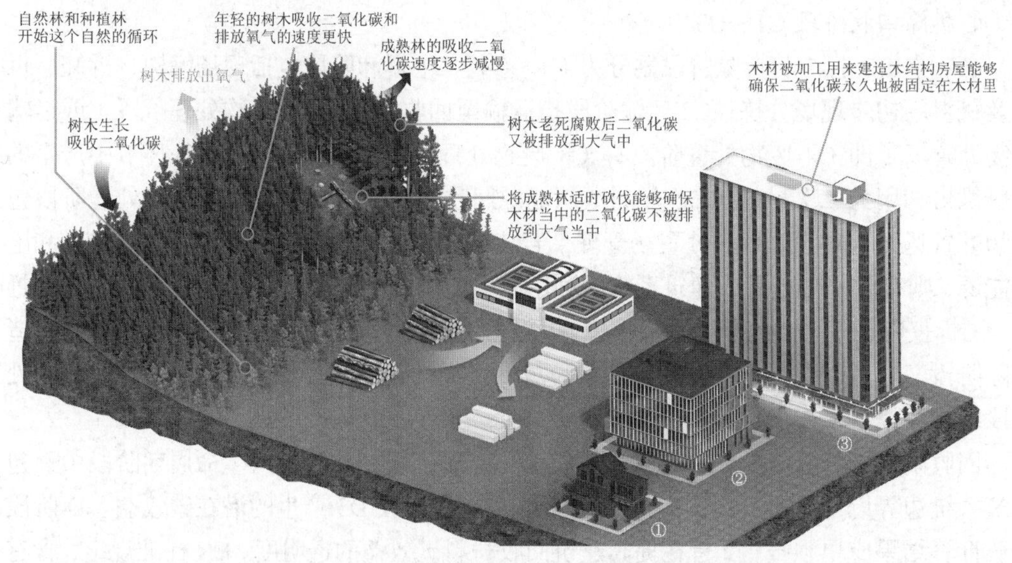

图 4.2-2　木材固碳优势（图片引自：加拿大木业协会）

相关研究表明，新建木结构城市居住建筑每年可储存(0.1～6.8)× 10^8tCO_2[18]；加拿大木业协会公开资料显示，典型 223m²（2400ft²）的独栋木结构住宅存储 24tCO_2，相当于 15 辆汽车一年在路上的碳排放量。一栋六层木结构建筑——木材创新设计中心，所用的木材含有 1099tCO_2，相当于 290 辆汽车一年在路上的碳排放量；瑞典中部大学的研究也表明，一栋四层的木结构建筑可以净储存高达 150tCO_2。加拿大 UBC18 层学生公寓在建造过程中可以捕捉 2432tCO_2，整个生命周期储存 1753tCO_2，相当于 511 辆汽车一年的碳排放量。欧洲木结构建筑未来减排能力评估结果表明，到 2030 年，增加木质建材的使用可减少 4600 万 tCO_2 排放量。

2. 木、竹质建材碳排放因子低

每生产 1t 钢铁会释放 1.6tCO_2，生产 1t 水泥则释放 0.8tCO_2，而木质建材在加工前即在生长过程中吸收二氧化碳、释放氧气。图 4.2-3 为胶合木、混凝土、钢材的主要加工流程图。与钢筋混凝土等建筑材料相比，锯刨竹木材和加工竹木质建材所需的能耗相对较低，相关学者研究表明，木质建材、钢材、混凝土在加工制造过程中的能源消耗分别约为 3210MJ/m^3、26600MJ/m^3、4800MJ/m^3[19]。此外，加工过程中产生的树皮和木屑等副产品也可作为生物燃料为锯木厂干燥窑供能。混凝土、钢筋等高能耗建材碳排放因子较高，约为 385kgCO_2e/m^3 与 2340kgCO_2e/t，而不考虑木材固碳特性时，胶合木碳排放因子约为 195kgCO_2e/m^3；考虑木材固碳特性后约为−700kgCO_2e/m^3。表 4.2-2 为参考北美、欧洲等国家 EPD 报告后计算的部分竹木质建材碳排放因子数据。其中，括号内的数值为包含竹木质建材固碳后的数值。竹木质建材碳排放因子受木材树种、密度、含水率、加工工艺等因素的影响。

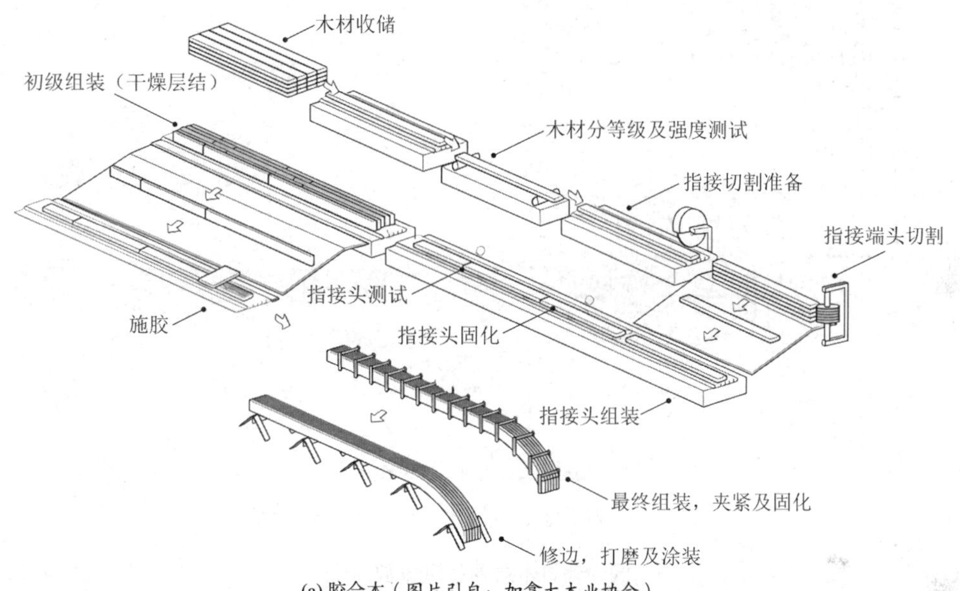

(a) 胶合木（图片引自：加拿大木业协会）

(b) 混凝土（图片引自：矿山重工机械设备网）

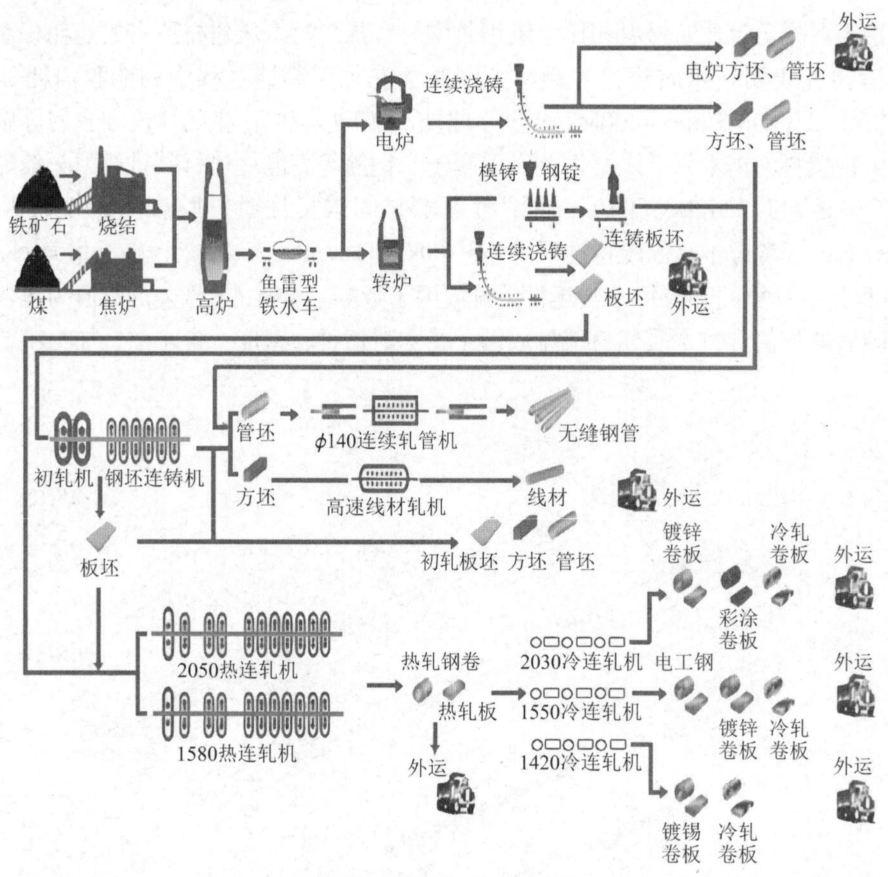

(c) 钢材（图片引自：宝钢股份）

图 4.2-3 胶合木、混凝土、钢材加工流程图

国内外竹木质建材碳排放因子 **表 4.2-2**

建材类别	竹木质建材碳排放因子（$kgCO_2e/m^3$）	国家	树种	含水率（%）	密度（kg/m^3）
OSB（定向刨花板）	204.9（−931.74）	比利时	多种	2～12	620
	238.6（−861.39）	英国	多种	2～12	600
	242.58（−850.08）	加拿大	软木	7	620
胶合木	137.2（−840.18）	加拿大	软木	14	548
	212.83（−713）	俄罗斯	云杉/松树	12	505
	232.2（−668）	新西兰	辐射松	11.4	491
	162.33（−615）	瑞士	软木	12	424
	231.39（−640.6）	德国	软木	12	475.63
CLT（正交胶合木）	155（−706.7）	奥地利	云杉/松树	12	470
	277（−685.53）	法国	辐射松	12	500～550
	118.33（−670）	瑞典	云杉	12	430
	181.17（−664）	意大利	软木	11	461

续表

建材类别	竹木质建材碳排放因子（$kgCO_2e/m^3$）	国家	树种	含水率（%）	密度（kg/m^3）
锯材	152.3（−744.21）	瑞典	云杉/松树	16	489
	147.7（−747）	新西兰	辐射松	11.6	488
	63.12（−780.54）	加拿大	软木	19	460
胶合板	219.31（−643.59）	加拿大	软木	7	484
	163（−728）	新西兰	辐射松	11.6	486
圆竹	261.6（−1205.07）	中国	多种	6～10	800

3. 木、竹质建材可持续性高

竹子是世界上生长速度最快的植物，人们常用“雨后春笋”来形容竹子的生长，一夜可生长 1m 左右，三年即可成材。生长周期短，更利于绿色可持续发展。砍伐后的竹木材制成竹木质建材后，能在其生命周期内始终固化最初由树木吸收的碳，延长木材产品的生命周期。图 4.2-4 为木、竹质建材的生态循环。该生态循环由两部分组成：一个与森林有关，另一个与建材有关。森林通过光合作用，太阳能被吸收并与二氧化碳反应，为生长的树木提供营养，二氧化碳被固定到木、竹质建材中。木、竹质建材的生态循环包括再利用、回收利用和能源再生。当木、竹质建材到生命结束阶段时，二氧化碳被释放到大气中，因为废物腐烂或被循环利用为生物能源。然后，二氧化碳再次被树木捕获，并转化为营养物质和它们生长的新基石，所以木、竹质建材具备优异的可持续性。

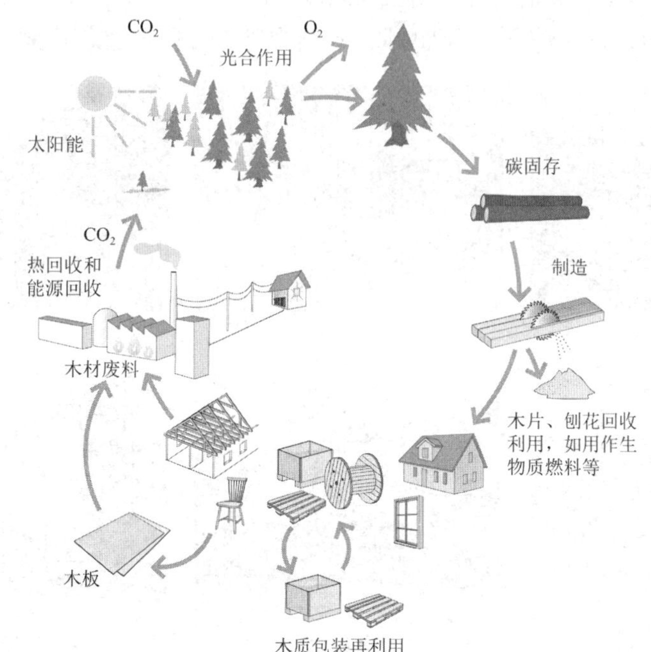

图 4.2-4　木、竹质建材的生态循环（图片引自：Borgström & Johan）

生态保护修复和自然资源的合理利用是可以协调共进的，欧洲生态修复过程中并没有停止林木采伐，而是执行了更加严格的控制措施（采伐量、采伐区域、采伐方式等）。森林进入成熟期后，树木生长速率会减缓，树木会衰老直至自然消亡，森林的碳汇能力减弱。如果采取可持续的森林管理方式，在采伐后的林地进行补植，新生长的幼林可以重新开始吸碳过程，进入新的碳汇循环。可持续森林管理是规划和实施森林管理和利用实践的过程，以实现特定的环境、经济、社会和文化目标。它涉及管理天然林和人造林的行政、经济、法律、社会、技术和科学方面，旨在保护和维持森林生态系统及其功能。国外的科学管理方法通常是伐 1 棵、种 4 棵，这样可以做到取之不尽、用之不竭。通过可持续的森林管理，不断种植树木取代砍伐的树木，以保持森林碳储量的稳定。在建筑中增加竹木材的使用，有利于森林资源的可持续发展。使用竹、木质建材的同时进行可持续的森林管理，可以大大减少对化石燃料密集型材料的需求，更加环保、低碳。

4.2.3 木、竹结构建造拆除低碳

1. 木、竹结构装配式建造

现代木、竹结构建筑天然具有装配式属性：采用木竹质工程材料作为结构构件原材料、工厂加工预制结构构件和部品部件，现场装配施工而成。整合从研发设计、生产制造、现场装配等各个业务领域，实现建筑产品节能、环保、全周期价值最大化及可持续发展。装配式木结构建筑需要更准确的前期规划，木材的灵活性和通用性使其成为装配式建筑的理想材料，木材自重轻，可降低运输成本和能耗，提高运载率；木结构的安装对于现场施工环境要求低，构件的吊装更为便捷，可以减少约 20%～50%的工期和 20%的成本。与传统建筑相比，装配式木、竹结构建筑在设计、建造过程中具备显著优势：装配式木、竹结构建筑具有加工精度高、质量稳定、灵活性强、施工周期短、材料利用率高、现场所需施工设备简便、环保性好、低碳排放等优点[20]。装配式木、竹结构建筑的标准化施工现场见图 4.2-5。

(a) 基础安装　(b) 墙体安装　(c) 楼盖安装

(d) 屋顶安装　(e) 主体建造完成　(f) 装修完成

图 4.2-5　装配式木、竹结构建筑的标准化施工现场（图片引自：三泽住宅株式会社）

2. 装配式木、竹结构建造拆除低碳

高预制化的木、竹结构建筑建造与拆除机械用量少。除吊装模块化部品所用的起重机

外，较少使用大型机械，显著降低了建筑建造及拆除阶段的碳排放。木、竹结构建筑建造主要包括安装吊装和装配连接两部分[21]：安装吊装是将工厂预制构件和模块由施工现场堆放场地吊装到指定安装位置，主要使用设备为起重机和各类适用于不同类型预制件的吊运夹具；装配连接在木、竹结构建筑中，主要指采用钉、螺栓等金属连接件进行构件连接，多使用手持电动设备。此外，常用的测量工具有直尺/卷尺，切削工具有凿子/刨子，打孔/钻孔工具有手摇钻，紧固工具有锤子、夹具等手动工具，以及电锯、电锤、台锯等电动加工工具（图 4.2-6）。与混凝土建筑不同，装配式木结构建筑基本不需要重型器械和设备进场。同时，装配式木、竹结构建筑的制造和安装过程产生的废料相对较少，可以更好地控制拆除后废料的处理和回收。

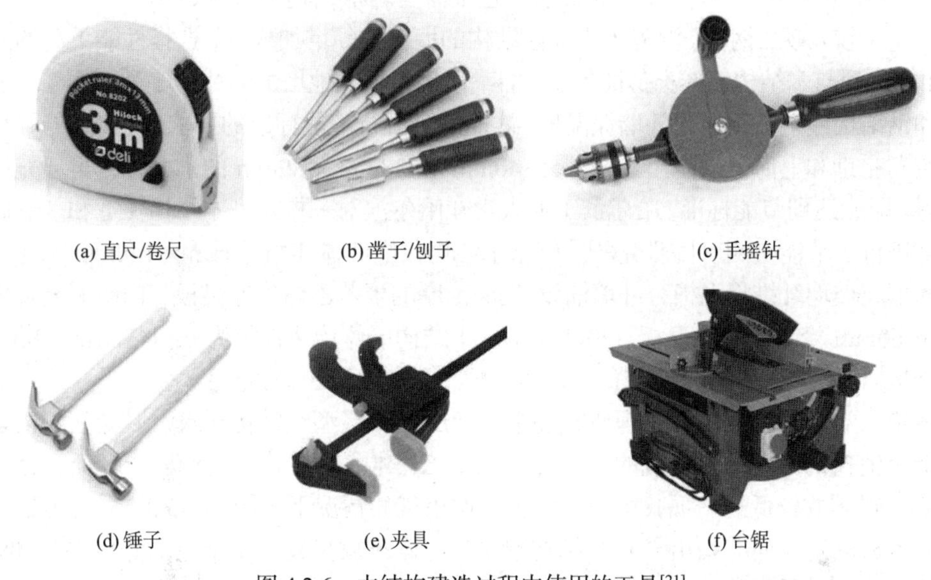

(a) 直尺/卷尺　(b) 凿子/刨子　(c) 手摇钻

(d) 锤子　(e) 夹具　(f) 台锯

图 4.2-6　木结构建造过程中使用的工具[21]

木、竹材十分轻巧，易于在现场施工，且木、竹结构建筑自重轻，基础施工用材少；此外，木结构建筑施工快速，无须或极少使用重型设备，能耗少、碳排放低。相关研究表明，木结构建筑建造阶段碳排放占全寿命期碳排放的比例小于 5%，其中土石方工程和基础工程占比高达 80%，表明木结构建筑建造阶段碳排放主要源自基础施工[22]。中国建筑科学研究院有限公司的研究表明，现代木结构建筑单位面积建造碳排放约为 $10kgCO_2e/m^2$，木结构建筑建造阶段碳排放占全寿命期碳排放的比例约为 2%[23]。高度装配化使得木、竹结构建筑建造过程中大型施工机械使用较少，在建筑标准化设计、构件预制化加工的前提下，实现较低的装配化建造阶段碳排放，装配式木、竹结构建筑具有良好的低碳发展前景。

4.2.4　木、竹结构运行低碳

1. 木、竹结构构造低碳

木材是优良的隔热材料，其热阻值是钢材的 400 倍，是混凝土或砖的 10 倍；竹材隔热性能同样优异，其热阻值是混凝土的 16 倍[24]。此外，木材的低热导性使木结构保温隔热率达到 90%，而热桥损失仅为 10%。钢材、混凝土或砌体结构建筑如要达到与木结构相

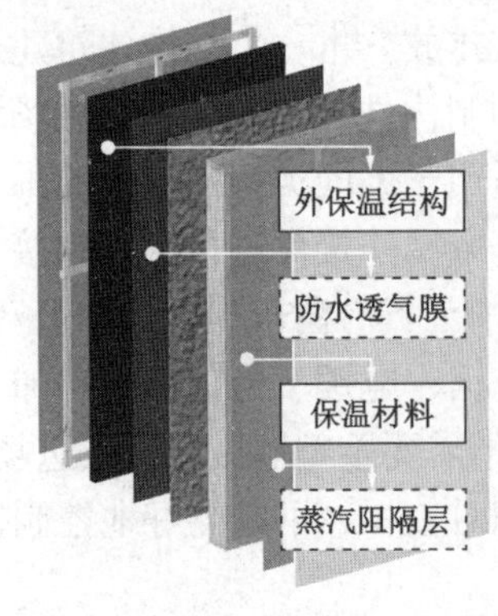

图 4.2-7　轻型木结构典型墙体构造

同水平的节能性能，必须使用更多的保温材料或加厚墙体。以轻型木结构为例，通过在墙体龙骨、楼板搁栅和屋顶搁栅的空腔内填充岩棉、玻璃棉等保温材料这一构造（图 4.2-7），来增强建筑的保温节能性能。这一构造形式降低了轻型木结构建筑运行阶段的碳排放。《严寒和寒冷地区居住建筑节能设计标准》JGJ 26—2018[25]规定，北京地区建筑外墙的传热系数应为 0.55～1.16W/(m² · K)。典型的轻型木结构墙体的传热系数一般为 0.3～0.5W/(m² · K)。典型木结构建筑的节能性能高于中国现行建筑节能规范的要求，且不需要增加任何的额外成本。

通过比较发现，钢材、混凝土或砌体结构的墙体必须增加成本，选择性能更高的外保温板，才能达到与木结构墙体类似的保温性能；而且将极大地增加墙体的厚度。同时，混凝土、砌体和钢结构建筑必须采用外墙保温板，才能达到现行节能标准的要求；而典型的轻型木结构建筑在北京和上海分别使用 38mm × 140mm 和 38mm × 89mm 的木龙骨，再填充纤维保温材料，即能达到节能标准。哈尔滨工业大学在哈尔滨对一栋轻型木结构住宅和一栋砖混复合住宅进行了节能实测对比研究[26]。轻型木结构住宅墙体使用 38mm × 140mm 木龙骨，龙骨中间填充玻璃纤维保温棉，外墙铺设 30mm 厚的聚苯乙烯外保温板。而砖混复合住宅外墙铺设 60mm 聚苯乙烯保温板。检测显示，木结构墙体传热系数为 0.244W/(m² · K)，砖混复合结构墙体为 0.526W/(m² · K)，木结构建筑能节约近 50%的能耗。

清华大学国际工程项目管理研究院报告指出[27]，轻型钢结构建筑、混凝土结构建筑的建筑能源消耗约为木结构建筑的 1.1 倍、1.12 倍，木、竹结构运行阶段能耗低，相应建筑运行阶段碳排放较低。一项我国 31 个重点城市气候情况下木结构建筑与混凝土建筑运行阶段碳排放的对比研究指出[28]：木结构建筑运行碳排放量较混凝土建筑低 20%～30%，且严寒地区减排效果最好。在严寒地区和寒冷地区发展木结构建筑，更能凸显木结构建筑的运行低碳优势。木、竹结构建筑围护结构的保温防潮构造以及木质建材的保温隔热性能使得木、竹结构建筑运行阶段对空调、供暖散热器的需求有所降低，减少运行能耗，降低建筑运行阶段的碳排放。

2. 超低能耗/被动式木、竹结构

被动建筑（Passive Building）通常指不借助任何机械装置，通过优化建筑形态和构造形式，采用高效保温隔热与蓄能的高性能围护结构的热特性来调节室内气候（太阳能、空气温湿度或自然通风），使建筑室内达到人所能接受的基本热舒适环境或所需要的标准环境的建筑。该概念源自德国，但不同国家对被动建筑有不同定义。

木、竹结构建筑具有作为被动式建筑的天然优势，其建筑围护结构具有更好的保温及气密性能，且没有冷（热）桥等，被动式设计与技术主要体现在：外围护结构高性能保温隔热技术、隔热桥处理技术、外围护结构的气密性处理技术、高性能建筑节能门窗技术、新风系统高效热回收技术、室内空气质量实时监控及新风自动控制技术、新风系统末端变风量技术、空气源/地源热泵应用技术、可调节外遮阳技术、太阳能发电及光热转换技术等方面（图 4.2-8）。使建筑综合木结构建筑技术与被动式超低能耗建筑技术的全部优点于一身，是一种绿色、健康、环保、低碳的新型建筑形式，避免了传统建筑对自然生态环境的破坏，具有可观的发展潜力和重要的研究价值。相关统计结果显示，2020 年全球十大碳中和建筑中使用木材为主要建材的占比高达 80%。模块化、建筑光伏光热一体化、可再生能源使用以及被动式建造技术等建筑零碳发展方向结合具备低碳优势的木结构建筑形式，是零碳、负碳的一种较佳选择。

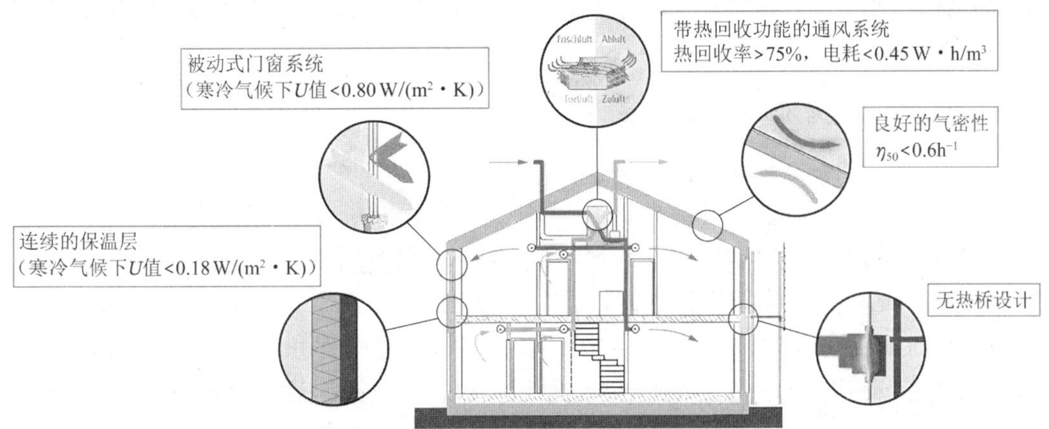

图 4.2-8　被动式设计与技术（图片引自：中欧碳中和）

4.2.5　木、竹结构回收低碳

木、竹结构建筑在减少碳排放方面的优势不仅体现在建材的生产过程中，建筑拆除及回收后的再利用对降低全寿命期碳排放也有着重要的环保意义。装配式木结构部件的预制化程度高，建造拆除阶段施工机械使用较少，且工业化和装配式建造方式的材料回收使用率更高，拆解后的材料能得到较充分的回收和再利用。中国建筑行业碳达峰碳中和研究报告指出，木质建材的再利用率高达 65%[29]。木、竹结构建筑材料在拆除后可以被多次重复利用，具有较高的回收价值（图 4.2-9）。未腐朽变质的木料可做成木质家具供人们使用，也可重新加工制作为刨花板、木塑复合材料等工程木质材料，或用于制备纸浆、工艺品或室内装饰部件等，由此可以进一步延长二氧化碳的存储时间。

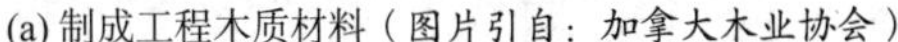
(a) 制成工程木质材料（图片引自：加拿大木业协会）

(b) 制浆造纸（图片引自：纸业网）

图 4.2-9　木、竹结构回收场景

中国房地产业协会指出，随着材料、工艺、技术标准的不断优化，现代木结构建筑如果被拆除，其中材料能有组织地回用，最多能回用9次。当木制品不再被使用时，可作为生物燃料，取代化石燃料。这对气候也是十分有利的。此外，木、竹结构建筑拆除过程中产生的建筑垃圾更易于处理且部分建筑垃圾可被二次再利用。《废弃木质材料储存保管规范》LY/T 3032—2018[30]等相关规范为废弃木材分类的方式及处理方法提供了参考依据。竹木材的循环利用可以提高竹木材的使用周期和利用率，对降低环境总能耗、减少碳排放总量有着积极作用。

4.2.6 木、竹结构全寿命期低碳

1. 木、竹结构全寿命期碳排放

木、竹结构建筑是低碳节能型建筑，与轻钢结构和钢筋混凝土结构等常见建筑相比，木、竹结构建筑节能降碳优势显著。1995—2018 年全球建筑全寿命期碳排放综述结果表明[31]，低层木结构建筑单位面积碳排放为 12.9～361kgCO_2e/m^2，高层木结构建筑为 234.8～1338kgCO_2e/m^2；典型瑞典独户木结构示范住宅单位建筑面积年均全寿命期碳排放为 6kgCO_2e/(m^2·a)[32]，而我国现代典型木结构示范建筑单位建筑面积年均全寿命期碳排放为 24.6～32.2kgCO_2e/(m^2·a)，其中运行阶段占比约为 88%。建筑面积约 3 万 m^2 的典型装配式木结构建筑中加生态示范区枫丹园，主体采用了加拿大原生木材，单位建筑面积年均全寿命期碳排放为 32.2kgCO_2e/(m^2·a)，单位面积建材生产碳排放约为 0.27kgCO_2e/m^2，仅占全寿命期碳排放的 0.9%[23]。

与木材相比，单位体积竹材固碳量更高，竹结构建筑更加低碳固碳。南京某竹结构、木结构建筑全寿命期碳排放分析表明[33]：单位建筑面积竹结构建筑碳排放为 66.1kgCO_2e/m^2，木结构为 45.6kgCO_2e/m^2；同时，单位建筑面积竹结构建筑固碳 132kgCO_2e/m^2，木结构固碳 31kgCO_2e/m^2。木、竹结构建筑对全球碳平衡和气候变暖具有积极作用。由于木、竹结构建筑体系间的差异以及木竹质建材与其他建材组合方式的不同，木、竹结构建筑碳排放数值区间较大。建筑体系、木竹质建材种类、低能耗设计与否等均会影响木、竹结构建筑的碳排放。同时，建筑运行阶段碳排放占全寿命期碳排放的比重超 2/3，运行阶段使用可再生能源、采用低能耗设计方法将大大降低运行阶段碳排放，对木、竹结构建筑碳排放的数值影响较大。

2. 木、竹结构与传统建筑形式碳排放对比

木、竹结构与混凝土结构、砖混结构等传统建筑形式相比，具备建材固碳、全寿命期低碳的优势。美国某大规模胶合木结构建筑[34]（图 4.2-10a）与等效钢混结构建筑相比，全寿命期碳排放减少 12%；澳大利亚某典型正交胶合木结构建筑[35]（图 4.2-10b）与等效钢混结构建筑相比，可减少约 30%的全寿命期碳排放；中国建筑科学研究院有限公司对我国 8 栋木结构示范建筑全寿命期碳排放分析结果显示[23]，相较于仅使用钢筋和混凝土的基准建筑，现代木结构建筑全寿命期碳排放减少 8.6%～13.7%；调研分析结果表明，我国木质体育场馆与钢混场馆相比，全寿命期碳排放降低 15%～23%[36]；南京某竹结构全寿命期碳排放分析表明[33]，竹结构与砖混结构相比，全寿命期可降低 78%的碳排放。由于建筑间运行差异大且占比高，不同国家和地区木、竹结构建筑减碳效果存在较大差异。

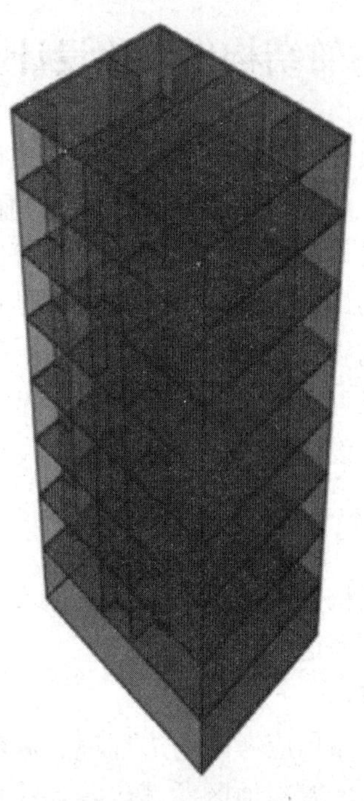

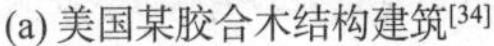

(a) 美国某胶合木结构建筑[34]　　(b) 澳大利亚某正交胶合木结构建筑[35]

图 4.2-10　木结构建筑

隐含碳即全寿命期除运行碳之外的碳排放，隐含碳可以直接反映建筑材料对碳排放的影响。国外典型不同结构框架的木结构、钢混结构及钢结构建筑隐含碳排放研究结果表明[37]，木结构建筑较其他两种建筑形式可减少约 37%、48%的隐含碳排放。此外，有学者指出建模方法、建筑尺寸、数据源、建筑类型、建筑结构、建筑位置等变量对建筑隐含碳均存在不同程度的影响，木结构建筑最高可降低 68%的隐含碳排放[38]。木、竹结构建筑建材生产阶段低碳优势更显著：新西兰某典型轻型木结构建材生产阶段碳排放与轻型钢结构建筑相比减少约 50%[39]；中国建筑科学研究院有限公司研究指出[23]，我国典型木结构建筑与混凝土基准建筑相比，建材生产碳排放降低约 64.5%。木、竹结构建筑全寿命期低碳优势显著。

4.2.7　小节

木、竹结构全寿命期均具备优异的低碳性能，通常采用全寿命期评价方法计算并对比分析木、竹结构碳排放。木、竹结构所用的木竹质建材天然具备固碳优势，具备优异的可持续性，与钢材和混凝土材料相比，木竹质建材加工能耗较低，碳排放因子较低；高度装配化使得木结构建筑建造及拆除阶段施工机械使用较少，建造拆除碳排放低。此外，木、竹结构建筑围护结构的保温防潮构造以及木竹质材料的保温性能使木、竹结构建筑具有较优异的保温隔热效果，可以减少空调、供暖散热器的使用，降低建筑运行阶段的碳排放。经被动式设计的木、竹结构建筑可以达到零碳排放甚至负碳排放；木、竹结构建筑拆除后回收利用率较高。综上所述，木、竹结构全寿命期均具备优异的低碳优势，推广低碳木、竹结构建筑的应用，有助于早日实现双碳目标。

4.3 木、竹结构低碳化设计方法

受竹木质建材选取、建筑连接形式优化、建筑层数、建筑面积、建筑平立面设置、建筑建造方式、建筑构造差异、围护结构性能差异、可再生能源利用、建筑耐久性设计、建筑防潮气密设计、可持续性回收复用等因素的影响，木、竹结构建筑碳排放数值存在较大的区间。如何最大限度地发挥木、竹结构建筑的低碳优势，对木、竹结构进行低碳化设计是木、竹结构碳排放研究的重中之重。下文将总结木、竹结构节能设计原则，并从用材低碳化、构造设计低碳化、耐久性设计低碳化、建筑建造运行低碳化四个角度，阐述木、竹结构的低碳化设计方法。

4.3.1 木、竹结构节能设计原则

木、竹结构建筑整体设计可根据不同气候区条件，采用不同的节能设计方法，可以从以下几个方面考虑：

1. 建筑布局

建筑群体布局应考虑周边环境、局部气候特征、建筑用地条件、群体组合和空间环境等因素，严寒、寒冷地区尤其应着重注意太阳能的利用，南方夏热冬冷、夏热冬暖地区建筑设计时应合理地选择建筑的朝向和建筑群的布局，防止日晒。单体建筑平面布局应有利于冬季避风，建筑长轴避免与当地冬季主导风向正交，或尽量减少冬季主导风向与建筑物长边的入射角度，以避开冬季寒流风向，不使建筑大面积外表面朝向冬季主导风向。夏热冬冷、夏热冬暖地区建筑形态与单体设计时应尽量减少对风的阻挡，保证建筑布局中风流顺畅。

2. 建筑间距

决定建筑间距的因素很多，如日照、通风、防视线干扰等。合理的日照间距是保证建筑利用太阳能供暖的前提，控制建筑日照间距应至少保证冬至日有效日照为2h。

3. 建筑朝向

朝向选择应遵循以下原则：冬季尽可能使阳光射入室内；夏季尽量避免太阳直射室内及室外墙面；建筑长立面尽量迎向夏季主导风向，短立面朝向冬季主导风向；充分利用地形，节约用地；充分考虑建筑组合布局的需要，并积极利用组合方式达到冬季防风需要。

4. 控制体形系数

体形系数是影响严寒、寒冷地区建筑能耗的重要因素之一，但即使建筑体形系数相同，建筑的能耗也不相同，由于建筑造型、建筑长宽比、朝向或建筑热形态系数等影响。在进行节能设计时，应考虑建筑热形态系数来确定建筑的形态。

5. 合理控制开窗面积

窗的传热系数远远大于墙的传热系数，窗户面积越大，建筑的传热耗热量也越大。对严寒、寒冷地区建筑的设计应在满足室内采光和通风的前提下，合理限定窗面积的大小，这对降低建筑能源消耗及碳排放很有必要。我国《公共建筑节能设计标准》GB 50189—2015[40]、《严寒和寒冷地区居住建筑节能设计标准》JGJ 26—2018[25]中，分别对严寒、寒

冷地区的窗墙面积比进行了限定；《建筑节能与可再生能源利用通用规范》GB 55015—2021[41]对不同热工分区下不同窗墙比的围护结构热工性能限值进行了规定。

4.3.2　用材低碳化

1. 木竹材选用

木、竹结构建筑和木竹材产品在其使用周期内始终储存二氧化碳，增加木竹材在建筑中的使用，可以减少其他非可再生建筑材料的使用，可以延长碳固存的时间，提升木、竹结构建筑的低碳效果。由第 4.1.2 节可知，木竹质建材的固碳量与密度、含碳率有正相关关系，密度、含碳率越高，木竹质建材的固碳量越高，木、竹结构建筑越低碳。《木结构设计标准》GB 50005—2017 中，列出了典型针叶材强度等级与对应部分树种，相应树种的树干含碳率以及密度如表 4.3-1 所示。建议在木竹材选用时，在满足强度要求的前提下，选择密度较大、含碳率较高的树种，增加木、竹结构的固碳低碳优势。

不同等级木质建材主要适用针叶树种树干含碳率及密度　　表 4.3-1

强度等级	树种	树干含碳率	密度（kg/m^3）
TC17	落叶松	0.538	528
	柏木	0.537	455
	湿地松	0.532	359
	东北落叶松	0.497	550
TC15	油杉	0.491	480
	铁杉	0.499	460
TC13	油松	0.561	360
	马尾松	0.531	429
	樟子松	0.452	370
TC11	杉木	0.523	340
	冷杉	0.542	440

2. 工程木竹产品选用

不同工程木竹产品的加工流程、加工工序有所不同，所用于的建筑类型、部位等均存在差异。以胶合木和正交胶合木为例，胶合木是用板材或小方材按木纤维平行方向，在厚度、宽度或长度方向胶合而成的木材制品，正交胶合木是由奇数层的规格木材以垂直相交的角度，使用结构胶粘剂叠合胶压组胚而形成的工程木质板材，两种工程木产品主要差异体现在组坯方式上。胶合木加工流程为制材、机械应力分等、横截、接长、双面刨光、施胶、组坯、冷压养护、修补、后处理；正交胶合木加工流程为干燥平衡、四面刨光、强度应力分等、优选、指接、板条定长养生、板条四面刨光、侧面拼板、厚度层积组坯、淋胶、拼压、后处理。可以通过选用木材合理下锯高出材率、采用绿色干燥方法、使用绿色环保胶粘剂、选用绿色低碳防潮防火涂料、废木料回收利用情况下的工程木竹产品，以达到用材低碳化。不同木质建材种类加工方式、力学特点不同，会对建筑碳排放产生影响，合理选用工程木竹产品有助于凸显木、竹结构低碳优势。选用工程木竹产品时，在确保力学强度的前提下，建议优先选择加工能耗小、碳排放因子低的工程木竹产品。

3. 木材最大化利用

将木结构墙体、木结构屋顶、木结构楼板系统用于混凝土结构建筑中的不同类型的木混结构建筑与钢混结构建筑相比，可以不同程度地降低建筑碳排放。依据芬兰住房设计规定和标准，对混凝土结构、木混结构建筑的设计分析结果表明，木混结构建筑与混凝土结构建筑相比可以降低约13%的隐含碳排放（全寿命期不包含运行阶段的碳排放）[42]。在木混结构建筑中增加木材用量带来的低碳效益十分显著，针对挪威某典型近零能耗木混结构建筑的研究表明[43]，当最大化木材使用时，可降低48%的隐含碳排放以及28%的全寿命期碳排放。可以通过选取合适的木竹材、选择合适的工程木竹产品、选取低碳连接形式，来实现木材的最大化利用与用材的低碳化设计。

4. 连接形式

连接设计是木结构设计的重要环节。木结构是由各种木构件通过节点连接而成的平面或空间体系，连接是木结构的关键部位，设计与施工要求严格、传力明确性、密性良好、构造简单。我国《木结构设计标准》GB 50005—2017中列出了齿连接、销连接和齿板连接三大节点类型（图4.3-1）。此外，在实际木结构设计中常用到斜键连接、胶连接和植筋连接等。而金属连接件碳排放较高，在选用连接方式时，应在满足连接强度的同时，选择质量较轻的连接件，以降低建材生产阶段碳排放。研究表明[44]，瑞典某典型CLT装配式木结构建筑在进行木材配置和紧固件优化后，可以降低5%建材生产阶段的碳排放。

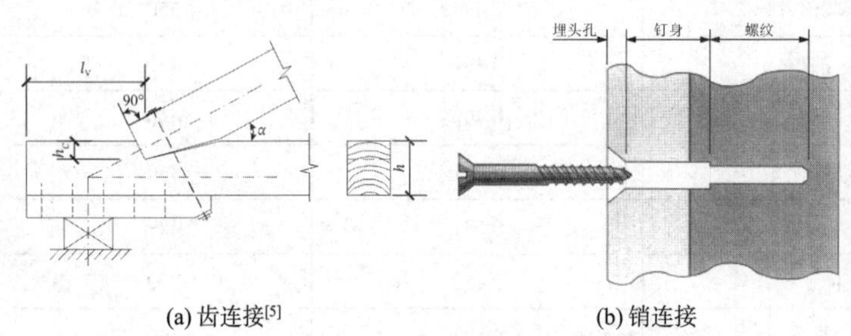

(a) 齿连接[5]　(b) 销连接（图片引自：加拿大木业协会）　(c) 齿板连接（图片引自：加拿大木业协会）

图4.3-1　木结构三大节点类型

5. 木混结构应用

钢筋混凝土建筑和钢结构建筑在建筑界广泛应用并具有自身的优势，但相比于木结构在低碳节能方面也存在一些劣势。将木材引入到传统高能耗的建筑形式中，可结合两者各自优势并降低建筑的整体碳排放。木材具有储存二氧化碳的特性，在钢混结构建筑中引入木材可实现建筑固碳效果，降低建材碳排放；木结构的预制化和模块化特性使得施工过程更为高效，减少了施工现场的能源消耗。相比之下，钢结构和钢筋混凝土结构的生产和施工过程通常需要更多的能源；木结构围护构造通常具有较好的保温性能和隔热性能，能够降低建筑运行能耗。钢结构和钢筋混凝土结构中使用木围护结构，可以实现降低能源消耗与碳排放。

天津中加生态示范区枫创产业园办公建筑采用了木混结构形式（图4.3-2），3栋建筑的主体结构采用传统钢筋混凝土结构，外围护非承重墙体采用装配式木骨架组合墙体，3栋楼总建筑面积约11000m^2，外围护墙体面积超过5000m^2。根据外围护墙体的设置需求，拆分为 400 余片轻型木结构墙体，单片预制墙体尺寸最大为 4200mm × 407mm，最小为 1065mm × 3600mm，全部墙体在工厂预制加工，运送至现场安装。该项目通过引入木结构围护墙体，缩短了施工周期，提升了建筑围护结构的保温性能，降低了整体的碳排放。

(a) 建筑全景

(b) 工厂预制墙体

(c) 预制墙体吊装

图 4.3-2　木-混凝土混合建筑（图片引自：加拿大木业协会）

传统的钢筋混凝土建筑和钢结构等建筑需要探索更多方法来减少碳排放和能源消耗，对于未来可持续发展，探索使用更环保、可再生的建筑材料和新型建筑结构至关重要。

4.3.3　构造设计低碳化

1. 木、竹结构体系碳排放对比

不同形式的木结构建筑物化阶段（建材生产及运输阶段与建筑建造阶段）碳排放存在差异，井干式木结构物化阶段碳排放量较低，减碳降耗效果最显著，轻型木结构、现代木框架结构体系次之[45]。此外，竹结构固碳效果与木结构相比更显著。因此，推荐在旅游风景区发展低碳井干式木结构与竹结构建筑，在城市居住建筑中大力发展装配程度高的低碳轻型木结构建筑。此外，同一建筑体系中使用不同类型的竹木质建材也会影响建筑碳排放。研究表明[46]，使用正交胶合木的木结构建筑隐含碳排放与使用胶合木的木结构建筑相比降低约 10%。在建筑体系选择时，也应当考虑建材选用的区别以达到低碳化设计。

2. 建筑平/立面布置低碳化

建筑平/立面布置会对木、竹结构建筑碳排放产生影响。以国内现有木结构建筑最常见、占比最大的轻型木结构建筑为例，若参考建筑模数进行设计，将会在满足建筑结构安全性的基础上满足木、竹结构低碳化设计。轻型木结构主要用材包括规格材、定向刨花板等。规格材尺寸多为模数化，以北美为例，其厚度多为 19mm、25mm、38mm、45mm，宽度多为 89mm、140mm、184mm、235mm、286mm，长度多为 3050mm、3660mm、4270mm、6100mm。定向刨花板长度多为 2440mm，宽度多为 1220mm，厚度多为 6mm、8mm、10mm、12mm、14mm、16mm 等。规格材用作墙体、楼盖部件时，间距多为 406mm、610mm。可以采用 BIM 技术参考上述尺寸，对木、竹结构进行低碳化设计。

3. 基于 BIM 的低碳优化设计

建筑信息模型（Building Information Modeling，BIM，图 4.3-3）指在建设工程及设施全寿命期内，对其物理和功能特性进行的数字化表达，是一种应用于工程设计、建造和管理的数据化工具，是以三维数字技术为基础的集成建筑工程项目各种相关信息的数据模型。由于木结构建筑预制装配式的特点，若在其全寿命期内引入 BIM 模型，可以实现木结构构件生产和组装的精细化管理，极大地提高设计与建造效率，让工程人员在项目的整个生命周期内整合和分析环境问题，降低建造周期内的环境影响。对于木结构建筑来说，由于其预制装配式的特点，若在其设计、预制生产以及施工过程中引入BIM技术，建造效率将得到较大的提高。加拿大2015年建成的斯阔米什中心，其全部构件采用BIM设计，并利用CNC进行构件加工。在施工过程中，采用基于BIM虚拟建造技术，极大地缩短了工期，项目总工期仅为8个月[47]。

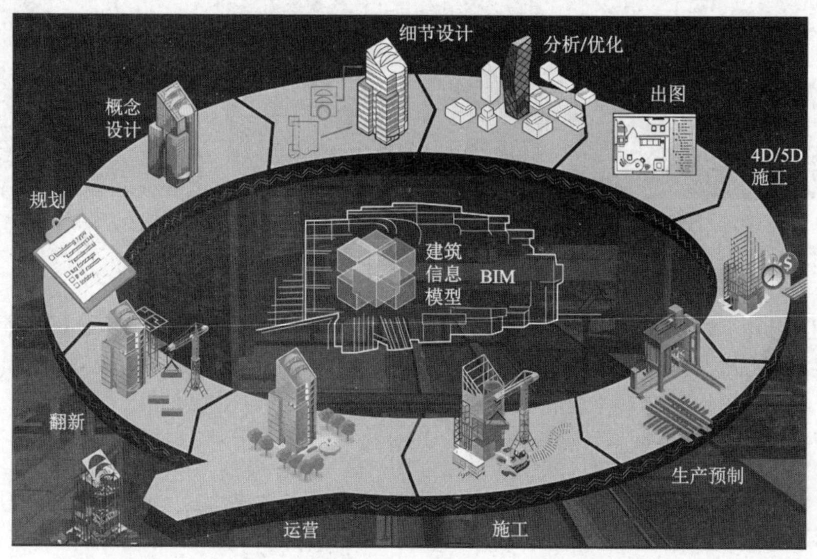

图4.3-3 BIM全寿命期协作（图片引自：毕加索智能科技）

2016年建成的加拿大UBC大学Brock Commons学生公寓（图4.3-4）采用BIM技术进行项目管理。在整个设计阶段，BIM团队收集了来自各阶段的设计信息，使得三维虚拟模型不断更新完善，由此制作出带有极其详尽和精确数据的信息模型，包含所有组件和建筑系统。信息化的虚拟设计模型，在施工阶段的可视化、多专业协调、碰撞检查、工料估算、四维规划和排序、可施工性审核、数字化制造现场等方面，都起到了重要作用。基于BIM的设计施工一体化管理，使得施工过程相当迅捷、干净、有序，现场施工仅有9名工人，平均5～10min安装一根柱子，6～12min制作一片CLT木楼板。自预制构件运输到施工现场日起，主体结构的施工用时不到70d，比计划整整提前了4个月，降低了材料消耗与碳排放的影响。

(a) 可视化模型

(b) 工料估算

图4.3-4 Brock Commons学生公寓项目BIM模型应用（图片引自：加拿大木业协会）

此外，基于 BIM 可以实现木结构建筑碳排放的优化设计，主要体现在以下几个方面：

（1）精确的碳排放计算。基于 Autodesk Revit 软件作为木结构建筑设计一体化 BIM 平台，能够导出精确的构件材料清单。基于集成的碳排放因子数据实现建筑材料碳排放的全面计算，这种数据分析有助于识别材料碳排放的主要来源，帮助设计团队评估使用再生材料或可再生资源的机会，避免使用高碳排放的材料，如混凝土和钢材等。

（2）建筑能耗模拟。基于 BIM 模型可以实现建筑性能模拟，包括运行能源消耗、热性能等。通过模拟测试，设计团队可以优化建筑外墙、屋顶和窗户等围护结构构造，以最大限度地减少能源需求，从而降低运行碳排放量。

（3）项目可视化与协作设计。BIM 模型可实现建筑设计的可视化，同时基于 BIM 上下游协同工作的特点，使得设计团队与建筑业主、利益相关者之间的沟通更加直观和清晰，有助于共同探讨低碳设计的目标和要求，并确保所有利益相关者都对碳排放优化的目标保持一致。此外，也确保项目在设计、施工和运营阶段之间实现高效的信息交流，减少误差和重复工作，优化资源利用，最终减少整个项目的碳足迹。

4.3.4　耐久性设计低碳化

对木、竹结构进行耐久设计，防止构件发生腐蚀、潮湿、虫蛀、燃烧等情景，增加材料抵抗自身和使用中受破坏作用的能力，增加材料使用周期，延长建筑使用寿命，有助于降低单位建筑面积年均全寿命期的碳排放。

1. 防腐设计低碳化

木、竹结构防腐设计包括用材防腐设计和构造防腐措施。木材腐蚀而导致强度下降的主要原因是木腐菌等真菌的侵染。防止木材腐朽的最有效方法包括消灭木材中的真菌、阻止真菌在木竹构件上的传播两种。目前，市场上的防腐木材主要有三种：化学防腐木、深度炭化木和纯天然防腐木，常用于户外木结构建筑中。建议在湿热型气候地区，所有木结构构件均使用防腐木作为木结构防腐蚀的第二道防线。深度炭化木，即热处理木，是经过160～230℃的过热水蒸气对木材进行长时间的热解处理，破坏其营养成分，使其具有较好的防腐功能。深度炭化木在改性过程中没有添加任何药水，只是物理改性过程，属于绿色、环保产品，无毒、无害。化学防腐木则是使用化学防腐剂破坏造成木材腐烂菌类的生存环境。天然防腐木指天然木材树脂中含特有化学成分，能有效抵抗腐朽菌以及霉菌的侵害，天然、环保。竹材防腐方法主要有烟熏法、暴晒法、浸水法等简易竹材防腐处理方法，高温灭菌法、浸渍法、干燥法、辐射法、气调法、蒸煮法等物理处理技术，以及涂刷法、浸渍法、热冷槽法、压力处理方法、基部穿孔注药法、竹叶吸引法等化学处理技术。

此外，还可以通过防腐构造设计，来达到低碳化的目的。以轻型木结构建筑为例，其最常用的材料为规格材 SPF（Spruce-Pine-Fir，云杉-松-冷杉），其本身经过高温干燥处理，含水率小于 20%，具有较好的防腐性能。实际工程中，除保持结构内部通风或对外露木竹材喷涂 2～3 遍木蜡油防腐外，需要对底层楼面搁栅，与混凝土或砌体基础直接接触的木竹构件，距室外地坪 200mm 以内的木竹构件，露天环境、易腐蚀环境中的木材使用天然耐腐木材（使用天然防腐木材不得直接接触土壤）或经过加压防腐处理的木构件。木构件的机械加工应在药剂处理前进行，且木构件经防腐处理后应避免重新切割和钻孔。在木、竹结构的全寿命期中，若木竹构件腐蚀损坏需要局部修整时，必须对木材暴露的表面涂刷足够的同品牌药剂（充分涂刷2～3次），以达到防腐目的。此外，应注意保证连接构件的金属连接件和紧固件的耐久性。连接件应采用不锈钢或经过热浸镀锌处理的钢制连接件。镀锌涂层质量不得小于 275g/m^2。对木竹构件进行防腐设计，有助于增加建筑的使用寿命降低碳排放。

2. 防虫设计低碳化

对木结构危害广泛且严重的昆虫主要是白蚁，因此防蚁亦是木结构耐久性设计的基本要求。对于轻型木结构，直接与土壤接触的基础和外墙，应采用混凝土或砌体结构。基础和外墙中出现的缝隙宽度不应大于0.3mm，以防白蚁进入；当无地下室时，底层地面应采用混凝土结构，并宜采用整浇的混凝土地面，提高密实性，减少缝隙，有利于防蚁；由地下通往室内的设备电缆缝隙、管道孔缝隙、基础顶面与底层混凝土地坪之间的接缝，应采用防白蚁物理屏障（如防虫网）或土壤化学屏障（如防蚁药剂）进行局部处理；外墙的排水通风空气层开口处应设置连续的防虫网，防虫网隔栅孔径应小于1mm；地基的外排水层或外保温绝热层不宜高出室外地坪，否则应作局部防白蚁处理。对于胶合木结构，承重结构中使用马尾松、云南松、湿地松、桦木等树种或易遭虫害的木材时，除从构造上保证通风外，尚应进行药剂防虫处理；在白蚁危害地区，凡阴暗潮湿、与墙体或填土接触的木、竹结构，均应进行有效的防虫处理，并选用防蚁性能好的药剂；在堆沙白蚁或甲虫危害地区和高寒或干燥地区，也应做好防虫处理。

3. 防潮设计低碳化

在严寒、寒冷地区，地面及地下室外围护结构冬季受室外冷空气和建筑周围低温或冻土的影响，有大量的热量从该部位传递出去，或因室内外温差在地面冷凝结露。在我国南方长江流域梅雨季节，华南地区的回南天由于气温受热带气团控制，湿空气吹向大陆且骤然增加，较湿的空气流过地面和墙面，当地面、墙面温度低于室内空气露点温度时，就会在地面和墙面上产生结露现象，俗称围护结构泛潮。木结构围护结构材料在潮湿环境下极易损坏，因此木结构防潮是非常重要的技术措施。对基础、屋面、墙体进行防潮设计，可以增强木、竹结构建筑的耐久性，凸显木、竹结构的低碳优势。

木结构建筑基础按防潮方式，分为架空式基础和非架空式基础两种形式。架空式基础底层楼面板与基础内地面间有通风透气层；非架空式基础一层楼板与地面直接接触，不设架空层。当未设地下室或架空层时，底层地坪以下应铺设连续、完整的防潮层，并应延伸到基础墙下。当设有架空层时，架空层空间宜高于450mm。此外，基础与防腐木地梁板接触面应铺设防潮层，采用SBS防水卷材或聚乙烯塑料，防止基础内潮气侵入木框架墙体。防潮层若有穿孔，应作局部密封处理。为利于屋面的防水，木结构建筑宜建成坡屋面。在坡屋顶上，雨水在重力作用下排离屋面。屋面的坡度越大，重力的作用就越明显。通过屋面瓦、防水卷材和泛水板的共同作用，屋面防水效果显著。

针对轻型木、竹结构的墙体，需要进行以下防潮设计：外墙板和外墙防水膜必须完整、连续，确保墙体与窗、门、通风口及插座等连接处的防水连续性；外墙防水膜应直接铺设在刚性外墙板外侧。当防水膜横缝搭接时，搭接处上层防水膜应覆盖下层防水膜，搭接宽度不宜小于100mm；当防水膜竖缝搭接时，搭接宽度不宜小于300mm，或搭接宽度不宜小于100mm并进行粘结[48]；外墙的排水通风空气层净厚度不应小于10mm，有效空隙不宜低于排水通风空气层总间隙的70%；在外墙防护板的水平连接处、水平偏置处、水平转换处、墙体与基础墙或地坪的水平连接处，以及门、窗上端墙体防水膜后，应设置泛水板。可以通过上述设计方法，满足木、竹结构墙体的防潮低碳化设计。

4. 气密设计低碳化

对木、竹结构进行气密性设计可以降低建筑碳排放。首先，气密性措施可降低冬季冷风渗透和夏季非受控通风，以达到降低供热/供冷需求的目的，从而降低运行阶段能源消耗降低碳排放；其次，气密性措施可以避免随空气带入的湿气侵入造成建筑发霉、结露和损坏，降低建筑修复需求，增强建筑使用寿命。理论上，气密层可以安装在围护结构的任何部位，但在实践中，将气密层铺设于构件的外侧有更多的好处。建议在湿热型和混合型气候条件下，如华南和上海地区，气密层最好铺设于外侧，以防止持续不断的强风将水汽吹入围护结构中墙体构件的外侧。另外，相较于内侧，围护结构外侧面一般开口或接缝较少，从而降低了气密处理的复杂性。推荐采用外墙覆面板气密系统、内墙石膏板气密系统、外侧覆面薄膜气密系统来进行气密设计低碳化。

外墙覆面板气密系统以强度高、耐久性好、抗冲击破坏以及施工安装相对简单的结构胶合板或定向刨花板为主体；同时，为确保密封的有效性以及防止覆面板移动造成的风险，建议使用即撕即粘式沥青涂层胶带对所有水平/垂直接缝从覆面板外侧进行覆盖，杜绝泄漏；内墙石膏板气密系统主要采用 12mm/15mm 厚的石膏板作为标准室内装饰材料，并与楼盖胶合板或定向刨花板以及墙骨柱和搁栅共同组成石膏板气密系统，应特别注意在构件交界处和穿孔处的密封；外侧覆面薄膜气密系统，即房屋包层薄膜铺设于外墙结构覆面板之外，并对接缝处、构件交界处以及穿孔处进行彻底密封处理，以形成连续的气密层。

5. 防火设计低碳化

木、竹结构防火设计低碳化包括构造防火设计和构件防火设计。通常使用化学防火处理的方法，对木、竹结构构件进行防火处理，包括在构件表面涂装防火涂料和采用加压浸渍方式对木材进行阻燃处理。以轻型木结构为例，可以通过设置耐火石膏板、竖向挡火构件和水平挡火构件等防火构造设计，提高耐久性。

轻型木结构的防火安全主要取决于结构构件与覆面材料的防火性能。木材虽然是可燃材料，但木材的导热性较低；而且，构件在燃烧时，表面会形成具有良好隔热效果的碳化层，有效减缓碳化层下未燃烧木材的燃烧速度。轻型木框架结构采用石膏板作为室内墙面装饰材料，石膏板遇到火烧时，结晶水蒸发，吸收热量，并在表面生成具有良好绝热层的无结晶水产物，起到阻止火焰蔓延和温度升高的作用。选用不同厚度的石膏板，可使结构有足够的耐火时间，从而达到要求的耐火极限。轻型木结构建筑在框架构件和面板之间，设置竖向挡火构件和水平挡火构件，从构造上阻挡火焰、高温气体以及烟气的传播。在大多数情况下，墙体的顶梁板、底梁板、楼盖中的端部桁架及端部支撑均可视为竖向挡火构件。当竖向空间高度超过 3m 时，需要加设竖向挡火构件。此外，在采用实木锯材或工字形搁栅的楼盖和屋盖中，一般室内吊顶直接固定在构件底部。在结构上，搁栅之间的支撑通常可用作水平挡火构件，一般不需要增加额外的水平挡火构件。

4.3.5　建筑建造运行低碳化

1. 建造低碳化

研究表明[49]，同一栋建筑装配式建造形式相比于非装配式在建造施工阶段碳排放能够降低 22kgCO_2/m^2。多项关于装配式木结构与钢混结构建筑的建造拆除阶段碳排放对比分析结果表明[50]，木、竹结构装配化建造可以显著降低建造拆除碳排放。木结构建筑与传统建筑形式相比，施工阶段约降低 69%的碳排放；加拿大魁北克省某典型装配式木结构建筑的隐含碳与钢混结构建筑相比降低约 25%[51]；西班牙典型装配式木结构建筑与非预制建筑相比降低约 30%的隐含碳[52]。可以通过提高木、竹结构装配率来进行建筑建造拆除低碳化设计。

2. 围护构造低碳化

严寒、寒冷地区建筑能耗大部分是由于围护结构的传热造成的，围护结构保温性能的优劣直接影响到建筑能耗大小。

（1）合理选择保温材料与保温构造形式。轻型木结构围护结构的构造设计本身具备较优异的保温防潮性能，如由外向内的外饰面、外保温层、顺水条、防水透气膜、墙面板、墙骨柱（内填保温材料）、石膏板外墙构造层。相关研究结果表明，墙面板厚度、石膏板厚度、外饰面材料选择对外墙平均传热系数 K 无显著影响，内填保温材料选择、墙骨柱厚度、外保温层选择对 K 值影响较大。岩棉、玻璃棉等内填保温材料以及聚苯乙烯塑料、聚氨酯泡沫塑料、聚乙烯塑料等高效外保温绝热材料均可降低外墙传热系数，内填玻璃棉、外覆聚氨酯泡沫塑料效果更佳；墙骨柱厚度越厚，外墙传热系数越低，建议优先选择尺寸规格为 38mm × 140mm 的墙骨柱。

（2）避免热桥。在木结构建筑中，由于木材具有良好的热绝缘性，木结构建筑围护结构大多采用金属连接件，存在冷热桥问题。因此，在连接部位、承重、防震、沉降等部位，应防止建筑热桥产生，采取防热桥措施。

（3）良好的通风特性。木材是易受潮、易腐蚀材料，良好的建筑室内通风，对保护木结构建筑寿命、提高耐候性、节能都具有重要作用。要获得较好的通风效果，建筑进深应小于 2.5 倍净高，外墙面最小开口面积不小于 5%。

（4）建筑遮阳设计。遮阳的作用是阻挡阳光直射，防止建筑物的外围护结构被阳光过分加热，从而防止局部过热和眩光的产生。合理的遮阳设计是改善夏季室内热舒适状况和降低建筑物能耗的重要因素之一。遮阳方式多种多样，可以结合木结构建筑构件，如出檐、雨篷、外廊等设计，或采用专门的遮阳板等措施。

（5）围护结构隔热设计。木结构建筑围护结构隔热可采取以下技术措施：

①外墙、屋面采用浅色饰面或浅色涂层、热反射隔热涂料等，降低表面的太阳辐射，减少外墙表面、屋顶对太阳辐射的吸收。

②增加窗玻璃层数、窗上加贴透明聚酯膜、加装门窗密封条、使用低辐射玻璃（Low-E 玻璃）、中空玻璃和绝热性能好的塑料窗等措施，改善门窗绝热性能，降低室内空气与室外空气的热传导。

③对于屋面构造，推荐采用高效保温材料保温屋面、架空型保温屋面、倒置型保温屋面等节能屋面，在南方地区和夏热冬冷地区采用屋面遮阳隔热技术。

④推荐采用综合考虑建筑物的通风、遮阳、自然采光等建筑围护结构优化集成节能技术。如双层幕墙技术，夏季可有效遮阳和通风排热，冬季可使太阳光透过，减少供暖负荷。

上述围护构造低碳化措施，可以有效减少运行阶段的能源消耗，降低建筑运行的碳排放。

3. 被动式超低能耗设计低碳化

木结构具备优异的保温气密性能，十分契合被动式低能耗建筑技术与理念。同时，建筑运行阶段碳排放的占比较大，被动式木结构建筑将是未来木结构建筑发展的一大趋势。木、竹结构使用外围护结构高性能保温隔热技术、隔热桥处理技术、外围护结构的气密性处理技术、高性能建筑节能门窗技术、新风系统高效热回收技术、室内空气质量实时监控及新风自动控制技术、新风系统末端变风量技术、空气源/地源热泵应用技术、可调节外遮阳等技术后，可以显著降低运行碳排放。

研究表明[53]，经节能设计的木结构屋顶与轻型钢结构、钢筋混凝土结构屋顶相比，可以降低 45%、63%的建材生产碳排放。按照瑞典被动式建筑标准规范，对地下室墙体、楼板、外墙等围护结构进行被动式改造后的木结构建筑运行碳排放在不同电力水平下可减少 50%～82%[54]。参考智利相关标准，进行超低能耗设计的木结构建筑与等效混凝土结构建筑相比，约降低 44%的建材生产阶段碳排放[55]。中国建筑科学研究院有限公司对我国 8 栋木结构示范建筑全寿命期碳排放分析结果显示[23]，超低能耗木结构建筑与木结构建筑、混凝土结构建筑相比，全寿命期碳排放分别能降低 24%、33%。当满足或超过超低能耗建筑标准时，减碳效果将更显著。

4.3.6　小节

木、竹结构建筑低碳节能设计，应贯彻“遵循气候、因地制宜”的设计原则。在满足建筑功能、造型等基本需求的条件下，注重地域特性，尽可能地将生态低碳、可持续建筑设计理念融入整个建筑设计过程中。本章主要聚焦于木、竹结构低碳化设计方法，通过四个方面讨论低碳化策略，以减少建筑的碳排放，实现更加环保和可持续的建筑发展。在用材低碳化方面，选择适当的木竹材和工程木竹产品至关重要。合理选择来源于可持续林业管理的木材和竹材，可以降低原材料的采集对生态系统的影响。同时，采用预制构件和优化设计，最大化地利用木材资源，减少浪费，降低木材的碳排放。此外，将木材与混凝土、钢材等建筑材料结合，采用木混结构的方式，能够进一步提高建筑的低碳性能。在构造设计低碳化方面，应关注木、竹结构体系的碳排放情况，并进行合理优化。通过使用 BIM 技术，可以在设计阶段模拟以提高建筑效率和性能。在建筑平/立面布置中优化建筑朝向和布局，结合被动式设计原则，最大限度地利用自然采光和通风，降低对机械设备的依赖，减少能源消耗。耐久性设计低碳化，是确保建筑长期性能和减少维护所需的重要方面。在防腐、防虫、防潮、气密和防火设计方面采取措施，可以延长建筑寿命，减少材料更换和修复，从而降低建筑的整体碳排放。在建筑建造运行方面，优化建造过程中的能源使用和资源管理是关键。采用低碳建造技术、推广绿色建筑认证体系，并结合可再生能源的应用，有助于减少建造阶段的碳排放。另外，围护构造的优化设计，如采用高效的保温材料和先进的隔热技术，可以降低建筑的能源需求。被动式超低能耗建筑设计的引入，也将使建筑在使用阶段的能源消耗大幅减少。

木、竹结构建筑为推动低碳建筑发展和促进城市的可持续发展作出了积极贡献。未来，随着科技的进步和设计理念的不断演进，木、竹建筑设计方法也将持续优化，为构建更美好的未来城市环境奠定坚实的基础。

4.4 典型案例

木、竹结构建筑是一种环保、可持续的建筑形式，利用天然的木材和竹材来代替传统的混凝土及钢铁，以降低建筑的碳排放和环境影响。这种设计方法结合了古老的建筑传统和现代的工程技术，旨在创建更加可持续和生态友好的建筑结构。以下案例展现了木、竹结构低碳设计的潜力和可行性，不仅在减少碳排放和环境影响方面起到了积极的作用，还为建筑带来了独特的美感和可持续性价值。随着人们对生态环境的重视度上升，对可持续建筑的需求量增加，木、竹结构低碳化优势将在未来得到更广泛的应用和发展，为建筑行业的可持续转型作出贡献。

4.4.1 天然低碳木、竹结构建筑设计案例

使用竹材、木材、竹木复合材料作为建筑材料，即可达到建筑建材生产低碳化设计以及建筑装配式建造低碳化设计的目的。

1. 雄安白洋淀码头游客服务中心

雄安白洋淀码头游客服务中心（图 4.4-1）位于河北省雄安新区安新县旅游码头区。游客服务中心 A、B、C 栋为木结构建筑。游客服务中心 A 栋地下一层、地上一层，建筑面积 2565m^2，为钢木框架-混凝土剪力墙混合结构体系。水平侧向力主要通过混凝土剪力墙承担，竖向力通过木柱、钢柱及混凝土剪力墙共同承担，局部大跨度梁采用空间桁架。游客服务中心 B、C 栋地上一层，建筑面积 680m^2，为木框架-混凝土剪力墙混合结构体系。水平侧向力主要通过混凝土剪力墙承担，竖向力通过木柱及混凝土剪力墙共同承担，屋面采用木梁体系。游客服务中心 A、B、C 三栋木建筑所用木材为花旗松锯材。

图 4.4-1 雄安白洋淀码头游客服务中心（图片引自：加拿大木业协会）

计算结果显示：不考虑木材固碳的情况下，三栋木结构建筑单位面积建材生产及运输阶段碳排放量分别为 1.50tCO_2e/m^2、2.31tCO_2e/m^2、2.11tCO_2e/m^2，地上部分为 0.96～1.03tCO_2e/m^2；考虑木材固碳的情况下，三栋木结构建筑单位面积建材生产及运输阶段碳排放量分别为 1.35tCO_2e/m^2、2.06tCO_2e/m^2、1.86tCO_2e/m^2，地上部分为 0.70～0.74tCO_2e/m^2。在建筑全寿命期中，木结构建筑建材生产及运输阶段、运行阶段碳排放占 98%以上，其中运行阶段约占 70%～80%，不受建材种类的影响；建材生产及运输阶段约占 20%～30%，

受建材种类影响较大[22]。与等效钢混结构建筑相比，三栋木混结构建筑的建材生产及运输阶段碳排放下降约 10%。考虑木材固碳后，下降约 19%，效果较为显著；若不考虑钢筋混凝土结构的基础和地下室部分，木混结构建筑地上木质建材为主部分的建材生产阶段碳排放下降约 18%～25%，考虑固碳后，下降约 40%～46%。木结构建筑的减碳优势显著[56]。

2. 长三角生态绿色一体化示范区（嘉善）企业交流服务基地

该木结构建筑面积 12820m²，主体结构为胶合木框架（图 4.4-2），主承重构件采用加拿大花旗松胶合木，楼、屋面板及外围护墙体采用 SPF 规格材作为承重搁栅或龙骨。建筑最南侧室外屋面最大跨度 19.15m，采用形似船帆桅杆的圆形胶合木构件支撑整个室外屋面，支撑底部设置两座清水混凝土柱墩。为营造会议室高大空间的建筑效果，结构设计中也配合采用了多种解决木结构大跨空间的方案，包括 10m 通高胶合木柱，张弦胶合木梁，钢木组合桁架等。在整个项目中，加拿大木业提供了全程的技术咨询和支持，包括建筑方案和节点设计的优化、结构设计的咨询等项目中大量采用了来自加拿大可持续森林的林产品，包括花旗松胶合木 SPF 规格材和铁杉，木材使用量共 1964m³。根据美国 Woodworks 在线碳排放计算器所得，该建筑所用木材中储存 1656tCO_2，使得整个项目总体减少了 3520t 的温室气体排放，潜在碳效益总计 5176t，相当于减少 1094 辆轿车一年的碳排放量，减少 547 户家庭全年的总运营能耗。

图 4.4-2　长三角生态绿色一体化示范区（嘉善）企业交流服务基地（图片引自：ArchDaily）

3. 上海西郊宾馆意境园餐厅

意境园餐厅（图 4.4-3）坐落在上海西郊宾馆内，是西郊宾馆举办活动的重要场所之一。餐厅从结构到装饰大量使用了加拿大花旗松木材，餐厅包含了一个 383m² 的宴会厅，大面积的迎宾区和厨房。胶合木梁和 SPF 条支撑着六顶树叶形状的屋面，组成了令人惊艳的三角形结构。建筑形式模拟了树木生长的姿态，结构柱与三角形屋架自然交接、融为一体，柱网相互错动，形成三维的空间结构，进一步强化了空间的趣味性。屋面采用折板形态，尺度相等的折板相互错落拼合，几何逻辑清晰、简练，所形成的室内空间灵动且个性鲜明，兼具层次感与秩序感，同时又带有传统建筑质朴优雅的韵味。项目结构极其复杂，在加工和安装方面有巨大的挑战性，整个施工过程仅用了 135d。根据 Woodworks 碳效应计算器的计算，该项目使用了 212m³ 木材，主体框架使用了 108.57m³ 结构材级别的花旗松。一共存储了 178tCO_2，间接减少 379tCO_2 的排放，净存储 557tCO_2，相当于 118 辆汽车在公路上行驶一年的碳排放，或 59 栋房屋运营一年的碳排放。据计算，该建筑年单位建筑面积碳排放为 28.4kgCO_2e/(m^2 · a)。与等效钢混结构建筑相比，该建筑全寿命期碳排放降低约 9%。

图 4.4-3 上海西郊宾馆意境园餐厅（图片引自：加拿大木业协会）

4. 四川省都江堰市向峨小学

四川省都江堰市向峨小学（图 4.4-4）为汶川地震后上海市对口援建都江堰的一所小学，校舍建筑包括教学综合楼、宿舍楼和餐厅三个单体，其中教学综合楼及宿舍楼均采用预制装配化程度较高的轻型木结构体系，餐厅内木结构为轻型木结构与胶合木结构的混合结构体系。轻型木结构体系中，其主要受力部件轻木剪力墙、楼盖及轻型木屋架等部件均可在工厂预先加工成模块，运输至现场后采用钉子及螺栓连接成整体。所有的木结构材料采用 Woodworks 专业软件进行尺寸放样，拆分成单根构件后发给生产工厂进行备料加工，加工完后对每个构件或部件进行编号，并制作成简便易懂的对照表，方便现场施工人员安装施工，加快了施工进度。本项目较传统钢筋混凝土结构及钢结构建筑，大部分结构构件均在工地现场的临时棚内加工完成，形成简单的模块部件，施工现场完成各部件之间的安装连接，大大减少现场湿作业量及人工用量，较大程度地提高了整个项目的预制装配化程度。

图 4.4-4 四川省都江堰市向峨小学（图片引自：加拿大木业协会）

5. 中国土家泛博物馆

中国土家泛博物馆（图 4.4-5）为木结构系列建筑，包含主二级游客中心、墨客廊桥、地仙廊桥游客中心、中意国际建筑研学营和摩宵楼六个单体建筑。其中最典型的主游客中心采用大跨度当代木结构，屋面采用胶合木架结构体系，底部支撑采用混凝土框架体系，屋面造型复杂，胶合木架最大跨度超过 30m，最大悬挑超过 10m；本项目设计尝试了当代木结构的各种构造可能性以及机器人加工的高效方式，打破传统建筑学本体论的局限，试图建立 CAD 和 CAM 之间的桥梁。项目采用的是装配式木结构体系建造，在建筑设计阶段即应用自研的 Rhino + Grasshopper 平台 BIM 建筑信息化设计方法及流程，最大限度地提高了装配式木结构建筑的施工图设计深度、结构构件加工精度和建造阶段的管理精度。应用该方法生成的 11 数字孪生模型服务于该项目从设计到运营的全寿命期，实现 100%部品部件可视追踪，实时了解各个部品件的加工、运输及安装状态。本项目拥有几千个胶合木和上万个金属部品件，且异形部品件多，对加工和安装的精度都有很高的要求，通过 BIM 技术与智能机器人（KUKA 机械臂）的结合运用，实现了所有部品件的加工零误差，特别是传统加工技术很难实现的复杂部品件也能高效完成。数字孪生模型同时为现场施工提供了可靠的三维可视化指导，节省了近 60%的人工和时间成本。最终让建筑设计作品得以完美呈现。

图 4.4-5　中国土家泛博物馆（图片引自：ArchDaily）

6. 上谷水郡会所

上谷水郡（图 4.4-6）位于河北省怀来县小七营西部，占地面积 3000 亩，依官厅水库南岸而建。建筑外形以加拿大红柏为材料，全木质的结构营造出清新怡人的自然气氛。建筑风格以北欧现代式为主，继承了尖屋顶、斜屋面，在此基础上增加了大面积的采光玻璃和现代钢结构，整个空间宽敞、高大，简单却又具震撼力。怀来上谷水郡会所施工日期在冬季，当地日平均气温均在零下，风力时常在 3 级以上，给施工带来一定的阻碍，在确保工期以及人员安全的情况下，施工团队制定了专业的冬期施工技术方案，且胶合梁连接点精准加工，所以能够在工期内按时完成建筑施工。该项目使用防腐木 176m^3、SPF64m^3、OSB 板 34.6m^3。经计算，年单位建筑面积碳排放为 44.1$kgCO_2e/(m^2 \cdot a)$，与等效钢混结构建筑相比，该建筑全寿命期碳排放降低约 14%。

图 4.4-6　上谷水郡会所（图片引自：臻源木结构）

7. 宁夏中卫沙坡头沙漠星星酒店

宁夏中卫沙坡头沙漠星星酒店（图 4.4-7）帐房系列的帐房分离设计，保证了“房”周围的通风及“帐”的遮阳，大大降低了白天夏季屋顶热量的聚积，达到了房间的舒适性和节能性。通过“帐”的遮阳又大大减低紫外线对于房子的伤害，延长使用寿命；房屋采用工厂预制模块构建，带有加厚保温，通过专门的设计使得室内的密封性和保温性大大提高，解决延长维护周期。现场风沙对居住品质的影响；帐房系列的轻质化设计保证了同等面积质量的最轻化，大大节省运输成本和提高可运输性，同时降低了对承载的要求，更加安全、可靠，适应性更强，满足流沙地质要求；100%的工厂预制化模块，现场可以和工厂一样进行流水线式的安装作业，保证施工进度同时也对产品质量更加有保障；现场为一块自然沙漠地块，建筑主体均采用工厂预制模块，室内免装修；在安装过程中避免因现场施工而产生建筑垃圾，保证生态环境平衡。基础采用金属桩基，在施工过程中极大降低对原生态系统的破坏，以低介入的形式使项目可持续发展。

图 4.4-7　宁夏中卫沙坡头沙漠星星酒店（图片引自：CHINA HOLIDAY）

8. 宁海县全 CLT 公共居住中心

宁海县全 CLT 公共居住中心（图 4.4-8）作为中国第一栋采用全 CLT（正交胶合木）打造的两层重型木结构公共居住建筑，主体采用了 CLT 框架结构，局部采用胶合木梁柱结构。项目（含附属景观绿化工程）总占地面积近 1500m^2，主体建筑占地面积约 430m^2，居住面积为 488m^2。

图 4.4-8　宁海县全 CLT 公共居住中心（图片引自：中加低碳新技术研究院）

主体木结构搭建 8 个工人仅花了 20d 时间，充分体现了装配式 CLT 木结构搭建方便、速度快和工期短的优点。此主体建筑所有承重木构件统一采用自主研发及生产的 3 层和 5 层的北美 SPF、铁杉和南方松 CLT 板材和胶合木，CLT 总用量为 260m³。建筑外部采用精心选择的进口棕黄色木蜡油进行涂刷，与周围环境融为一体；屋面采用高档复合金属瓦，不但美观，而且防水性能卓越。大幅面玻璃采光顶的使用，使建筑物大厅格外明亮；建筑物内部 CLT 墙体大部分为暴露，实现了承重、隔声和装饰的一体化，自然亲切，冬暖夏凉，安全、舒适；另外，建筑各类大门/内门、榻榻米床和楼梯都用特制的 CLT 打造，为居住人员提供一个健康安全及人性化的办公和居住生活环境。此建筑的建成可减少碳排放和固碳至少 400t，为 CLT 预制板的推广应用和节能减排建立了很好的示范。

9. 江苏连云港高效农业休闲观光游客服务中心

江苏振榆农业发展有限公司高效农业休闲观光游客服务中心（图 4.4-9）位于连云港赣榆区，建筑规模 2828.47m²。项目屋面为双曲面，室内效果要求屋面大气简洁，限制了使用桁架作为屋面结构的可能性，昆仑绿建技术中心团队使用国际先进的结构有限元计算软件 GSA，创造性地设计出双人字形屋面梁，同时更是将参数化设计引入木结构的设计中，使用 Rhino 和 Grasshopper 软件将屋面结构木梁优化统一半径，降低了加工难度，减少了成本，缩短了工期。同时，在加工图制作阶段，亦使用参数化设计手段通过编写程序，自动化出图，大大缩短了出图时间。此项目是参数化设计在木结构中的一次成功实践，使昆仑绿建的设计能力比其他同行业公司提升了一个档次。在施工过程中，首先要克服−15℃的低温（传统整体框架结构无法正常施工）；其次，要在胶合木屋架吊装完成的同时，完成空间支撑体系的焊接：胶合木屋架定位的工作是项目成功的关键节点，项目施工人员将全部屋架按图纸编号吊装到图纸指定区域（用临时支撑固定）；然后，根据建筑的造型效果，对胶合木屋架局部细微调整。

图 4.4-9　高效农业休闲观光游客服务中心（图片引自：加拿大木业协会）

10. 宁波商量岗木屋酒店

宁波商量岗木屋酒店（图 4.4-10）位于宁波奉化溪口镇四明山最高峰商量岗景区，海拔约 750m，项目总体建筑规模约 5000m²。为有效降低对杉林的影响，设计师们建立了整个山体模型，慎重考虑每一栋木屋的观景效果、阳台私密性流线合理性，避开施工难度较高的密林区。木屋采用人工挖孔桩加钢结构基础，该基础无需大型机械设备，土壤破坏小，绿色、环保且抗震能力强，施工方便、快捷。此外，木质建材代替传统建筑原材料产生的减排量达 1900tCO_2e。

图 4.4-10　宁波商量岗木屋酒店（图片引自：昆仑绿建）

11. 湖北黄冈本草纲目馆多功能报告厅

本草纲目馆多功能报告厅（图 4.4-11）为纪念李时珍诞辰 500 周年活动主会场，总建筑面积 3425m²，采用胶合木剪力墙结构体系，胶合木总量达 750m，包含立柱 48 根、桁架 24 段、主梁 129 根、次梁 261 根、幕墙梁 30 根、屋面 1089 根，钢结构连接件 180t，其中主梁截面尺寸达到 210mm × 800mm。项目运用 BIM（建筑信息模型）技术，并贯穿设计、施工全过程建立起三维模型，通过虚拟建造减少实际施工过程中的变更，在材料、构件设计生产过程中完成虚拟预拼装，最大程度减少了现场出现安装误差的可能性。

图 4.4-11　本草纲目馆多功能报告厅（图片引自：佳筑建筑）

12. 列治文奥林匹克椭圆速滑馆

加拿大列治文奥林匹克椭圆速滑馆（图 4.4-12）是 2010 年冬季奥运会标志性建筑，用于 2010 年冬季奥林匹克运动会的椭圆馆拥有 400m 的速滑道，并且临时可最多容纳约 8000 名游客。该建筑包括复杂的钢木混合拱形结构，跨度约为 100m。两个较低楼层是混凝土现场浇筑而成，其延展出巨大的倾斜的混凝土支墩，托起拱形屋顶。主要拱形梁（相距 14.3m）由钢架构件与双层胶合木构件之间按一定的角度互相连接组合而成，拱形构架之上支撑了 452 块“木浪”结构板。“木浪”结构由普通的 2 × 4（38mm × 89mm）SPF 规格材构成。通过几何设计，使其兼顾了结构牢固和吸声效果。该椭圆屋顶是世界上净跨度最大的木结构建筑之一，其覆盖面积为 2.4hm²，约等于四个半足球场的面积大小。

图 4.4-12　列治文奥林匹克椭圆速滑馆（图片引自：加拿大木业协会）

建筑共使用 SPF 规格材超 2400m^3，屋顶板使用了 19000 张 1.2m × 2.4m（4ft × 8ft）花旗松胶合板，屋顶悬挑出外墙部分采用了 34 根黄柏胶合木柱（70m^3）来支撑这些突出部分。符合先进的高性能建筑标准，建筑本身的设计获得 LEED 认证银奖。用于速滑馆的木材存储了约 2900tCO_2，潜在的负碳排放总额为 8800tCO_2，相当于 1600 辆汽车一年的排放量，或 800 户家庭一年的能耗。

13. T3 办公楼

T3 办公楼（图 4.4-13）位于美国明尼苏达州明尼阿波利斯，面积约 20810m^2，建成于 2016 年。T3 代表“木材、技术、运输（Timber，Technology，Transit）”，该建筑具有超过 3600m^3 的裸露大木柱、横梁和楼板，使用的现代工程木制品主要为胶合木和钉层压木材（NLT），来建造屋顶、地板、柱子和横梁以及家具。用于制造 NLT 的大量木材来自受山松甲虫害的树木。这些材料为室内带来木材的温暖和美丽，并营造健康的室内环境。同时，T3 的建造速度超过了传统的钢结构或混凝土建筑。在 9.5 周的时间内，安装了 16000m^2 木材产品，比同类钢或混凝土结构更轻，减少了挖掘地基的深度和范围。经计算，T3 办公楼可以储存 3646tCO_2，可以避免 1411t 额外的二氧化碳排放，相当于减少一年 966 辆汽车上路的碳排放量。

图 4.4-13　T3 办公楼（图片引自：Jones Lang Lasalle Brokerage）

14. Ascent 公寓

Ascent 公寓（图 4.4-14）位于美国威斯康星州密尔沃基，高 86.6m，占地 45800m^2，其底部为一个 6 层的混凝土裙楼，上面的 19 层为木结构主体公寓，顶层设有落地玻璃窗和两个平台。建筑的外墙几乎全是玻璃。项目于2022年8月竣工，截至2023年已被认证为世界上最高的木结构建筑。Ascent项目选用了高强度、高弹性、高柔韧性和亲自然的正交胶合木（CLT）作为主要承重结构。在建造过程中，Ascent项目的施工涉及13000多个工时的木材安装，使用了约31173.99m^{2}的CLT板、1149根柱子、1365根梁、645000个扣件及122000个螺栓。

（图片引自：Korb + Associates Architects）

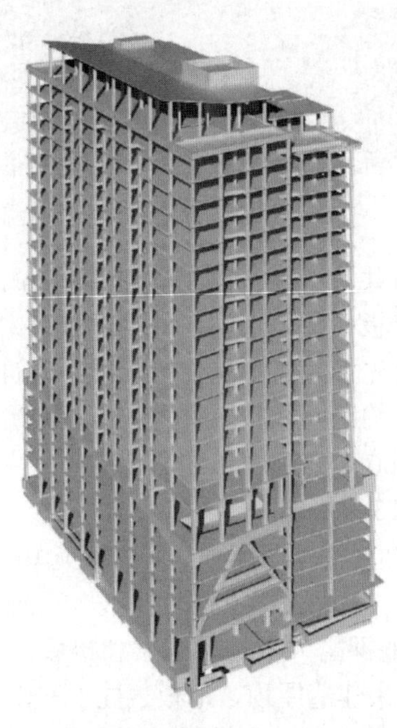

（图片引自：THORNTON TOMASETTI）

图4.4-14 Ascent公寓

与传统建筑项目相比，Ascent这样的大型木结构高层建筑项目所需的建筑运输量减少了90%，现场工人减少了75%，而且速度提高了25%，每层楼可以在5～6d内完成，这些因素都会减少与施工过程相关的碳排放量。Ascent公寓封存约7200tCO_2——相当于一年减少2100辆汽车上路产生的二氧化碳排放或1000户家庭运行所需的能源碳排放。

15. 加拿大太平洋自闭症家庭中心

加拿大太平洋自闭症家庭中心（图4.4-15）位于不列颠哥伦比亚省，占地5600m^2，于2016年竣工，共使用了662m^{3}的木材制品。主体结构是胶合木梁柱框架体系，地板结构是预制钉连接胶合木楼板和轻型工程木桁架搭接楼板的混合结构，两种楼板形式表面都由胶合板装饰。胶合木柱设置在6m×6m的柱网上，以实现最大的经济性，并确保未来重新配置非承重隔墙时的灵活性。在底楼的柱截面面积是2100mm^2，楼上的柱因为承重少，截面变小。为了减少木材横纹收缩对建筑高度的影响，柱被叠加在另一个柱之上，由一个与混凝土楼面相同厚度的钢垫片来分割。这些垫片构成了连接节点的一部分，其中包括承载两侧楼板梁的底座。据建筑用木材的碳固存计算手册估算，木材存储碳量达601tCO_2，能够避免的温室效应气体排放量达1003tCO_2，总计潜在碳固存量达1605tCO_2。减少的温室气体排放相当于339辆汽车行驶一年的排放量。

图 4.4-15　加拿大太平洋自闭症家庭中心（图片引自：加拿大木业）

16. 费尔巴勒中学

费尔巴勒中学（图 4.4-16）位于丹麦罗德，面积 250m^2，公共建筑，项目时间 2023 年，是费尔巴勒中学的扩建项目之一。学校的扩建几乎全部采用生物基材料，即混凝土、砖石和钢铁的可行替代品，建筑采用木质盒式压缩秸秆集成板系统，屋顶完全由当地生产的认证木材制成，未经处理的胶合板构成了内墙的表面和内置家具。该工程依据当地可持续建造标准建造，在设计建造时遵循以下五项原则：纳入可持续发展资源，即用于封存二氧化碳的可再生生物基材料；采用现成的当地材料以节省资源和加工建造能耗；采用无毒的化学物质材料，实现最小化气体排放并保证绿色生产和加工流程；在确保室内健康的气候环境下降低运营能耗，构建拥有充足日光和最大化通风的环境；设计可拆卸构件，整个结构设计方便拆卸和重复利用，优先考虑循环和废物处理，在将来方便地安装或回收部件。落实以上原则，设计团队成功实现并超越预期目标，建筑生命周期内每年碳排放为 6kgCO_2/m^2。依据丹麦标准，项目寿命超过 50 年且在未来的几十年被学校重视运行使用，碳足迹可以进一步降低到每年 3kgCO_2/m^2。

图 4.4-16　费尔巴勒中学（图片引自：ArchDaily）

17. De Warren 公寓

De Warren 公寓（图 4.4-17）位于荷兰阿姆斯特丹，居住建筑，面积 3070m^2，是阿姆斯特丹的第一个自建住房合作项目，有 36 套公寓。建筑的立面覆层由回收的红铁木加工制成，收集的木板经加工处理后具有用作立面覆层的合适厚度。项目的木质饰面，连同木质主体支撑结构、木框架立面构件、窗框和内墙，共计使用了 330m^3 的木材，在其使用寿命期间储存了超过 300tCO_2，相当于荷兰普通汽车约 200 年的排放量。

图 4.4-17 De Warren 公寓（图片引自：ArchDaily）

18. 昭和学院附属小学

该学校建筑楼（图 4.4-18）位于日本千叶县，面积 10539m^2，项目建成时间 2021 年。采用没有梁的“CLT 双向无梁板结构”，在确保与原有校舍具有相同吊顶高度的同时最大限度地降低层高和建筑高度。此外，通过使用 CLT 减轻上部结构的重量，减小地基的负荷，从而缩短工期。结构中运用 700 余立方米的雪松 CLT 板固定了约 400t 碳元素（当转换为森林碳固定单位时，相当于约 4hm^2 森林的碳固定）。与普通的钢筋混凝土结构相比，该建筑采用的雪松 CLT 板同时兼作结构主体和内装材料，大约减少了 29%的二氧化碳排放。这一成果通过减小重量，对板材、钢筋与混凝土更少的需求以及减少冗余室内材料而实现。

图 4.4-18 昭和学院附属小学（图片引自：ArchDaily）

19. 瑞典 Limnologen 住宅项目

Limnologen（图 4.4-19）是瑞典第一个木结构高层项目，总建筑面积 10700m^2，自 2006 年开始施工，2009 年全部完成，目前整个项目的入住率为 100%。建筑包括 4 栋 8 层住宅，除底层外建筑主体结构采用木剪力墙体系，首层为混凝土结构，2～7 层为木结构。所用材料包括正交胶合木（CLT）墙板、楼板，局部采用胶合木（Glulam）梁、柱以及轻型木骨架墙体、木制架等部件。项目的墙体和屋面架采用工厂预制、现场装配化施工。与同地区混凝土建筑相比，该项目实现了建造总成本降低 5%、工期节省 60%的良好效益[57]。

图 4.4-19　瑞典 Limnologen 住宅项目（图片引自：SWEDISH WOOD）

20. 毕马威安康社区中心

毕马威安康社区中心（图 4.4-20）位于四川省彭州市，建筑面积 450m^2 的社区中心于 2010 年 5 月 17 日正式落成并投入使用。该建筑全面应用预制的产自本地乡镇企业和永续林区的复合竹结构、竹外围护板和内外竹地板、零污染的农业秸秆材保温墙体、再生集成木材双层保温窗等绿色可持续建筑材料。

图 4.4-20　毕马威安康社区中心（图片引自：Oval partnership）

21. ZCB 零碳竹亭

香港 ZCB 零碳竹亭（图 4.4-21）于 2015 年建成并投入使用，竹亭是一个相当于 4 层楼高、覆盖 350m^2、足以容纳 200 个座位的大跨度弯曲主导网架结构，共使用了 6350kg 毛竹。整个网架结构以 475 根竹竿组成，竹在施工时屈曲，并以广东传统搭棚技术用金属线将竹扎紧。竹亭的外形由三角网格结构向下折叠而成，组成的 3 个空心柱固定于混凝土地基上，并盖上量身定做的亚加力纤维布料作遮挡风雨用途，射灯则从空心柱中点亮整个竹亭。

图 4.4-21　ZCB 零碳竹亭（图片引自：ArchDaily）

4.4.2　典型木、竹结构建筑低碳化设计案例

使用竹木材作为建筑材料即可达到建筑低碳化设计的目的，在此基础上，对木、竹结构建筑进行建材类型、连接方式、围护构造、耐久设计等优化，以及采用超低能耗被动式设计等方法，可以较显著地降低建筑全寿命期碳排放。

1. 枫丹园木结构别墅项目

枫丹园木结构别墅项目（图 4.4-22）位于天津市中新天津生态城起步区东侧的中加低碳生态示范区内。项目建筑面积为 123154m^2，其中包括 100 套类独栋木结构建筑，建筑面积 16600m^2。该项目采用一体化设计、预制化生产、现场装配组装的方式。设计阶段通过应用 BIM 技术，实现了在建筑、结构、设备管线、装饰装修等方面的一体化集成设计，便于对后续施工进行有效的指导。主要体现在：

图 4.4-22　枫丹园木结构别墅项目（图片引自：加拿大木业协会）

（1）使用 Revit 软件建立全专业信息化模型，以便直观地检查各专业之间存在的问题，及时进行优化及深化设计，同时更方便准确地统计设备材料量单，同时作出调整。如根据设计的墙体高度尺寸、楼板宽度尺寸，拆解图纸，定制规格材，合理安排材料用量，将加工过程中产生的多余木料制作成挡块或剪刀撑，用于加固墙体和楼板等。

（2）使用 Navisworks 软件整合设备管线模型，进行管线综合碰撞检查，及时调整管线位置标高，优化设备图纸，通过把问题暴露在施工前，大大节省材料、劳动力，节约施工成本。

（3）通过三维的可视化分析直观有效地进行指导，方便进行施工方案调整。项目在设计阶段运用 BIM 技术将建筑结构体系进行信息化模拟搭建，使得结构各部位关系更加清晰，特别是复杂坡屋面的结构表现更为精确，也便于进行构件的加工及安装。

木结构别墅在建造过程中引进了加拿大 SuperE 节能技术，增强了建筑气密性，提升了建筑质量和耐久性，并降低了能源消耗，节约了运行成本。该技术综合加拿大 R-2000 标准、先进住宅、健康住宅和平衡零能耗计划等理念建立，能够大幅降低建筑能耗。在技术引入前，项目各方结合中加生态示范区项目实际情况，特别是区域气象环境参数、能源费用情况等，并考虑我国及天津市的相关规范标准多次召开专题会，就技术、造价、材料、工期等方面进行了研究论证；此外，项目设计采用太阳能热水“分户集热—分户贮水—分户使用”系统，将太阳能集热板集中放置于屋顶上，每户居民都能充分利用太阳能，实现了资源集中高效利用：太阳能利用占建筑总能耗的比例大于 5%。太阳能集热水系统产生热水占本小区生活热水使用总量的 60%以上。根据设计阶段测算的结果，该技术不仅可以满足《天津市居住建筑节能设计标准》DB 29-1—2013 的要求，而且可以节省 36%的用电费用和 43%左右的供暖费用。据统计，该轻型木结构项目墙体及楼盖主要采用 SPF 并辅以 OSB 板。其中，采用加拿大 SPF 约 3000m^3，OSB 板约 6.5 万 m^2（约合 780m^3）。计算得该项目年单位建筑面积碳排放为 32.7$kgCO_2e/(m^2 \cdot a)$，与等效钢混结构建筑相比，该建筑全寿命期碳排放降低约 13%。

2. 山东鼎驰木业研发中心办公大楼

鼎驰木业有限公司研发中心（图 4.4-23）位于山东省烟台市蓬莱区公司厂区东北角，木结构研发中心建筑面积为 4780m^2，建筑主体六层、局部四层，建筑高度 23.55m，采用胶合木框架-剪力墙结构，于 2021 年 7 月竣工。截至 2023 年，为中国最高现代木结构建筑。建筑方案设计充分体现了蓬莱传统建筑文化元素，结合蓬莱地方民居特色，提炼出了错落有致的屋顶造型。研发中心作为现代建筑，在设计中并没有完全照搬传统形制，而是作了简化，在现代造型中体现传统建筑的特色。研发中心纵向长约 60m，横向 18m，传统原木不能满足受力和变形要求，选择采用胶合木构件作为梁柱承重构件。办公楼部分空间单跨达到 18m，屋盖采用胶合木桁架形式。

图 4.4-23　鼎驰木业研发中心大楼（图片引自：鼎驰木业）

项目采用建筑信息模型（BIM）管理，将各专业协调设计与木结构构件标准化设计、拆分、数字化加工等结合起来。BIM 一体化设计在构件精确定位、构件算量统计以及碰撞检测等方面具有较大优势，提高了设计的质量及后期施工的效率。木结构构件采用标准化、模数化设计，选用胶合梁、胶合柱、CLT 等部品部件，将装配化理念贯穿设计、制造、施工全过程，整个项目的装配率高达 75%，成为“山东省首个装配式木结构建筑示范工程”。项目贯彻“四节一环保（节能、节地、节水、节材和环境保护）”理念，运用超低能耗外墙及门窗围护系统技术、光伏电板再生能源利用技术、屋顶绿化生态绿化综合技术等多项先进技术，实现建筑节能和低碳化设计。

3. 江苏省绿色建筑博览园展示馆——木营造馆

本项目（图 4.4-24）是国内首座具有展示和办公功能，集成多种绿色建筑示范技术的木结构建筑项目，建筑面积 2161m^2，北侧为一层展示厅（局部两层），南侧为三层办公楼，层高 4.2m，总高度 13.15m。建筑主体采用重型胶合木梁柱结构，树形柱和大跨梁的运用充分展现了木结构的现代感及形态美。项目设计与制造阶段采用 BIM 信息技术，实现了设计与建造一体化的融合。项目应用装配化技术，木结构框架梁、柱均采用工厂生产、现场装配的方式，提高了施工效率，减少了施工污染，实现了绿色施工。

图 4.4-24　江苏省绿色建筑博览园展示馆——木营造馆（图片引自：摄影师张健）

该项目进行了耐久性设计和装配式建造等低碳设计方法，主要从防腐和防潮两个方面采取相关技术措施。设计上，要求木材的含水率要控制在 15%～18%的范围内。对室内外露木构件，表面涂刷两遍木材专用油性防护涂料，并建议每隔 5 年进行一次表面维护，以提高其耐久性能。对外墙内部木龙骨，构造上形成竖向联通空腔，保证了木构件的通风干燥，从而降低木构件腐朽的风险；采用工厂化预制生产建筑构件和连接件，质量轻，现场施工效率较高。此外，本项目建筑外形较规则，建筑内部公共部位的墙体内侧采用石膏板外刷涂料或者挂饰面板，实现了土建与装修一体化。建筑主体 90%以上的部分采用标准化预制胶合木构件，材料利用率高，可循环再利用。

项目采用多种绿色生态低碳化设计技术，达到了二星绿色建筑的目标：

（1）保温遮阳一体化铝合金门窗围护系统。该项目集成了内置百叶中空玻璃、温控变色遮阳玻璃、铝合金卷帘一体化内平开标准窗等多种遮阳围护系统技术。节能效果更佳，大幅降低空调能耗。

（2）再生能源利用技术。南侧办公楼屋面设置了光伏电板，每块板尺寸为 1600mm × 900mm，单块板装机容量为 250W，整体装机容量为 3kW，系统效率 80%，实现了太阳能光伏综合利用与建筑的一体化设计。

（3）生态绿化综合技术。采用屋面模块化覆绿系统、中庭绿化、垂直绿化、室内绿化等多种生态绿化植物配置技术，具有改善室内气温、形成生物气候缓冲带、净化空气、降低噪声、延长建筑物寿命、减小风速和调节风向等作用。其中，北侧展示厅屋顶采用草坪式绿化，减少了城市热岛效应，同时可以缓解雨水屋面溢流，减小排水压力，从而有效保护屋面结构，延长防水寿命。

（4）智能感知型低能耗健康空调系统。本项目选用多联一拖多空调系统，室内机主要采用了中静压风管式、环绕气流嵌入式、智能感知环绕气流嵌入式等类型，并配有控制系统和新风系统。该系统可以智能感知室内人员活动情况，提升舒适感。经绿色生态低碳化设计后的建筑满足《公共建筑节能设计标准》GB 50189—2015 以及地方相关标准、规范的要求，节能率达到了 65%，每年平均可以减少 8t 燃煤。据测算，项目建设减少了 180tCO_2 排放，达到了较好的环保效果。

4. 中加合作节能低碳环保示范项目

总项目占地 126 亩，建筑总面积约 99466m²，包括中加合作节能低碳环保示范项目（1 号）、中德被动式低能耗建筑示范项目、活动中心、科研办公中心、建筑节能和绿色建筑试验中心、新材料新技术展示中心等单体项目。整个项目分三期进行建设，其中一期为中加合作节能低碳环保示范项目（图 4.4-25），建筑面积 13958m²，为混合木结构形式，于 2012 年完工。2018 年 9 月获得国家绿色建筑二星标识，天津市生态城银奖级绿色建筑标识，并且获得加拿大权威的 SuperE 健康住宅认证证书。

（图片引自：河北冀科工程项目管理有限公司）

（图片引自：加拿大木业协会）

（图片引自：加拿大木业协会）

图 4.4-25　中加合作节能低碳环保示范项目

河北省建筑科技研发中心 1 号楼“木屋”是河北省与加拿大在低碳建筑技术方面的合

作项目。主要采用了以下节能及新型建筑技术：从体系上看，完成了混凝土结构与北美木结构的完美结合，采用 1 + 3（1 层混凝土、3 层木结构）的结构形式；采用了光热转换技术，太阳能热水系统，利用可再生能源增加了用水的舒适度；太阳能光电转换技术，利用坡屋顶的造型，安装了太阳能光伏发电系统；空调系统冷热源，利用地源热泵技术，空调系统节能 40%，节约电能的同时，减弱了热岛效应的作用；照明节电技术，选用了高效照明灯具，减少电能的使用。建筑采用多种可再生能源低碳节能技术以降低运行能源消耗，实现绿色低碳设计。此外，木材主要使用云杉-冷杉-松、定向刨花板、西部红柏等，木质外围护结构增加建筑物保温透气性的同时，减少了混凝土和钢材的使用，每年减少碳排放约 28t。

5. 天府农博园主展馆

天府农博园主展馆（图 4.4-26）位于四川成都新津区兴义镇，建筑面积 131769m^2，竣工时间 2022 年，胶合木桁架结构建筑跨度世界第一。主展馆项目采取世界首创的钢木混合空腹桁架拱（钢木结构），整体为 CNC 加工木檩条、ETFE 膜结构体系。木结构原材料是来自欧洲高寒地带的落叶松和云杉，在奥地利、瑞士工厂采用 CNC 数控机床加工成成品。主展馆项目五个馆共有 77 个巨型木拱，跨度高度均不相同，节点类型繁多，设计难度大，其中最大一拱跨度为 118m，最高为 43.25m，这使得天府农博园主展馆成为全世界跨度最大的木结构建筑之一。

图 4.4-26　天府农博园主展馆

主体建筑采用外廊式与遮阳防雨棚架结合的方式，通过适当的被动式绿色建筑技术，引导组织气流，营造出舒适的半室外活动空间，降低了单位面积的空调能耗，减少了对人工照明的需求，除少量的封闭交通设施外，拱棚内的垂直交通空间均具备自然通风、采光和景观视野，并可方便地串联平台，提升了平台间参与性的行为体验，减少了机械通风和人工照明带来的能源消耗。用能空间最小化，棚架与建筑之间立体的平台提供了零能耗的交流展示空间，所采用的导风遮阳、立体绿化等措施让田间地头的绿色建筑低碳设计理念得到充分体现。2022 年 3 月，天府农博园主展馆获得由北美木结构设计建造杂志评选的第 38 届国际木结构设计建造大奖（Wood Design&Building Awards）优秀项目奖；2022 年 11 月，获得世界结构大奖（Structural Awards 2022）最佳项目奖。

6. 河北 R-Cells 被动式太阳能新型住宅

R-Cells 住宅（图 4.4-27）强调“被动优先，主动优化”的设计原则，创新太阳能建筑集成技术。在被动式太阳能利用方面，借鉴中国传统建筑“上尊宇卑，反宇向阳”的特点，采用不对称 V 形屋面形式，增加南向得热和采光，最大限度地实现冬季被动式太阳能的利用。

同时增加屋面光伏面积，为主动式太阳能的利用提供足够的空间。R-Cells 住宅强调“正能源、全循环、零排放”的技术概念。正能源即场地能源盈余；全循环即能源与水的内部循环利用以及建筑材料的可回收；零排放即建筑运行中 CO_2 净零排放以及洗浴和生活废水零排放。在建筑的设计理念和方法上，R-Cells 住宅采用了预制 + 定制组合模块的设计。住宅原型可横向和纵向拓展，适于严寒和寒冷气候区的城市低、多层和中高层住宅，以及新农村建设中的新型村镇住宅。同时通过性能模拟优化和参数化设计方法建立其物理性能、太阳能利用效率、生命周期环境影响和成本等的优化设计体系，以适应不同环境和成本条件。

图 4.4-27　R-Cells 被动式太阳能新型住宅（图片引自：Team Tianjin U +）

7. 竹小汇科创聚落零碳木屋

竹小汇科创聚落项目是长三角一体化示范区三周年嘉善片区二十大重点建设项目之一。作为全国首个零碳聚落样板示范点，竹小汇科创聚落项目依托“3 大聚落 + 1 个系统”，即零碳聚落、无废聚落、生长聚落和数字智慧化管理运营平台系统，推进全寿命期零碳建筑的落地。项目位于嘉兴市嘉善县储家汇村，总建筑面积 2366.35m^2，由 4 个办公组团、1 栋展示中心、1 栋报告厅组成。其中，展示中心和报告厅为木结构建筑（图 4.4-28）。展示中心木屋和报告厅木屋采用胶合木梁柱框架结构，花旗松同等组合胶合木，强度等级为 TCt32。展示中心木屋和报告厅木屋按照被动式房屋进行深化设计，除高能效的技术设备外，还打造了保温性能良好的围护结构。隔气膜设置在外保温和框架梁柱之间，既保证了气密层的连续性，又方便施工。门窗采用了被动式实木门窗，配置三玻两腔钢化节能玻璃，门窗型材由俄罗斯黄杨木重组而成，密度达到 1200kg/m^3，耐火等级达到 B_1 级。在深化设计阶段，外饰面由木纹金属板更改为 CLT 正交胶合木饰面板，不仅保证了建筑设计立面效果，又实现了节能减碳绿色生态的目标。

图 4.4-28　竹小汇科创聚落零碳木屋（图片引自：嘉善新闻网）

8. 漠河乡元宝山庄

漠河乡元宝山庄（图 4.4-29）位于黑龙江省大兴安岭地区漠河市北极村，建筑面积 1618.45m^2。建筑主体采用重型井干式胶合木集成墙体结构，局部应用集成空心木柱、集成木梁、弧形梁，主要构件树种为兴安落叶松。同时，项目采用了 PE 板等创新技术，以及木构件防火、防腐、防虫等防护措施，使结构稳定持久。项目供暖、强弱电、给水排水等配套设计均体现了节能、环保等最新设计理念，降低了项目总体成本，性价比更高。框架梁、柱均采用工厂生产、现场装配的方式，结合先进的管理经验，提高了施工效率，减少了施工污染，实现了绿色施工。

图 4.4-29　漠河乡元宝山庄（图片引自：神州北极木业）

项目采用了保温遮阳一体化实木门窗围护系统等低碳化设计技术。门窗采用三玻（8mm + 1mm + 8mm）中空钢化玻璃，与墙体连接处用耐候胶封闭以减少室内外的热交换。屋内布置窗帘起到遮阳作用，降低空调和供暖能耗。本项目与砖混结构建筑相比，木构件的导热系数仅为砖混结构的 1/6，整个木屋冬暖夏凉、保温性好、舒适宜居。另外，项目墙体卡槽处设有三元乙丙胶条，可使 200mm 厚的墙体保温性能与 720mm 厚的砖墙相当，整体节能可达 50%～70%。本项目木质材料使用量占全部材料的比重超过 95%，所有构件在工厂预制，建造过程中不产生固体废料、粉尘等建筑垃圾，不污染环境。建筑材料重复利用率为 100%，能量消耗、空气毒性指数比混凝土建筑减少 80%以上。

9. 加拿大北不列颠哥伦比亚大学木材创新研究实验室

位于加拿大不列颠哥伦比亚省的木材创新研究实验室（图 4.4-30），建筑面积 1070m^2，竣工时间为 2018 年 3 月，共使用 165m^3 木材制品。木材创新研究实验室是单层的重木结构，在混凝土的基础上建造胶合木梁柱。该建筑高 10m，由挑高的实验室、教室和办公空间组成。10m 高的墙板没有采用标准的木龙骨，而是采用了 0.5m 长的预制木架作框架。为了使墙体能达到被动房认证所需的热工性能，墙体保温采用了矿棉。木材创新研究实验室是北美第一个通过严格的被动房能源标准认证的工业建筑。与普通建筑相比，经过认证的被动房建筑在供暖和制冷方面的能耗减少了 90%，整体能耗减少了 70%。据建筑用木材的碳固存计算手册估算，木材存储碳量达 144tCO_2，能够避免的温室效应气体排放量达 307tCO_2，总计潜在碳固存量达 451tCO_2。减少的温室气体排放相当于 95 辆汽车行驶一年的排放量。

图 4.4-30　加拿大北不列颠哥伦比亚大学木材创新研究实验室（图片引自：加拿大木业协会）

10. 伯克利绿色技能中心

伯克利绿色技能中心（图 4.4-31）位于英国格洛斯特郡，工业建筑，面积 4500m^2，项目建成时间 2016 年。该建筑为一座前核研究和工程大楼的改造和翻新工程项目，在建筑结构设计中运用了大量木材产品，如集成材（GLT）、单板层积材（LVL）。设计工作室选用 LVL 为建筑改造解决方案有以下原因：可以实现快速现场构建并减少原有建筑的改变；应用灵活，不需要装饰或饰面；具有比钢结构建筑更好的环境效果，木材观感更温暖、柔和；使用经过来自可持续管理来源认证的木材，可以实现碳固存与低碳设计。此外，建筑改建采用了可持续的木材覆板，通过使用标准的 1200mm 胶合板将浪费降至最低。BIPV 面板安装悬挂在建筑围护结构外，用于发电和遮挡阳光，运行使用最新一代的薄膜太阳能电池，可以提供低成本约 100kW 的功率输出，降低建筑运行能源消耗与运行碳排放。

图 4.4-31　伯克利绿色技能中心（图片引自：ArchDaily）

11. 阿蒙森-斯科特南极站

阿蒙森-斯科特南极站（图 4.4-32）位于南极洲，由美国国家科学基金会（NSF）在地球最南端设立，于 2008 年运行使用，面积约 6000m^2。该建筑采用了高性能的板式木结构建筑体系，主要构件为结构保温板（SIPs），由膨胀聚苯乙烯泡沫和 OSB 板制成，可以提供优秀的隔热效果，实现节能低碳的建筑设计。在夏季平均气温达到−28℃的南极区域，为了减少燃料消耗，该建筑的隔热层厚度设置为美国普通住宅性能的 5 倍，与标准木框架结构相比，结构保温板建筑在设计上提供了更强大的保温性能。为避免积雪覆盖，建筑还坐落在 36 个独特设计的液压千斤顶柱上，使得建筑能够以 25cm 的增量升高，从而有效地延长了建筑的使用寿命。在极端环境中，SIPs的使用不仅为项目提供了一种轻质高强的材料，产生更少废物，缩短施工周期，而且实现优秀的保温隔热性能设计，降低了运营能源消耗和二氧化碳排放，为科研人员提供了舒适的生活条件，减小了对南极地区的生态环境影响。

图 4.4-32 阿蒙森-斯科特南极站（图片引自：Structural Insulated Panel Association）

12. 温哥华会议中心

温哥华会议中心（图 4.4-33）位于加拿大温哥华市中心，建成于 2009 年，面积约 30980m²。木材的创新使用与前瞻性设计相结合，使温哥华会议中心成为北美最独特的建筑之一。墙壁设计使用了大约 9300m² 的铁杉木镶板来创造这种木块堆砌的视觉效果。是世界上第一个获得能源与环境设计领导力（LEED）双白金认证的会议中心，于 2009 年获得第一个建筑设计和施工认证，2017 年获得第二个建筑运营和维护认证。

图 4.4-33 温哥华会议中心（图片引自：KK Law）

建筑施工开发采用了一种创新的自动化装配工艺，按照严格的公差设计和大批量的要求制造面板，拥有自动化生产线的专用制造工厂组装了超过一百万个单独的部件。该过程使用了德国制造机器臂设备用于收集、预粘合单个木块并将其连接到背板上，机械臂每周能够生产 500 多块面板，八种面板类型以随机模式安装，实现木块堆砌的视觉效果。预制化、自动化设计安装极大提高了生产建造效率，减少了施工过程环境影响和碳排放。此外，温哥华会议中心拥有一个占地 2.4hm² 的低坡度生活屋顶，是加拿大最大的、也是北美最大的非工业生活屋顶。屋顶景观被设计成不列颠哥伦比亚省沿海地区特有的草地栖息地，除了为超过 400000 种本土植物和蜂群提供栖息地外，生活屋顶还充当天然隔热层。屋顶约有

16cm 厚的土壤，可在冬季吸收并保留太阳的热量，并在夏季反射热量，该生态屋顶夏季可减少 96%的外界热量、冬季减少 26%的室内热量损失，从而节省能源，降低碳排放。该建筑可持续发展的另一方面是最先进的地热供暖和制冷系统。该系统由可再生能源提供动力，使用来自巴拉德湾的海水加热和冷却设施，向大气排放的碳几乎为零。此外，通过安装热回收系统，回收建筑物的热量来加热生活热水，每年可减少约 150tCO_2e 的温室气体排放。

4.5　本章小结

本章阐述了现代木、竹结构的发展历程、环保优势和低碳设计方法，并配以全球项目案例进行解读，这一中国传统建筑方式在现代工程中焕发新生。木、竹结构不仅承载了文化传承的责任，同时凭借其材料天然、可再生的特性，成为推动建筑行业低碳化设计的绿色力量。通过对木竹材料结构的低碳优势分析，可以确认其相比于传统钢混建材在减少碳排放、提高建筑材料可持续性方面的独特价值，这对中国“双碳”目标下的建筑与城市规划具有指导意义。

当前我国建筑领域木结构新建建筑占比较低，在未来中国建筑行业碳中和发展过程中，木、竹结构有望发挥更为重要的作用。

1. 技术创新与工艺提升

加强木、竹结构在建筑工程中的技术创新，提高其工程可行性和施工效率，以更好地适应大规模建设的需求。

2. 政策支持与行业规范

鼓励并制定相关政策，促使木、竹结构在建筑业得到更广泛的应用。建立完善的行业规范，确保木、竹结构的设计和施工符合可持续发展要求。

3. 教育与意识提升

推动木、竹结构的普及，加强相关领域的教育培训，提高从业者和公众对低碳建筑的优势认知，达成共识。

4. 国际合作与经验分享

加强国际合作交流，学习国外木结构建筑建设经验与技术，共享木、竹结构低碳设计的成功经验和最佳实践，为全球可持续建筑发展提供借鉴。

我们有望在未来见证木、竹结构在中国建筑领域中更为广泛、深入的应用，为碳中和目标的实现贡献力量，构建更为可持续、环保的建筑与城市生态。

参考文献

[1]　王瑞胜，陈有亮，陈诚．我国现代木结构建筑发展战略研究[J]．林产工业，2019, 56(9): 1-5.

[2]　中华人民共和国住房和城乡建设部．国家建筑标准设计图集——木结构建筑: 14J924[S]．北京：中国计划出版社，2015.

[3]　潘景龙，祝恩淳．木结构设计原理 [M]. 2 版．北京：中国建筑工业出版社，2019.

[4] JIAN B, CHENG K, LI H, et al. A Review on Strengthening of Timber Beams Using Fiber Reinforced Polymers. Journal of Renewable Materials, 2022, 10(8): 2073-2098.

[5] 中华人民共和国住房和城乡建设部. 木结构设计标准: GB 50005—2017[S]. 北京: 中国建筑工业出版社, 2018.

[6] 中华人民共和国住房和城乡建设部. 装配式木结构建筑技术标准: GB/T 51233—2016[S]. 北京: 中国建筑工业出版社, 2017.

[7] 中华人民共和国住房和城乡建设部. 木结构通用规范: GB 55005—2021[S]. 北京: 中国建筑工业出版社, 2022.

[8] 中华人民共和国住房和城乡建设部. 木结构工程施工质量验收规范: GB 50206—2012[S]. 北京: 中国建筑工业出版社, 2012.

[9] 高颖. 木结构低碳可持续发展优势分析[J]. 建筑, 2022(16): 19-21.

[10] 张时聪, 杨芯岩, 徐伟. 现代木结构建筑全寿命期碳排放计算研究[J]. 建设科技, 2019(18): 45-48.

[11] Environmental management—Life cycle assessment—Principles and framework: ISO 14040: 2006/Amd. 1: 2020[S]. International Organization for Standardization, 2020.

[12] Sustainability of construction works—Assessment of environmental performance of buildings—Calculation method: EN 15978: 2011[S]. British Standards Institution, 2011.

[13] Sustainability in buildings and civil engineering works—Core rules for environmental product declarations of construction products and services: ISO 21930: 2017[S]. International Organization for Standardization, 2017.

[14] 中华人民共和国住房和城乡建设部. 建筑碳排放计算标准: GB/T 51366—2019[S]. 北京: 中国建筑工业出版社, 2019.

[15] Wood and wood-based products—Calculation of the biogenic carbon content of wood and conversion to carbon dioxide: EN 16499: 2014[S]. Ente Nazionale Italiano di Unificazione (UNI), 2014.

[16] 王效科, 刘魏魏. 影响森林固碳的因素[J]. 林业与生态, 2021(3): 40-41.

[17] 高红. 加快发展竹缠绕复合材料产业 助力实现碳达峰碳中和[J]. 中国经贸导刊, 2021(20): 42-44.

[18] CHURKINA G, ORGANSCHI A, REYER C, et al. Buildings as a global carbon sink[J]. Nature Sustainability, 2020, 3(4).

[19] 许民, 李兴江, 李坚. 浅析木材循环利用的碳汇问题[C]//中国科学技术协会, 福建省人民政府. 2010中国科协年会第五分会场全球气候变化与碳汇林业学术研讨会优秀论文集. 世界林业研究, 2010: 181-185.

[20] 中国建筑标准设计研究院. 装配式建筑系列标准应用实施指南 木结构建筑[M]. 北京: 中国计划出版社, 2016.

[21] 高职土建施工类专业指导委员会, 加拿大木业协会. 现代木结构建筑施工[M]. 2 版. 北京: 中国建筑工业出版社, 2019.

[22] 高颖, 李瑜, 梅诗意, 等. 雄安新区白洋淀码头游客服务中心木结构建筑全生命周期碳排放研究报告[R]. 2022.

[23] 徐伟, 张时聪, 杨芯岩. 木结构建筑全寿命期碳排放计算研究报告[R]. 中国建筑科学研究院有限公司, 2019.

[24] 李海涛, 郑晓燕, 郭楠, 等. 现代木、竹结构[M]. 北京: 中国建筑工业出版社, 2020.

[25] 中华人民共和国住房和城乡建设部. 严寒和寒冷地区居住建筑节能设计标准: JGJ 26—2018[S]. 北

京: 中国建筑工业出版社, 2019.

[26] 张斌, 王伟. 轻型木结构住宅与别墅能耗对比分析[J]. 低温建筑技术, 2010, 32(9): 104-105.

[27] 清华大学. 中国木结构建筑与其他结构建筑能耗和环境影响比较[R]. 北京: 清华大学国际工程项目管理研究院, 2006.

[28] GUO H B, LIU Y, CHANG W S, et al. Energy Saving and Carbon Reduction in the Operation Stage of Cross Laminated Timber Residential Buildings in China[J]. Sustainability, 2017, 9(2): 292.

[29] 中碳数字实验室. 中国建筑行业碳达峰碳中和研究报告(2022)[R]. 北京中建协认证中心有限公司, 2022.

[30] 国家林业和草原局. 废弃木质材料储存保管规范: LY/T 3032—2018[S], 2019.

[31] BAHRAMIAN M, YETILMEZSOY K. Life cycle assessment of the building industry: an overview of two decades of research (1995-2018)[J]. Energy and Buildings, 2020: 109917.

[32] PETROVIC B, MYHREN J A, ZHANG X, et al. Life cycle assessment of a wooden single-family house in Sweden[J]. Applied Energy, 2019, 251: 113253.

[33] 黄东梅. 竹/木结构民宅的生命周期评价[D]. 南京: 南京林业大学, 2012.

[34] LIANG S B, GU H M, BERGMAN R. Environmental Life-Cycle Assessment and Life-Cycle Cost Analysis of a High-Rise Mass Timber Building: A Case Study in Pacific Northwestern United States[J]. Sustainability, 2021, 13.

[35] AJ A, SN B, TN A, et al. Life cycle performance of Cross Laminated Timber mid-rise residential buildings in Australia[J]. Energy and Buildings, 2020, 223.

[36] DONG Y, QIN T, ZHOU S, et al. Comparative Whole Building Life Cycle Assessment of Energy Saving and Carbon Reduction Performance of Reinforced Concrete and Timber Stadiums—A Case Study in China[J]. Sustainability, 2020, 12(4): 1566.

[37] HART J, D'AMICO B, POMPONI F. Whole-life embodied carbon in multistory buildings: Steel, concrete and timber structures[J]. Journal of Industrial Ecology, 2021, 25(2): 403-418.

[38] PICCARDO C, GUSTAVSSON L. Implications of different modelling choices in primary energy and carbon emission analysis of buildings[J]. Energy and Buildings, 2021, 247: 111145.

[39] HAFNER A, SCHFER S, HAFNER A. Comparative LCA study of different timber and mineral buildings and calculation method for substitution factors on building level[J]. Journal of Cleaner Production, 2017: 630-642.

[40] 中华人民共和国住房和城乡建设部. 公共建筑节能设计标准: GB 50189—2015[S]. 北京: 中国建筑工业出版社, 2015.

[41] 中华人民共和国住房和城乡建设部. 建筑节能与可再生能源利用通用规范: GB 55015—2021[S]. 北京: 中国建筑工业出版社, 2019.

[42] RONI R, EMRE H I, MARKKU K. Comparative Study on Life-Cycle Assessment and Carbon Footprint of Hybrid, Concrete and Timber Apartment Buildings in Finland[J]. International Journal of Environmental Research and Public Health, 2022, 19(2).

[43] MOSCHETTI R, BRATTEBO H, SPARREVIK M. Exploring the pathway from zero-energy to zero-emission building solutions: A case study of a Norwegian office building[J]. Energy and Buildings, 2019, 188-189(APR.): 84-97.

[44] AHMAD AL-NAJJAR, AMBROSE DODOO. Modular multi-storey construction with cross-laminated timber: Life cycle environmental implications[J]. Wood Material Science & Engineering, 2023, 18(2): 525-539.

[45] 刘哲瑞, 徐洪澎. 基于类型比较的木结构建筑在物化阶段的碳排放研究[C]//第十六届国际绿色建筑与建筑节能大会暨新技术与产品博览会, 2020: 237-241.

[46] BALASBANEH A T, SHER W. Comparative sustainability evaluation of two engineered wood-based construction materials: Life cycle analysis of CLT versus GLT[J]. Building and Environment, 2021, 204(3): 108112.

[47] 刘伟庆. 现代木结构[M]. 4 版. 北京: 中国建筑工业出版社, 2022.

[48] 上海市住房和城乡建设管理委员会. 轻型木结构建筑技术标准: DG/TJ 08-2059—2022[S]. 上海: 同济大学出版社, 2023.

[49] ZHOU F, NING Y, GUO X, et al. Analyze Differences in Carbon Emissions from Traditional and Prefabricated Buildings Combining the Life Cycle[J]. Buildings, 2023, 13: 874.

[50] HIMES A J. Wood buildings as a climate solution[J]. Developments in the Built Environment, 2020.

[51] PADILLA-RIVERA A, AMOR B, BLANCHET P. Evaluating the Link between Low Carbon Reductions Strategies and Its Performance in the Context of Climate Change: A Carbon Footprint of a Wood-Frame Residential Building in Quebec, Canada[J]. Sustainability, 2018, 10(8).

[52] PONS O, WADEL G. Environmental impacts of prefabricated school buildings in Catalonia[J]. Habitat International, 2011, 35(4).

[53] 张峻. 被动式住宅不同屋顶构造的碳排放比较研究[D]. 青岛: 青岛理工大学, 2015.

[54] Energy; Findings from Linnaeus University Broaden Understanding of Energy (Retrofitting a Building To Passive House Level: a Life Cycle Carbon Balance)[J]. Energy Weekly News, 2020.

[55] GABRIEL F, RODRIGO M, RODRIGO A, et al. A Lifecycle Assessment of a Low-Energy Mass-Timber Building and Mainstream Concrete Alternative in Central Chile[J]. Sustainability, 2022, 14(3).

[56] 李瑜, 梅诗意, 孟鑫淼, 等. 基于全生命周期评价法的雄安新区某木混结构建筑碳排放及其减碳效果研究[J]. 木材科学与技术, 2022, 36(5): 63-70.

[57] 文林峰. 装配式木结构技术体系和工程案例汇编[M]. 北京: 中国建筑工业出版社, 2019.

第 5 章

复合材料结构低碳化设计方法与应用

5.1　复合材料结构低碳化设计概述

钢材和混凝土得益于原材料资源丰富、力学性能良好等特点，成为全球范围内用量最高的土木建筑材料，然而这两种材料的生产过程都涉及高能耗、碳密集的加工工艺[1-2]。纤维增强复合材料（简称“复合材料”或“复材”；英文名称“Fiber Reinforced Polymer”，英文简称“FRP”）作为一种新型建筑材料，引起了国内外广泛关注[3]。复合材料具有较高的比强度和比模量、优异的耐腐蚀性和卓越的疲劳性能[4]，在土木建筑领域节能减碳方面具有巨大潜力[5]。

5.1.1　复合材料及其结构概述

1. 复合材料的概念和分类

纤维增强复合材料由高分子树脂基体材料和高性能纤维增强材料经过复合工艺制备而成，其分类方法为：

1）按组成成分分类

（1）按增强纤维分类：土木建筑领域常用的增强纤维包括玻璃纤维、碳纤维、芳纶纤维、玄武岩纤维和天然纤维等，如图 5.1-1～图 5.1-5 所示。因此，纤维增强复合材料可分为玻璃纤维增强复合材料（英文简称“GFRP”）、碳纤维增强复合材料（英文简称“CFRP”）、芳纶纤维增强复合材料（英文简称“AFRP”）、玄武岩纤维增强复合材料（英文简称“BFRP”）和天然纤维增强复合材料（英文简称“NFRP”）等。

图 5.1-1　玻璃纤维

图 5.1-2　碳纤维

图 5.1-3　芳纶纤维

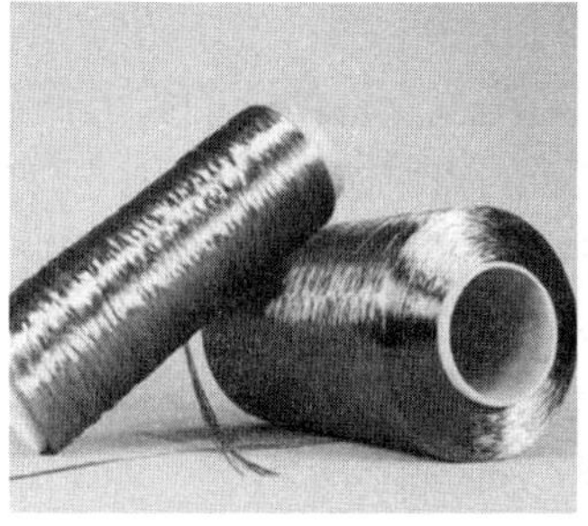

图 5.1-4　玄武岩纤维

图 5.1-5　天然纤维

（2）按树脂基体分类：树脂基体分为热固性树脂和热塑性树脂两类，热固性树脂具有较高的力学性能，是土木建筑用复合材料的主要树脂类型，其中常用的热固性树脂包括不饱和聚酯树脂、乙烯基树脂、环氧树脂、聚氨酯树脂和酚醛树脂等。

2）按应用形式分类

（1）纤维增强复合材料拉挤型材（简称“复材型材”，如图 5.1-6 所示）：本书中复材型材特指通过拉挤工艺生产的复合材料，常用的增强纤维为玻璃纤维，复材型材具有恒定截面形状，典型截面形式包括工字形、矩形、槽形、角形和圆形等[6]。

（2）纤维增强复合材料筋材（简称“复材筋”，如图 5.1-7 所示）：复材筋常用的增强纤维包括玻璃纤维、碳纤维和玄武岩纤维，复材筋具有良好的抗环境腐蚀性能，在恶劣服役环境中可替代钢筋，复材筋用在混凝土结构中可以提升结构的耐久性能。

（3）纤维增强复合材料片材（简称“复材片材”）：复材片材常用的增强纤维为玻璃纤维和碳纤维，包括布材（简称“复材布”，如图 5.1-8 所示）和板材（简称“复材板”，如图 5.1-9 所示），复材布和复材板常用于加固混凝土结构或钢结构，如抗震加固、补强加固等。

图 5.1-6　复材型材

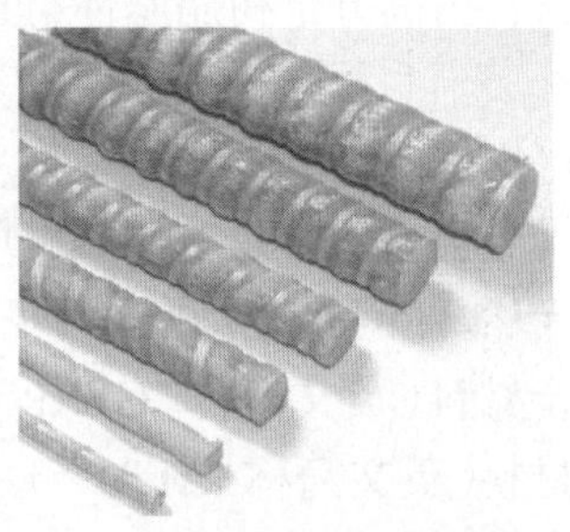

图 5.1-7　复材筋

图 5.1-8　复材布

图 5.1-9　复材板

2. 复合材料的发展和应用

复合材料的应用历史可以追溯到古代，由稻草或麦秸增强的黏土材料便是早期的土木建筑用复合材料；20 世纪 40 年代，在航空工业的需求牵引下，发展了玻璃纤维增强复合材料；20 世纪 50 年代以后，陆续发展了碳纤维、石墨纤维和硼纤维等高强度和高模量纤维及其复合材料；20 世纪 70 年代，出现了芳纶纤维和碳化硅纤维及其复合材料。这些高强度、高模量的纤维与高分子树脂基体进行复合，形成各具特色的复合材料。目前，得益于复合材料优越的性能，其应用领域十分广泛，包括航空航天[7]、汽车[8]、医学[9]、体育以及土木建筑[10-11]。

3. 复合材料结构的分类

土木建筑领域的复合材料结构主要包括全复材结构和复材组合结构、复材筋混凝土结构以及复材片材加固结构等。

（1）全复材结构和复材组合结构

全复材结构主要指由复材型材建造的土木建筑结构，包括人行桥、冷却塔等，如图 5.1-10 所示。复材组合结构类型较多，包括复材-混凝土组合结构、复材-钢材组合结构和复材-竹木组合结构等，如图 5.1-11 所示。

(a) 人行桥

(b) 冷却塔

图 5.1-10　全复材结构

图 5.1-11　复材-混凝土组合结构[12]

（2）复材筋混凝土结构

在混凝土结构中使用复材筋代替钢筋作为受力筋，可以提高混凝土结构的耐久性能。玻璃纤维复材筋还具有电磁绝缘特性，可为混凝土结构赋予一定的功能特性，如图 5.1-12 所示。

图 5.1-12　复材筋混凝土结构

（3）复材片材加固结构

复材片材具有良好的塑形性，可用于各类结构的加固和修复，其应用领域包括建筑、桥梁、隧道、水工结构、港工码头等[11-13]，如图 5.1-13 所示。

图 5.1-13　复材布加固建筑结构

5.1.2　复合材料配方组成及其低碳设计

1. 复合材料配方组成

1）树脂基体材料

（1）热塑性树脂：热塑性树脂可以溶解于溶剂中，具有受热软化、熔化和受冷固化的特点，在冷却和加热过程中不发生化学反应，是一种可以循环加热和冷却而不改变其性能的树脂。

（2）热固性树脂：热固性树脂在常温下为黏性液体，加热固化，固化后的热固性树脂在高温下不发生软化，只能被特殊的化学溶剂和强氧化剂腐蚀，对其二次加工只能采取切削的方式，回收利用较为困难[14-15]。

2）纤维增强材料

（1）碳纤维：一种碳质量分数超过 90%的微晶石墨材料，其石墨微晶沿纤维轴向排列，因此碳纤维在其轴向具有高强度和高模量。通常碳纤维以聚丙烯腈纤维等有机纤维作为原料，通过预氧化和碳化，进一步经过石墨化，可得到强度和模量更高的碳纤维。与其他纤维材料相比，碳纤维具有较高的比模量和比强度，同时具有优良的导电性和导热性，以及负热膨胀系数[16]。

（2）玻璃纤维：由石灰石、石英砂等天然非金属矿石经高温熔制、拉丝、络纱等工艺制备而成，其化学成分主要包括二氧化硅、氧化铝、氧化钙、氧化硼、氧化镁和氧化钠等。玻璃纤维在不同的侵蚀介质作用下具有良好的稳定性，其吸湿性相对于天然纤维和人造纤维小 10～20 倍，且玻璃纤维在隔热、防震等方面都具备优异性能[14,17]。

（3）芳纶纤维：以芳香族化合物为原料，经过缩聚反应和纺丝工艺制得的一种合成纤维，具有良好的抗冲击、耐疲劳和化学稳定性能，大部分的酸碱和有机溶剂对其强度无明显影响。芳纶纤维相比于其他有机纤维，具有优良的热稳定性能，同时芳纶纤维与金属纤维和碳纤维相比，具有更低的介电常数[18]。

（4）玄武岩纤维：由天然玄武岩矿石进行熔融拉丝而制得的连续纤维，玄武岩纤维通常情况下呈黄褐色，带有一定的光泽感，玄武岩纤维的化学组成成分较为丰富，主要是由二氧化硅和氧化铝构成，玄武岩纤维作为增强纤维，具有较高的强度、较轻的重量、良好的耐高温性和耐化学腐蚀性[19-20]。

（5）天然纤维：从植物中提取而来，其化学组成成分为细胞壁和细胞腔，细胞壁主要由纤维素、半纤维素和木质素组成，细胞腔内的物质称为果胶，天然纤维种类较多，包括麻纤维、竹纤维、木纤维等，天然纤维具有价格低廉、密度小、质量轻、易降解等优点[21]。

2. 复合材料配方组成的低碳设计

复合材料由基体材料和增强材料复合而成，其中基体材料和增强材料的选用直接影响复合材料的碳排放量。国内外学者[22]研究了多种树脂和纤维在生产过程中的耗能和碳排放量，发现热固性树脂在生产中需要的能量小于热塑性树脂（仅约为热塑性树脂的 20%～50%），因此在纤维种类和含量一定的前提下，热固性树脂基复合材料的碳排放量小于热塑性树脂基复合材料。另外，天然纤维生产过程需要的能量小于玻璃纤维、碳纤维和玄武岩纤维[23]，但种植培养天然纤维需要使用一定量的化肥，且天然纤维的使用寿命较短[22-25]。碳纤维与玻璃纤维相比，其生产制备过程需要更多的能量输入，因此碳纤维复合材料产生的二氧化碳排放量高于玻璃纤维复合材料[26]。玻璃纤维、碳纤维和玄武岩纤维在使用寿命方面优于天然纤维，更适用于土木建筑结构，其中玻璃纤维和碳纤维已在土木工程领域得到广泛应用，因此本书重点探究由玻璃纤维和碳纤维组成的复合材料及其减碳设计方法。

5.1.3　复合材料生产工艺及其低碳设计

1. 复合材料的生产工艺

复合材料的成型工艺较多，包括手糊成型、模压成型、拉挤成型、树脂传递模塑成型等。

（1）手糊成型：以手工作业的方式将纤维织物和树脂交替铺层在模具或被加固结构上然后固化成型的工艺，手糊成型主要用于结构加固修复[27]。

（2）模压成型：在一定的压力和温度下，树脂受压流动并浸润纤维织物，然后固化成型。模压成型属于高压成型工艺，其生产效率高、制品尺寸精确、表面光洁度高[28]。

（3）拉挤成型：通过一个牵引力作用，连续不断地将浸渍树脂胶液的单向纤维束、多向纤维布和表面毡，通过挤压模具成型、固化，来生产长度不限的复合材料型材的生产工艺，拉挤成型工艺具有高自动化和高稳定性等优势[4]。

（4）树脂传递模塑成型：也称作“真空导入成型”，将纤维增强材料（例如纤维布）铺放在闭模模腔内，通过一定的负压力将树脂胶液注入模腔并浸透纤维，然后固化成型得到复合材料制品，树脂传递模塑成型工艺可用于制备具有任意几何形状的复合材料制品[29]。

2. 复合材料的生产工艺低碳设计

通过不同的成型工艺制备而成的复合材料的二氧化碳排放量存在一定的差异。例如，拉挤成型是一种高度自动化的生产工艺，其生产效率较高[30]，因此拉挤型材在生产过程中所需能量较少，其碳排放量也较少[22]。通常来讲，复合材料生产制造过程中的高自动化可以实现相对较低的能量输入，从而减少二氧化碳的排放量[31]。

手糊成型和树脂传递模塑成型的自动化程度相对较低，因此生产过程中二氧化碳排放量较高。此外，研究还发现树脂传递模塑成型中的二氧化碳排放量低于手糊成型，这是因为树脂传递模塑可以实现更高纤维含量[32]。事实上，玻璃纤维制备过程中的二氧化碳排放量比聚酯类树脂低约 65%，因此较高的纤维含量可以降低复合材料的二氧化碳排放量[32]。由此可以推断，在复材制品重量一定的情况下，具有较高纤维含量的拉挤型材的二氧化碳排放量低于由手糊成型和树脂传递模塑成型制成的同类型复材制品。

尽管不同的成型工艺产生不同的二氧化碳排放量，但成型工艺的选择并非由碳排放量决定，而是由应用场景决定。例如，对于需要现场加固的老旧结构，手糊成型的复材布具有适用性强、操作性强等优点；而对于人行桥和冷却塔等新建结构，拉挤成型的复材型材具有承载力高、施工方便等优势。因此，不同类型的复合材料常对应特定的应用场景和用途，复材型材、复材筋和复材片材之间通常不可互换，因此须根据具体应用场景对复材结构的二氧化碳排放量进行评估。

5.1.4 复合材料结构低碳设计

在土木建筑领域，使用复合材料不仅可以提升结构性能，还可以降低结构碳排放量。复材人行桥在多个国家得到了成功应用，在减少碳排放方面展现出了巨大潜力。在荷兰，一座近海人行桥工程表明使用复合材料替代钢材建造桥梁上部结构可以有效降低碳排放量，研究发现玻璃纤维复合材料桥梁的碳排放量仅为钢结构桥梁的一半左右[33]。在日本冲绳地区，一座人行桥也表明复合材料桥梁与预应力混凝土桥相比，产生的二氧化碳排放量更少（减少约四分之一）[34-35]。研究发现，用玻璃纤维复合材料建造的桥梁上部结构自重更轻，因此其下部结构的设计荷载更小，可以进一步降低桥梁下部结构的材料用量和碳排放量。由于复合材料桥梁的自重更轻，其运输和施工阶段排放的二氧化碳也更少，研究发现使用复合材料桥面板取代老化的混凝土桥面板可以有效减少二氧化碳排放量[36-37]。

此外，复合材料良好的环境耐久性能也有利于减少二氧化碳的排放。例如在近海环境中，混凝土结构和钢结构常需使用额外的防腐蚀措施，而复合材料结构的防腐方法更为简便，且维护周期更长，从而减少了防腐相关的二氧化碳排放量[38]。相同的例子还包括在湿热环境中服役的农用轻型结构，研究发现与需要定期进行防腐维护的钢结构相比，玻璃纤维复合材料结构可以实现全寿命期内零维护，因此其全寿命期二氧化碳排放量较同类型钢结构减少了约三分之一[39]。

本书聚焦于复合材料在土木建筑领域的三个代表性工程应用，包括复材型材人行桥结构、复材筋混凝土结构和复材片材加固结构，本书针对这三个应用场景具体分析复合材料为土木建筑结构带来的减碳效果。

5.1.5 碳排放分析及计算方法

1. 分析方法

国际上有多种方法对建筑材料的生产和建筑结构的建造等过程中的碳排放量进行定量评估，例如：投入产出分析法、全寿命期分析法和网络计算法，前两种方法的计算结果相对准确但过程较为复杂，网络计算法的计算结果相对粗略但过程较为简单，在具体应用时须根据产品或项目的实际要求选择适合的方法[40-41]。目前，全寿命期分析法是土木建筑领域最常用的碳排放量分析方法，也是本章采用的分析方法。

全寿命期分析（Life Cycle Assessment，简称 LCA）是一种从产品全寿命期评估其环境影响的研究方法，目前广泛应用于工程、材料、装备等领域。全寿命期是一个时间概念，土木建筑的全寿命期通常指建筑物从设计阶段到实施建造、日常运营直至最后拆除[42]。全寿命期分析方法如图 5.1-14 所示，包括四个主要部分：目标和范围定义、清单分析、影响评价和结果解释。具体而言，生命周期评价可以通过以下六个步骤来进行：确定温室气体排放因子、确定评价的范围和测算点、确定污染源计算清单、选择适合的计算模型、确定模型中的相关参数，以及进行环境影响评价。通过这些步骤，可以评估和比较不同产品或过程的环境影响，并供决策者参考。

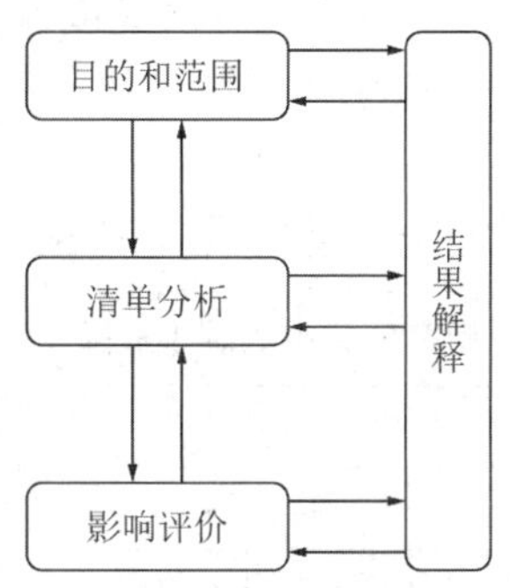

图 5.1-14　全寿命期分析方法

全寿命期评价方法可以用于针对特定产品或活动产生的碳排放量进行核算。通过对生命周期各个阶段的环境影响进行全面分析，可以得出针对性的评估结果。这种方法适用于微观系统的应用，可以帮助分析特定产品或活动的碳足迹。通过全寿命期评价，可以识别和改进高碳排放环节，推动可持续发展和低碳经济的实现。

土木建筑的全寿命期是指从建材原料开采到建筑拆除处置的全过程，包括建材生产阶段、建材运输阶段、建筑建造阶段、建筑运营阶段、建筑拆除阶段等，其中各个阶段的碳排放量均可依据我国现行标准《建筑碳排放计算标准》GB/T 51366—2019[43]进行计算。本章将复材结构全寿命期分为材料生产、运输、施工、维护四个阶段，计算复材结构的全寿命期里的碳排放量，如图 5.1-15 所示。

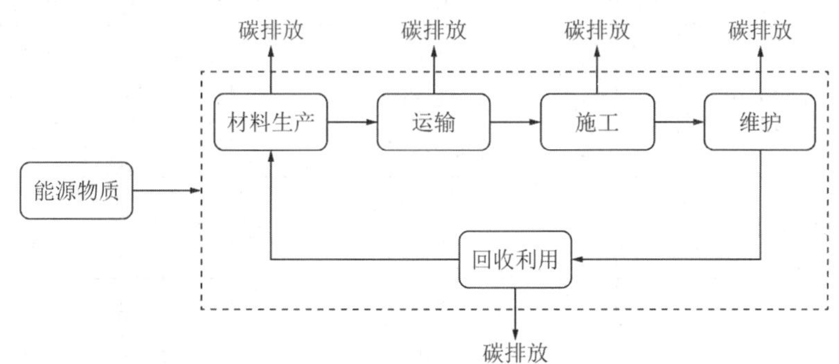

图 5.1-15　复材结构全寿命期碳排放活动过程

2. 计算方法

碳排放计算方法主要包括实测法、过程分析法、排放因子法等，每种方法针对不同的应用场景表现出不同的优势和劣势，因此需要根据具体应用场景或问题选择合适的计算方法[41,44]。目前，计算土木建筑碳排放常用的方法为排放因子法（或称排放系数法），我国近年发布的《建筑碳排放计算标准》GB/T 51366—2019[43]便采用了排放因子法来指导建筑行业进行碳排放计算。

排放因子法于 1996 年由联合国政府间气候变化专门委员会提出，该方法是根据生产单位产品所排放的温室气体统计平均值来计算碳排放量的一种方法。排放因子法包括两个关键参数，即活动数据和排放因子。对于建材生产阶段，活动数据是指建材产量；对于建筑运营阶段，活动数据是指能源消耗量[41]。排放因子也称作“排放系数”，其取值方法主要有两个：一是通过文献调研的手段从现有研究或规范中寻找相关数据（表 5.1-1 和表 5.1-2）；二是通过统计材料生产过程中的能耗来计算具体的排放量。排放因子法的计算表达式如下：

$$排放量 = 活动数据 \times 排放因子$$

现有研究中的碳排放因子 **表 5.1-1**

作者	材料	碳排放因子（$kgCO_2e/kg$）
Daniel[33]	复合材料	0.50
Tanaka 等[34]	手糊成型复材型材	4.97
	拉挤成型复材型材	3.09
Zhang 等[45]	玻璃纤维复合材料	8.10
	环氧树脂	5.91
Mara 和 Haghani[36]	纤维增强复合材料	5.00
Li 等[38]	玻璃纤维	2.63
	环氧树脂	6.72
Zubail 等[26]	无碱玻璃纤维	1.77
	碳纤维	15.6
	环氧树脂	5.90
Daniel[33]	钢结构	0.33
Tanaka 等[34]	钢筋	0.76
	钢管	1.25
	预应力钢绞线	1.31
Zhang 等[45]	镀锌钢	2.82
	钢筋	1.71
Mara 和 Haghani[36]	钢材	1.77
	钢筋	1.71
Li 等[38]	钢筋	1.45
	型钢	1.77
Zubail 等[26]	碳钢	1.05
Daniel[33]	混凝土	0.20
Tanaka 等[34]	混凝土（$f_c = 27MPa$）	0.08

续表

作者	材料	碳排放因子（$kgCO_2e/kg$）
Zhang 等[45]	普通混凝土	0.13
Mara 和 Haghani[36]	预制混凝土	0.22
Li 等[38]	混凝土	0.21

数据库和规范中的碳排放因子　表 5.1-2

来源	材料	碳排放因子（$kgCO_2e/kg$）
ICE[46]	玻璃纤维复合材料	8.10
	环氧树脂	5.70
	玻璃纤维	1.54
	钢材	1.95
	钢筋	1.86
	钢管	1.94
	钢板	2.21
	型钢	2.03
	不锈钢	6.15
	普通混凝土	0.11
	骨料	0.005
	水泥	0.95
CEE[47]	复材拉挤型材（工字形）	1.23
	复材拉挤型材（十字形）	0.57
	模压成型玻璃纤维复合材料	0.79
	碳纤维复合材料	10.09
《建筑碳排放计算标准》GB/T 51366—2019[43]	硬泡聚氨酯板	5.22
	普通碳钢	2.05
	热轧碳钢小型型钢	2.31
	热轧碳钢钢筋	2.34
	热轧碳素棒材	2.34
	热轧碳钢中厚板	2.40
	热轧碳钢无缝钢管	3.15
	C30 混凝土	0.12
	C50 混凝土	0.15
	普通硅酸盐水泥	0.74
	砂（1.6～3.0mm）	0.0025
	碎石（10～30mm）	0.0022

土木建筑结构的碳排放量由能源消耗和材料消耗两部分组成，在分析计算中需考虑单位能源和材料的碳排量。首先，针对能源碳排放因子国内外已经进行了大量研究并给出了详细的数据，例如政府间气候委员会报告按固定源燃烧、移动源燃烧和逃逸性排放物等类别，详细给出了各类能源碳排放因子与统计分析方法，并在世界范围内得到了广泛认可与应用[48]。其次，材料生产碳排放主要来自能源消耗和特定生产过程两方面，其中消耗能源产生的碳排放量占总体的90%以上，特定生产过程即物理或化学反应（例如水泥生产中石灰石的煅烧分解），材料碳排放因子需依据原材料的用量、生产能耗数据、反应方程式等通过过程分析或投入产出分析进行计算[40]。

由于碳排放量难以直接测量，因此通常采用间接测量的方法。例如，对发电厂的碳排放量进行计算时，是以用煤量来计算碳排放量，而非直接捕获、测量排放的二氧化碳气体重量。此时将各类能源消耗的实物统计量转变为标准统计量，再乘以各自的碳排放因子并进行加和计算，得到碳排放总量。碳排放总量确定后，便可根据现阶段碳排放量制定减碳计划。本章采用了现行国家标准《建筑碳排放计算标准》GB/T 51366—2019[43]规定的排放因子法。

5.2 复材型材结构低碳设计

5.2.1 复材型材及其结构概述

1. 复材型材配方组成

复材型材（即“拉挤型材”）的材料组成通常包括 55%～80%（质量含量）的纤维增强材料（例如玻璃纤维、碳纤维、玄武岩纤维等）、20%～45%的树脂基体材料（例如不饱和聚酯树脂、乙烯基酯树脂、环氧树脂、酚醛树脂、聚氨酯树脂等），以及小于 5%的填料、助剂与防护材料（例如色浆、阻燃剂、UV 阻剂、外覆层等）。

拉挤成型工艺可精准控制复材型材的原材料组成及比例，原材料配方应符合结构设计的功能要求、力学性能要求与耐久性能要求，且拉挤型材产品应符合现行国家标准《结构用纤维增强复合材料拉挤型材》GB/T 31539—2015[54]的有关规定，例如：拉挤型材横截面上任一壁厚应不小于 3mm，以及拉挤型材的全截面压缩极限承载力与横截面积之比应大于纵向压缩强度的 0.85 倍等。

2. 复材型材成型工艺

美国于 1944 年公布了世界上首个有关拉挤成型工艺的专利，因此美国被认为是拉挤技术的诞生地[49]。拉挤成型工艺是指通过牵引力连续不断地将浸渍树脂胶液的单向纤维束、多向纤维布和表面毡，通过挤压模具成型、固化来生产长度不限的复材型材的生产工艺。拉挤工艺是一种连续、自动化的复材型材生产工艺，拉挤工艺示意见图 5.2-1。

经典拉挤工艺仅能生产平直形构件，其纤维束以单向方式排布。现今，先进的弯曲拉挤工艺和拉挤-缠绕工艺可为复材型材赋予圆弧形的几何构造和交错式的纤维排布，与之对应的弯曲拉挤型材和拉缠型材则具有更加丰富的几何表现力和更加灵活的力学调控性。弯曲拉挤工艺和拉挤-缠绕工艺如图 5.2-2、图 5.2-3 所示。

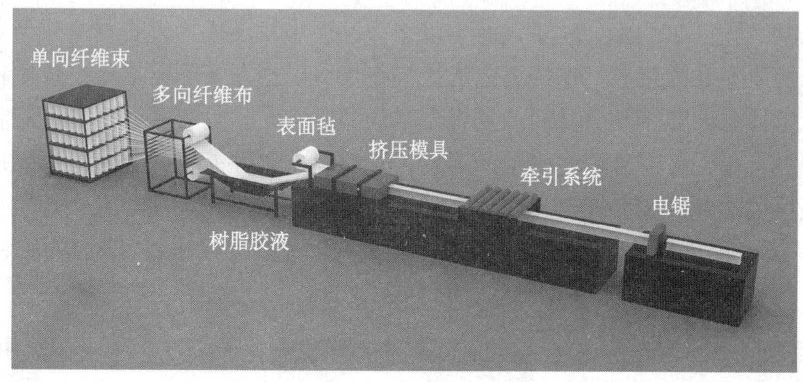

图 5.2-1　拉挤工艺示意图[4]

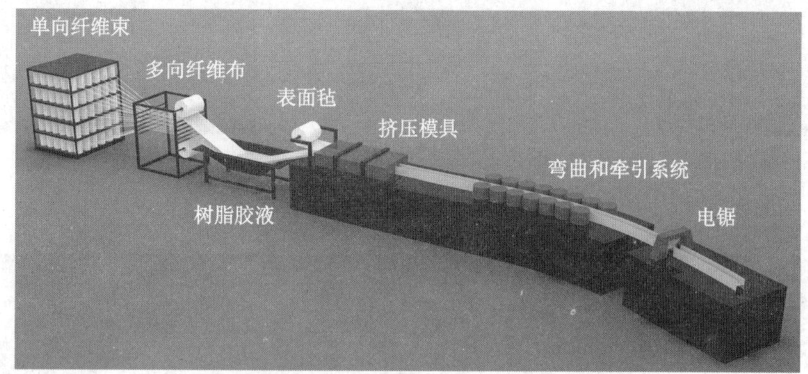

图 5.2-2　弯曲拉挤工艺示意图[50]

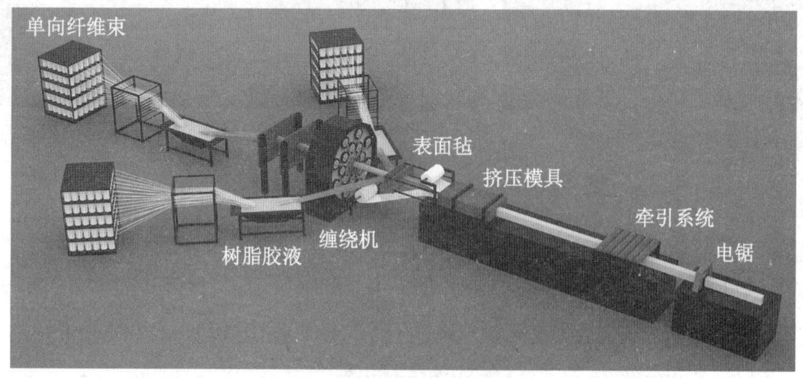

图 5.2-3　拉挤-缠绕工艺示意图[51]

我国拉挤技术的发展历程可分为以下三个阶段[52]：

（1）初试阶段：20 世纪 60～70 年代，成功生产了 25mm × 40mm 的槽形拉挤型材与直径为 8～20mm 的管材，树脂基体为热固性酚醛树脂。

（2）探索阶段：20 世纪 80 年代，使用自主研发的拉挤设备，生产了小直径圆形、槽形和椭圆形截面拉挤型材。

（3）向深度和广度进军阶段：21 世纪以来，在经典拉挤技术基础上衍生出拉挤-缠绕、在线编织-拉挤、拉挤非金属模具微波加热等技术，面向国内和国外两个市场，拓宽了应用领域，目前我国拉挤设备及产品已进入欧、美、日等发达国家市场。

拉挤成型工艺自20世纪50年代诞生以来，已逐步发展成为复合材料成型工艺中最广泛使用、最快速发展的技术。拉挤工艺的优势在于可以根据实际需求精准控制树脂和纤维含量，生产出任意长度、复杂截面的复材型材产品；同时，具有高效率和低综合成本的优势。拉挤型材得益于高度自动化的生产工艺，其材料力学性能较强、生产稳定性较高，在特殊和极端环境中可表现出优于金属材料和木材的服役性能，并在航天、建筑、桥梁、化工、体育等众多领域得到了广泛的应用[12,52-53]，复材型材代表性工程应用见图5.2-4、图5.2-5。

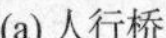
(a) 人行桥

(b) 冷却塔

(c) 风电叶片梁帽

图5.2-4　拉挤型材代表性工程应用

(a) 人行桥（北京中冶建研院廊桥）

(b) 屋架结构（邢台宏邦复合材料制造有限公司）

图5.2-5　弯曲拉挤型材代表性工程应用

3. 复材型材性能优势

复材型材的性能优势主要表现在以下六个方面[6]：

（1）力学性能优异：玻璃纤维复材型材的纵向拉伸强度可达1800MPa左右，弹性模量可达65GPa左右，碳纤维复材型材的纵向拉伸强度可达2200MPa左右，弹性模量可达160GPa左右，复材型材可作为土木建筑结构的主要受力构件，可以实现大型化的全复合材料结构。

（2）质量轻：玻璃纤维复材型材的密度约为$2.0 \times 10^3 kg/m^3$，碳纤维复材型材的密度约为$1.6 \times 10^3 kg/m^3$，玄武岩纤维复材型材的密度约为$2.1 \times 10^3 kg/m^3$，复材型材的密度仅为钢材的四分之一左右，可助力实现土木建筑结构轻量化的目标。

（3）耐腐蚀性强：复材型材具有较强的耐环境腐蚀性能，与金属材料相比具有更长的维护周期，降低了土木建筑结构全寿命期的维护成本。

（4）设计灵活性强：复材型材可以通过调整树脂基体材料和纤维增强材料的类型和配比来实现不同的性能要求，这种灵活性使其可以根据具体应用需求进行定制化设计，以满足不同的荷载和环境要求。

（5）热膨胀系数低：玻璃纤维复材型材的线性热膨胀系数约为 6.39×10^{-6}℃$^{-1}$，碳纤维复材型材的线性热膨胀系数约为 0.09×10^{-6}℃$^{-1}$，复材型材的热膨胀系数远小于钢材（约为 12×10^{-6}℃$^{-1}$），在温度变化时不易产生显著的尺寸变化，具有更好的尺寸热稳定性。

（6）电磁绝缘性能优秀：玻璃纤维复材型材具有良好的电磁绝缘特性，可在电力基础设施或特殊无磁环境中提供优秀的电磁绝缘保护。

综上所述，复材型材具有强度高、刚度好、质量轻、耐腐蚀、设计灵活、热膨胀系数低和电磁绝缘（玻璃纤维复材型材）等优点。现行国家标准《结构用纤维增强复合材料拉挤型材》GB/T 31539—2015[54]依据纵向拉伸弹性模量将复材型材分为三个力学性能等级，即 M17、M23 和 M30 级，如表 5.2-1 所示。值得指出的是，随着高性能玻璃纤维和碳纤维的成熟使用，复材型材的力学性能已远超 M30 级的规定，因此在实际应用中可使用实测的材料性能作为设计依据。

复材型材力学性能等级　　　　表 5.2-1

序号	项目	标准值		
		M30 级	M23 级	M17 级
1	纵向拉伸强度 $f_{L,k}^{t}$（MPa）	400	300	200
2	横向拉伸强度 $f_{T,k}^{t}$（MPa）	45	55	45
3	纵向拉伸弹性模量 E_{L}^{t}（MPa）	30000	23000	17000
4	横向拉伸弹性模量 E_{T}^{t}（MPa）	7000	7000	5000
5	纵向压缩强度 $f_{L,k}^{c}$（MPa）	300	250	200
6	横向压缩强度 $f_{T,k}^{c}$（MPa）	70	70	70
7	纵向压缩弹性模量 E_{L}^{c}（MPa）	25000	20000	15000
8	横向压缩弹性模量 E_{T}^{c}（MPa）	7000	7000	5000
9	层间剪切强度 $f_{sh,k}$（MPa）	28	25	20
10	面内剪切强度 $f_{LT,k}$（MPa）	45	45	45
11	面内剪切模量 G_{LT}（MPa）	2750	2750	2750
12	纵向螺栓挤压强度 $f_{L,k}^{br}$（MPa）	180	150	100
13	横向螺栓挤压强度 $f_{T,k}^{br}$（MPa）	120	100	70
14	螺钉拔出承载力（kN）	$kt/3$	$kt/3$	$kt/3$

注：1. 表中的弹性模量使用平均值，强度与承载力为具有 95%保证率的标准值（平均值 − 1.645 × 标准差）；
2. 螺钉拔出承载力中，t 为试件厚度，单位为 mm；k 为系数，k = 1kN/mm。

5.2.2　复材型材结构设计与低碳分析

1. 复材型材结构设计

目前，复材型材结构设计可参考中国标准 T/CECS 692：2020[6]、美国标准 ASCE

Pre-Standard-2010[55]和欧洲标准 CEN/TS 19101-2022[56]。其中，我国标准 T/CECS 692：2020[6]规定了拉挤型材结构应按下列两种状态进行设计：

（1）承载能力极限状态：构件和连接的强度破坏、疲劳破坏和因过度变形而不适于继续承载，结构和构件丧失稳定，结构转变为机动体系和结构倾覆；

（2）正常使用极限状态：影响结构、构件和非结构构件正常使用或外观的变形，影响正常使用的振动，影响正常使用或耐久性能的局部损坏。

在复材型材结构设计中，需要考虑材料的正交各向异性特征（图 5.2-6）。其中，材料纵向常标记为 L 方向，横向标记为 T 方向。复材型材的纵向拉伸强度与横向强度的比值约可达 10，纵向拉伸弹性模量与横向模量的比值为 3～4，较高的材料正交各向异性，加之复材型材常为薄壁型构件，导致复材型材结构件的稳定性极限易先于材料强度极限[57]。过去 20 年，国内外学者系统地研究了复材型材结构件的稳定性问题，刘天桥团队[58-63]探明了受弯构件的长细比、翼缘板宽厚比等参数对型材整体和局部屈曲强度的影响规律，建立了稳定性设计方法，为复材型材结构设计提供了重要参考。在现行设计标准的基础上，复材型材结构件在满足稳定性极限的前提下常由变形极限控制。

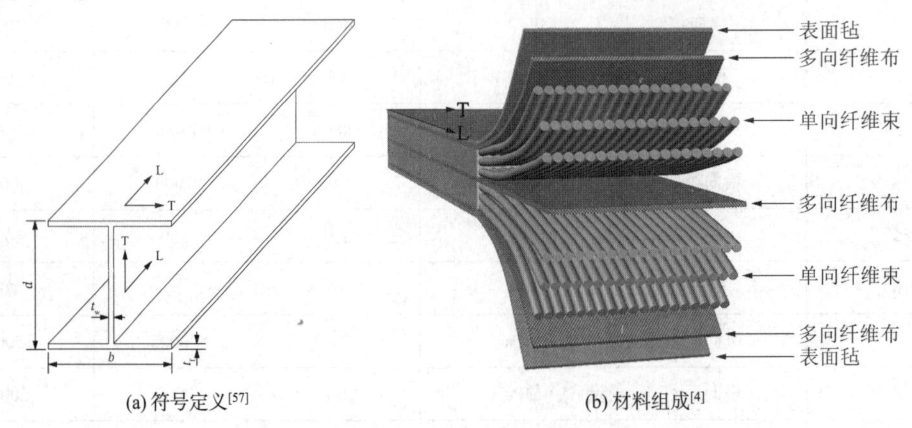

(a) 符号定义[57]　　(b) 材料组成[4]

图 5.2-6　复材型材的正交各向异性特征示意图

2. 复材型材结构低碳分析

复材型材得益于较高的比强度和比模量，是实现土木建筑结构轻量化的重要力量。以青岛市某小区高层建筑为例（图 5.2-7），传统外挂构架梁设计方案常使用钢结构，但钢构架梁自重过大，需使用大型吊装设备（例如塔式起重机），且该小区临近海岸线，碱性侵蚀环境作用下钢构架梁易锈蚀，后期维护成本高，且维护工程施工难度大。为解决以上问题，该小区使用复材型材建造外挂构架梁，大幅减小了结构的自重，节省了施工措施费，而且提高了结构的耐腐蚀性能，降低了维护成本[53]。

值得指出的是，复材型材结构的轻量化不但减少了建筑材料用量，还减少了相关运输和施工成本；同时，复材型材具有较强的耐腐蚀性能，可以延长土木建筑结构的维护周期，从而降低结构全寿命期的维护成本。综上，复材型材结构不但轻质高强且高耐腐蚀，可助力降低“材料生产、运输、施工、维护”全过程中产生的碳排放量。

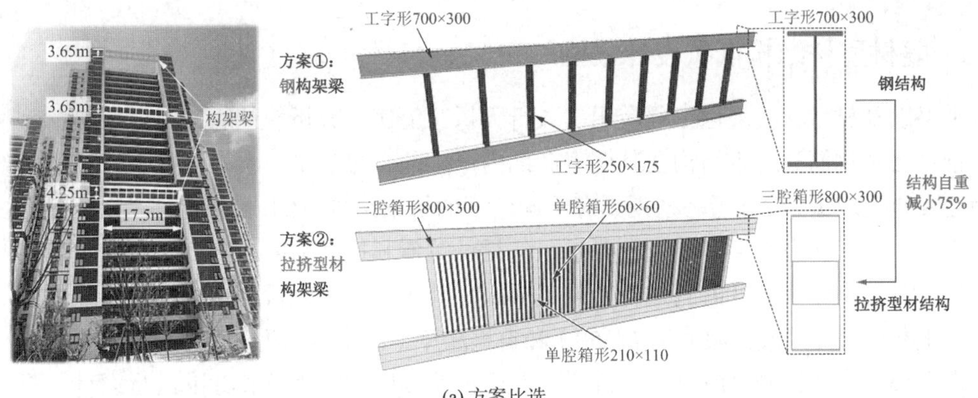

(a) 方案比选

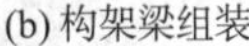
(b) 构架梁组装

(c) 构架梁吊装

图 5.2-7　高层建筑用复合材料拉挤型材外挂构架梁[53]

本书采用了现行国家标准《建筑碳排放计算标准》GB/T 51366—2019[43]中规定的排放系数法来分析计算复材型材结构在各阶段产生的碳排放量，其中碳排放系数的取值对计算结果具有至关重要的影响。在材料生产、运输、建造等阶段的耗能未知的情况下，常需依据规范或文献选取合理的碳排放系数。现行国家标准《建筑碳排放计算标准》GB/T 51366—2019 并未对各类型复合材料的碳排放系数进行明确定义，因此现有文献中的复合材料碳排放系数成为开展相关研究的主要依据。研究发现文献中的复合材料碳排放系数之间存在较大的离散性，如表 5.1-2 所示。这是由材料本身存在的差异引起的，复合材料中不同的纤维类型和含量以及不同的制造工艺等因素均会影响碳排放系数的取值。鉴于此，需根据土木建筑用复合材料的类型及用途合理选取碳排放系数。本书中，玻璃纤维复材型材的碳排放系数取为 2.16，这是数据库 CEE[47]和文献[34]中的复材型材碳排放系数 1.23 和 3.09 的平均值。另外，混凝土、钢筋和型钢的碳排放系数取自国家标准《建筑碳排放计算标准》GB/T 51366—2019。其中，C30 混凝土的碳排放系数为 0.12，C40 混凝土的碳排放系数为 0.14，C50 混凝土的碳排放系数为 0.15，钢筋的碳排放系数为 2.34，型钢的碳排放系数为 2.05。

5.2.3 复材型材结构低碳设计案例

本书以复材型材代表性工程应用“人行天桥”为例，分析、计算并对比了复材型材结构、钢结构和钢筋混凝土结构在其全寿命期内产生的碳排放量。本书选取人行桥的上部结构为主要研究对象，设计了一系列具有不同跨度的桥梁结构案例，跨度范围为10～30m（增量为2m），并综合考虑了多种设计要求，包括：抗弯和抗剪强度、挠度、裂缝宽度以及自振频率。首先，结构设计需满足各个强度极限；其次，结合人行桥结构特性，复材型材桥和钢桥主要由挠度（最大限值为$L/250$）和自振频率（最小限值为3Hz）控制，而钢筋混凝土桥常由裂缝宽度控制。所有类型桥梁均严格依照相应设计规范和标准进行设计，复材型材桥应符合《复合材料拉挤型材结构技术规程》T/CECS 692—2020[6]，钢桥应符合《公路钢结构桥梁设计规范》JTG D64—2015[64]，钢筋混凝土桥应符合《公路钢筋混凝土及预应力混凝土桥涵设计规范》JTG 3362—2018[65]。此外，所有桥梁均应符合《城市人行天桥与人行地道技术规范》CJJ 69—1995[66]。所有桥梁的桥面宽度均设置为5m，设计恒荷载（DL）包括上部结构自重和 1kN/m^2 的桥面铺装，设计活荷载（LL）取为 3.5kN/m^2，最后采用1.3DL + 1.5LL 的荷载组合。

首先，本书设计了11座复材型材人行桥，其截面形式取自北京中冶建筑研究院院内廊桥，如图5.2-8所示。复材型材由玻璃纤维和环氧树脂组成，材料力学性能参考Liu等[50]，如表5.2-2所示。设计中，首先考虑结构的强度极限和稳定性极限。其中，强度极限设计方法参考了《复合材料拉挤型材结构技术规程》T/CECS 692—2020[6]，稳定性极限设计方法则参考了领域内最具代表性的Kollár方法[67]。

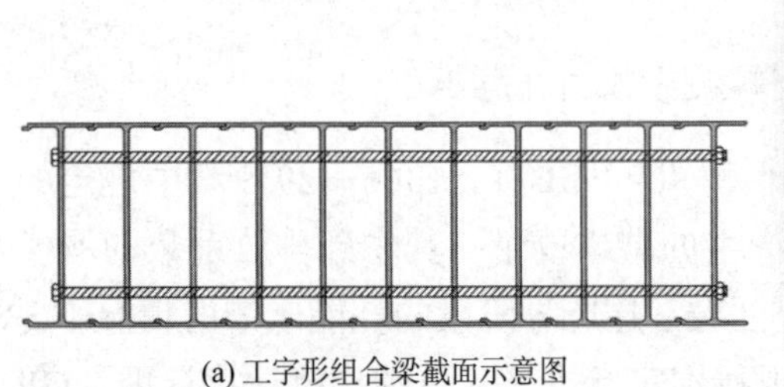

(a) 工字形组合梁截面示意图

(b) 北京中冶建筑研究院廊桥[50]

(c) 桥梁上部结构示意图

图5.2-8 复材型材人行天桥

玻璃纤维拉挤型材力学性能　　　　**表 5.2-2**

材料		拉伸强度（MPa）	抗压强度（MPa）	弹性模量（MPa）	密度（kg/m³）
玻璃纤维复材型材		$f_{Lt} = 768$	$f_{Lc} = 229$	$E_{Lt} = 49160$	$r_f = 1900$
复材筋	玻璃纤维复材筋	$f_y = 343$	—	$E_f = 70000$	$r_f = 1900$
	碳纤维复材筋	$f_y = 800$	—	$E_f = 210000$	$r_f = 1800$
碳纤维复材布	普通模量	$f_{fd} = 1948$	—	$E_f = 210000$ $E_{fc} \approx 138.4$（5 层）	$r_f = 1800$
	高模量	—	—	$E_f = 435000$ $E_{fc} \approx 194.9$（5 层）	$r_f = 1800$
混凝土	C30	$f_{tk} = 2.01$ $ft = 1.43$	$f_c = 14.3$	$E_c = 30000$	$r_c = 2500$
	C35	$f_{tk} = 2.20$ $f_t = 1.57$	$f_c = 16.7$	$E_c = 31500$	$r_c = 2500$
	C40	$f_{tk} = 2.39$ $f_t = 1.71$	$f_c = 19.1$	$E_c = 32500$	$r_c = 2500$
	C40（桥梁）	$f_{tk} = 2.40$ $f_{td} = 1.65$	$f_{cd} = 18.4$	$E_c = 32500$	$r_c = 2500$
	C50	$f_{tk} = 2.65$ $f_{td} = 1.83$	$f_{cd} = 22.4$	$E_c = 34500$	$r_c = 2500$
型钢	Q235	$f_{sp} = 215$	—	$E_{sp} = 206000$	$r_{sp} = 7850$
	Q355	$f_d = 270$	$f_s' = 270$	$E_s = 206000$	$r_s = 7850$
	Q690	$f_s = 690$	—	$E_{sp} = 201000$	$r_{sp} = 7850$
钢筋	HRB400	$f_y = 360$	$f_y' = 360$	$E_s = 200000$	$r_s = 7850$
	HRB400（桥梁）	$f_{sd} = 330$	$f_{sd}' = 330$	$E_s = 200000$	$r_s = 7850$
预应力钢绞线		$f_{pd} = 1260$	$f_{pd}' = 390$	$E_s = 195000$	$r_s = 7850$

注：复材型材的密度采用《复合材料拉挤型材结构技术规程》T/CECS 692—2020[6]中的推荐值；每层碳纤维布的厚度为 0.167mm；材料抗拉强度和抗压强度（f_{tk} 为标准值，f_{td} 为设计值）、弹性模量和密度为各设计规范的推荐值（《公路钢筋混凝土及预应力混凝土桥涵设计规范》JTG 3362—2018[65]；《混凝土结构设计标准》GB/T 50010—2010（2024年版）[68]；《纤维增强复合材料工程应用技术标准》GB 50608—2020[69]；E_{fc} 是多层碳纤维复材片材的弹性模量[70]；C40（桥梁）和 HRB400（桥梁）是指本材料仅用于桥梁，并依据相应的设计规范《公路钢筋混凝土及预应力混凝土桥涵设计规范》JTG 3362—2018[65]确定。

本书对复材型材人行天桥的挠度极限和自振频率极限进行了重点分析，分别以挠度和自振频率为控制因素进行设计并得到了不同结果，如表 5.2-3 所示。当以挠度极限为控制因素时，频率极限均满足设计限值（即 3Hz），但以自振频率极限为控制因素时，挠度极限均不满足，因此复材型材桥的设计应由挠度极限控制。基于设计结果，可绘制出复材型材桥的自重随跨度变化规律，如图 5.2-9 所示。

复材型材人行天桥设计结果　　　　**表 5.2-3**

控制参数	净跨（m）	梁高（mm）	单梁宽度（mm）	翼缘厚度（mm）	腹板厚度（mm）	梁的数量	设计承载力（kN · m）	实际承载力（kN · m）	挠度（mm）	挠度限值（mm）	频率（Hz）	材料质量（t）
挠度控制	10	300	200	8	6	25	446	698	39	40	10.29	2.28
	12	360	200	10	6	25	655	831	47	48	8.54	3.42
	14	420	200	10	8	25	912	2503	55	56	6.88	4.91

续表

控制参数	净跨（m）	梁高（mm）	单梁宽度（mm）	翼缘厚度（mm）	腹板厚度（mm）	梁的数量	设计承载力（kN·m）	实际承载力（kN·m）	挠度（mm）	挠度限值（mm）	频率（Hz）	材料质量（t）
挠度控制	16	480	200	12	8	25	1221	2823	63	64	5.96	6.79
	18	530	250	14	12	20	1588	5852	70	72	5.20	9.12
	20	610	250	14	12	20	1988	7027	78	80	4.75	11.00
	22	650	500	20	18	10	2434	9364	88	88	4.53	12.90
	24	710	500	22	20	10	2976	11415	95	96	4.10	16.15
	26	770	500	24	22	10	3590	13698	102	104	3.74	19.85
	28	830	500	26	22	10	4237	15976	111	112	3.48	23.01
	30	900	500	26	24	10	4967	17989	120	120	3.22	26.82
频率控制	10	100	100	8	6	50	438	483	362	40	3.48	1.84
	12	150	100	10	8	50	655	984	254	48	3.40	3.42
	14	210	100	10	8	50	909	1532	220	56	3.36	4.80
	16	250	200	14	12	25	1205	2329	216	64	3.27	6.17
	18	330	250	14	12	20	1532	3210	194	72	3.42	7.17
	20	420	250	14	12	20	1923	4347	174	80	3.44	8.94
	22	500	250	14	12	20	2360	5429	173	88	3.31	10.79
	24	550	250	14	12	20	2833	6140	198	96	3.02	12.42
	26	700	500	18	16	10	3352	5033	153	104	3.48	14.11
	28	800	500	18	16	10	3931	5934	153	112	3.38	16.17
	30	850	500	20	16	10	4584	6238	166	120	3.15	18.80

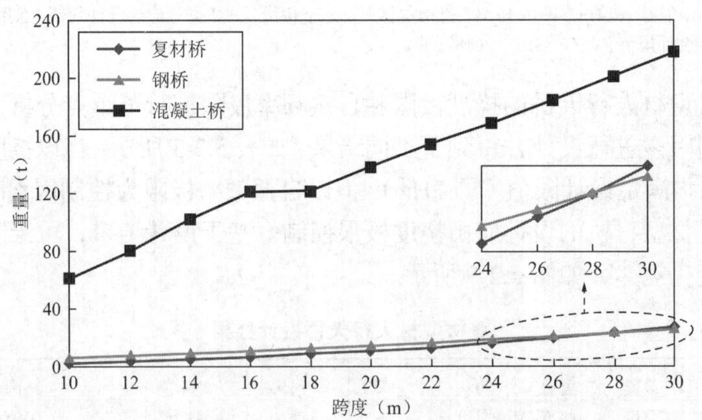

图 5.2-9 复材型材人行天桥的自重随跨度变化规律

其次，按照相同的桥宽、跨径和荷载，设计了 11 座钢桥，钢桥桥型选为经济性高且施工便捷的工字形梁桥，材料采用 Q355 结构钢，截面由两根工字钢组成。工字钢的截面随跨度变化，并设计了横向和纵向加劲肋，钢桥截面如图 5.2-10 和表 5.2-4 所示。依据《公路钢结构桥梁设计规范》JTG D64—2015[64]和《城市人行天桥与人行地道技术规范》CJJ 69—1995[66]，钢桥的主要设计极限包括最大应力、挠度和自振频率，其中自振频率是钢制人行桥的主要控制因素。钢桥设计结果，包括梁高、底缘宽度和厚度、材料质量等，如表 5.2-4 所示。

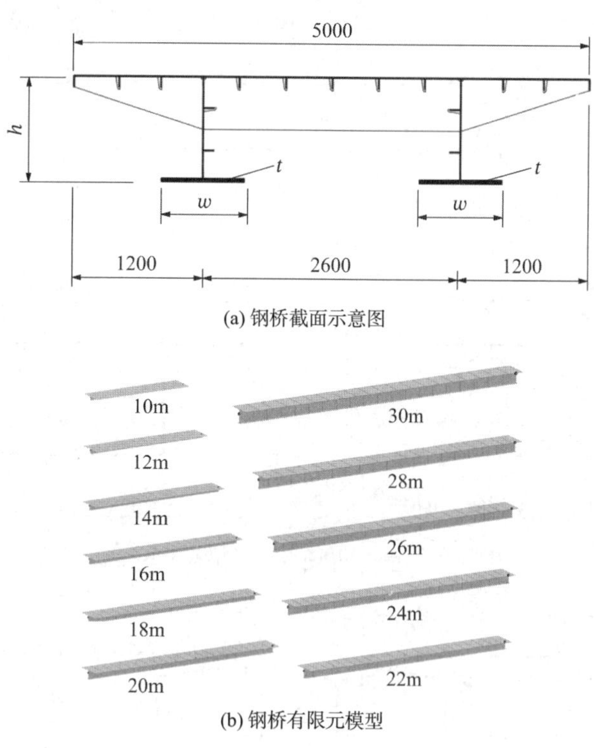

(a) 钢桥截面示意图

(b) 钢桥有限元模型

图 5.2-10　钢制人行天桥

钢桥设计结果　　表 5.2-4

跨径（m）	梁高（mm）	底缘宽度（mm）	底缘厚度（mm）	钢材用量（t）
10	300	320	14	6.07
12	400	330	14	7.55
14	500	300	16	9.11
16	600	320	16	10.81
18	700	340	16	12.61
20	800	360	16	14.51
22	900	380	16	16.51
24	1000	360	18	18.63
26	1100	380	18	20.85
28	1200	400	18	23.17
30	1300	420	18	25.59

最后，按照相同的桥宽、跨径和荷载，设计了 11 座钢筋混凝土人行天桥。根据《公路钢筋混凝土及预应力混凝土桥涵设计规范》JTG 3362—2018[65]，混凝土桥依据不同跨径分别设计为空心板（10～16m 跨径）、箱梁（18～22m 跨径）和预应力箱梁（24～30m 跨径）三种截面，如

图 5.2-11 所示，这三种截面更接近混凝土桥的实际应用现状。对于钢筋混凝土空心板梁和箱梁，主要设计极限为受弯和受剪承载力以及裂缝宽度。其中，裂缝宽度是最主要的控制因素；对于预应力混凝土箱梁，按照 A 类构件进行设计，主要的设计极限包括拉、压应力，以及受弯、受剪承载力，其中拉、压应力是最主要的控制因素，钢筋混凝土桥梁设计结果如表 5.2-5 所示。

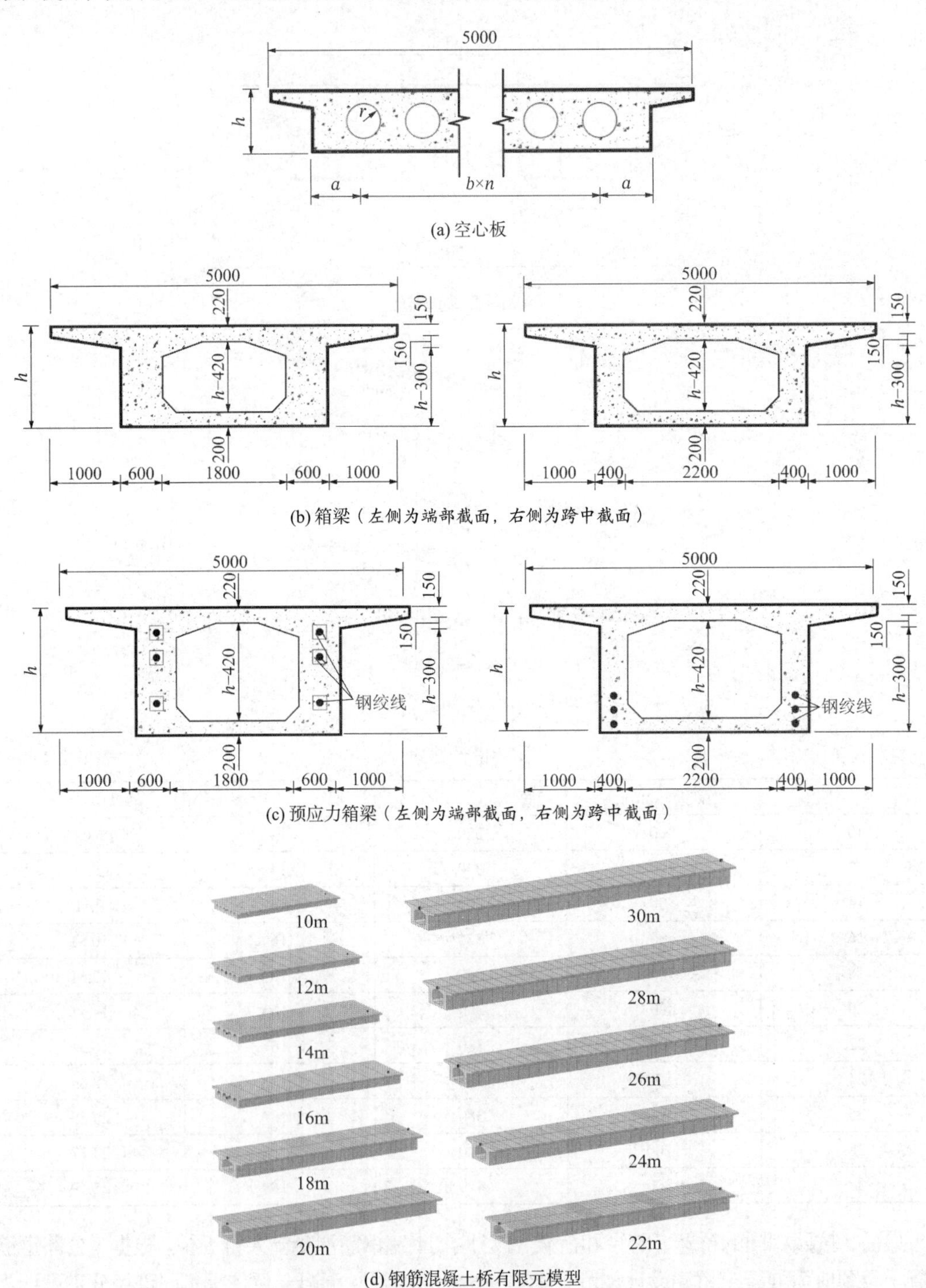

图 5.2-11　钢筋混凝土人行天桥

钢筋混凝土桥梁设计结果　　表 5.2-5

跨度（m）	h（mm）	a（mm）	b（mm）	n	r（mm）	预应力钢绞线	抗弯钢筋	抗剪钢筋	C40 混凝土（t）	C50 混凝土（t）	钢绞线用量（t）	HRB400 用量（t）
10	600	500	600	5	150	—	27Φ28	14Φ10	55.52	—	—	5.60
12	700	600	700	4	200	—	27Φ32	12Φ10	73.09	—	—	7.26
14	800	650	900	3	250	—	27Φ25 + 27Φ25	10Φ12	94.04	—	—	8.15
16	900	650	900	3	300	—	27Φ28 + 27Φ25	10Φ12	110.82	—	—	10.02
18	1400	—	—	—	—	—	30Φ22 + 30Φ20	8Φ12	110.62	—	—	10.56
20	1450	—	—	—	—	—	30Φ25 + 30Φ20	8Φ14	124.06	—	—	13.31
22	1500	—	—	—	—	—	30Φ25 + 30Φ25	8Φ14	137.86	—	—	15.74
24	1500	—	—	—	—	2×（9 + 7 + 7）	6Φ18 + 14Φ16	8Φ14	—	154.58	1.34	11.80
26	1550	—	—	—	—	2×（9 + 9 + 9）	6Φ18 + 14Φ16	8Φ14	—	169.24	1.69	12.95
28	1600	—	—	—	—	2×（12 + 9 + 9）	6Φ20 + 14Φ16	8Φ14	—	184.15	2.01	14.09
30	1650	—	—	—	—	2×（12 + 12 + 9）	6Φ20 + 14Φ16	8Φ14	—	199.48	2.35	15.15

基于以上设计结果，对人行天桥全寿命期（包括材料生产、运输、施工和维护）进行碳排放量分析计算。

1. 材料生产阶段

材料生产过程中产生的碳排放量按照下式计算[43]：

$$C_{pro} = \sum M_i F_i \tag{5.2-1}$$

式中 C_{pro}——材料总碳排放量（$kgCO_2e$）；

M_i——第 i 种材料的质量（kg）；

F_i——第 i 种材料的碳排放系数（$kgCO_2e/kg$）。

一方面，本书中复材型材的 F 值取为 2.16，这是数据库 CEE[47]和文献[34]中的复材型材碳排放系数 1.23 和 3.09 的平均值；另一方面，混凝土、钢筋和型钢的碳排放系数取自《建筑碳排放计算标准》GB/T 51366—2019[43]。其中，C30 混凝土的碳排放系数为 0.12，C40 混凝土的碳排放系数为 0.14，C50 混凝土的碳排放系数为 0.15，钢筋的碳排放系数为 2.34，型钢的碳排放系数为 2.05。三种人行天桥的碳排放如图 5.2-12 所示，考虑文献中的复合材料碳排放系数存在较大离散性，因此本书还采用数据库 CEE[47]和文献[34]中的碳排放系数分别计算了复材型材人行桥碳排放量的下限和上限值，如图 5.2-12 中阴影区域所示。

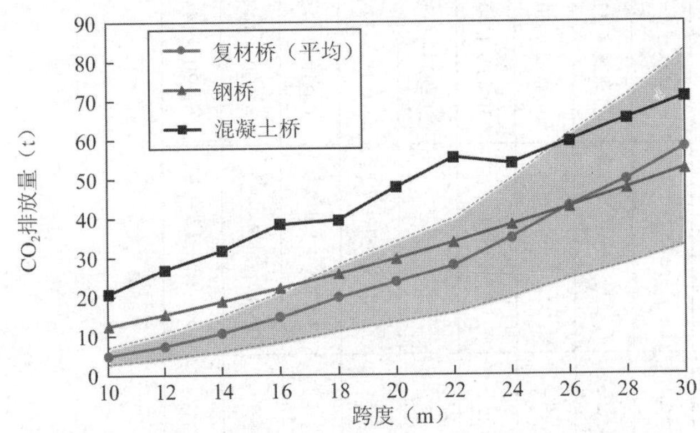

图 5.2-12 人行天桥碳排放量随跨度变化规律（材料生产阶段）

由图 5.2-12 可知，当取复材型材平均碳排放系数时（即 $F = 2.16$），对于最小跨度 10m 而言，复材型材人行桥在材料生产阶段产生的碳排放量分别比钢桥和混凝土桥低 60%和 76%；对于中间跨度 20m 而言，复材型材人行桥的碳排放量分别比钢桥和混凝土桥低 20%和 50%；对于最大跨度 30m 而言，复材型材人行桥与混凝土桥相比能够减少 18%碳排放，与钢桥相比增加 10%碳排放。若考虑复材型材碳排放量的上限，则复材型材人行桥在 10～16m 的跨度范围内可以表现出最小的碳排放量；若考虑复材型材碳排放量的下限，则复材型材人行桥的碳排放量均低于同跨度的钢桥和混凝土桥。

2. 运输阶段

依据《建筑碳排放计算标准》GB/T 51366—2019[43]计算材料从工厂运输到施工现场所产生的碳排放量，方法如下式所示：

$$C_{trans} = \sum M_i D_i T_i \tag{5.2-2}$$

式中 C_{trans}——运输过程中产生的碳排放量（$kgCO_2e$）；

M_i——第 i 种材料的质量（t）;

D_i——第 i 种物料的运输距离（km）;

T_i——车辆的碳排放系数［$kgCO_2e/(t \cdot km)$］。

一方面，混凝土材料的运输距离取 40km，该距离由市区卡车的最大速度和混凝土的允许运输时间确定；另一方面，复合材料工厂和钢铁厂通常距离市中心较远，复材型材和钢材的运输距离依据经验取为 100km。一辆载重 10t 的柴油卡车的碳排放系数为 $0.162kgCO_2e/(t \cdot km)$[43]。因此，可以计算得到运输阶段产生的碳排放量，如图 5.2-13 所示。

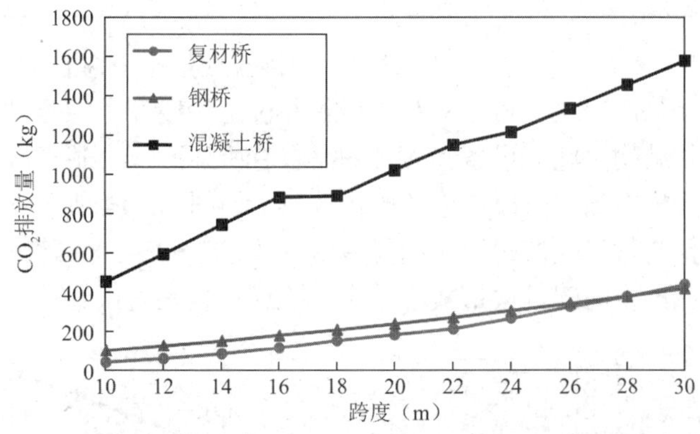

图 5.2-13　人行天桥碳排放量随跨度变化规律（运输阶段）

由图 5.2-13 可知，尽管混凝土的运输距离比复材型材和钢材少 60%，但混凝土桥自重更大，因此在运输阶段产生的碳排放量最大。此外，除 30m 跨度外，复材型材人行桥在运输阶段产生的碳排放量最小。

3. 施工阶段

精确计算施工阶段产生的碳排放量需探明施工设备和建筑工人的碳排放数据，但考虑多样化的施工方法和差异化的建筑工人，本阶段碳排放数据难以精确量化。鉴于此，本书依据现有文献中的统计数据对施工阶段产生的碳排放量进行了估算，如表 5.2-6 所示。

文献中的桥梁结构全寿命期碳排放数据　　表 5.2-6

桥梁类型	参考文献	材料加工阶段		运输阶段		施工阶段		维护阶段		总碳排放量（t）
		碳排放量（t）	占比	碳排放量（t）	占比	碳排放量（t）	占比	碳排放量（t）	占比	
复材桥	Dai 和 Ueda[35]	130.0	97.4%	—	—	3.5	2.6%	—	—	133.5
	Zhang 等[45]	5.3	90.1%	0.0640	1.1%	0.5	8.2%	—	—	5.884
	Li 等[38]	0.3	98.0%	0.0055	2.0%	—	—	—	—	0.2755
	Jena 和 Kaewunruen[71]	160.0	98.2%	—	—	2.9	1.8%	—	—	162.292
钢桥	谭荣平[72]	26249.7	94.9%	561.1	2.0%	751.0	2.7%	100.9	0.4%	27662.7
	徐双[73]	1902.8	71.9%	2.3	0.1%	113.8	4.3%	629.1	23.8%	2648.0
	张天辰[74]	2489.2	62.1%	59.8	1.5%	403.6	10.1%	1058.1	26.4%	4010.7
	Li 等[38]	6.1	83.6%	0.1	1.4%	1.1	15.1%	—	—	7.3

续表

桥梁类型	参考文献	材料加工阶段		运输阶段		施工阶段		维护阶段		总碳排放量（t）
		碳排放量（t）	占比	碳排放量（t）	占比	碳排放量（t）	占比	碳排放量（t）	占比	
混凝土桥	谭荣平[72]	1108.9	90.0%	17.0	1.4%	83.2	6.8%	22.4	1.8%	1231.5
	徐双[73]	2499.9	75.8%	3.5	0.1%	165.3	5.0%	629.1	19.1%	3297.8
	张天辰[74]	2281.4	58.7%	64.4	1.7%	419.0	10.8%	1124.5	28.9%	3889.3
	Li 等[38]	8.6	84.3%	0.8	7.8%	0.9	8.8%	—	—	10.2

由表 5.2-6 可知，复材人行桥施工阶段的平均碳排放量约占总排放量的 4.2%，钢桥和混凝土桥分别为 8.0%和 7.8%，可见复材人行桥在施工阶段产生的碳排放量最小，这主要是由于轻量化的复材结构对施工设备和人员的需求有所降低[53]。基于以上经验数据可以估算得到各类型人行天桥在施工阶段产生的碳排放量，如图 5.2-14 所示。三种人行桥在施工阶段产生的碳排放量与材料生产阶段的趋势基本一致，在 10～30m 跨度范围内复材人行桥与其他两类桥梁相比产生的碳排放量最小。

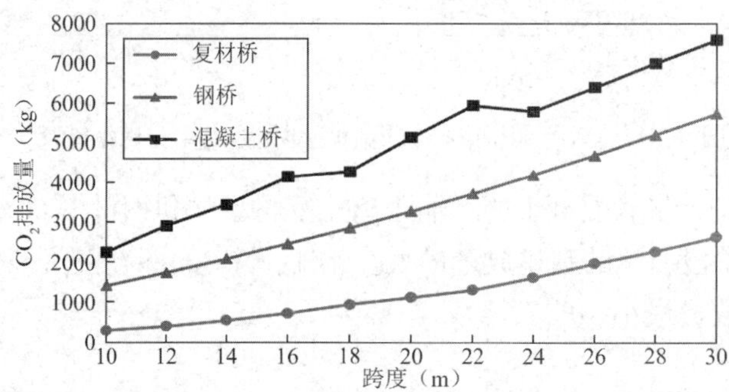

图 5.2-14 人行天桥碳排放量随跨度变化规律（施工阶段）

4. 维护阶段

采用表 5.2-6 中的经验数据对三种类型人行天桥在维护阶段产生的碳排放量进行了估算。一方面，发现钢桥和混凝土桥在该阶段的碳排放量在工程总排放量中的占比分别为 16.8%和 16.6%；另一方面，多个研究均表明复材型材人行桥可以忽略其在维护阶段的碳排放。三种人行桥在维护阶段的碳排放量如图 5.2-15 所示。

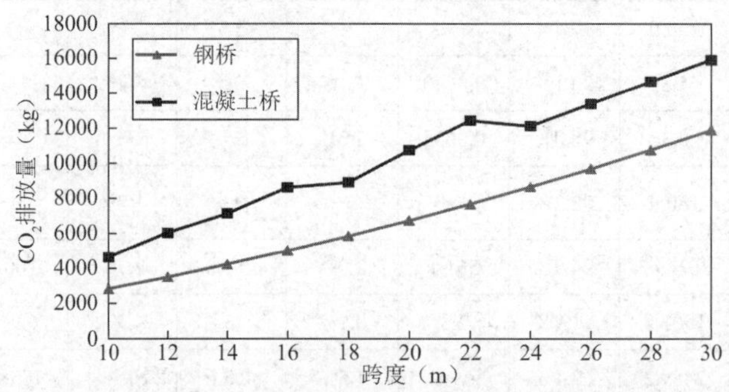

图 5.2-15 人行天桥碳排放量随跨度变化规律（维护阶段）

5. 全寿命期分析

基于以上材料生产、运输、施工和维护这四个阶段产生的碳排放数据，对三种类型人行天桥在全寿命期内产生的碳排放总量进行计算，结果如图 5.2-16 所示，其中各阶段的碳排放量占比如图 5.2-17 所示。由图 5.2-16 可知，混凝土桥的碳排放量最多，其次为钢桥，复材型材桥最少。此外，与钢桥和混凝土桥相比，10m 跨径的复材型材桥的碳排放总量分别降低 69%和 81%，30m 跨径的复材型材桥的碳排放总量分别降低 14%和 36%。

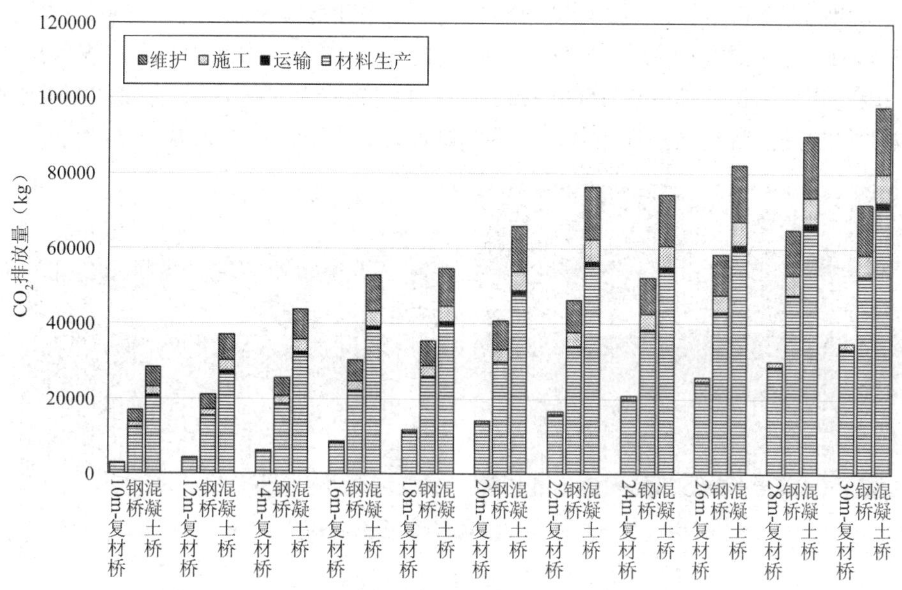

图 5.2-16　三种类型人行天桥全寿命期碳排放总量

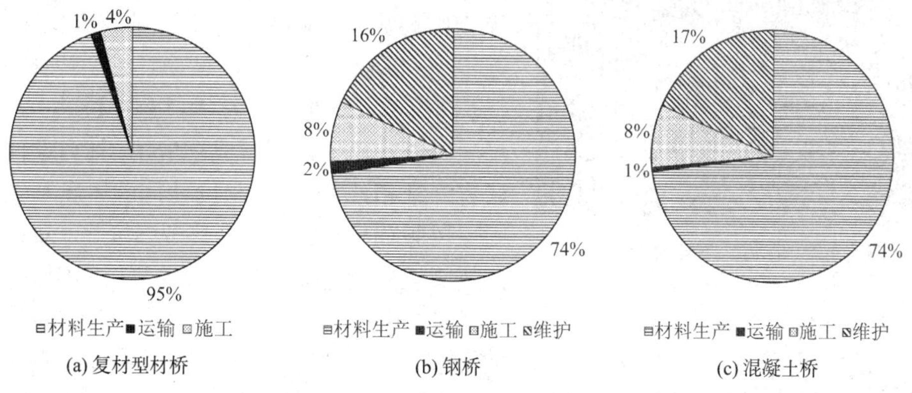

图 5.2-17　三种类型人行天桥全寿命期各阶段的碳排放量占比

由图 5.2-17 可知，材料生产阶段的碳排放量在三种类型人行天桥全寿命期内碳排放总量中占比最大，其中复材型材桥的材料生产阶段碳排放量占比最高，约为 95%，施工和运输阶段仅占碳排放总量的 5%左右；对于钢桥和混凝土桥，材料生产阶段碳排放量占比均为 74%左右，其次是维护阶段和施工阶段。

5.3 复材筋混凝土结构低碳设计

5.3.1 复材筋概述

钢筋混凝土结构普遍存在不同程度的钢筋锈蚀问题[75]，采用耐腐蚀性强的纤维增强复合材料筋材（简称“复材筋”）成为解决这一问题的有效途径，复材筋混凝土结构由此进入土木建筑领域，并逐渐成为领域内的焦点、热点。复材筋与钢筋相比具有较高的比强度、较强的耐腐蚀性能和优秀的抗疲劳性能，用复材筋替代钢筋用在混凝土结构中已进行了大量工程实践。如图 5.3-1 所示，西安市沣西新城项目将复材筋作为主要受力筋用于大体积混凝土结构，该工程采用的复材筋拉伸强度达 1500MPa，是普通钢筋的 2～3 倍。研究发现相较于钢筋混凝土结构，复材筋混凝土结构在等强度或等刚度设计原则下可以有效减小结构自重。

图 5.3-1 沣西新城预制混凝土构件

1. 复材筋配方组成

复材筋常用的纤维增强材料包括玻璃纤维、碳纤维和玄武岩纤维，其中玻璃纤维的经济性能最优、用量最大（图 5.3-2），碳纤维的力学性能最高。近年来，随着我国高性能玻璃纤维的快速发展，高强、高模玻璃纤维生产技术已趋于成熟，并已在大尺度风电叶片中得到了成功应用，其力学性能与玄武岩纤维相差无几。复材筋使用的树脂基体包括热固性树脂和热塑性树脂，其中强度高、热稳定性好的热固性树脂是目前最主要的复材筋用树脂类型。

图 5.3-2 玻璃纤维复材筋

2. 复材筋成型工艺

复材筋主要通过拉挤成型工艺进行生产制备，在生产过程中，首先将纤维与树脂进行浸润，然后牵引纤维束进入挤压模具内，通过高温高压的方式使树脂固化，最后将制品加工成所需的长度。拉挤成型是高度自动化的生产工艺，在极大程度上保证了复材筋的性能和稳定。

3. 复材筋性能优势

（1）拉伸性能

碳纤维和玻璃纤维复材筋以及钢绞线和普通钢筋的应力应变关系如图 5.3-3 所示。碳纤维复材筋的抗拉强度最高，应力应变关系呈线弹性，玻璃纤维复材筋也表现为线弹性的力学特征，但其拉伸强度低于钢绞线[76]。复材筋的拉伸强度和刚度主要受纤维含量影响，即纤维含量越高，抗拉强度和刚度也越高。复材筋主要力学性能指标如表 5.3-1 所示。

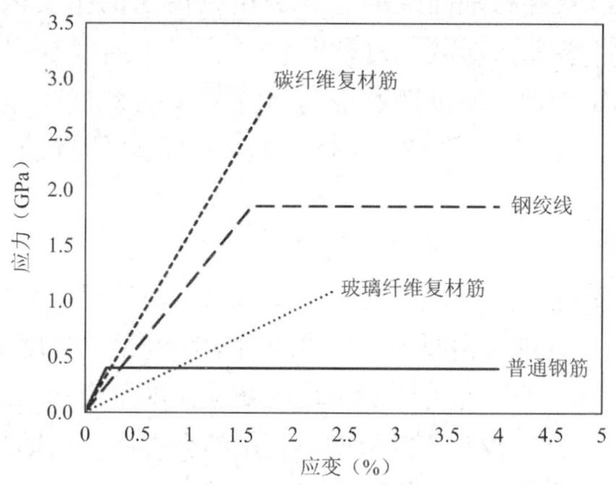

图 5.3-3 复材筋和钢筋应力应变关系[76]

复材筋力学性能指标[69] **表 5.3-1**

复材筋类型和等级		抗拉强度标准值（MPa）	弹性模量（MPa）	极限应变（%）
碳纤维复材筋	$D \leqslant 10mm$	⩾ 1800	⩾ 140	⩾ 1.5
	$10mm < d \leqslant 13mm$	⩾ 1300	⩾ 130	⩾ 1.0
	$d > 13mm$	⩾ 1100	⩾ 120	⩾ 0.9
玻璃纤维复材筋	$d \leqslant 10mm$	⩾ 700	⩾ 40	⩾ 1.8
	$10mm < d \leqslant 22mm$	⩾ 600		⩾ 1.5
	$d > 22mm$	⩾ 500		⩾ 1.3
玄武岩纤维复材筋		⩾ 800	⩾ 50	⩾ 1.6

（2）压缩和剪切性能

复材筋的压缩和剪切强度较低，通常不超过其拉伸强度的 10%[77]，将复材筋作为受力筋时不能使用普通钢筋的锚具，必须研制专门的锚具[78]。目前，复材筋的锚具主要包括粘结型锚具、摩擦型锚具和夹片式锚具[79]。

（3）蠕变性能

复材筋存在蠕变断裂现象，即在高荷载的长期作用下复材筋会发生蠕变断裂而破坏。复材筋的蠕变发展过程主要分为三个阶段[80]，如图 5.3-4 所示。研究指出，若土木建筑结构的设计使用年限小于复材筋蠕变断裂时间，则需要结合实际情况进行特殊设计[81]。

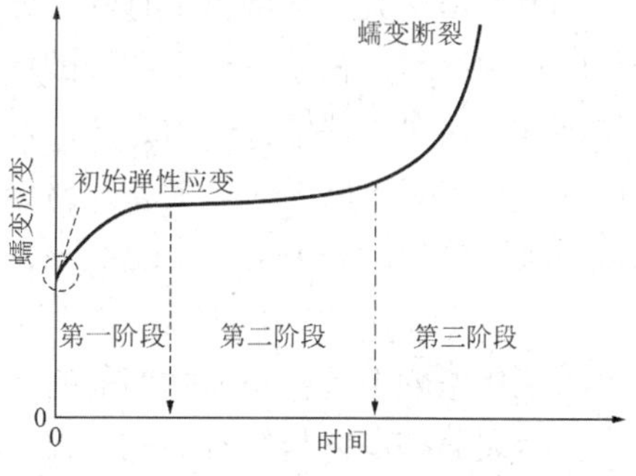

图 5.3-4 复材筋蠕变发展过程示意[80-81]

（4）疲劳性能

复材筋混凝土结构的疲劳破坏模式与钢筋混凝土结构不同，复材筋不易发生类似钢筋的疲劳断裂，复材筋混凝土通常表现为混凝土受压破坏。国内外大量研究得出较为一致的结论，即复材筋的疲劳性能优于钢筋[78]。

4. 复材筋与混凝土界面粘结性能

复材筋与混凝土的界面粘结性能是决定复材筋混凝土结构全寿命期服役性能的重要因素。研究发现影响复材筋与混凝土界面粘结性能的主要因素包括混凝土强度、复材筋锚固长度、复材筋表面形状、复材筋直径、工作温度等[82-83]。复材筋表面缠绕肋后，与混凝土的界面粘结力还包括缠绕肋与混凝土的机械咬合力[84]。鉴于此，复材筋常需要进行表面处理，以增强界面粘结性能并保障复材筋与混凝土的协同工作性能。

（1）混凝土强度的影响

我国学者对不同等级混凝土与玄武岩纤维复材筋、玻璃纤维复材筋和钢筋之间的粘结强度进行了试验研究，发现提高混凝土强度等级后钢筋的粘结强度最高提升了 90%，但玻璃纤维复材筋仅提升了 20%[85]。也有学者指出混凝土强度等级的增加对玻璃纤维复材筋的粘结强度影响较小[86]。因此，混凝土等级的提高虽然会提高复材筋与混凝土之间的界面粘结强度，但粘结强度的增强效果弱于钢筋与混凝土[77]。

（2）复材筋锚固长度的影响

研究发现锚固长度对复材筋界面粘结性能的影响较大，即锚固长度越长，复材筋与混凝土接触面积越大，则粘结力越强[87]。有学者指出，对于 6.35mm 和 9.5mm 直径的玻璃纤维复材筋，其锚固长度应为筋材直径的 30 倍[83]。

（3）复材筋表面形态的影响

复材筋表面形态主要有三种[83]，包括：

①表面黏附砂粒或粗糙织物；

②表面缠绕一定高度的“肋”；

③表面有变形并黏砂。

相较于光圆复材筋，带肋复材筋的界面性能表现更佳，带肋复材筋的粘结强度主要取决于机械咬合力，化学胶着力和摩擦力的作用较小，带肋间距建议为其直径的一倍，肋高取其直径的 6%[88]。

（4）复材筋直径的影响

复材筋混凝土结构主要有劈裂破坏和拔出破坏这两种破坏模式，粘结长度大于 5 倍直径的玻璃纤维复材筋易发生劈裂破坏；粘结长度小于 5 倍直径的玻璃纤维复材筋易发生拔出破坏；而对于粘结长度约为 5 倍直径的试件，劈裂破坏和拔出破坏均有可能发生[83]。当破坏模式为拔出破坏时，随着复材筋直径的增大，复材筋与混凝土之间的粘结力会缓慢降低，极限受拉承载力会有所提高[87]。

（5）工作温度的影响

工作温度主要影响复材筋的树脂基体。在低温环境中（即 0℃以下），树脂发生硬化，内部微裂缝扩展并与纤维的粘结强度下降，导致复材筋整体力学性能的退化，但这种作用的影响有限，在冻融循环 150 次的条件下，复材筋的粘结强度仅下降了 8%左右[89]。在高温环境中，树脂形态发生变化，复材筋抗拉强度略有下降，此时需要对复材筋进行适当的保护。若温度持续升高，复材筋的整体强度将会大大下降，在 600℃时玻璃纤维复材筋和碳纤维复材筋的抗拉强度仅有其正常温度下强度的 3.25%和 0.42%[90]。

5.3.2 复材筋混凝土结构设计及低碳分析

1. 复材筋混凝土结构设计

我国现行标准《纤维增强复合材料工程应用技术标准》GB 50608—2020[69]规定了复材筋混凝土结构的设计方法，包括承载能力极限状态设计和正常使用极限状态设计。复材筋混凝土结构设计时需考虑复材筋的蠕变断裂问题，《纤维增强复合材料工程应用技术标准》GB 50608—2020 规定了正常使用极限状态下复材筋的蠕变断裂折减系数，如表 5.3-2 所示。

复材筋蠕变断裂折减系数[69]　　表 5.3-2

复材筋类型	玻璃纤维复材筋	碳纤维复材筋	芳纶纤维复材筋	玄武岩纤维复材筋
蠕变断裂折减系数	3.5	1.4	2.0	2.0

复材筋拉伸强度较高，因此预应力混凝土结构更能发挥其拉伸性能。在各类复材筋中，碳纤维复材筋的拉伸强度最高，因此常用在预应力结构中。碳纤维复材筋混凝土预应力结构主要应用于桥梁工程，图 5.3-5 展示了美国 Bridge Street 桥，该桥于 2001 年建成，是美国首座碳纤维复材筋预应力混凝土公路桥[91]。该桥全长 63m，共三跨，桥面宽度 8.6m，混凝土主梁内部均使用了碳纤维复材筋，外部采用碳纤维复材缆绳，体外预应力和体内预应力的张拉控制力分别为 608MPa 和 1270MPa。我国首座碳纤维复材筋混凝土公路桥于2007年在江苏淮安建成[92]，该桥单跨长 20m，路面宽 8.5m，主梁底部使用 8 根对称布置的碳纤维复材筋为结构施加体外预应力，如图 5.3-6 所示。预应力碳纤维复材筋总面积约为 6325mm^2，单根张拉设计荷载为 810kN。

图 5.3-5　美国首座复材筋混凝土公路桥

图 5.3-6　我国首座复材筋混凝土公路桥

体外预应力复材筋还可用于加固修复既有桥梁，我国大秦铁路一座混凝土简支梁桥便采用这种方式进行了加固，如图 5.3-7 所示。该桥跨度 16m，每片主梁使用了四根 10mm 直径的体外预应力碳纤维复材筋，张拉控制力为 600MPa。加固后，该桥承载力相较于初设计提升了 25%[93]。

图 5.3-7　体外预应力复材筋加固修复既有桥梁

2. 复材筋混凝土结构低碳分析

分析计算复材筋混凝土结构的碳排放量需考虑结构的全寿命期，包括材料生产、运输、施工和维护。值得指出的是，土木建筑结构的全寿命期还应包括结构拆除与回收，现有研究发现混凝土结构在拆除与回收阶段产生的碳排放量占总碳排量的比例较小[94]，加之拆除与回收方法中存在诸多不确定性因素，难以对该阶段产生的碳排放量进行精确定量化分析，因此现有研究并未考虑结构拆除与回收阶段的碳排放量[95-97]。复材筋相较于钢筋而言，在土木建筑全寿命期内低碳设计主要取决于其轻质、高强、耐腐蚀的优点。

（1）材料生产阶段

在材料生产阶段，不同的纤维和树脂配方组成（包括材料类型和含量等）将直接影响复材筋的碳排放量。例如，一方面，碳纤维的碳排放系数高于玻璃纤维[26]，因此在纤维含量和树脂基体保持一致的前提下，碳纤维复材筋的碳排放系数将高于玻璃纤维复材筋。另一方面，常用环氧树脂的碳排放系数高于玻璃纤维[38]，因此树脂含量较高的复材筋的碳排放量较高。在实际工程应用中，纤维和树脂含量常由设计要求的力学性能决定，因此力学性能高的材料常具有较高的纤维含量和较低的碳排放量。

（2）运输阶段

运输阶段碳排放量的主要影响因素包括运输重量、运输方式和运输距离。复材筋的密度约为钢材的四分之一[53]，在等强度或等刚度设计原则下，混凝土受弯构件中的复材筋自重小于钢筋，因此复材筋混凝土结构的运输重量将小于钢筋混凝土结构。运输重量在一定程度上决定运输方式，不同运输方式的碳排放量也存在一定差异，我国统计年鉴资料给出了铁路、公路、水路以及航空运输的平均能耗以及相应的碳排放系数[40]，如表 5.3-3 所示。由于在运输过程中不可避免地存在空载现象，造成了“无效”排放，在计算碳排放量时需考虑无效排放过程。研究表明，货车空载时的油耗约为满载时的 2/3[98]，因此空载回程时的公路运输碳排放系数应乘以 1.67 进行修正。

不同运输方式的能耗和碳排放系数[40]　　**表 5.3-3**

运输方式	能源类型	能耗	碳排放系数［$gCO_2e/(t\cdot km)$］
铁路	柴油	27kg/(t · km)	8.5
	电力	103kW/(t · km)	9.8

续表

运输方式	能源类型	能耗	碳排放系数［$gCO_2e/(t\cdot km)$］
公路	汽油	606kg/(t · km)	177.9
	柴油	523kg/(t · km)	162.4
水路	柴油	120kg/(t · km)	37.3
航空	航空汽油	2930kg/(t · km)	869.2

注：表中铁路运输消耗能量数据取自《中国统计年鉴 2015》；公路和水路运输消耗能量数据取自《中国交通年鉴 2008》；航空运输油耗来源于《中国交通年鉴 2013》。

（3）施工阶段

在土木建筑施工阶段，施工设备和人员活动是主要耗能因素，且该阶段存在多样化的技术方法。例如，混凝土结构可以通过现场浇筑的方法施工，也可以采用预制构件现场拼装的方法建造。有研究指出，预制混凝土构件的碳排放量低于现浇混凝土构件[99]，因此施工过程中产生的碳排放量应根据实际工况进行分析计算。

（4）维护阶段

在侵蚀作用严重的沿海地区，钢筋混凝土结构需长期使用特殊的防腐措施和修复措施，复材筋具有优秀的耐腐蚀性能，可以有效避免传统的防腐和修复措施及相应的碳排放。另外，混凝土在长期服役过程中会发生碳化现象，会吸收空气中的二氧化碳，在钢筋混凝土结构中混凝土碳化会加速钢筋锈蚀，而复材筋不受混凝土碳化作用的影响，因此可以实现混凝土碳化这一减碳技术路线。

5.3.3　复材筋混凝土结构低碳设计案例

混凝土结构是全世界应用最广泛的结构类型，本书设计了一系列复材筋混凝土和钢筋混凝土受弯构件案例，对复材筋混凝土结构的碳排放进行了分析对比。首先，使用钢筋作为混凝土梁的纵筋和箍筋，依据我国现行规范《混凝土结构设计标准》GB/T 50010—2010（2024 年版）[68]设计了 15 根跨度为 3～10m 的简支混凝土 T 梁。梁的跨度 L、间距 S 和几何尺寸（总梁高 h，梁宽 b，上翼缘宽度 b_f 和上翼缘厚度 h_f），以及设计恒荷载 DL、活荷载 LL 和组成材料（混凝土和钢筋）见表 5.3-4。梁的几何尺寸依据《混凝土结构（上册）》[100]的建议值确定，各类材料的力学性能见表 5.3-5。随着梁跨度的增大，使用了 C30、C35 和 C40 三种混凝土。纵筋（抗弯）和箍筋（抗剪）均为 HRB400 等级，屈服强度为 360MPa。恒荷载和活荷载的荷载组合系数分别为 1.3 和 1.5。表 5.3-4 中的 A_s 为纵筋截面面积，A_{sv} 为剪切箍筋横断面积，M_u 为受弯承载力，V_u 为受剪承载力，RF_M 和 RF_V 分别为抗弯和抗剪性能评价因子。

复材型材的密度采用《复合材料拉挤型材结构技术规程》T/CECS 692—2020[6]中的推荐值；材料抗拉强度和抗压强度（f_{tk} 为标准值，f_{td} 为设计值）、弹性模量和密度为各设计规范的推荐值（《混凝土结构设计标准》GB/T 50010—2010（2024 年版）[68]；《纤维增强复合材料工程应用技术标准》GB 50608—2020[69]；《公路钢筋混凝土及预应力混凝土桥涵设计规范》JTG 3362—2018[65]）；C40（桥梁）和 HRB400（桥梁）是指本材料仅用于桥梁，并依据相应的设计规范 JTG 3362—2018[65]确定。

混凝土梁设计汇总 表 5.3-4

L (mm)	S (mm)	h (mm)	b (mm)	b_f (mm)	h_f (mm)	混凝土-钢筋	DL-LL (kN/m^2)	A_s (mm^2)	M_u (kN·m)	RF_M	A_{sv} (mm^2)	V_u (kN)	RF_V
3000	1500	300	120	140	80	C30-HRB400	4.5-3.5	226（2⌀12）	20	1.17	57（⌀6@300）	49	3.02
3500	1750	350	140	280	80	C30-HRB400	4.5-3.5	308（2⌀14）	33	1.22	57（⌀6@300）	64	2.90
4000	2000	400	160	320	80	C30-HRB400	4.5-3.5	402（2⌀16）	50	1.26	57（⌀6@300）	82	2.79
4500	2250	450	180	360	80	C30-HRB400	4.5-3.5	509（2⌀18）	72	1.29	57（⌀6@300）	102	2.71
5000	2500	500	200	400	80	C30-HRB400	4.5-3.5	603（3⌀16）	96	1.22	57（⌀6@300）	123	2.64
5500	2750	500	200	400	80	C35-HRB400	4.5-3.5	804（4⌀16）	127	1.21	57（⌀6@300）	132	2.22
6000	3000	550	220	440	80	C35-HRB400	4.5-3.5	965（3⌀18 + 1⌀16）	169	1.27	57（⌀6@300）	158	2.23
6500	3250	550	220	440	80	C35-HRB400	4.5-3.5	1251（1⌀25 + 2⌀22）	216	1.28	57（⌀6@300）	158	1.73
7000	3500	600	240	480	100	C35-HRB400	5.0-3.5	1473（3⌀25）	279	1.24	57（⌀6@300）	186	1.65
7500	3750	600	240	480	100	C35-HRB400	5.0-3.5	1853（3⌀25 + 1⌀22）	346	1.26	57（⌀6@250）	193	1.38
8000	4000	650	260	520	100	C40-HRB400	5.0-3.5	1964（4⌀25）	406	1.18	57（⌀6@300）	231	1.51
8500	4250	650	260	520	100	C40-HRB400	5.0-3.5	2413（3⌀32）	492	1.20	57（⌀6@200）	252	1.42
9000	4500	700	280	560	100	C40-HRB400	5.0-3.5	2652（3⌀28 + 1⌀32）	587	1.22	57（⌀6@220）	282	1.42
9500	4750	700	280	560	120	C40-HRB400	5.5-3.5	3445（2⌀25 + 4⌀28）	722	1.20	101（⌀8@200）	330	1.43
10000	5000	750	300	600	120	C40-HRB400	5.5-3.5	3695（6⌀28）	841	1.20	101（⌀8@220）	361	1.39

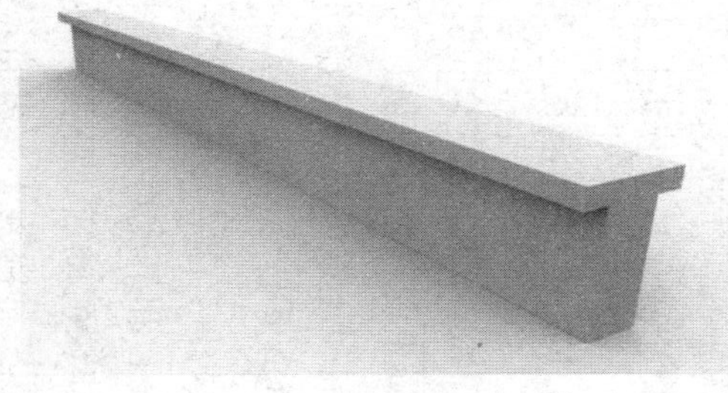

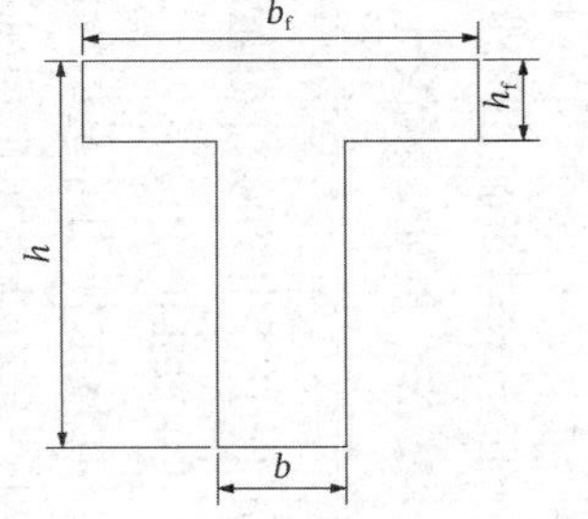

材料力学性能汇总 **表 5.3-5**

材料		拉伸强度（MPa）	抗压强度（MPa）	弹性模量（MPa）	密度（kg/m³）
复材筋	玻璃纤维复材筋	$f_y = 343$	—	$E_f = 70000$	$r_f = 1900$
	碳纤维复材筋	$f_y = 800$	—	$E_f = 210000$	$r_f = 1800$
混凝土	C30	$f_{tk} = 2.01$，$f_t = 1.43$	$f_c = 14.3$	$E_c = 30000$	$r_c = 2500$
	C35	$f_{tk} = 2.20$，$f_t = 1.57$	$f_c = 16.7$	$E_c = 31500$	$r_c = 2500$
	C40	$f_{tk} = 2.39$，$f_t = 1.71$	$f_c = 19.1$	$E_c = 32500$	$r_c = 2500$
	C40（桥梁）	$f_{tk} = 2.40$，$f_{td} = 1.65$	$f_{cd} = 18.4$	$E_c = 32500$	$r_c = 2500$
	C50	$f_{tk} = 2.65$，$f_{td} = 1.83$	$f_{cd} = 22.4$	$E_c = 34500$	$r_c = 2500$
型钢	Q235	$f_{sp} = 215$	—	$E_{sp} = 206000$	$r_{sp} = 7850$
	Q355	$f_d = 270$	$f_s' = 270$	$E_s = 206000$	$r_s = 7850$
	Q690	$f_s = 690$	—	$E_{sp} = 201000$	$r_{sp} = 7850$
钢筋	HRB400	$f_y = 360$	$f_y' = 360$	$E_s = 200000$	$r_s = 7850$
	HRB400（桥梁）	$f_{sd} = 330$	$f_{sd}' = 330$	$E_s = 200000$	$r_s = 7850$
预应力钢绞线		$f_{pd} = 1260$	$f_{pd}' = 390$	$E_s = 195000$	$r_s = 7850$

为横向比较复材筋和钢筋的力学性能，本书采用了结构性能评价因子 RF（Rating Factor）来评价两种筋材对应的混凝土梁的力学性能，RF 值按照式(5.3-1)计算。复材筋和钢筋混凝土梁的受弯承载力（标记为 RF_M）设计为 1.20 左右，受剪承载力（标记为 RF_V）设计为 1.40 以上，并且筋材设计满足基本构造要求。

$$RF = \frac{\text{承载能力} - \text{恒荷载}}{\text{活荷载}} \tag{5.3-1}$$

首先，评价混凝土梁的抗弯性能，依据我国现行标准《纤维增强复合材料工程应用技术标准》GB 50608—2020[69]分别按照等效强度和等效刚度两种设计方法将钢筋混凝土梁中的钢筋替换为玻璃纤维复材筋和碳纤维复材筋，其中等效强度设计方法使用受弯承载力 M_u 作为设计依据，等效刚度设计方法采用最大裂缝宽度 w_{max} 和最大挠度 Δ_{max} 作为设计依据。其次，玻璃纤维复材筋和碳纤维复材筋的材料性能依据《纤维增强复合材料工程应用技术标准》GB 50608—2020 取值（表 5.3-5）。设计结果如表 5.3-6 和表 5.3-7 所示。

复材筋和钢筋混凝土梁设计结果汇总（等强度设计） **表 5.3-6**

跨度 L（m）	钢筋			玻璃纤维复材筋			碳纤维复材筋		
	A_s（mm²）	M_u（kN·m）	材料质量（kg）	A_f（mm²）	M_u（kN·m）	材料质量（kg）	A_f（mm²）	M_u（kN·m）	材料质量（kg）
3.0	226（2ф12）	20	5.33	267（1ф12＋1ф14）	21	1.52	101（2ф8）	20	0.54
3.5	308（2ф14）	33	8.46	355（1ф14＋1ф16）	33	2.36	141（1ф6＋1ф12）	34	0.89
4.0	402（2ф16）	50	12.63	456（1ф16＋1ф18）	50	3.46	182（1ф6＋1ф14）	51	1.31
4.5	509（2ф18）	72	17.98	569（1ф18＋1ф20）	71	4.86	226（2ф12）	72	1.83

续表

跨度 L（m）	钢筋			玻璃纤维复材筋			碳纤维复材筋		
	A_s（mm^2）	M_u（kN·m）	材料质量（kg）	A_f（mm^2）	M_u（kN·m）	材料质量（kg）	A_f（mm^2）	M_u（kN·m）	材料质量（kg）
5.0	603（3Φ16）	96	23.68	694（1Φ20＋1Φ22）	97	6.60	267（1Φ12＋1Φ14）	95	2.40
5.5	804（4Φ16）	127	34.72	930（1Φ20＋1Φ28）	128	9.72	355（1Φ14＋1Φ16）	127	3.51
6.0	965（3Φ18＋1Φ16）	169	45.43	1107（1Φ25＋1Φ28）	169	12.62	427（1Φ12＋1Φ20）	169	4.61
6.5	1251（1Φ25＋2Φ22）	216	63.84	1473（3Φ25）	217	18.19	534（1Φ14＋1Φ22）	212	6.25
7.0	1473（3Φ25）	279	80.92	1742（2Φ22＋2Φ25）	282	23.17	635（1Φ18＋1Φ22）	276	8.00
7.5	1853（3Φ25＋1Φ22）	346	109.08	2213（2Φ25＋2Φ28）	343	31.54	805（1Φ20＋1Φ25）	350	10.87
8.0	1964（4Φ25）	406	123.31	2338（1Φ25＋3Φ28）	413	35.54	871（1Φ22＋1Φ25）	413	12.54
8.5	2413（3Φ32）	492	160.99	2904（1Φ25＋3Φ32）	493	46.89	1074（1Φ20＋2Φ22）	509	16.44
9.0	2652（3Φ28＋1Φ32）	587	187.33	3217（4Φ32）	597	55.01	1140（3Φ22）	585	18.47
9.5	3445（2Φ25＋4Φ28）	722	256.89	965（2Φ28＋4Φ32）	736	80.30	1473（3Φ25）	732	25.18
10.0	3695（6Φ28）	841	290.02	965（6Φ32）	876	91.68	1597（2Φ25＋1Φ28）	857	28.75

复材筋和钢筋混凝土梁设计结果汇总（等刚度设计） **表 5.3-7**

跨度 L（m）	钢筋			玻璃纤维复材筋				碳纤维复材筋			
	w_{max}（mm）	Δ_{max}（mm）	材料质量（kg）	A_f（mm^2）	w_{max}（mm）	Δ_{max}（mm）	材料质量（kg）	A_f（mm^2）	w_{max}（mm）	Δ_{max}（mm）	材料质量（kg）
3.0	0.16	6.34	5.33	402（2Φ16）	0.42	13.95	2.29	129（1Φ8＋1Φ10）	0.40	14.48	0.70
3.5	0.17	7.08	8.46	509（2Φ18）	0.49	16.69	3.38	163（1Φ8＋1Φ12）	0.48	17.29	1.03
4.0	0.18	7.84	12.63	694（1Φ20＋1Φ22）	0.48	17.75	5.28	226（2Φ12）	0.46	18.13	1.63
4.5	0.18	8.62	17.98	930（1Φ20＋1Φ28）	0.47	18.51	7.95	308（2Φ14）	0.44	18.63	2.49

续表

跨度 L（m）	钢筋			玻璃纤维复材筋				碳纤维复材筋			
	w_{max}（mm）	Δ_{max}（mm）	材料质量（kg）	A_f（mm^2）	w_{max}（mm）	Δ_{max}（mm）	材料质量（kg）	A_f（mm^2）	w_{max}（mm）	Δ_{max}（mm）	材料质量（kg）
5.0	0.18	9.75	23.68	1232（2Φ28）	0.44	18.94	11.70	402（2Φ16）	0.43	19.30	3.62
5.5	0.18	13.51	34.72	1608（2Φ32）	0.42	24.52	16.81	509（1Φ16＋1Φ18）	0.49	25.70	5.04
6.0	0.18	14.04	45.43	1722（1Φ25＋2Φ28）	0.44	28.41	19.64	628（2Φ20）	0.48	26.19	6.79
6.5	0.20	18.50	63.84	2463（4Φ28）	0.32	31.69	30.42	823（2Φ18＋1Φ20）	0.42	31.62	9.63
7.0	0.22	20.34	80.92	2945（6Φ25）	0.32	34.28	39.17	1008（2Φ20＋1Φ22）	0.45	33.48	12.71
7.5	0.20	25.12	109.08	4199（2Φ25＋4Φ32）	0.24	36.30	59.83	1362（1Φ22＋2Φ25）	0.39	37.14	18.39
8.0	0.21	26.22	123.31	4260（3Φ28＋3Φ32）	0.29	40.26	64.75	1473（3Φ25）	0.41	39.03	21.21
8.5	0.22	31.41	160.99	5868（3Φ28＋5Φ32）	0.21	42.27	94.78	1963（4Φ25）	0.32	42.14	30.04
9.0	0.21	31.99	187.33	6245（1Φ28＋7Φ32）	0.24	44.48	106.80	2088（2Φ25＋1Φ28）	0.35	44.36	33.83
9.5	0.19	40.08	256.89	9651（12Φ32）	0.16	47.37	174.20	3217（4Φ32）	0.23	47.37	55.01
10.0	0.20	40.89	290.02	9965（1Φ20＋12Φ32）	0.18	49.89	189.34	3445（2Φ25＋4Φ28）	0.25	48.51	62.01

基于上述设计结果，得到钢筋、玻璃纤维复材筋和碳纤维复材筋的质量随混凝土梁跨度的变化规律，如图 5.3-8 所示。使用等效强度或等效刚度设计方法，钢筋的质量均高于玻璃纤维复材筋和碳纤维复材筋，并且随着梁跨度的增加，材料质量的差距更加明显。此外，等效刚度设计方法相比于等效强度设计方法需要更多的材料，并且，由于玻璃纤维复材筋的强度和模量相对较低，其材料质量大于碳纤维复材筋。

土木建筑结构全寿命期碳排放总量中占比最大的阶段为材料生产阶段，因此本案例主要针对混凝土梁中的复材筋和钢筋在各自材料生产阶段的碳排放量进行分析计算，计算方法依照式(5.2-1)。碳排放系数采用现有文献和数据库或规范中的相关数据，其中碳纤维复材筋的碳排放系数为 10.09，依据数据库 CEE[47]；玻璃纤维复材筋的碳排放系数为 2.16，依据数据库 CEE[47]和文献[34]中的数据 1.23 和 3.09 的平均值；最后，钢筋的碳排放系数采用《建筑碳排放计算标准》GB/T 51366—2019[43]中的规定值 2.34。

混凝土梁中复材筋和钢筋在材料生产阶段的碳排放量如图 5.3-9 所示。可见，在混凝土受弯构件中使用碳纤维复材筋和玻璃纤维复材筋替代钢筋可以有效降低碳排放量。使用等效强度设计或等效刚度设计，碳纤维复材筋和玻璃纤维复材筋的碳排放量均小于钢筋。在等效刚度设计原则下，尽管碳纤维复材筋和玻璃纤维复材筋的弹性模量均小于钢筋，但较小的材料质量仍可实现较低的碳排放量。此外，玻璃纤维复材筋的碳排放量比碳纤维复材筋低，这主要是由于碳纤维复材筋的碳排放系数较高。

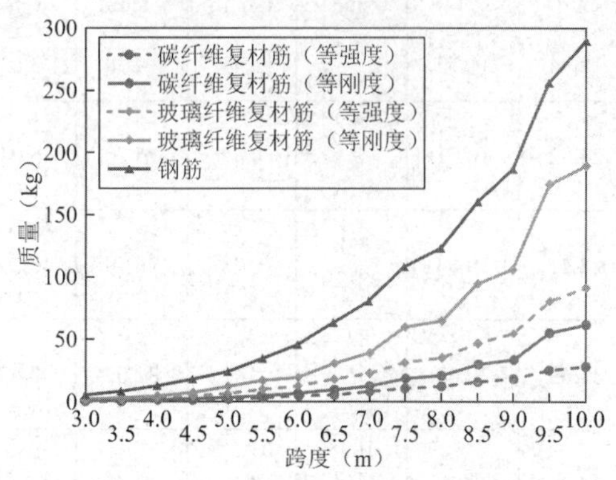

图 5.3-8 混凝土梁中筋材质量对比

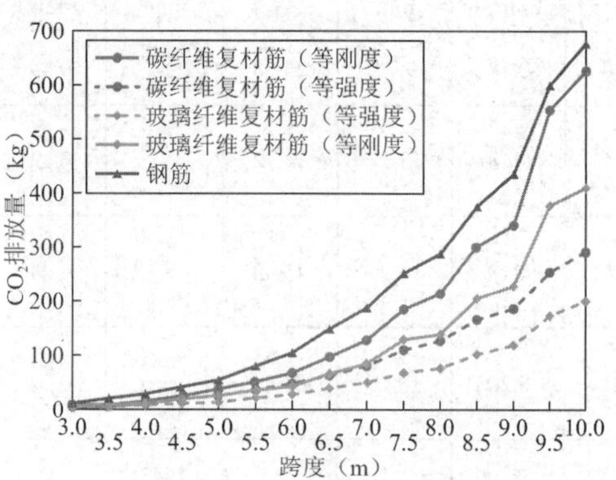

图 5.3-9 混凝土梁中筋材的碳排放量（材料生产阶段）

以上案例说明，使用复材筋替代钢筋能够减少材料质量，进而降低材料生产阶段的碳排放。一方面，在实际工程中，复材筋的质量低于钢筋，预期可以降低在材料运输、结构施工等阶段的碳排放量；另一方面，复材筋的耐腐蚀性能优于钢筋，预期也会减少后期维护成本及相关碳排放量。综上，复材筋混凝土结构全寿命期的碳排放量低于钢筋混凝土结构。

5.4 复材片材加固结构低碳设计

5.4.1 复材片材概述

1. 复材片材的配方组成

（1）碳纤维复材片材包括碳纤维复材布和碳纤维复材板，如图 5.4-1、图 5.4-2 所示。图 5.4-1 中的碳纤维布在浸润树脂基体后可固化成型，形成碳纤维复材片材；图 5.4-2 中的碳纤维复材板材可直接使用，无须进一步固化成型。碳纤维复材片材具有超高强度、超轻质量、高耐腐蚀等优点，广泛应用于航空、汽车、建筑等领域[101-103]。碳纤维复合材料是现代材料和工程领域的热点，在土木建筑领域是结构加固修复的首选材料，柔性碳纤维布也是土木工程领域使用最早的复合材料形式之一，其优异的力学性能和灵活的施工性能使其适用于各类型结构的加固修复。

图 5.4-1 碳纤维布[104]

图 5.4-2 碳纤维复材板[105]

（2）玻璃纤维复材片材包括玻璃纤维复材布和玻璃纤维复材板，其中复材布由玻璃纤维编织而成（图 5.4-3），复材板可由拉挤成型工艺制备（图 5.4-4）。玻璃纤维复材片材的主要应用领域包括土木建筑、航空航天、汽车工业、电气与电子、体育用品等。玻璃纤维复材片材的力学性能低于碳纤维复材片材，但其经济性能优于碳纤维复材片材。

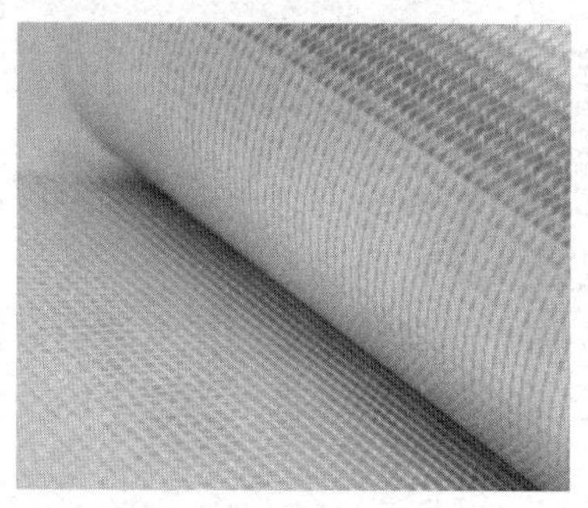

图 5.4-3　玻璃纤维布

图 5.4-4　玻璃纤维复材板[105]

（3）碳-玻混杂纤维复材片材是一种新型复合材料，如图 5.4-5 所示（图中展示的复材片材通过拉挤成型工艺制备）。通过调整碳纤维与玻璃纤维的混杂比例，可以实现预期的弹性模量和强度。混杂纤维复材片材结合了碳纤维和玻璃纤维各自的优点，具有兼顾力学性能和经济性能的优势，在工业领域中显示出巨大的应用潜力[106]。在结构加固修复中，混杂纤维复材片材的应用方法与碳纤维和玻璃纤维复材片材一致，可以针对设计要求提供一种力学和成本相互平衡的技术路线。但碳-玻混杂纤维复材片材尚未在结构加固修复中得到广泛应用，因此以下案例分析不考虑此类材料。

图 5.4-5　碳-玻混杂纤维复材片材[105]

2. 复材片材的成型工艺

碳纤维布和玻璃纤维布通过纺织工艺编织而成，纤维排布方向可依据要求进行定制化设计，其中正交纤维布包括经向和纬向这两个方向，各方向上的纤维含量依据设计需求确定。纤维布在工程应用中需首先浸润树脂基体，其次粘贴在被加固修复结构的表面，纤维布的柔性特征使其能够适应各类几何尺寸，并与结构表面形成紧密粘结，待树脂固化完成后达到设计强度和刚度，此时纤维布与树脂基体组成复合材料片材（工程中，常用“复材布”描述此类复合材料制品）。

碳纤维和玻璃纤维复材板具有一定的刚度，可通过拉挤成型工艺制备。与上述复材布相比，复材板在工程应用中无须经历树脂固化过程，可直接通过化学或机械锚固等方法安装在被加固修复结构表面。复材拉挤板通过自动化的生产工艺制备，相比于复材布具有较高的力学性能和稳定性，主要用于高荷载加固场景；同时，复材板具有一定的刚度，适用于具有平直形表面的结构（例如具有平面翼缘的梁构件），难以用于具有曲线形表面的结构（例如圆形的柱构件）。

3. 复材片材的性能优势

复材片材的性能优势主要体现在 6 个方面，包括：

（1）力学性能优异，复材片材具有较高的强度和刚度，其中碳纤维复材片材的强度和刚度高于玻璃纤维复材片材，是结构加固修复的主要材料；

（2）质轻，复材片材密度小、质量轻，是用作既有结构加固修复的主要材料之一；

（3）耐腐蚀性强，对酸、碱、盐、湿、热等侵蚀作用的抵抗力优于传统金属材料，可用在海洋环境等强腐蚀性环境中；

（4）耐疲劳性高，在往复荷载作用下，复材片材可以保持较高的稳定性；

（5）热膨胀系数低，复材片材的热膨胀系数低于传统金属材料，在温度变化时的尺寸稳定性好；

（6）电磁绝缘，玻璃纤维复材片材具有优良的电磁绝缘特性，可在电力系统或无磁环境中使用。

4. 复材片材与加固结构界面的粘结性能

复材片材与被加固结构之间的界面粘结性能是保障其加固效果的关键，尤其对于以粘结的方式进行安装施工的复材布而言，界面粘结性能对加固效果具有决定性作用。复材片材的加固对象包括混凝土结构、钢结构和砌体结构等。

（1）复材片材加固混凝土结构的界面粘结性能

复材片材-混凝土界面的粘结强度分为正拉粘结强度、推剪粘结强度、拉剪粘结强度和弯拉粘结强度[107]。首先，正拉粘结强度与混凝土等级、复材片材的纤维方向、复材片材的材料类型及复材片材的层数有关；其次，推剪粘结强度与混凝土等级、复材片材的纤维方向、粘结界面面积及复材片材的层数有关；第三，拉剪粘结强度与混凝土等级和复材片材的材料类型有关，设计中需考虑有效粘结长度；最后，弯拉粘结强度与混凝土等级、复材片材的材料类型及粘结界面面积有关，在弯拉受力状态下粘结界面的剥离破坏常在裂缝产生处开始。在设计复材片材加固修复混凝土结构时，需综合考虑以上破坏模式及相应的影响因素。

（2）复材片材加固钢结构的界面粘结性能

复材片材-钢材界面的粘结力受材料性能、粘贴工艺和固化条件等因素影响，其中胶层厚度尤为关键。为获得最佳粘结效果，需确保树脂胶层均匀涂抹并且厚度适中，同时复材片材的纤维排布应与主要受力方向一致[108]。复材片材的厚度对破坏模式具有显著影响，当复材片材较薄时，界面失效是主要破坏模式；当复材片材较厚时，片材的层间破坏是主要破坏模式。另外，树脂胶层、复材片材与钢构件的宽度比对粘结强度影响较小[109]。在有效粘结长度范围内，剪力传递显著；随着粘贴长度的增加，粘结界面端部剪力逐渐减小；当粘贴长度超过有效粘结长度后，承载力逐渐稳定。

（3）复材片材加固砌体结构的界面粘结性能

复材片材-砌体结构界面失效模式与混凝土结构相似，但损伤破坏机理有所不同。复材片材与砌体结构的粘结强度与砌体建造工艺和力学性能以及表面粗糙度紧密相关，其中砂浆灰缝和砌块的表面粗糙度对粘结强度起到决定性作用[110]。除表面粗糙度外，砌体结构的某些物理性质对界面粘结性能也具有一定的影响作用，例如砌块的孔隙率，较高的孔隙率可以增强界面的粘结性能[111]；砌体结构中的水分对界面粘结强度具有负面影响，但对界面粘结刚度的影响较小[112]。为避免复材片材与砌体结构发生剥离破坏，可额外采取适当的机械锚固措施[113]。

5.4.2 复材片材加固结构设计与低碳分析

1. 复材片材加固结构设计

复材片材可直接粘贴在结构的待加固区域或待修复位置，提升结构的强度和刚度，是一种快速且高效的加固修复技术[114]，如图 5.4-6、图 5.4-7 所示的碳纤维复材布加固桥梁和建筑结构。复材片材加固技术的设计方法可参考我国现行标准《纤维增强复合材料工程应用技术标准》(GB 50608)[69]。

图 5.4-6 桥梁结构加固

图 5.4-7 建筑结构加固

复材片材加固施工流程包括：

(1) 表面准备，清除被加固结构表面杂质或破损材料，确保表面干燥、清洁、粗糙；

(2) 涂抹树脂，在结构表面均匀涂抹树脂胶层，确保界面粘结性能；

(3) 粘贴加固材料，将浸润树脂的复材片材粘贴在目标区域，并消除气泡或褶皱；

(4) 树脂固化，最后等待树脂固化，固化时间受树脂类型和环境条件共同影响。复材片材加固技术具有施工快速的优点，对施工设备要求极低，该技术已广泛应用于桥梁加固、建筑加固、管道和储罐加固等。

2. 复材片材加固结构低碳分析

碳纤维复材布是复材片材加固技术中用量最大的加固材料，其碳排放来源主要包括复材布和树脂胶液的生产、运输、施工和维护。首先，碳纤维复材片材在生产阶段的碳排放系数较高，但加固所需的材料质量较小，因此与传统的钢板加固技术相比可表现出较低的碳排放量。其次，碳纤维复材片材因质量极轻，运输阶段所需能耗较低，相关碳排放量较小。第三，碳纤维复材片材在安装施工阶段无需大型吊装设备等施工设备，施工阶段产生的主要碳排放来自施工人员。最后，碳纤维复材片材与钢板相比，可有效避免锈蚀问题，在长期服役阶段基本可以实现零维护。

综上所述，复材片材具有质量极轻、耐腐蚀性强、施工便捷等优势，在材料生产、运输、施工和维护阶段的能耗极低，预期可以降低相关阶段的碳排放量。值得指出的是，复材片材加固修复技术对节能减碳的积极效果不仅在于该技术本身涉及的低碳排放量，更在于通过该技术对既有结构的使用寿命进行有效延长，尤其是对于临近设计使用寿命的结构或不能满足新荷载要求的结构，延长既有结构的使用寿命可以延缓新结构的建造，从而在一定时间范围内降低新建结构带来的巨大碳排放量。

5.4.3 复材片材加固结构低碳设计案例

本书设计了一系列复材片材加固混凝土结构和复材片材加固钢结构案例，对复材片材加固技术涉及的碳排放量进行系统分析和精确计算，并与传统的钢板加固方案进行对比分析。考虑碳纤维复材片材在结构加固领域具有绝对领先的市场占有率，本案例仅使用碳纤维复材片材对混凝土和钢结构进行加固修复。为模拟真实工况下钢筋混凝土梁的性能退化，本案例以上节设计的钢筋混凝土梁为基础，假设混凝土内的钢筋发生了一定程度的锈蚀劣化，采用 Imperatore 等[115]、Vanama 和 Ramakrishna[116]提出的钢筋劣化机制，即钢筋质量减少 20%，强度减少 20%，模量保持不变；同时，假定混凝土的强度和模量均保持不变。性能退化后的钢筋混凝土梁的抗弯性能评价因子 RF_M 设置在 0.70～0.80 之间（RF 值小于 1.00 表示结构性能低于设计要求）。

首先，依据我国现行《纤维增强复合材料工程应用技术标准》GB 50608—2020[69]和《混凝土结构加固设计规范》GB 50367—2013[117]设计碳纤维复材片材和钢板加固方法，加固材料力学性能如表 5.4-1 所示，其中钢材取 Q235 钢，混凝土梁抗弯加固和抗剪加固设计结果如表 5.4-2、表 5.4-3 所示，表中 n 表示碳纤维复材片材或钢板的层数；b 表示碳纤维复材片材或钢板的宽度；t 表示碳纤维复材片材或钢板的厚度。在抗弯加固设计中，碳纤维复材片材和钢板这两种加固方法的目标是将 RF_M 恢复到 1.20。两种加固方法考虑的失效模式不同，碳纤维复材片材常以界面剥离的方式失效，未达到其极限抗拉强度[118]，而钢板则能够达到其屈服强度。因此，在本案例中考虑了两种加固方法的真实失效模式，对于碳纤维复材片材，采用多层片材来避免界面破坏。每层片材由多层碳纤维复合材料预浸料组成（每层预浸料的厚度为 0.167mm）。在抗剪加固设计中，所有混凝土梁都只采用了规范要求的最小箍筋设计，此时得出的 RF_V 值均大于 1.00，即无须进行加固修复。为对比分析两种加固方法在抗剪加固方面的碳排放量，假设使用两种抗剪加固方法将混凝土梁的 RF_V 值提升至相同水平。

加固材料力学性能　　表 5.4-1

材料		拉伸强度（MPa）	压缩强度（MPa）	弹性模量（MPa）	密度（kg/m³）
碳纤维复材片材	普通模量	$f_{fd} = 1948$	—	$E_f = 210000$ 五层板：$E_{fc} \approx 138.4$	$r_f = 1800$
	高模量	—	—	$E_f = 435000$ 五层板：$E_{fc} \approx 194.9$	$r_f = 1800$
结构钢材	Q235	$f_{sp} = 215$	—	$E_{sp} = 206000$	$r_{sp} = 7850$
	Q355	$f_d = 270$	$f_s' = 270$	$E_s = 206000$	$r_s = 7850$
	Q690	$f_s = 690$	—	$E_{sp} = 201000$	$r_{sp} = 7850$

混凝土梁抗弯加固设计结果　　表 5.4-2

跨度L（m）	RF_M（未劣化）	RF_M（劣化后）	碳纤维复材片材			钢板		
			几何尺寸 $n \times b \times t$（mm）	RF_M（加固后）	材料质量（kg）	几何尺寸 $n \times b \times t$（mm）	RF_M（加固后）	材料质量（kg）
3.0	1.17	0.73	1 × 45 × 0.334	1.20	0.08	1 × 70 × 1	1.20	1.65
3.5	1.22	0.77	1 × 60 × 0.334	1.22	0.13	1 × 90 × 1	1.22	2.47
4.0	1.26	0.80	1 × 70 × 0.334	1.20	0.17	1 × 100 × 1	1.18	3.14
4.5	1.29	0.83	1 × 90 × 0.334	1.22	0.24	1 × 65 × 2	1.22	4.59
5.0	1.22	0.77	2 × 50 × 0.334	1.18	0.30	1 × 85 × 2	1.19	6.67
5.5	1.21	0.76	2 × 70 × 0.334	1.21	0.46	1 × 100 × 2.5	1.22	10.79
6.0	1.27	0.81	3 × 50 × 0.334	1.24	0.54	1 × 100 × 2.8	1.24	13.19
6.5	1.28	0.83	3 × 50 × 0.501	1.23	0.88	1 × 100 × 3.4	1.23	17.35
7.0	1.24	0.77	3 × 55 × 0.668	1.21	1.39	1 × 100 × 4.2	1.21	23.08
7.5	1.26	0.79	3 × 70 × 0.668	1.23	1.89	1 × 100 × 5.3	1.23	31.20
8.0	1.18	0.72	3 × 70 × 0.835	1.20	2.53	1 × 100 × 6.5	1.21	40.82
8.5	1.20	0.74	3 × 75 × 1.002	1.20	3.45	1 × 100 × 7.5	1.20	50.04
9.0	1.22	0.75	3 × 70 × 1.503	1.23	5.11	1 × 100 × 8.5	1.23	60.05
9.5	1.20	0.73	3 × 75 × 2.004	1.21	7.71	1 × 100 × 10	1.19	74.58
10.0	1.20	0.73	3 × 80 × 2.004	1.19	8.66	2 × 100 × 5.5	1.19	86.35

混凝土梁抗剪加固设计结果　　表 5.4-3

跨度L（m）	RF_V（未劣化）	RF_V（劣化后）	碳纤维复材片材		钢板	
			RF_V（加固后）	材料质量（kg）	RF_V（加固后）	材料质量（kg）
3.0	3.02	2.72	3.74	0.15	3.74	1.17
3.5	2.90	2.63	3.59	0.18	3.58	1.60
4.0	2.79	2.56	3.48	0.22	3.49	3.14
4.5	2.71	2.50	3.39	0.28	3.40	3.64
5.0	2.64	2.45	3.34	0.31	3.34	4.29
5.5	2.22	2.06	2.82	0.33	2.83	4.49
6.0	2.23	2.08	2.84	0.37	2.84	6.83
6.5	1.73	1.61	2.25	0.38	2.24	7.43
7.0	1.65	1.53	2.20	0.45	2.19	9.81
7.5	1.38	1.26	1.89	0.45	1.89	11.68
8.0	1.51	1.42	2.02	0.49	2.03	14.15
8.5	1.42	1.29	1.91	0.57	1.90	15.69
9.0	1.42	1.30	1.92	0.62	1.93	20.08
9.5	1.43	1.23	1.86	0.78	1.86	22.04
10.0	1.39	1.22	1.85	0.84	1.85	26.94

基于上述设计，得到碳纤维复材片材和钢板抗弯和抗剪加固方法所需材料的质量，如图 5.4-8 所示。在所有加固案例中，碳纤维复材片材的质量均低于钢板，且质量差距随着跨度的增加变得更加显著。正如预期，碳纤维复材片材加固技术在结构轻量化方面具有显著的优势。

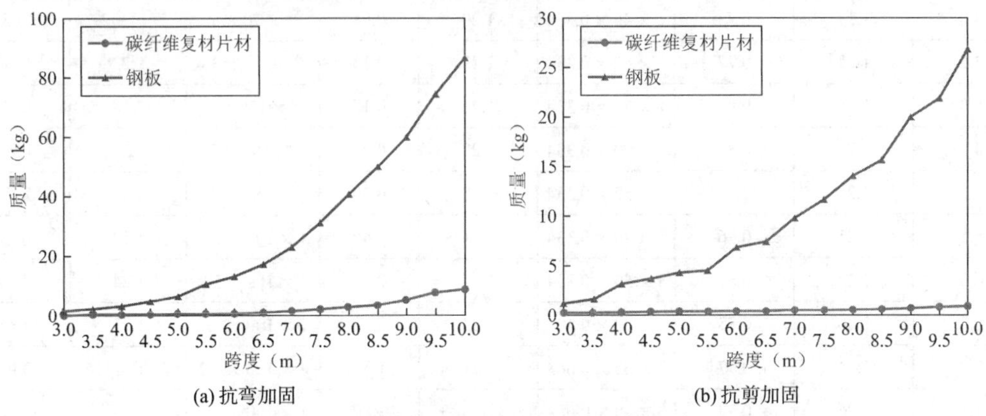

图 5.4-8 混凝土梁抗弯和抗剪加固所需材料质量（材料生产阶段）

假设碳纤维复材片材和钢板加固技术在运输、施工和维护阶段所需设备和能耗基本一致（此处保守地忽略了碳纤维复材片材轻量化带来的减碳效果），本案例主要针对材料生产阶段产生的碳排放量进行计算，计算方法依照式(5.2-1)[43]。依照数据库 CEE[47]，碳纤维复材片材的碳排放系数为 10.09；钢板的碳排放系数采用我国现行《建筑碳排放计算标准》GB/T 51366—2019[43]的规定值 2.05。使用碳纤维复材片材和钢板加固方法产生的碳排放量如图 5.4-9 所示。可见，在混凝土梁中使用碳纤维复材片材加固方法产生的碳排放量低于传统的钢板加固方法。在相同的加固目标下，碳纤维复材片材的碳排放量比钢板少 65%～80%，这主要是由于加固既有结构时重点考虑的是加固材料的强度，因此即使碳纤维复材片材的碳排放系数较高，但强度高、质量轻的碳纤维复材片材相比强度低、质量重的钢板具有显著优势。

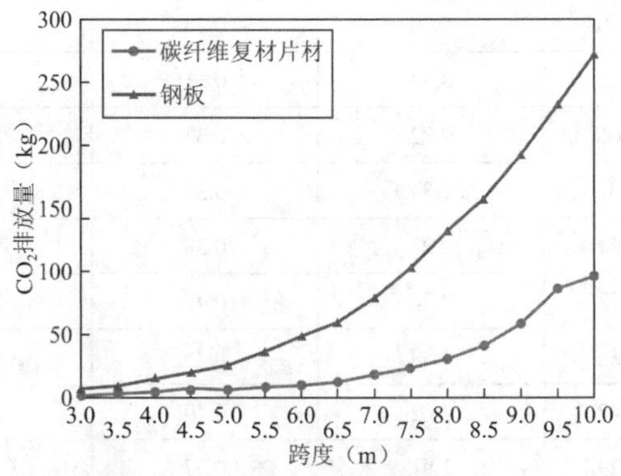

图 5.4-9 混凝土梁加固材料的碳排放量（材料生产阶段）

本书还设计了一系列使用碳纤维复材片材对钢梁进行疲劳加固的案例，即加固钢梁案例。依据现有文献，首先假设钢梁下翼缘的开裂模式，即在两个边缘处有两道初始裂纹[119-120]。钢梁疲劳加固设计方法依据《纤维增强复合材料工程应用技术标准》GB 50608—2020[69]和《钢结构加固设计标准》GB 51367—2019[121]，加固材料的力学性能如表 5.4-1 所示，采用普通模量和高模量两种类型的碳纤维复材片材进行加固。考虑裂纹区域应力高度集中，采用高强度 Q690 钢板进行钢梁加固（作为对比案例），钢材的弹性模量为 201GPa，屈服强度为 690MPa[122]。本案例考虑一个典型的荷载情况，下翼缘的疲劳应力范围设置为 100MPa，应力比为 0.1，共设计了 6 根不同几何尺寸和荷载条件的待加固钢梁，如表 5.4-4 所示。加固方案如图 5.4-10 所示，图中 nt_f 和 $t_{s,s}$ 分别为碳纤维复材片材和钢板的厚度；n 为层数；t_f 为单层碳纤维复材片材的厚度；b_f 和 $b_{s,s}$ 分别为碳纤维复材片材和钢板的宽度；L 为钢梁长度；b_s 和 t_s 分别为钢梁翼缘的厚度和宽度；t_{sw} 为钢梁腹板厚度；a_i 为单边的初始裂纹长度。

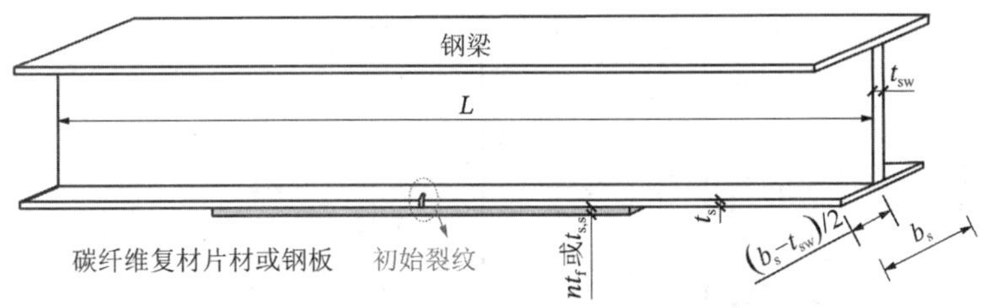

图 5.4-10　带裂纹钢梁及其疲劳加固方式示意图

钢结构疲劳寿命 N 按文献中的经典方法进行计算[70,123]，定义加固后与加固前的疲劳寿命 N 之比为疲劳性能评价因子 RF，本案例的加固目标是将疲劳寿命 N 提高 20%（即 $RF = 1.20$）。疲劳加固设计结果如表 5.4-4 所示，材料的质量与初始裂纹长度 a_i 的关系如图 5.4-11 所示。可见，高模量碳纤维复材片材的质量最小，钢板的质量最大，钢板质量几乎是高模量碳纤维复材片材的 4 倍。

对于钢梁加固案例，碳纤维复材片材和钢板产生的碳排放量如图 5.4-12 所示。在材料生产阶段，碳纤维复材片材在加固带裂纹钢梁的疲劳性能方面产生的碳排放量高于传统的钢板加固方法。其中，高模量碳纤维复材片材的碳排放量仅比钢板高 7%左右，而普通模量碳纤维复材片材的碳排放量比钢板高三分之一左右，这主要是由于钢梁疲劳加固时重点考虑的是加固材料的刚度。尽管碳纤维复材片材的质量较小，但弹性模量低于钢材，且碳纤维复材片材的碳排放因子约为钢板的 5 倍。

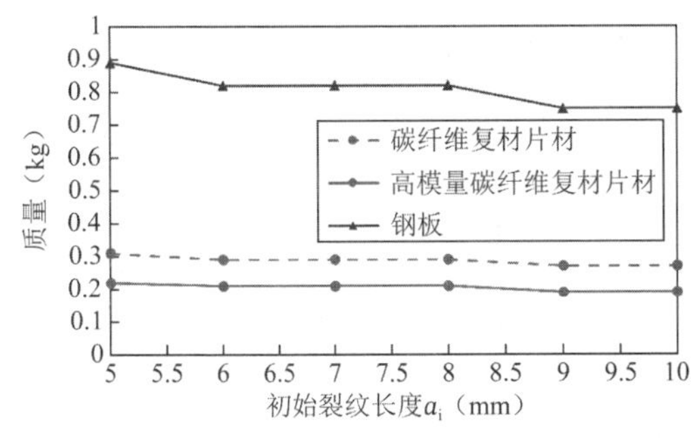

图 5.4-11　钢梁疲劳加固所需材料质量

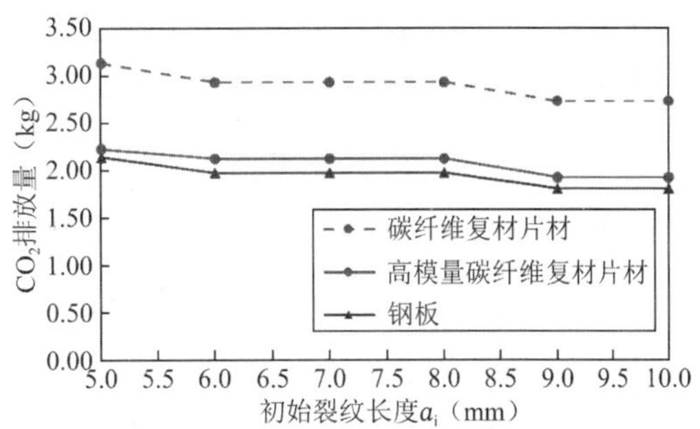

图 5.4-12　钢梁加固材料的碳排放量（材料生产阶段）

钢梁疲劳加固的设计结果

表 5.4-4

b_s（mm）	t_s（mm）	a_i（mm）	N（$\times 10^3$）	普通模量碳纤维复材片材				高模量碳纤维复材片材				钢板			
				几何尺寸 $n\times b_f\times t_f$（mm）	N（$\times 10^3$）	RF（加固后）	材料质量（kg）	几何尺寸 $n\times b_f\times t_f$（mm）	N（$\times 10^3$）	RF（加固后）	材料质量（kg）	几何尺寸 $n\times b_f\times t_f$（mm）	N（$\times 10^3$）	RF（加固后）	材料质量（kg）
200	10	5	1541	5 × 196 × 0.167	1869	1.21	0.31	5 × 140 × 0.167	1871	1.21	0.22	38 × 3	1874	1.22	0.89
200	10	6	1390	5 × 182 × 0.167	1671	1.20	0.29	5 × 130 × 0.167	1673	1.20	0.21	35 × 3	1672	1.20	0.82
200	10	7	1267	5 × 182 × 0.167	1531	1.21	0.29	5 × 130 × 0.167	1533	1.21	0.21	35 × 3	1532	1.21	0.82
200	10	8	1165	5 × 182 × 0.167	1414	1.21	0.29	5 × 130 × 0.167	1416	1.22	0.21	35 × 3	1415	1.21	0.82
200	10	9	1077	5 × 168 × 0.167	1293	1.20	0.27	5 × 120 × 0.167	1294	1.20	0.19	32 × 3	1291	1.20	0.75
200	10	10	999	5 × 168 × 0.167	1205	1.21	0.27	5 × 120 × 0.167	1206	1.21	0.19	32 × 3	1204	1.21	0.75

以上案例说明，使用碳纤维复材片材替代钢板加固钢结构，能够降低加固材料的质量，但碳纤维复材片材在材料生产阶段产生的碳排放量略高于传统的钢板加固方法。在实际工程应用中，复材片材的运输和施工成本更低，还可以有效避免锈蚀问题，因此在考虑全寿命期的碳排放总量后，碳纤维复材片材或可表现出更优的环境友好特性。

5.5　复合材料结构低碳设计讨论与展望

5.5.1　复合材料结构碳排放分析方法

本书分析计算了三种典型复合材料结构在其全寿命期中的材料生产、运输、施工和维护四个阶段产生的碳排放量，并重点关注土木建筑碳排放占比最大的材料生产阶段，碳排放分析结果证明复合材料结构可以为土木建筑领域提供一个有效的减碳方案。此外，研究发现碳排放系数对土木建筑碳排放量的计算具有至关重要的影响。本书采用了国内外相关研究、数据库和规范中的碳排放系数，发现在现有数据之间存在一定的差异性，且现行规范和标准尚未对各类型复合材料的碳排放系数进行明确规定。为进一步提高碳排放分析的准确性，应首先对碳排放系数开展研究，探明复合材料生产地的发电效率、原材料制造和运输能耗等因素对材料生产阶段碳排放系数的影响，精确量化各类型复合材料的碳排放系数。

此外，本书在计算复材型材人行天桥全寿命期碳排放量时，采用现有文献中的数据经验地估算了施工和维护这两个阶段的碳排放量，鉴于这两个阶段的碳排放量占比相对较小，因此该经验计算方法不会对最终结果带来显著影响。为进一步改进计算方法，一方面，应对施工阶段涉及的各类生产单位的碳排放量进行定量化研究，包括施工设备和建筑工人等；另一方面，应对维护阶段涉及的各类影响因素进行定量化研究，包括服役环境（例如湿度、温度、腐蚀性介质等）和维护方法等。

本书考虑了复材结构全寿命期中的四个阶段，即材料生产、运输、施工和维护，而拆除与回收阶段并未考虑，这主要是由于目前领域内尚缺少成熟可靠的复合材料回收方法。现有研究发现热固性树脂基复合材料在回收利用方面价值有限，目前主要以填埋或燃烧发电的形式处理[124-125]。截至目前，结构全寿命期中的材料生产、运输、施工和维护这四个阶段的数据证明复合材料在减少碳排放方面具有一定的优势。

5.5.2　复合材料减碳作用

复合材料在土木建筑领域的减碳作用可以分为两个方面，包括直接减碳作用和间接减碳作用，如图 5.5-1 所示。本书讨论的复合材料三种典型应用（包括复材型材结构、复材筋混凝土结构和复材片材加固结构）均为直接减碳作用的范例。此外，复合材料还可以实现两种间接碳减作用，包括吸碳固碳作用和保温节能作用。一方面，混凝土与大气中的二氧化碳发生碳化作用，这一过程会加速钢筋锈蚀，因此被认为是一种结构病害，然而复材筋具有优秀的耐腐蚀性能，混凝土碳化作用对复材筋影响极小，因此复材筋可以允许混凝土碳化的发生，进而发挥复材筋混凝土结构的吸碳固碳作用。另一方面，复合材料具有较低的导热系数，是一种优秀的保温隔热材料，复材围护结构可以有效降低建筑的热量损失，从而发挥节能减碳作用[126-127]。

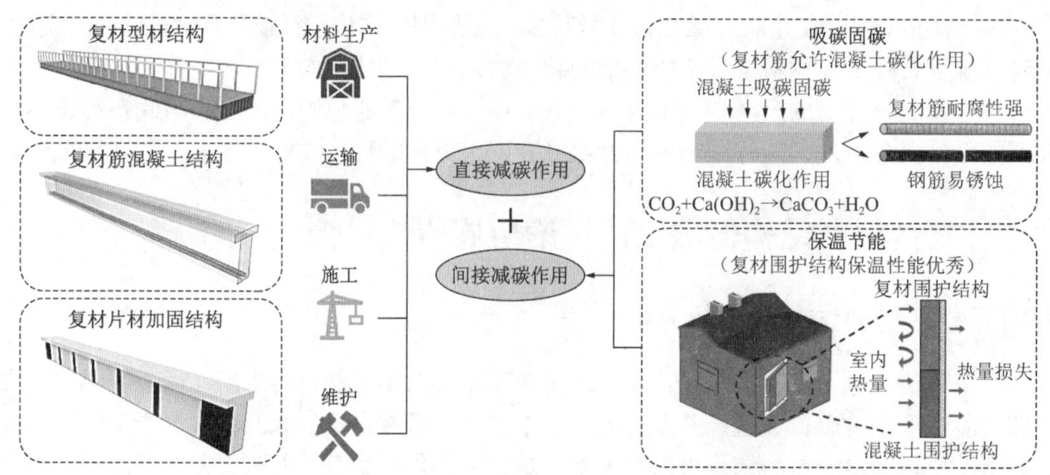

图 5.5-1 复合材料在土木建筑领域的减碳作用

5.5.3 复合材料应用展望

土木建筑用复合材料未来发展趋势包括以下六个方面：

（1）自修复复合材料，可以在材料出现损伤时自动修复，从而延长结构使用寿命。

（2）自感知复合材料，可以实时监测结构的健康状况，提前预警结构的潜在损伤。

（3）绿色和可回收复合材料，使用环保原材料和可回收树脂生产复合材料，减少对环境的负面影响，减少废弃物和资源消耗。

（4）功能化复合材料，可以满足更丰富的设计需求和应用场景。

（5）3D 打印复合材料，实现复合材料自动化生产和施工。

（6）装配式复合材料，建立标准化的复合材料结构件体系，实现复合材料结构快速装配式施工。

基于以上发展趋势，复合材料结构预期可在全寿命期各阶段内进一步降低能耗并减少碳排放量，在未来土木建筑领域低碳化设计方面具有巨大的应用潜力。

5.6 本章小结

本章研究分析了纤维增强复合材料在土木建筑领域的低碳化设计方法，计算了三种典型复合材料结构在材料生产、运输、施工和维护阶段产生的碳排放量，包括复材型材结构、复材筋混凝土结构和复材片材加固结构。

首先，复合材料结构表现出了直接的减碳作用。对于一定跨度范围内的人行天桥结构，复材型材桥在全寿命期内的碳排放量低于同类型的钢桥和混凝土桥；对于复材筋混凝土结构，碳纤维和玻璃纤维复材筋在其材料生产阶段的碳排放量均低于钢筋；对于复材片材加固结构，碳纤维复材片材加固混凝土结构产生的碳排放量低于传统的钢板加固方法。

其次，复合材料结构还具有间接的减碳作用。一方面，混凝土的碳化作用可以吸收二氧化碳，但这会加速钢筋的锈蚀，而复材筋具有优秀的耐腐蚀性能，可以发挥混凝土的吸碳固碳作用。另一方面，复合材料的导热系数较低，用作土木建筑的保温围护结构可以有效降低建筑运营阶段的能耗和碳排放。以上两种间接的减碳作用均有助于复合材料在土木建筑的长期运营阶段发挥作用。

综上所述，复合材料结构与钢结构和混凝土结构相比不但具有较轻的质量，还表现出较低的碳排放量，在推动实现我国“双碳”战略目标方面展示出了巨大潜力。

参考文献

[1] WORRELL E, PRICE L, MARTIN N, et al. Carbon dioxide emissions from the global cement industry[J]. Annual review of energy and the environment, 2001, 26(1): 303-329.

[2] International Energy Agency (IEA)[R]. Energy Technology Perspectives 2020, 2020.

[3] HOLLAWAY L C. A review of the present and future utilisation of FRP composites in the civil infrastructure with reference to their important in-service properties[J]. Construction and Building Materials, 2021, 24(12): 2419-2445.

[4] LIU T Q, LIU X, FENG P. A Comprehensive Review on Mechanical Properties of Pultruded FRP Composites Subjected to Long-Term Environmental Effects[J]. Composites Part B: Engineering, 2020a, 191: 107958.

[5] LIU T Q, TANG J T, ZHANG S,et al. Carbon emissions of durable FRP composite structures in civil engineering[J]. Engineering Struetures, 2024, 315: 118482.

[6] 中国工程建设标准化协会. 复合材料拉挤型材结构技术规程: T/CECS 692—2020[S], 北京: 中国建筑工业出版社, 2020.

[7] 黄亿洲, 王志瑾, 刘格菲. 碳纤维增强复合材料在航空航天领域的应用[J]. 西安航空学院学报, 2021, 39(5): 44-51.

[8] 李春晓. 碳纤维及其复合材料在汽车领域的应用[J]. 新材料产业, 2019, (1): 5-7.

[9] 蒋海洋, 常华健, 蒋勇. 复合材料的力学性能研究及其在医学领域中的应用[J]. 医疗卫生装备, 2007, (11): 50-52.

[10] 闫清峰, 张纪刚. 纤维增强复合材料在土木工程中的应用与发展[J]. 科学技术与工程, 2021, 21(36): 15314-15322.

[11] 冯鹏. 复合材料在土木工程中的发展与应用[J]. 玻璃钢/复合材料, 2014(9): 99-104.

[12] LIU T Q, FENG P, LU X, et al. Flexural Behavior of a Novel Hybrid Multicell GFRP-Concrete Beam, Composite Structures, 2020b, 250: 112606.

[13] 邓毓. FRP 材料在土木工程中的运用分析[J]. 居业, 2022(3): 76-78.

[14] 牛忠旺, 曹丽丽, 李其朋. 玻璃纤维增强复合材料的应用及研究现状[J]. 塑料工业, 2021, 49(S1): 9-17.

[15] 张斌杰. 仿生高强韧玄武岩纤维增强复合材料的制备及其性能研究[D]. 长春: 吉林大学, 2023.

[16] 刘文静, 杨国荣, 赵晓曼. 碳纤维复合材料研究进展及其应用[J]. 纺织科技进展, 2023(7): 1-4+52.

[17] 侯艳娜, 沈毅, 蔡永丰. 玻璃纤维复合材料的合成机理及应用研究进展[J]. 广州化工, 2020, 48(20): 20-22.

[18] 胡建海, 唐鋆磊, 李湉, 等. 碳纤维和芳纶纤维的蚀刻改性及其复合材料界面结合性能研究进展[J]. 表面技术, 2021, 50(10): 94-116.

[19] DHAND V, MITTAL G, RHEE K Y, et al. A short review on basalt fiber reinforced polymer composites[J].

Composites Part B: Engineering, 2015, 73: 166-180.

[20] FIORE V, SCALICI T, DI BELLA G, et al. A review on basalt fibre and its composites[J]. Composites Part B: Engineering, 2015, 74: 74-94.

[21] 郭耀伟, 蔡明. 天然纤维增强复合材料的应用及发展前景[J]. 纺织导报, 2021(5): 86-90.

[22] SONG Y S, YOUN J R, GUTOWSKI T G. Life cycle energy analysis of fiber-reinforced composites[J]. Composites Part A: Applied Science and Manufacturing, 2009, 40(8): 1257-1265.

[23] JOSHI S V, DRZAL L T, MOHANTY A K, et al. Are natural fiber composites environmentally superior to glass fiber reinforced composites?[J]. Composites Part A: Applied science and manufacturing, 2004, 35(3): 371-376.

[24] VIGNESHWARAN S, SUNDARAKANNAN R, JOHN K M, et al. Recent advancement in the natural fiber polymer composites: A comprehensive review[J]. Journal of Cleaner Production, 2020, 124109.

[25] CHEN C, YANG Y, YU J, et al. Eco-friendly and mechanically reliable alternative to synthetic FRP in externally bonded strengthening of RC beams: Natural FRP[J]. Composite Structures, 2020, 241: 112081.

[26] ZUBAIL A, TRAIDIA A, MASULLI M, et al. Carbon and energy footprint of nonmetallic composite pipes in onshore oil and gas flowlines[J]. Journal of Cleaner Production, 2021, 305: 127150.

[27] 陈立军, 武凤琴, 张欣宇, 等. 环氧树脂/碳纤维复合材料的成型工艺与应用[J]. 工程塑料应用, 2007, (10): 77-80.

[28] 何亚飞, 矫维成, 杨帆, 等. 树脂基复合材料成型工艺的发展[J]. 纤维复合材料, 2011, 28(2): 7-13.

[29] 张登科, 王光辉, 方登科, 等. 碳纤维增强树脂基复合材料的应用研究进展[J]. 化工新型材料, 2022, 50(1): 1-5.

[30] QURESHI J, MOTTRAM J T. Response of beam-to-column web cleated joints for FRP pultruded members[J]. Journal of Composites for Construction, 2014, 18(2): 04013039.

[31] AL-LAMI A, HILMER P, SINAPIUS M. Eco-efficiency assessment of manufacturing carbon fiber reinforced polymers (CFRP) in aerospace industry[J]. Aerospace Science and Technology, 2018, 79: 669-678.

[32] ÖNAL M, NEŞER G. Sustainability of the Production of Composite Boat by Life Cycle Management Approach[C]// "Micrea cel Batran" Naval Academy Scientific Bulletin, 2013.

[33] DANIEL R A. Environmental considerations to structural material selection for a bridge[C]//The European Bridge Engineering Conference, Lightweight Bridge Decks, Rotterdam. 2003.

[34] TANAKA H, TAZAWA H, KURITA M, et al. A case study on life-cycle assessment of environmental aspect of FRP structures[C]//The Third International Conference on FRP Composites in Civil Engineering (CICE), Miami, United States, 2006.

[35] DAI J G, UEDA T. Carbon footprint analysis of fibre reinforced polymer (FRP) incorporated pedestrian bridges: A Case Study[J]. Key Engineering Materials, 2012, 517: 724-729.

[36] MARA V, HAGHANI R. Upgrading Bridges with Fibre Reinforced Polymer Decks–A Sustainable Solution[C]//The Conference on Civil Engineering Infrastructure Based on Polymer Composites (CECOM), 2012, 1: 79-80.

[37] MARA V, HAGHANI R, HARRYSON P. Bridge decks of fibre reinforced polymer (FRP): A sustainable solution[J]. Construction and Building Materials, 2014, 50: 190-199.

[38] LI Y F, YU C C, CHEN S Y, et al. The carbon footprint calculation of the GFRP pedestrian bridge at Tai-Jiang National Park[J]. International Review for Spatial Planning and Sustainable Development, 2013, 1(4): 13-28.

[39] LI Y F, YU C C, MEDA H A. A Study of the Application of FRP Structural Members to the Green Fences[C]//The 3rd Annual International Conference on Architecture and Civil Engineering. 2015.

[40] 张孝存. 建筑碳排放量化分析计算与低碳建筑结构评价方法研究[D]. 哈尔滨：哈尔滨工业大学, 2018.

[41] 孟昊杰. 装配式建筑施工碳排放计算及影响因素研究[D]. 成都：西南交通大学, 2020.

[42] 郑晓云，徐金秀. 基于 LCA 的装配式建筑全寿命周期碳排放研究——以重庆市某轻钢装配式集成别墅为例[J]. 建筑经济, 2019, 40(1): 107-111.

[43] 中华人民共和国住房和城乡建设部. 建筑碳排放计算标准：GB/T 51366—2019[S]. 北京：中国建筑工业出版社, 2019.

[44] 武岳. 冀北地区农村住宅全寿命周期碳排放分析与低碳设计研究[D]. 天津：河北工业大学, 2023.

[45] ZHANG C, AMADUDDIN M, CANNING L. Carbon dioxide evaluation in a typical bridge deck replacement project[J]. Proceedings of the Institution of Civil Engineers-Energy, 2011, 164(4): 183-194.

[46] HAMMOND G, JONES C, LOWRIE E F, et al. Embodied carbon. The inventory of carbon and energy (ICE), 2011, Version 2. 0.

[47] KARA S, MANMEK S. Composites: Calculating their Embodied Energy (CEE). Life Cycle Engineering and Management Research Group. University of New South Wales, 2009.

[48] Intergovernmental Panel on Climate Change. 2006 IPCC guidelines for national greenhouse gas inventories[R]. Japan: IGES, 2006.

[49] 陈博. 国内外复合材料工艺设备发展述评之五——拉挤成型[J/OL]. 复合材料科学与工程: 1-19[2023-09-09].

[50] LIU T Q, FENG P, WU Y, et al. Developing an innovative curved-pultruded large-scale GFRP arch beam[J]. Composite Structures, 2021, 256: 113111.

[51] LIU T Q, FENG P, TANG J, et al. Pullwinding Technique for Realizing Hybrid Roving Architecture in Pultruded GFRP Composites[J]. Composite Structures, 2023, 305: 116483.

[52] 陈博. 我国复合材料拉挤成型技术及应用发展情况分析[J]. 玻璃钢/复合材料, 2014(9): 34-41.

[53] 秦珩，刘天桥，于涛峰，等. 超轻大尺寸复合材料拉挤型材在高层建筑外挂构架梁中的应用研究[J]. 复合材料科学与工程, 2023(1): 100-106.

[54] 中华人民共和国国家质量监督检验检疫总局，中国国家标准化管理委员会. 结构用纤维增强复合材料拉挤型材: GB/T 31539-2015[S]. 北京：中国标准出版社, 2016.

[55] American Society of Civil Engineers. (ASCE). Pre-Standard for Load and Resistance Factor Design (LRFD) of Pultruded Fiber Reinforced Polymer (FRP) Structures. 2010.

[56] CEN/TS 19101: 2022. Design of Fibre-Polymer Composite Structures. European Committee for Standardization (CEN).

[57] LIU T Q. Stability behavior of pultruded glass-fiber reinforced polymer I-sections subject to flexure[D]. University of Pittsburgh, 2017.

[58] VIEIRA J D, LIU T Q, HARRIES K A. Flexural stability of pultruded glass fibre-reinforced polymer I-sections[J]. Proceedings of the Institution of Civil Engineers-Structures and Buildings, 2018, 171(11): 855-866.

[59] LIU T Q, HARRIES K A. Flange local buckling of pultruded GFRP box beams[J]. Composite Structures, 2018, 189: 463-472.

[60] LIU T Q, VIEIRA J D, HARRIES K A. Lateral torsional buckling and section distortion of pultruded GFRP

I-sections subject to flexure[J]. Composite Structures, 2019, 225: 111151.

[61] LIU T Q, VIEIRA J D, HARRIES K A. Predicting Flange Local Buckling Capacity of Pultruded GFRP I-Sections Subject to Flexure[J]. Journal of Composites for Construction, 2020c, 24(4): 04020025.

[62] LIU T Q, YANG J Q, FENG P, et al. Determining Rotational Stiffness of Flange-Web Junction of Pultruded GFRP I-Sections[J]. Composite Structures, 2020d, 236: 111843.

[63] YANG J Q, LIU T Q, FENG P. Enhancing Flange Local Buckling Strength of Pultruded GFRP Open-Section Beams[J]. Composite Structures, 2020, 244: 112313.

[64] 中华人民共和国交通运输部. 公路钢结构桥梁设计规范: JTG D64—2015[S]. 北京: 人民交通出版社, 2015.

[65] 中华人民共和国交通运输部. 公路钢筋混凝土及预应力混凝土桥涵设计规范: JTG 3362—2018[S]. 北京: 人民交通出版社, 2018.

[66] 中华人民共和国建设部. 城市人行天桥与人行地道技术规范: CJJ 69—1995[S]. 北京: 中国建筑工业出版社, 1996.

[67] KOLLÁR L P. Local buckling of fiber reinforced plastic composite structural members with open and closed cross sections[J]. Journal of Structural Engineering, 2003, 129(11): 1503-1513.

[68] 中华人民共和国住房和城乡建设部. 混凝土结构设计标准: GB/T 50010—2010 (2024 年版)[S].

[69] 中华人民共和国住房和城乡建设部. 纤维增强复合材料工程应用技术标准: GB 50608—2020[S]. 北京: 中国计划出版社, 2020.

[70] LIU H B, XIAO Z G, ZHAO X L, et al. Prediction of fatigue life for CFRP-strengthened steel plates[J]. Thin-Walled Structures, 2009, 47(10): 1069-1077.

[71] JENA T, KAEWUNRUEN S. Life Cycle Sustainability Assessments of an Innovative FRP Composite Footbridge[J]. Sustainability, 2021, 13(23): 13000.

[72] 谭荣平. 公路桥梁建设阶段碳排放分析[D]. 长沙: 长沙理工大学, 2018.

[73] 徐双. 不同结构材料的桥梁生命周期碳排放研究[D]. 武汉: 武汉理工大学, 2012.

[74] 张天辰. 基于全生命周期的低碳桥梁评价体系研究[D]. 徐州: 中国矿业大学, 2019.

[75] 侯保荣, 张盾, 王鹏. 海洋腐蚀防护的现状与未来[J]. 中国科学院刊, 2016, 31(12): 1326-1314

[76] 李海霞. FRP 配筋混凝土梁试验研究及理论分析[D]. 武汉: 华中科技大学, 2007.

[77] 薛伟辰, 刘华杰, 王小辉. 新型 FRP 筋粘结性能研究[J]. 建筑结构学报, 2004(2): 104-109+123.

[78] 薛伟辰, 钱卫. 预应力 FRP 筋混凝土梁疲劳性能研究[J]. 玻璃钢/复合材料, 2004(2): 29-32.

[79] 史健喆. 体外预应力纤维增强树脂基复合材料筋混凝土结构研究进展[J]. 复合材料学报, 2021, 38(7): 2092-2106.

[80] NAJAFABADI E P, BAZLI M, ASHRAFI H, et al. Effect of applied stress and bar characteristics on the short-term creep behavior of FRP bars[J]. Construction and Building Materials, 2018, 171: 960-968.

[81] 于雯, 黄悦, 黄谦, 等. FRP 筋预应力混凝土梁长期性能研究进展[J]. 复合材料科学与工程, 2022(4): 111-119.

[82] 袁鹏, 陈万祥, 郭志昆, 等. BFRP 筋-混凝土粘结性能研究综述[J]. 混凝土, 2021(4): 45-49.

[83] 薛伟辰, 郑乔文, 杨雨. 黏砂变形 GFRP 筋粘结性能研究[J]. 土木工程学报, 2007(12): 59-68.

[84] 朱浮声, 张海霞. 影响 FRP 筋与混凝土粘结性能的主要因素[J]. 沈阳建筑大学学报 (自然科学版), 2006(3): 397-401.

[85] 吴芳. 玄武岩纤维筋与混凝土粘结性能试验研究[D]. 大连: 大连理工大学, 2009.

[86] 薛伟辰. 不同试验方法对 GFRP 筋粘结强度的影响研究[J]. 玻璃钢/复合材料, 2003(5): 10-13.

[87] 王凤姣, 白晓宇, 陈吉光, 等. 大直径 GFRP 筋与混凝土粘结性能现场足尺试验研究[J]. 复合材料科学与工程, 2022(10): 33-37.

[88] 郝庆多, 王言磊, 侯吉林, 等. GFRP 带肋筋粘结性能试验研究[J]. 工程力学, 2008(10): 158-165+179.

[89] 罗小勇, 唐谢兴, 孙奇, 等. 冻融循环作用下 GFRP 筋粘结性能试验研究[J]. 铁道科学与工程学报, 2014, 11(5): 1-4.

[90] KHANEGHAHI M H, NAJAFABADI E P, SHOAEI P, et al. Effect of intumescent paint coating on mechanical properties of FRP bars at elevated temperature. Polymer testing, 2018, 71: 72-86.

[91] GRACE N F, NAVARRE F C, NACEY R B, et al. Design-Construction of Bridge StreetBridge-Frist CFRP Bridge in the United States[J]. PCI Journal, 2002, 47(5): 20-35.

[92] 王鹏, 丁汉山, 吕志涛, 等. 碳绞线体外预应力在桥梁中的应用[J]. 东南大学学报 (自然科学版), 2007(6): 1061-1065.

[93] 徐礼华, 许锋, 曾浩, 等. CFRP 筋体外加固铁路预应力混凝土简支梁桥设计及试验研究[J]. 工程力学, 2013, 30(2): 89-95+111.

[94] HABERT G, D'ESPINOSE de LACAILLERIE J B, ROUSSEL N. An environmental evaluation of geopolymer based concrete production: reviewing current research trends. Journal of Cleaner Production, 2011, 19(11): 1229-1238.

[95] NISBET M, VAN GEEM M G, GAJDA J, et al. Environmental Life Cycle Inventory of Portland cement concrete. SN. 2137. Skokie, IL: Portland Cement Association, 2000.

[96] OLIVER-SOLÀ J, JOSA A, RIERADEVALL J, et al. Environmental optimization of concrete sidewalks in urban areas[J]. The International Journal of Life Cycle Assessment, 2009, 14(4): 302-12.

[97] WU P, LOW S P. Managing the embodied carbon of precast concrete columns[J]. Journal of Materials in Civil Engineering, 2011, 23(8): 1192-1199.

[98] 王霞. 住宅建筑生命周期碳排放研究[D]. 天津: 天津大学, 2012.

[99] DONG Y H, JAILLON L, CHU P, et al. Comparing carbon emissions of precast and cast-in-situ construction methods-A case study of high-rise private building[J]. Construction and Building Materials, 2015, 99: 39-53.

[100] 叶列平. 混凝土结构 (上册)[M]. 北京: 中国建筑工业出版社, 2012.

[101] 王作虎, 申书洋, 杨菊, 等. FRP 布加固结构粘结界面耐久性的研究进展[J]. 复合材料科学与工程, 2020(7): 117-122.

[102] 王作虎, 高小亮, 王江北, 等. 温度对 FRP 布粘贴砖砌体力学性能的影响[J/OL]. 工程力学: 1-10[2023-09-04].

[103] 张智梅, 马嘉辰. 湿热环境下外贴 CFRP 加固 RC 梁抗弯性能有限元分析[J/OL]. 复合材料科学与工程: 1-9[2023-09-04].

[104] 王耀耀. 箍筋锈蚀钢筋混凝土梁碳纤维加固方法研究[D]. 阜新: 辽宁工程技术大学, 2017.

[105] 徐强, 张曦月, 黄辉秀, 等. 风电叶片用拉挤板应用现状及发展趋势[J/OL]. 复合材料科学与工程: 1-7[2023-09-04].

[106] 梁桂龙, 丛庆, 李旭, 等. 混杂纤维复合材料螺旋桨的铺层结构设计与模压成型工艺[J/OL]. 复合材料科学与工程: 1-7[2023-09-04].

[107] 杨勇新, 岳清瑞, 胡云昌. 碳纤维布与混凝土粘结性能的试验研究[J]. 建筑结构学报, 2001(3): 36-42.

[108] 张宁, 岳清瑞, 佟晓利, 等. 碳纤维布加固修复钢结构粘结界面受力性能试验研究[J]. 工业建筑,

2003(5): 71-73+80.

[109] 杨勇新, 岳清瑞, 彭福明. 碳纤维布加固钢结构的粘结性能研究[J]. 土木工程学报, 2006(10): 1-5+18.

[110] MAZZOTTI C, FERRACUTI B, BELLINI A. Experimental bond tests on masonry panels strengthened by FRP[J]. Composites Part B Engineering, 2015, 80: 223-237.

[111] AIELLO M A, SCIOLTI S M. Bond analysis of masonry structures strengthened with CFRP sheets[J]. Construction & Building Materials, 2006, 20(1): 90-100.

[112] 王作虎, 杨文雄, 刘杜. FRP 布加固砌体结构界面粘结性能的研究进展[J]. 玻璃钢/复合材料, 2018(1): 103-107.

[113] 王珂, 李荣, 李庆伟. 复材网格加固砌体墙抗震性能分析[J]. 工业建筑, 2019, 49(7): 56-63+15.

[114] 卢亦焱, 黄银燊, 张号军, 等. FRP 加固技术研究新进展[J]. 中国铁道科学, 2006(3): 34-42.

[115] IMPERATORE S, RINALDI Z, DRAGO C. Degradation relationships for the mechanical properties of corroded steel rebars[J]. Construction and Building Materials, 2017, 148: 219-230.

[116] VANAMA K R, RAMAKRISHNAN B. Improved degradation relations for the tensile properties of naturally and artificially corroded steel rebars[J]. Construction and Building Materials, 2020, 249: 118706.

[117] 中华人民共和国住房和城乡建设部. 混凝土结构加固设计规范: GB 50367—2013[S]. 北京: 中国建筑工业出版社, 2014.

[118] ARDUINI M, NANNI A. Behavior of precracked RC beams strengthened with carbon FRP sheets[J]. Journal of composites for construction, 1997, 1(2): 63-70.

[119] TAVAKKOLIZADEH M, SAADATMANESH H. Fatigue strength of steel girders strengthened with carbon fiber reinforced polymer patch[J]. Journal of Structural Engineering, 2003, 129(2): 186-196.

[120] WU G, WANG H T, WU Z S, et al. Experimental study on the fatigue behavior of steel beams strengthened with different fiber-reinforced composite plates. Journal of Composites for Construction, 2012, 16(2): 127-137.

[121] 中华人民共和国住房和城乡建设部. 钢结构加固设计标准: GB 51367—2019[S]. 北京: 中国建筑工业出版社, 2020.

[122] HU L, ZHAO X L, FENG P. Fatigue behavior of cracked high-strength steel plates strengthened by CFRP sheets[J]. Journal of Composites for Construction, 2016, 20(6): 04016043.

[123] HU L, WANG Y, FENG P, et al. Debonding development in cracked steel plates strengthened by CFRP laminates under fatigue loading: experimental and boundary element method analysis[J]. Thin-Walled structures, 2021, 108038.

[124] CONROY A, HALLIWELL S, REYNOLDS T. Composite recycling in the construction industry[J]. Composites Part A: Applied Science and Manufacturing, 2006, 37(8): 1216-1222.

[125] CORREIA J R, ALMEIDA N M, FIGUEIRA J R. Recycling of FRP composites: reusing fine GFRP waste in concrete mixtures[J]. Journal of Cleaner Production, 2011, 19(15): 1745-1753.

[126] ABDOU O A, MURALI K, MORSI A. Thermal performance evaluation of a prefabricated fiber-reinforced plastic building envelope system[J]. Energy and buildings, 1996, 24(1): 77-83.

[127] CHOWDHURY E U, GREEN M F, BISBY L A, et al. Thermal and mechanical characterization of fibre reinforced polymers, concrete, steel, and insulation materials for use in numerical fire endurance modelling[C]//Uneversi ondece documents etrouvedans: Structures under Extreme Loading, Proceedings of Protect, Whistler, BC., 2007.